Projektmanagement mit Microsoft Project

Business & Computing

Hans-Dieter Hopf

Projektmanagement mit Microsoft Project

Das Praxisbuch für alle Versionen bis einschließlich Project 2007

ADDISON-WESLEY
An imprint of Pearson Education
München • Boston • San Francisco • Harlow, England
Don Mills, Ontario • Sydney • Mexico City
Madrid • Amsterdam

Bibliografische Information Der Deutschen Bibliothek
Die Deutsche Bibliothek verzeichnet diese Publikation in der Deutschen Nationalbibliografie; detaillierte bibliografische Daten sind im Internet über <http://dnb.ddb.de> abrufbar.

Umwelthinweis:

Dieses Buch wurde auf chlorfrei gebleichtem Papier gedruckt.
Um Rohstoffe zu sparen, haben wir auf Folienverpackung verzichtet.

10 9 8 7 6 5 4 3 2 1

11 10 09

ISBN 978-3-8273-2610-2

Covergestaltung: Thomas Arlt, tarlt@adesso21.net
Fachlektorat: Dr. Alexander Gleich, München
Lektorat: Sylvia Hasselbach, shasselbach@pearson.de
Herstellung: Elisabeth Prümm, epruemm@pearson.de
Korrektorat: Sandra Gottmann, sandra.gottmann@t-online.de
Satz: text&form GbR, Fürstenfeldbruck
Druck und Verarbeitung: Bercker, Kevelaer
Printed in Germany

Inhaltsverzeichnis

1 Einleitung

1.1 Für wen ist das Buch?

Dieses Buch ist als Handbuch gedacht für Projektplaner und Projektsteuerer sowie für Mitarbeiter der Projektleitung oder aus den Fachabteilungen, die ihre Projekte mit Microsoft Office und Microsoft Project der Versionen 2003 (oder älter) und 2007 planen und steuern.

Auch wer mit einer älteren Version von Microsoft Project arbeitet oder Pläne aus dieser Zeit bearbeitet, kann sich anhand dieses Buches mit Planungsaufgaben und grafischen Auswertungen beschäftigen, weil sich der grundsätzliche Arbeitsablauf und viele der in diesem Buch beschriebenen Methoden nicht oder nur geringfügig verändert haben. Der Großteil der Abbildungen wurde mit der Version Project 2003 erstellt.

Das Buch wurde so gegliedert, dass es dem Arbeitsablauf bei Verwendung der beschriebenen Programme entspricht. Das vereinfacht die Suche nach Hinweisen für den optimalen Umgang mit Microsoft Project. Die Beschreibung der einzelnen Arbeitsschritte wird durch Bilder ergänzt, was Ihnen die Umsetzung erleichtert.

1.2 Was ist nicht enthalten?

Nicht behandelt wird die Arbeit mit den verschiedenen Versionen von Microsoft Project Server, der bereits mit der Version Project 2000 als Project Central Server eingeführt wurde. Die Beschreibung von Project Server würde ein eigenes Buch füllen.

Trotzdem weise ich an einigen Stellen des Buches, wo es sich aus dem inhaltlichen Zusammenhang heraus ergibt, auf Besonderheiten bei Project Server hin.

Ebenfalls nicht enthalten ist das Thema VBA-Makros. Hier bin ich der Meinung, dass jemand, der Projekte planen und steuern muss, nicht die Zeit hat, sich intensiv mit der Erstellung von Makros zu befassen. Bei Bedarf wendet man sich am besten an die Administration.

1.3 Gliederung

Das Buch enthält insgesamt 19 Kapitel, die in sechs Teilen zusammengefasst sind. In den Kapiteln finden Sie alle Informationen, die Ihnen anhand detaillierter Beschreibungen sowie mit Tipps und Tricks helfen, Microsoft Project ganz individuell auf Ihren Bedarf anzupassen, sodass Sie damit optimal arbeiten können.

Teil 1

Der erste Teil enthält die Kapitel 2 bis 7 und behandelt das Thema Projektsteuerung. Es wird ein Grundverständnis von Funktionen und Aufgaben dieser wichtigen Organisationseinheit des Projektmanagements vermittelt.

Es wird kurz umrissen, welche Software-Pakete der Office-Familie, aber auch welche Plug-Ins, z.B. WBS-CHART-PRO oder PERTCHART-PRO, verwendet werden und welche Ergebnisse Sie erzielen können.

Darüber hinaus werden alle erforderlichen Einstellungen behandelt, die grundsätzlich *vor Beginn* der eigentlichen Arbeit mit Microsoft Project und Microsoft Office vorzunehmen sind. Diese Einstellungen gelten grundsätzlich bereits ab den 98er-Versionen von Windows, Office und Project. Und sie können genauso gut bei diesen schon recht alten Versionen angewendet werden.

Teil 2

Der zweite Teil umfasst die Kapitel 8 bis Kapitel 12. Hier werden die typischen Themen der Projektsteuerung behandelt und chronologisch auf die jeweils anzuwendenden Verfahren eingegangen. Das ist nötig, damit Ihre Planungen richtig gegliedert und konsequent so aufgebaut sind, dass sich eine klare Hierarchie aller Pläne Ihres Projekts ergibt. Nur wenn diese Hierarchie richtig aufgebaut wird, können Sie daraus den maximalen Nutzen bei der Durchführung Ihres Projekts ziehen.

Teil 3

Der dritte Teil enthält das sehr umfangreiche Kapitel 13, „Ressourcenplanung“.

Teil 4

Der vierte Teil enthält die Kapitel 14, „Basisplan speichern, Seite einrichten und drucken“, Kapitel 15, „Statusermittlung und Berichte“, und Kapitel 16, „Statusauswertungen“. Hier gehe ich ausführlich auf die Themen Projektstatuserfassung und -auswertung und daran gekoppelt auf Projektfortschrittsmessung, Auswertung, Steuerung und Berichterstattung ein.

Es wird genau beschrieben, wie sich mit automatisch generierten Statusberichten unter Verwendung von Microsoft Word und Microsoft Office Excel der erreichte Projektstatus erfassen und verteilen lässt. Auch die Verwendung der in Microsoft Project verfügbaren Standardberichte wird hier sehr ausführlich beschrieben.

Darüber hinaus zeige ich anhand vieler Beispiele, wie Sie auf einfache Art aus den in den Tabellen der Projektpläne enthaltenen Daten aussagekräftige Diagramme erzeugen können. Die Praxis hat gezeigt, dass grafische Auswertungen der Soll-Ist-Situation besonders aussagekräftig sind und sich auf deren Basis Korrekturmaßnahmen deutlich einfacher umsetzen lassen.

Teil 5

Kapitel 17 konzentriert sich ausschließlich auf die Änderungen und Neuerungen der aktuellen Version *Microsoft Office Project 2007 Standard*, die allerdings nicht auf den Project Server zugreifen kann. Wenn Sie mit Project Server arbeiten möchten, benötigen Sie die Professional Version von Project 2007.

Ausgenommen von der Beschreibung sind die Themen Einrichtung von Projekt- und Ressourcenkalendern, die als Unterpunkt in Teil 2, Kapitel 4, detailliert behandelt werden, und die erforderlichen Einstellungen im Menü *Extras/ Optionen*, die auch in Teil 2, Kapitel 5, in allen Einzelheiten vorgestellt werden.

Kapitel 18 enthält das Beispielprojekt. Hier wird ein komplettes Projekt mit allen Einzelschritten von der Angebotsanfrage bis zum aktualisierten Projekt unter Verwendung aller empfohlenen Arbeitstechniken detailliert durchgeplant. Damit erhalten Sie einen Eindruck, was bei richtiger Anwendung der beschriebenen Methoden und Verwendung der empfohlenen Software-Pakete möglich ist.

Teil 1

2 Projektsteuerung

Projektsteuerung ist eine der wesentlichen Aufgaben des Projektmanagements. Sie erfordert Fachkenntnisse, gepaart mit kaufmännischem Wissen, und zusätzlich eine gewisse Portion an grafischem Geschick, um die erforderlichen Unterlagen möglichst wirksam zu gestalten.

Sie finden hier unter anderem einen Vorschlag für eine geeignete, in vielen größeren und kleinen Projekten bewährte Projektorganisation und erhalten detaillierte Informationen über die zu verwendende Software und deren jeweiligen Verwendungszweck. Unter *www.awl.de/9783827326102.html* finden Sie Beispiele für entsprechende Terminpläne, Tabellen, Grafiken sowie Auszüge aus Statusberichten, die aus realen Projekten stammen.

2.1 Aufgaben in Projekten

Die Aufgabe der Projektsteuerung (engl. Project Control) wird meist von der Projektleitung übernommen. Meiner Erfahrung nach ist das keine sehr glückliche Entscheidung, weil der damit verbundene Aufwand oft unterschätzt wird. Bei kleineren Projekten kann die zusätzliche Arbeitsbelastung noch zu bewältigen sein. Bei größeren Projekten mit Laufzeiten von mehr als einem Jahr und mehreren beteiligten Firmen wird der Aufwand jedoch so hoch, dass eine einzelne Person, die noch weitere Aufgaben zu erfüllen hat, den entstehenden Arbeitsumfang nur noch unzureichend erledigen kann. Man sollte deshalb überlegen, ob es möglich ist, eine eigens für die Aufgabe der Projektsteuerung zuständige Person in das Projektteam aufzunehmen.

Des Weiteren ist Projektsteuerung erst dann richtig anwendbar, wenn im Unternehmen entsprechende Richtlinien vorhanden sind. Diese sollten als Bestandteil des QM-Handbuchs (Qualitätsmanagement-Handbuch) oder in Form eines Projektsteuerungsplanes (Project-Control-Plan) verfügbar sein.

Die letzte wichtige Voraussetzung sind möglichst klare Forderungen der Kunden, die im Rahmen eines Lastenheftes festgeschrieben sind. Gerade dieses Lastenheft wird aber relativ selten vollständig zur Verfügung gestellt, weil die

Auftraggeber bestrebt sind, möglichst lange freie Hand zu haben, und sich nicht *zu früh* festlegen wollen. Das macht die Aufgabe, ein Projekt richtig zu planen, verhältnismäßig schwierig, weil dann oft sehr wichtige Informationen fehlen und deshalb nur mit groben Annahmen begonnen werden kann. Das führt zu falschen Terminannahmen und undurchdachtem Ressourceneinsatz, ganz abgesehen von den oft unrealistisch eingeschätzten Kosten.

2.1.1 Projektorganisation

Entscheidend für die Leistungsfähigkeit des Projektteams sind die richtige Besetzung der wesentlichen Stellen im Projekt sowie die organisatorische Anbindung der Projektleitung an die Unternehmensstruktur. Die Erfahrung hat gezeigt, dass bereits eine kleine Gruppe von etwa drei bis fünf Personen, die noch nicht einmal zu hundert Prozent verplant sein müssen, in der Lage ist, auch größere Projekte erfolgreich zu managen.

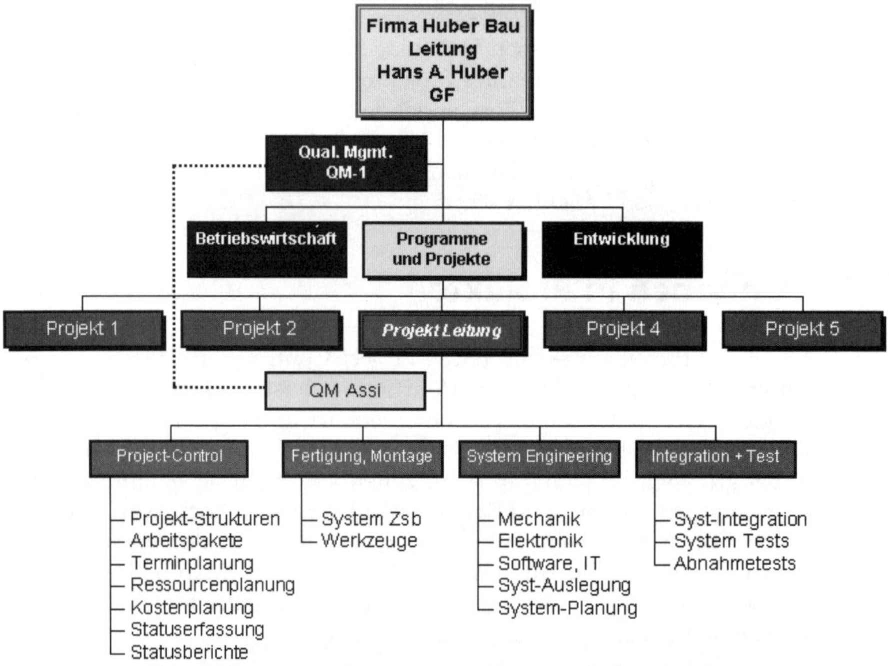

Abbildung 2.1: Vorschlag für die Eingliederung einer Projektorganisation in der Firma

Abbildung 2.1 zeigt die Eingliederung einer typischen Projektorganisation in die Organisation einer Firma, wobei alle Projektleitungen an eine Programmleitung berichten. Das ist eine Stelle, die für alle im Unternehmensbereich laufenden Projekte zuständig ist. Diese Organisationsform ist häufig bei mehreren gleichzeitig laufenden, größeren Projekten anzutreffen. Sie wird benötigt, damit auch die Projektleitungen selbst steuerbar bleiben, indem sie an diese ihnen vorgesetzte Stelle zu berichten haben. Damit wird in Extremsituationen erreicht, dass die übergeordnete Stelle wichtige Entscheidungen fällt, indem z.B. Prioritäten vergeben oder weitere Ressourcen für die Projekte bereitgestellt werden.

Alle wichtigen Positionen in einer Projektleitung sind mit einer verantwortlichen Person (*Key Personal*) zu besetzen. Diese muss jedoch nicht immer und auch nicht für die gesamte Projektdauer zu hundert Prozent dem Projekt zugeordnet sein. Die dafür infrage kommenden Personen sollten am besten in einem „Schlüsselpersonal-Verzeichnis" erfasst werden. So lassen sich bei der Besetzung leichter Personen mit entsprechender Erfahrung finden.

2.1.2 Projektorganisation aus PSP ableiten

Eine große Hilfe bei der Zusammenstellung eines Projektteams ist ein richtig aufgestellter Projektstrukturplan (PSP), aus dem für jede Projektphase die anstehenden Aufgaben und damit die benötigten Funktionen für das Projektteam ersichtlich sind. Durch gezielte Abfrage der einzelnen Positionen des Projektstrukturplans und Zuweisung der anstehenden Aufgaben zu verantwortlichen Personen kann eine optimale Projektorganisation zusammengestellt werden. In der Regel werden dabei folgende Rollen benötigt:

- *Qualitätsmanagement* wird durch eine in das Projektteam abgestellte Fachkraft vertreten, die im weitesten Sinn eine beratende Rolle hat. Damit lässt sich sicherstellen, dass alle QM-Vorgaben aus dem QM-Handbuch im Projekt berücksichtigt werden. Zuordnungen in einer Größenordnung von 10% bis 20% sind in den meisten Fällen ausreichend.
- *Projektsteuerung* arbeitet der Projektleitung zu und ist zu Projektbeginn meist sehr stark (oft bis zu 120%) ausgelastet. Bei gut laufenden Projekten kann die Auslastung zeitweise bis auf unter 50% abgesenkt werden. Zu ihren Aufgaben gehört es, die von der Projektleitung benötigten Informationen, wie z.B. Terminstatusberichte, Kosten-Soll-Ist-Vergleiche, aktualisierte Meilenstein-Trendanalysen etc., so aufzubereiten, dass erforderliche Unterlagen jederzeit und in der benötigten Form verfügbar sind.
- *Systems Engineering* ist die für alle technischen Belange zuständige Stelle, die oft auch die Stellvertretung der Projektleitung übernimmt. Von dieser Schlüsselposition aus werden alle technischen Aufgaben geplant, festgelegt und zur Bearbeitung an die entsprechenden Dienststellen verteilt. Hier ist fast immer eine 100% Zuordnung notwendig.
- *Integration & Test* ist von Anfang an dabei und ist die Schlüsselposition, von der sich die Projektsteuerung die wesentlichen Informationen für die Ablaufplanungen holt, wenn es um das Thema Gesamtsystem, also Zusammenbau, Integration und Verifikation, geht. Das ist besonders wichtig, weil hier alle Komponenten eines Projektes zu ganz bestimmten Zeitpunkten und mit eindeutigen Anschlussterminen benötigt werden.

Die Projektleitung selbst ist für den gesamten administrativen Teil zuständig und entweder der Firmenleitung direkt unterstellt, oder sie ist einer Programmleitung zugeordnet. Die Projektleitung erhält die nötige Unterschriftsberechtigung (i. V.) sowie weitere notwendige Rechte und ist das Bindeglied zwischen Projekt, Firma und dem Kunden.

Fertigung und Montage sind eine Stelle, die in Projekten nicht immer benötigt wird, die aber eine wesentliche Rolle spielt, wenn es um Informationen geht, die den Fertigungsprozess betreffen.

2.1.3 Aufwand für das Projektmanagement

In der Firma MBB (später DASA und heute EADS) wurden im Bereich Raumfahrt Untersuchungen an vielen erfolgreich abgeschlossenen Projekten durchgeführt, um herauszufinden, wie hoch der zeitliche Aufwand und damit auch die Kosten für das Projektmanagement und für die Projektsteuerung sind. Zweck dieser Untersuchungen war es, fundiertes Zahlenmaterial zu erstellen, um darauf basierend Plausibilitätsuntersuchungen und Kostenschätzungen für neu anlaufende Projekte durchführen zu können. Dabei zeigte sich, dass der zeitliche Aufwand sowohl vom Volumen des Projektes (in Euro) abhängt als auch von der jeweils gewählten Organisationsform des Projektteams. *Abbildung 2.2* und *Abbildung 2.3* zeigen die ermittelten Referenzwerte für ein Projektvolumen von 15.000 Euro bis 100 Mio. Euro.

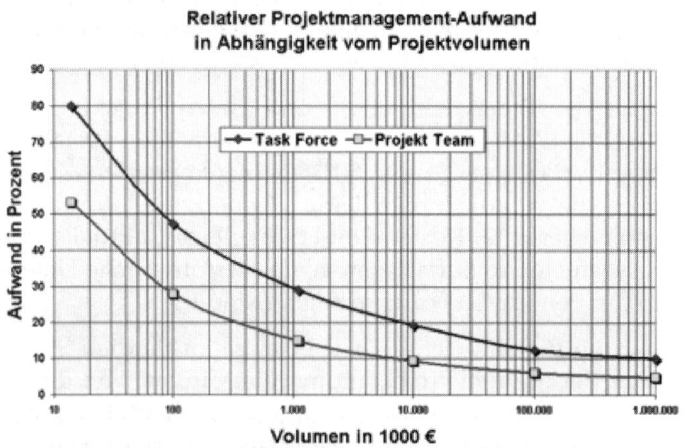

Abbildung 2.2: Relativer Aufwand für das Projektmanagement, wenn alle anstehenden Aufgaben zu 100% gemacht werden

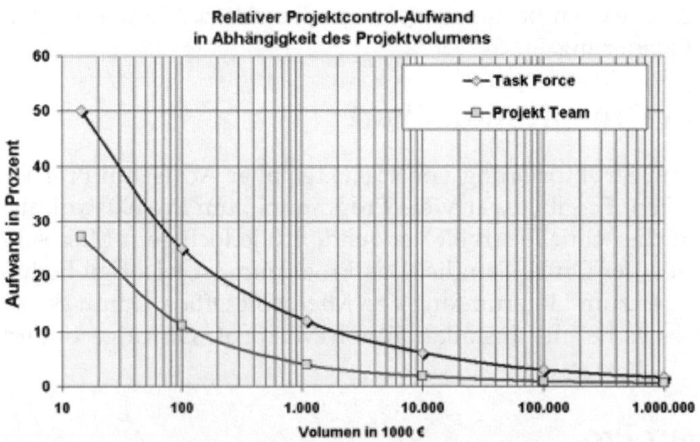

Abbildung 2.3: Relativer Aufwand für die Projektsteuerung, wenn alle anstehenden Aufgaben zu 100% gemacht werden

In vielen Projekten wird von der Auftraggeberseite erwartet, manchmal sogar als Bedingung vorgegeben, dass sich der Aufwand für das Projektmanagement und auch für die Projektsteuerung an den unteren Grenzwerten orientiert. Gerade bei der Projektsteuerung kann das zu Problemen führen. Der Aufwand für die richtige Umsetzung dieser Aufgabe liegt für Projekte einer Größe von über 10 Millionen Euro erfahrungsgemäß bei 3%. Bei kleinen Projekten, die ich gern als *Eintagsfliegen* bezeichne, ist der relative Aufwand jedoch sehr viel höher, wie die Kurven zeigen. Als Ausweg würde sich anbieten, dass mehrere kleine, gleichartige Projekte von einer Project-Control-Stelle gemeinsam geplant und gesteuert werden.

2.2 Die verwendeten Werkzeuge

In diesem Abschnitt finden Sie eine Aufstellung der für die Planung und Steuerung nutzbaren Werkzeuge der Office-Familie und ihre spezielle Anwendung.

2.2.1 Microsoft Project

Microsoft Project ist unabhängig von der verfügbaren Version eine universell einsetzbare Software für Termin-, Ressourcen- und Kostenplanung, die sehr gute Möglichkeiten bietet, auch große Projekte mithilfe einer sogenannten *modularen Planung* bei relativ niedrigem Aufwand abzuwickeln.

Modulare Planung bedeutet, dass statt eines großen Terminplans mehrere kleine, leicht überschaubare Terminpläne mit klar definierten Schnittstellen wie ein Mosaik zusammengesetzt werden. Ein wesentliches Hilfsmittel, um die Inhalte dieser einzelnen Pläne exakt zu bestimmen, ist der *Projektstrukturplan* mit seiner entsprechenden Gliederung.

2.2.2 Microsoft Organization Chart

Für die Gliederung und Strukturierung von Projekten aller Art ist ein Projektstrukturplan unerlässlich. Es gibt zwar viele Programme, um Projektstrukturpläne zu erstellen, für die schnelle Arbeit verwende ich jedoch gern Microsoft Organization Chart aus der Office-Familie. Das Programm ist leicht zu bedienen und gehört seit jeher zum Lieferumfang von Microsoft Office. Damit es zur Verfügung steht, muss es bei der Installation von Microsoft Office gesondert ausgewählt werden.

2.2.3 WBS Chart Pro

Das Programm *WBS Chart Pro* (Work Breakdown Structure Professional der Firma Critical Tools, Austin Texas) ist ein spezielles Werkzeug das sich sehr gut verwenden lässt, um aus dem Projektstrukturplan eines Projektes direkt den passenden Terminplan mit Microsoft Project zu erzeugen. Dafür ist nichts weiter nötig als der Befehl, die erstellten Daten an Microsoft Project zu übergeben.

WBS Chart Pro kommuniziert bidirektional mit Microsoft Project, wobei es automatisch die jeweils zuletzt installierte Project-Version findet. Der Aufbau der Verbindung zu Microsoft Project erfolgt ebenfalls automatisch und wird durch Menüführung und einen Assistenten sehr gut unterstützt.

WBS Chart Pro kann aus dem Internet von der Homepage des Herstellers unter *www.criticaltools.com* heruntergeladen werden und läuft nach Installation zunächst im Demo-Modus.

2.2.4 Microsoft Word

Microsoft Word wird eingesetzt, um Arbeitspaketbeschreibungen mithilfe von Formularen zu erstellen, daraus dann die entsprechenden Terminpläne unter Verwendung von DDE (Dynamic Data Exchange) in Microsoft Project zu erzeugen und mit den Quelldaten zu verknüpfen.

Auch für die Erstellung von Statusberichten ist der dynamische Datenaustausch sehr hilfreich, weil damit auch grafische Auswertungen aus Excel automatisch übernommen und in einem Textdokument dargestellt werden können. Hierdurch wird es möglich, dass sich Statusberichte bei Bedarf weitgehend automatisch aktualisieren lassen.

Detailinformationen, wie Sie DDE bei der Projektarbeit nützen können, finden Sie weiter unten in den entsprechenden *Kapiteln 7, 15 und 16.*

2.2.5 Microsoft Excel

Microsoft Excel eignet sich als weiteres Programm der Office-Familie ganz hervorragend zur Erstellung von Managementinformationen, die durch ihre grafische Darstellung eine wirkungsvolle Präsentation wichtiger Informationen ermöglichen. Hierzu gehören unter anderem die Meilenstein-Trendanalyse (MTA), der Kosten-Soll-Ist-Vergleich, der Aufwand-Soll-Ist-Vergleich und die Ertragswertanalysen. Detailinformationen hierzu finden Sie in *Kapitel 16, Statusauswertungen.*

2.2.6 Microsoft Access

Microsoft Access eignet sich unter anderem sehr gut für den Datenaustausch zwischen Partnerfirmen und dem Projekt mithilfe von Datenbanksystemen. Eine solche Lösung kann interessant sein, wenn die Firmen räumlich weit voneinander entfernt sind und zum Beispiel kein Microsoft Project Server verfügbar ist. Ein Ingenieurbüro in Stuttgart hatte das Problem, dass es alle Varianten von Planungen bei seinen Projekten gab. Wir haben das so gelöst, dass als *Pförtner* eine Oracle-Datenbank fungierte. Von dort konnten die Informationen durch Access übernommen, in Microsoft Project geöffnet und verarbeitet werden. Die Ergebnisse gingen über dieselbe Verbindung zurück an die Stellen (*Firmen, Abteilungen oder Personen*), deren Daten hier verarbeitet wurden.

Auch bei der Erfassung von Statusinformationen kann Access sehr gut eingesetzt werden. Es lassen sich einfach zu handhabende, individuelle Formulare für die Eingabe von Istwerten erstellen. Die daraus entstehenden Daten können von Microsoft Project gelesen und dort weiter verarbeitet werden.

Für die Erstellung der nötigen Abfragen, Formulare und Berichte aus den von Microsoft Project automatisch generierten Tabellen wird allerdings Fachpersonal benötigt, das die dafür erforderliche Erfahrung hat.

3 Generelle Planungsprozedur

Um unliebsame Überraschungen zu vermeiden, ist es unbedingt erforderlich, bei der Planung ein bestimmtes Vorgehen einzuhalten. Außerdem sind für die erfolgreiche Arbeit mit Microsoft Project einige wesentliche Grundeinstellungen erforderlich. Dabei ist es nicht bei jedem neuen Projekt nötig, alle Einstellungen komplett neu einzugeben, sondern es sind nur die vom bisherigen Standard abweichenden Änderungen vorzunehmen.

Microsoft Project speichert alle geltenden Einträge in der globalen Vorlagendatei *Global.mpt*. Sie können die Standardeinstellungen unter *Extras/Optionen* in den jeweiligen Registerkarten ändern, indem Sie die Einstellungen anpassen und mithilfe der Schaltfläche *Standard setzen* als Standard übernehmen, *siehe Kapitel 5, Grundeinstellungen*.

> **Hinweis** Alle Standardeinstellungen bleiben so lange erhalten, bis sie bewusst verändert werden. Hier ist also Vorsicht geboten, weil es vorkommen kann, dass Standardeinstellungen gewählt wurden, die bei späteren Projekten Probleme schaffen können, zum Beispiel die besonders kritischen Kalendereinstellungen.

Eine Sicherungsdatei *Backup.mpt* mit den ursprünglichen Einstellungen zum Zeitpunkt der ersten Installation ist jeweils im Stammverzeichnis von Microsoft Project2003/2007 zu finden, sofern Sie die *Global.mpt* kopiert und als *Backup.mpt* gespeichert haben, *bevor* irgendwelche Einstellungen vorgenommen wurden. Diese Backup.mpt kann bei Bedarf jederzeit aktualisiert werden, um auch die Veränderungen zu sichern. Am einfachsten gelingt das, indem man die aktuelle *Global.mpt* unter einem beliebigen Namen speichert und anschließend umbenennt. Es kann zwischen zwei Varianten gewählt werden: entweder *Backup.mpt* oder alternativ *Global.bak*.

3.1 Standardablauf einer neuen Planung

Der hier beschriebene Standardablauf ist die Grundlage für die nachfolgenden Kapitel, die sich inhaltlich an dieser Systematik orientieren. Damit wird sichergestellt, dass Sie zu den einzelnen Arbeitsschritten schnell die passenden Informationen finden können.

- **Projektdatei erstellen und Kalender anlegen**
  - Microsoft Project starten und mit *Datei/Neu* eine Vorlagendatei oder mit dem Symbol für eine neue Datei einen neuen Plan öffnen
  - Betriebskalender und Projektkalender anlegen (*Extras/Arbeitszeit ändern*), Feiertage und bewegliche Feste eintragen, Brückentage ebenfalls eintragen, soweit sie arbeitsfrei sind
  - Die Projektinformationen im Menü *Projekt/Projektinfo* entsprechend ausfüllen, eventuell sogar die Planungsrichtung einstellen (vom Anfangstermin oder vom Endtermin berechnen)
  - Hier auch den richtigen *Kalender* laden
  - Den noch nicht bearbeiteten Plan unter passendem Namen speichern und die ersten fünf Einträge unter *Datei/Eigenschaften* ausfüllen
  - Die insgesamt zehn Registerkarten für die wesentlichen Einstellungen öffnen (*Extras/Optionen*), entsprechend Ihren Anforderungen einstellen und wo möglich diese Einstellungen als Standard festlegen
- **Vorlagen anpassen und formatieren**
  - Text und Textarten formatieren
  - Balkenarten und Meilensteine anpassen, formatieren
  - Tabellen anpassen soweit erforderlich
  - Anlegen und anpassen von drei neuen Symbolleisten (*Extras/Anpassen/Symbolleisten*)
  - Anpassen von Feldern, um spezielle Berechnungen zu ermöglichen (*Extras/Anpassen/Felder*)
  - Anpassen von Filtern (*Projekt/Filter*)
  - Anpassen von Ansichten (*Ansicht/Weitere Ansichten*), um neue, veränderte Einstellungen darzustellen
  - Organisieren aller geänderten Komponenten

- **Planung durchführen**
  - Erstellen eines Rahmenterminplans (*RTP*) für das gesamte Projekt mit allen vorgegebenen Meilensteinen und Design-Reviews
  - Hierarchische Strukturierung des Projektes in einem Projektstrukturplan anhand der Phasen und weiterer Details, wie sie in einem Rahmenterminplan dargestellt sind
  - Arbeitspakete anhand der Projektstruktur festlegen und beschreiben
  - Anlegen eines Ressourcenpools, also aller für das Projekt einsetzbarer Personen, Anlagen und Einrichtungen inklusive der jeweiligen Kalender und Kostensätze
  - Unter Verwendung von dynamischem Datenaustausch (DDE) Terminpläne für die Arbeitspakete erstellen
  - Ressourcen als gemeinsam nutzbar definieren, zuordnen und bei Engpässen abgleichen
  - Detailpläne als Teilprojekte in den Rahmenterminplan einbetten und die gesamte Planung nochmals im Hinblick auf Terminsituation und Kosten abstimmen.
  - Wenn die Planung stimmt, die gesamte Planung als Basisplan festlegen
- **Projekt überwachen**
  - Festlegen der Überwachungsprozedur und danach zyklische Statuserfassung auf der untersten Planungsebene jeweils für die aktiven Arbeitspakete
  - Darstellung, Auswertung des Projektstatus mithilfe grafischer Darstellungen wie Meilenstein-Trendanalysen, Kosten der Soll-Ist-Vergleiche, Ertragswertanalysen und andere geeignete Auswertungen
  - Soweit erforderlich, Zusammenstellung des Statusberichts für das Projekt, wiederum entsprechend vorhandener Projektmanagementprozeduren

Für die erfolgreiche Arbeit mit Microsoft Project sind einige wesentliche Grundeinstellungen unbedingt erforderlich. Viele davon gelten unverändert auch für nachfolgende Projekte, auch wenn Sie Microsoft Project 2007 verwenden. Es ist deshalb sinnvoll, sie zu Beginn anzupassen.

Andere Einstellungen werden bei der Projektarbeit immer wieder geringfügig zu ändern sein. Das ist jedoch relativ einfach, wenn die Basiswerte bereits vorhanden sind, da nur noch die Abweichungen nachzutragen sind.

3.2 Technische Daten von Microsoft Project

Die technischen Daten von Microsoft Project findet man in der *Microsoft Project-Hilfe* unter der entsprechenden Rubrik, wie die nachfolgenden Abbildungen zeigen.

3.2.1 Spezifikationen

Die schnellste Möglichkeit, nach den Spezifikationen für Microsoft Project 2003 zu suchen, ist der Aufruf der Hilfefunktion mit F1. Wenn Sie den Begriff „Spezifikationen" in das Suchfeld eintragen, erhalten Sie Informationen über die maximale Anzahl von Vorgängen und Ressourcen in einem Projekt, aber auch über die Größe von Zuordnungseinheiten und anderen für die Arbeit mit Microsoft Project wichtigen Daten.

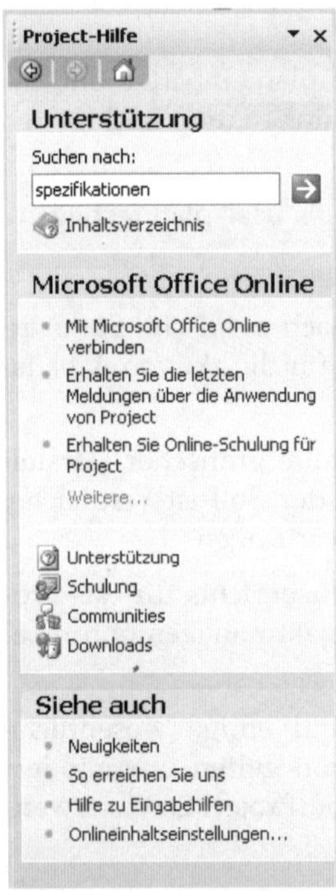

Abbildung 3.1: Suche nach Spezifikationen

Microsoft Project-Hilfe

Spezifikationen für Project

Die folgenden Spezifikationen und Grenzwerte werden beim Ausführen von Microsoft Office Project 2003 unter Microsoft Windows 2000 Professional SP3 oder Windows XP unterstützt. Die tatsächlichen Grenzwerte hängen jedoch von der Konfiguration des Computers ab. Beachten Sie, dass der Fehler **Nicht genügend Arbeitsspeicher** auftreten kann, bevor Sie die aufgeführten Grenzwerte erreicht haben.

Attribut	Maximum
Vorgänge pro Projektdatei	1 Million
Ressourcen pro Projekt	1 Million
Ressourceneinheiten pro Zuordnung	60.000.000 Einheiten oder 6.000.000.000 %
Ressourcenverfügbarkeitsdaten	100
Anordnungsbeziehungen pro Projektdatei	Unbegrenzt
Vorgänger pro Vorgang	Unbegrenzt
Nachfolger pro Vorgang	Unbegrenzt
Gliederungsebenen pro Projekt	65.535
Zusammengeführte Projekte	998
Geöffnete Projektdateien pro zusammengeführtem Projekt	998
Mit einem Ressourcenpool verbundene Mitbenutzerdateien	999 (d.h. maximale Anzahl geöffneter Projektdateien minus 1 für den Ressourcenpool selbst)
Geöffnete Fenster	50
Basiskalender	Unbegrenzt
Kalenderausnahmen pro Kalender	1.400
Druckbare Vorgänge im Monatskalender	4.000
Kostensatztabellen für verschiedene Gehaltstarife und -sätze	5 pro Ressource
Variable Sätze pro Kostensatztabelle für Anstieg bzw. Abnahme von Sätzen	25
Kostenwert in einem Währungsfeld	999.999.999.999,99
Arbeitswert	1.666.666.667 Stunden
Zuordnungsarbeitswert für:	

Abbildung 3.2: Spezifikationen, Teil 1

Microsoft Project-Hilfe

Kostensatztabellen für verschiedene Gehaltstarife und -sätze	5 pro Ressource
Variable Sätze pro Kostensatztabelle für Anstieg bzw. Abnahme von Sätzen	25
Kostenwert in einem Währungsfeld	999.999.999.999,99
Arbeitswert	1.666.666.667 Stunden
Zuordnungsarbeitswert für:	
• Arbeitszuordnungen	999.999.999 Minuten
• Variable Materialzuordnungen	999.999.999 Einheiten
• Feste Materialzuordnungen	60.000.000 Einheiten
Zellen und Balken, die direkt formatiert werden können	64.000
Bereich der einstellbaren Druckskalierung in Prozent	10 bis 500 Prozent
Kopfzeilentext	5 Zeilen
Fußzeilentext	3 Zeilen
Seitenlegendentext	3 Zeilen
Breite des Textfeldes für Seitenlegende	12,7 Zentimeter (5 Zoll)
Filtertests pro Filter	40
Filtertests pro AutoFilter	2 pro Spalte
Frühestes für Berechnung zulässiges Datum	1. Januar 1984
Spätestes für Berechnung zulässiges Datum	31. Dezember 2049
Nicht zusammenhängende Markierungen in einer Tabellenansicht	9
Basispläne	11
Zeichen in einem Textfeld	255
Zeichen in einem Gliederungscodefeld	255
Werte und Zeichen in einem Feld **Enterprise-Ressource - Mehrere Werte**	255 Werte mit je 255 Zeichen
Stellen in einem Zahlenfeld	999.999.999.999,99

Abbildung 3.3: Spezifikationen, Teil 2

3.2.2 Dateiformate

Wer des Öfteren Daten aus Microsoft Project zu anderen Anwendungen exportieren möchte oder Daten von anderen Anwendungen importieren muss, findet die gewünschten Informationen ebenfalls mithilfe der Suchfunktion in Project 2003 und 2007 unter dem Stichwort „Dateiformate".

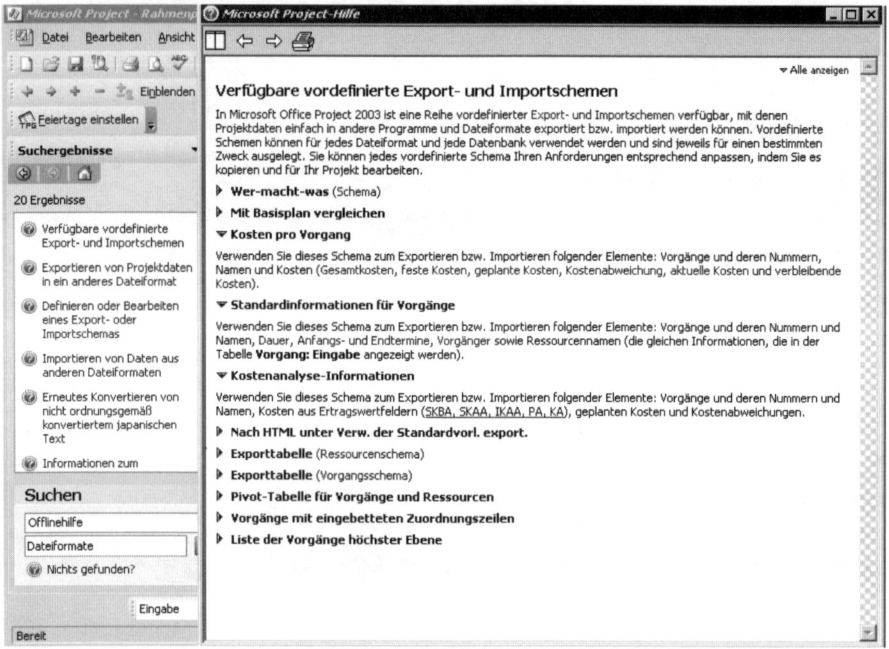

Abbildung 3.4: Nutzbare Dateiformate

Für weitere Informationen zu Dateiformaten und Leistungsparametern kann zusätzlich die Online-Hilfe genutzt werden.

4 Kalender einrichten

Das Einrichten der Kalender ist bei der Arbeit mit Microsoft Project eine wichtige und grundlegende Aufgabe, die mit entsprechender Sorgfalt auszuführen ist. Bereits kleine Fehler in den Kalendern können gewaltige Abweichungen bei den Terminen und ganz besonders bei den Kosten verursachen.

Hinweis Deshalb als Empfehlung für alle, die mit Microsoft Project arbeiten wollen: Legen Sie unbedingt einen Kalender an, der den effektiven Arbeitszeiten Ihrer Firma entspricht und der auch für das neue Projekt verwendet werden soll. Legen Sie diesen Kalender so an, dass er die Zeitspanne des geplanten Projekts umfasst, und erweitern Sie ihn dann zur Sicherheit um mindestens ein weiteres Jahr. Und geben Sie diesem Kalender einen Namen, der entweder auf die Firma hinweist oder auf das Projekt. Der Name *Standard* wäre auf keinen Fall die richtige Lösung!

Falls es extern abgewickelte Teilprojekte gibt, ist es sinnvoll, auch dafür Kalender anzulegen, um gegebenenfalls die betreffenden Projekte selbst planen, überwachen und steuern zu können. Für die Namensgebung gilt auch hier das oben Gesagte. Bei externen Projekten würde ich auf jeden Fall den Namen der Firma für den Kalender verwenden.

4.1 Kalender in Microsoft Project 2003 anlegen

Nach dem Aufruf des Menübefehls *Extras/Arbeitszeit ändern* für die Einstellung vorhandener bzw. das Anlegen neuer Kalender erscheint das Dialogfeld zur Einstellung oder Änderung der vorhandenen Standardkalender: *24 Stunden, Nachtschicht* und *Standard.*

Mit diesen Kalendern kann im Normalfall kein neu anlaufendes Projekt geplant werden, da die Voreinstellungen in vielen Firmen nicht zu verwenden sind: Die Arbeitszeit beträgt acht Stunden pro Tag mit einer zusätzlichen Stunde Mittagspause zwischen 12:00 und 13:00 Uhr. Die normale Arbeitszeit beginnt um 8:00 h und endet um 17:00 h, die Wochenstunden sind auf 40 Stunden fixiert. Außerdem enthält der Standardkalender keine Feiertage.

Die fast immer nötige Anpassung der Projektkalender ist im Allgemeinen Sache der Projektsteuerung. Es wird erforderlich, die beweglichen Feste des jeweiligen Bundeslandes zu erfassen und als arbeitsfreie Tage einzutragen; und das nicht nur für ein paar Monate, sondern am besten gleich für die geplante Laufzeit des Projektes plus ein weiteres Jahr zur Sicherheit.

Die nachfolgenden Abbildungen zeigen die einzelnen Schritte als chronologischen Ablauf und können als eine Art bebilderter Leitfaden verwendet werden.

4.1.1 Neuen Kalender erzeugen

Öffnen Sie zunächst mit *Extras/Arbeitszeit ändern…* das Dialogfeld zur Anpassung von Kalendern.

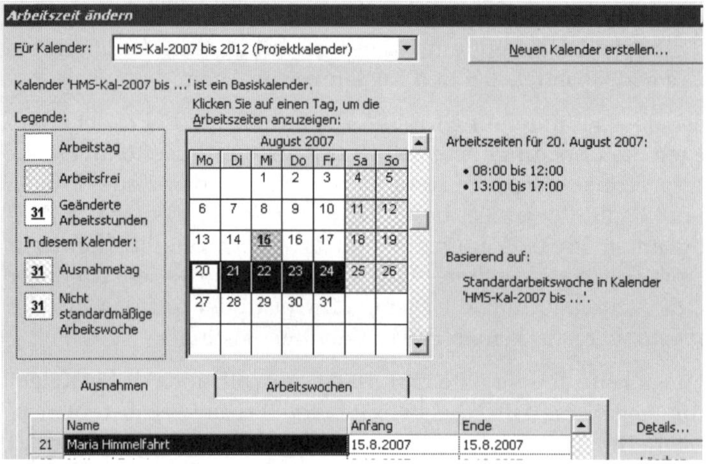

Abbildung 4.1: Das Dialogfeld zum Anpassen der Kalender

Klicken Sie auf die Schaltfläche *Neu…*, um einen neuen Basiskalender zu erstellen.

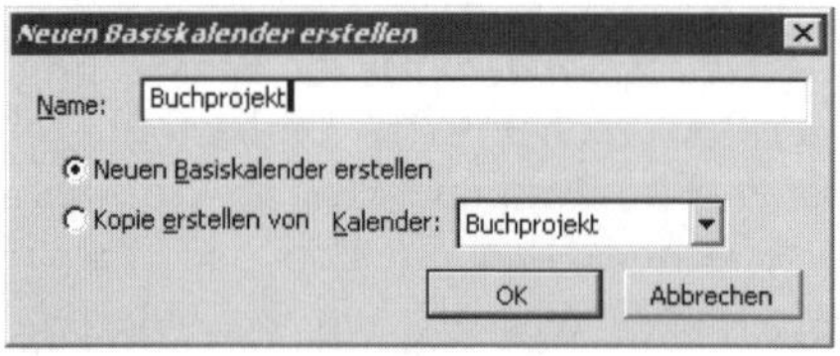

Abbildung 4.2: Neuen Basiskalender anlegen und benennen

4.1.2 Feineinstellung des Kalenders

Dann öffnen Sie unter *Optionen* (*Abbildung 4.3*) das Register für die Feineinstellungen des neuen Kalenders, um die *Standardanfangszeit*, die *Standardendzeit*, die *Stunden pro Tag*, die *Stunden pro Woche* und die *Tage pro Monat* einzutragen.

Hinweis Es sollte sichergestellt werden, dass die Tagesstunden jeweils einem Wert von einem Fünftel der Wochenstunden entsprechen (1 Tag = 0,2 Wochen). Sonst kann es zu leichten Unstimmigkeiten bei der Umrechnung der Dauer von Tagen in Wochen kommen. Falls Microsoft Project z.B. bei Eingabe einer Dauer von einem Tag statt der richtigen 0,2 W eine Dauer von 0,21 W oder 0,19 W errechnet, sollten Sie die Einstellungen überprüfen. Korrigieren lässt sich das Problem, indem Sie die Werte für Tagesbeginn, Mittagspause und Tagesende überprüfen und entsprechend verändern.

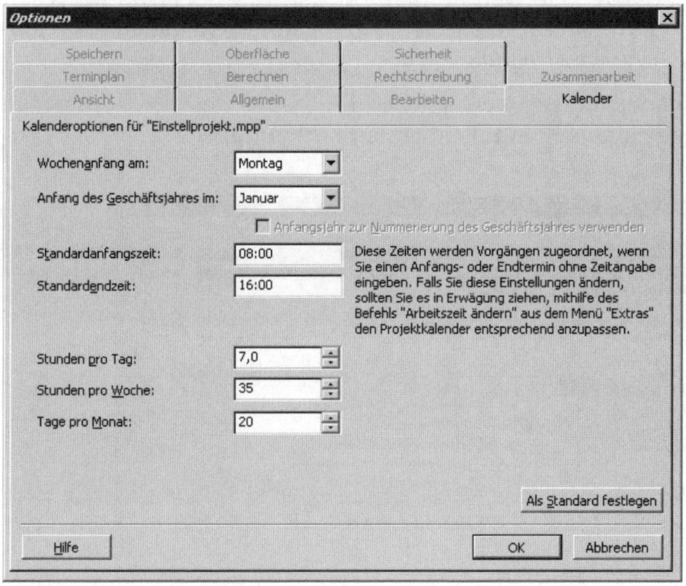

Abbildung 4.3: Kalenderoptionen einstellen

Achten Sie darauf, dass die Einstellungen für die Standardanfangszeit und die Standardendzeit der Tagesarbeitszeit entsprechen. Das Gleiche gilt für die Stunden pro Tag und die Stunden pro Woche. Bei Verwendung einer Dauer von einem Monat ergeben sich keine ganz exakten Termine für die betroffenen Vorgänge, weil hier die Dauer auf 20 Tage abgerundet wird (1 Monat = 4 Wochen und 1 Woche = 5 Tage).

Achtung Wenn ein Projekt nicht nach dem normalen Projektkalender ablaufen wird, sondern im Schichtbetrieb, sind spezielle Einstellungen erforderlich. Diese sind in einem eigenen Unterpunkt in *Kapitel 9* genau beschrieben.

4.1.3 Feiertage und Brückentage einfügen

Als Nächstes müssen die arbeitsfreien Tage für ein oder mehrere Jahre eingetragen werden. Dafür haben Sie zwei Möglichkeiten: Sie tragen diese von Hand in das Kalenderblatt ein, indem Sie die Tage nacheinander im Kalenderblatt markieren und als *Arbeitsfreie Zeit* kennzeichnen, oder Sie verwenden das Add-In *SetHolidays*, um die Feiertage für den benötigten Kalender zu erstellen. Es steht im Internet unter http://theprojectgroup.com zum Download bereit und kann kostenlos heruntergeladen und verwendet werden. Nach der Installation lassen sich die Feiertage für alle Bundesländer und die benötigte Zeitspanne auswählen. Die arbeitsfreien Tage werden dann in den Kalender von Microsoft Project und auch in den von *Microsoft Outlook* eingefügt. Wie Sie mit SetHolidays arbeiten können, zeigt *Abbildung 4.4*.

Nachdem der Kalender mit den beweglichen Feiertagen ergänzt wurde, sind noch die Brückentage manuell im Kalenderblatt nachzutragen.

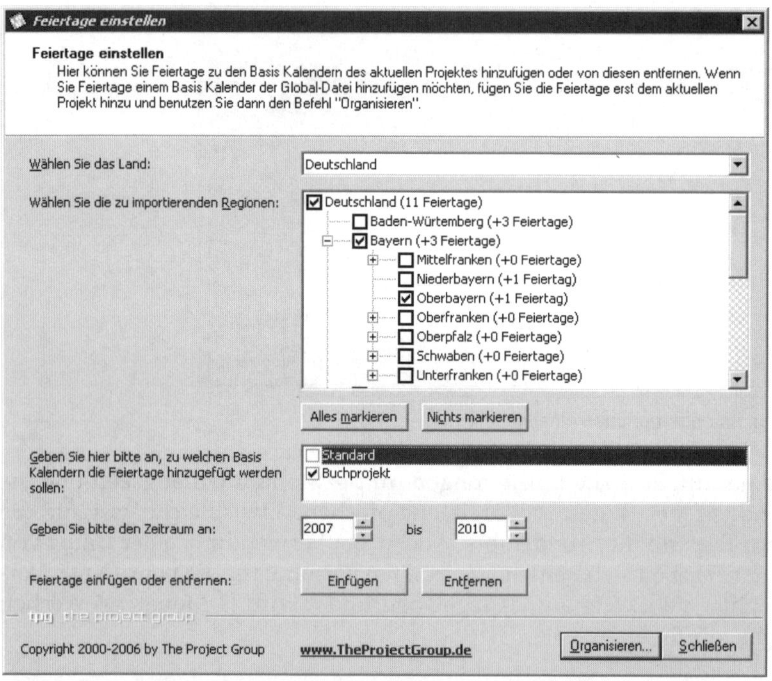

Abbildung 4.4: Feiertage automatisch mit dem Add-In „SetHolidays" generieren

4.1.4 Tagesarbeitszeit einstellen

Im nächsten Schritt werden die Arbeitszeiten der einzelnen Wochentage überprüft und falls erforderlich angepasst. Sie müssen mit den unter *Optionen* eingetragenen Tagesarbeitszeiten übereinstimmen, damit es nicht zu Rechenfehlern kommt, wenn Sie den Aufwand und die Kosten berechnen. Die Arbeitszeiten legen Sie in Microsoft Project 2003 fest, indem Sie die Bezeichnung des Wochentags im oberen Teil des Kalenderfensters markieren (zum Beispiel *Mi*) und nachfolgend die Anfangs- und Endzeiten für die Arbeit und die Pausen oder Schichten korrigieren, soweit diese berücksichtigt werden sollen.

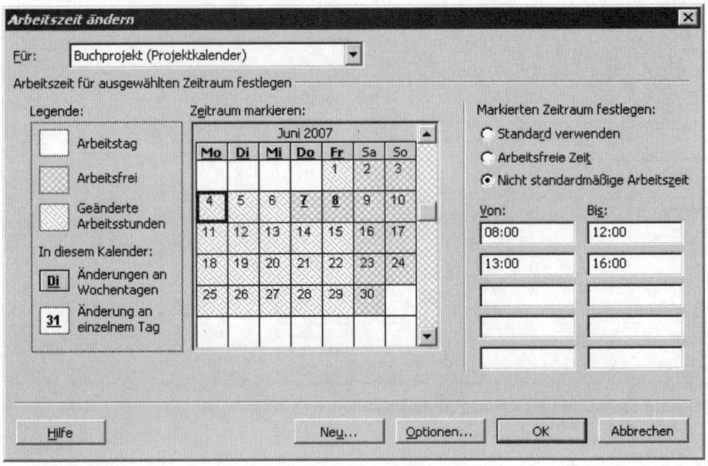

Abbildung 4.5: Der fertige Kalender in Project 2003

4.2 Kalender in Microsoft Project 2007 anlegen

Die Schritte, um einen neuen Basiskalender zu erstellen und die Feineinstellungen vorzunehmen, sind für Project 2007 die gleichen wie für Project 2003. Sie können sich dabei also an der voranstehenden Anleitung orientieren. Auch das Add-In *SetHolidays* können Sie in Project 2007 verwenden.

In Project 2007 ist es allerdings erstmals möglich, Feiertage sowie arbeitsfreie Tage oder ganze Perioden in der Liste der arbeitsfreien Tage namentlich zu erfassen, siehe *Abbildung 4.6*.

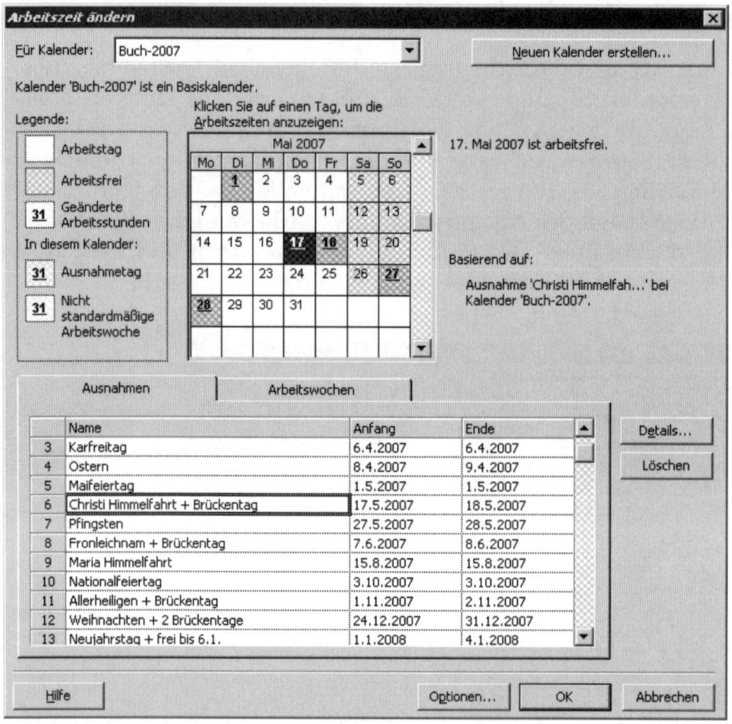

Abbildung 4.6: Bewegliche Feste und Feiertage benennen

4.2.1 Feiertage einfügen

Nachdem Sie, wie bei Project 2003 beschrieben, einen neuen Kalender erstellt und unter *Optionen* die Feineinstellungen vorgenommen haben, müssen Sie noch die Feiertage sowie die Brückentage in den Kalender eingeben. Genau wie bei Project 2003 gibt es dafür zwei Möglichkeiten: Sie tragen diese von Hand in das Kalenderblatt ein, oder Sie verwenden das bereits beschriebene Add-In *SetHolidays*, um die Feiertage für den benötigten Kalender zu erstellen. Die Namen der Feiertage müssen Sie in diesem Fall allerdings manuell nachtragen, da das Add-In in der Spalte *Name* lediglich den Text *„unbenannt"* als Platzhalter einträgt.

Um manuell Feiertage und Brückentage in einen neuen Kalender einzutragen, markieren Sie diese einzeln im Dialogfeld des Kalenders, und geben Sie den jeweiligen Namen in der dafür vorgesehenen Zeile im Register *Ausnahmen* ein. Standardmäßig wird dieser Eintrag auf „Arbeitsfrei" gesetzt.

Wenn Sie für den markierten Tag oder eine markierte Periode die Arbeitszeit ändern möchten, müssen Sie die Zeile mit dem Namen auswählen und dann durch Anklicken der Schaltfläche *Details* das Dialogfeld zur Anpassung der Arbeitszeiten öffnen, siehe *Abbildung 4.7*.

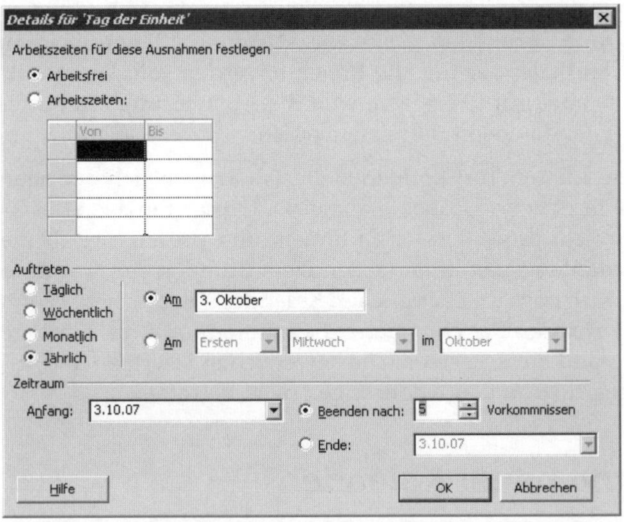

Abbildung 4.7: Feineinstellung geänderter Arbeitszeiten oder Feiertage

4.2.2 Tagesarbeitszeit einstellen

Damit es nicht zu Rechenfehlern kommt, wenn Sie den Aufwand und die Kosten berechnen, müssen die Arbeitszeiten der einzelnen Wochentage mit den Zeiten übereinstimmen, die Sie beim Erstellen des Kalenders unter *Optionen* eingetragen haben. Um die Tagesarbeitszeiten einzustellen, wählen Sie im Kalender-Dialog das Register *Arbeitswochen*, markieren Sie den Eintrag, für den Sie die Arbeitszeiten ändern wollen, und klicken Sie auf die Schaltfläche *Details*. Es öffnet sich ein Dialogfenster, in dem Sie Arbeitsbeginn und -ende sowie Mittagspause für die Arbeitswoche festlegen können, siehe *Abbildung 4.8*.

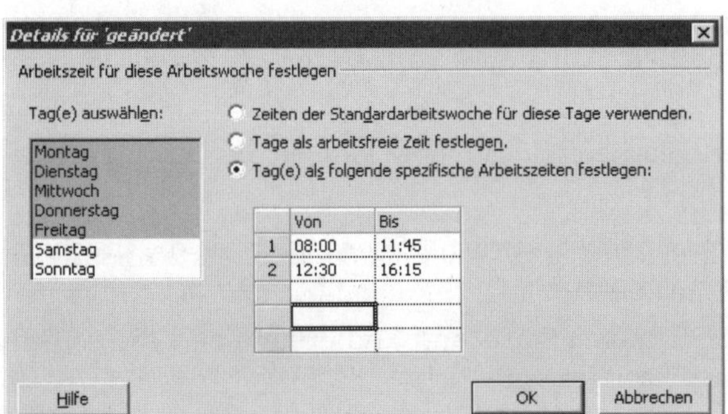

Abbildung 4.8: Arbeitszeiten der Arbeitswoche ändern

Wenn Sie auch diese Einstellungen vorgenommen haben, ist der Kalender fertig, und Sie können mit *Als Standard festlegen* (siehe *Abbildung 4.3*) entscheiden, ob er ab jetzt zum Standardkalender für alle Projekte werden soll. Diese Entscheidung sollten Sie sich aber gut überlegen, weil die Auswirkung auf bestehende Projekte unter Umständen nicht vorhersehbar ist.

Achtung Mit einem kurzen Test können Sie feststellen, ob sich der neue Kalender negativ auf bestehende Projekte auswirkt. Öffnen Sie dazu bei einem vorhandenen Projekt die Kalender-Optionen, und prüfen Sie, ob die Einträge für Standardanfangszeit, Standardendzeit, Stunden pro Tag und Stunden pro Woche noch dem ursprünglichen Kalender entsprechen. Wenn das nicht der Fall ist, müssen Sie korrigierend eingreifen und die Einträge auf den Ausgangszustand zurücksetzen. Die beweglichen Feiertage und andere arbeitsfreie Tage sind von den Änderungen nicht betroffen.

4.3 Überprüfung neuer Kalender

Nachdem ein neuer Kalender angelegt wurde und *bevor* dieser Kalender allen weiteren Projekten verfügbar gemacht wird, sollte überprüft werden, ob alle Einstellungen richtig vorgenommen wurden und ob die Ergebnisse bei Anwendung dieses Kalenders realistisch sind. Dazu geben Sie Vorgänge mit verschiedener Dauer ein und überprüfen anschließend die errechneten Termine.

Hinweis Zur Überprüfung:

- Stellen Sie unter *Extras/Optionen/Ansicht* das Kalenderdatum so ein, dass die Uhrzeit für Anfang und Ende mit angezeigt wird.
- Offnen Sie einen neuen Terminplan.
- Wählen Sie unter *Projekt/Projektinfo* den zu prüfenden Kalender aus.
- Einen Anfangstermin brauchen Sie nicht einzutragen.
- Jetzt tragen Sie einige Vorgänge ein und variieren deren Dauer von einigen Minuten über Stunden, halbe oder ganze Tage bis hin zu Wochen und Monaten.
- Je stärker Sie die Werte variieren, desto eher können Sie Unstimmigkeiten finden.
- Verknüpfen Sie die Vorgänge willkürlich, aber so, dass Sie die Ergebnisse auch nachvollziehen können.
- Überprüfen Sie die errechneten Start- und Endtermine und die berechnete Uhrzeit zu jedem dieser Termine.
- Korrigieren Sie, falls erforderlich, den Kalender, und überprüfen Sie nochmals.

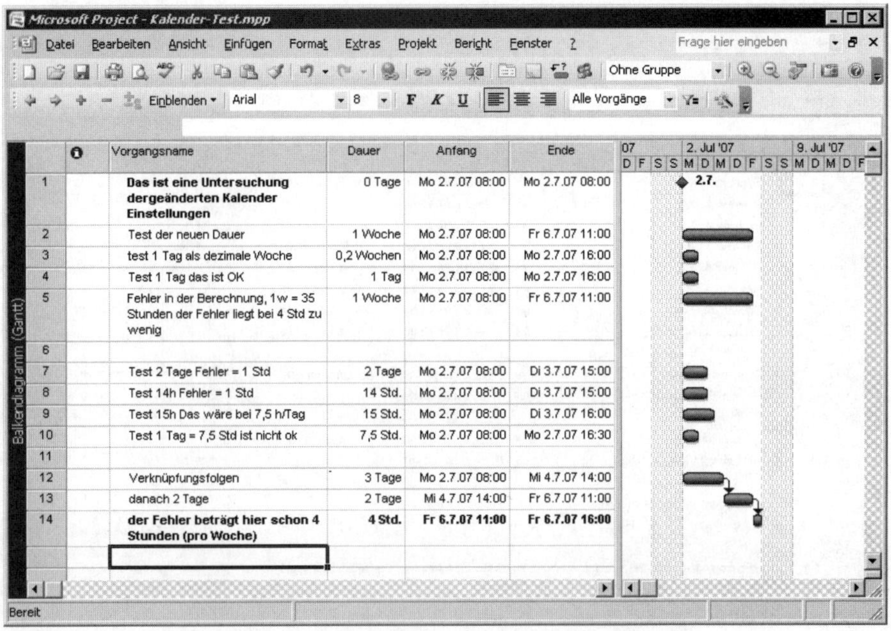

Abbildung 4.9: Fehlerhafter Kalender und die Auswirkungen bei einem Test

Im Beispiel von *Abbildung 4.9* ergeben sich zum Teil deutliche Abweichungen zwischen der errechneten und der vom Programm angezeigten Dauer. Um den Fehler zu finden, müssen alle Einstellungen unter *Details…* und *Optionen…* im Kalender-Dialogfeld nochmals überprüft werden. Im vorliegenden Fall war in den Kalenderoptionen eine Arbeitszeit von 8:00 bis 12:00 und 13:00 bis 16:00 h angegeben, bei den Tagesarbeitszeiten jedoch eine Arbeitszeit von 8:00 bis 12:00 und 13:00 bis 17:00 eingetragen.

Hierunter noch eine Abbildung mit demselben Fehler, aber in einem größeren Terminplan, wo die Auswirkungen deutlicher sichtbar und auch messbar sind.

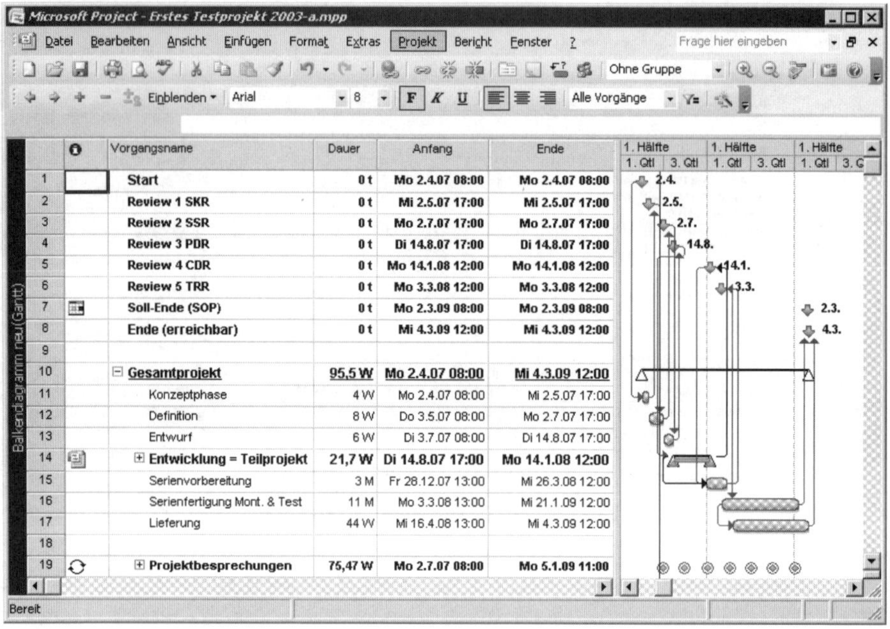

Abbildung 4.10: Gesamtplan mit einem Kalenderfehler und dessen Auswirkungen

Tipp Das Beispiel in *Abbildung 4.10* zeigt ebenfalls einen Kalenderfehler. Hier enden die Vorgänge 5, 6, 8, 14, 15, 16 und 17 bereits um 12:00 h statt um 17:00. Soweit erkennbar, kommt der Fehler bei Vorgang Nr. 14, also bei dem Teilprojekt, in den Plan. Es liegt deshalb der Schluss nahe, dass die Einstellungen in den beiden Kalendern von Gesamtprojekt und Teilprojekt nicht identisch sind, wie es sein sollte.

4.4 Kalender organisieren

Mit dem Organisieren von Kalendern unter *Extras/Organisieren/Kalender* wird es möglich, einen einmal angelegten speziellen Kalender, durch Kopieren in die Vorlagendatei *Global.mpt*, allen weiteren Projekten verfügbar zu machen oder diesen Kalender von einem Projekt direkt zu einem anderen Projekt zu kopieren (*Abbildung 4.11*). Letzteres kann sinnvoll sein, wenn es nicht erforderlich ist, diesen speziellen Kalender allen Projekten zur Verfügung zu stellen.

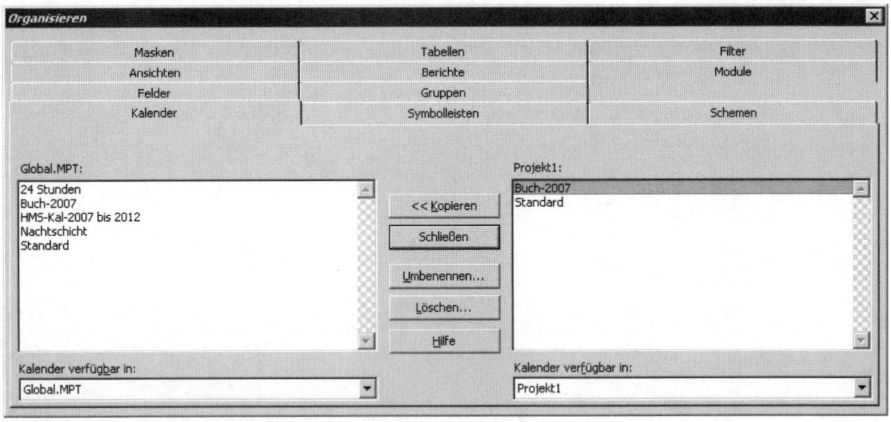

Abbildung 4.11: Organisieren von Kalendern

Auch die Kalender externer Projekte können hier erfasst und in die *Global.mpt* übernommen werden, sodass sie dann auch dem Projektleiter und dem Projektteam zur Verfügung stehen.

Wenn Sie einen Kalender einer externen Firma benötigen und Ihnen steht ein Terminplan dieser Firma zur Verfügung, dann ist es sehr einfach, sich eine Kopie des Kalenders in die *Global.mpt* zu laden, indem Sie das Projekt öffnen, im Menü *Organisieren* und dort in der Drop-down-Liste das Projekt auswählen. Dann markieren Sie den Kalender wie üblich und kopieren ihn in die *Global.mpt*.

Danach ist der gewünschte Kalender für alle weiteren Projekte verfügbar geworden und kann wie üblich jeweils unter *Projekt/Projektinfo* aktiviert werden.

5 Grundeinstellungen

Unter dem Menüpunkt *Extras/Optionen* lassen sich in Microsoft Project die Grundeinstellungen festlegen. Diese sollten vor Beginn der Planung an die individuellen Anforderungen angepasst werden. Welche Einstellungen in den einzelnen Registerkarten sinnvoll sind, wird nachfolgend für jedes Register gesondert beschrieben.

5.1 Ansicht

Die Registerkarte *Ansicht* steuert die gesamte Darstellung der Terminpläne und ermöglicht unter anderem Vorgaben zu den im Standardplan enthaltenen Informationen, den Währungssymbolen, ihrer Darstellung und der gewünschten Anzahl angezeigter Kommastellen. Mithilfe von Gliederungsnummern erhält man eine dezimale Gliederung, die auch als Projektstruktur verwendet werden kann.

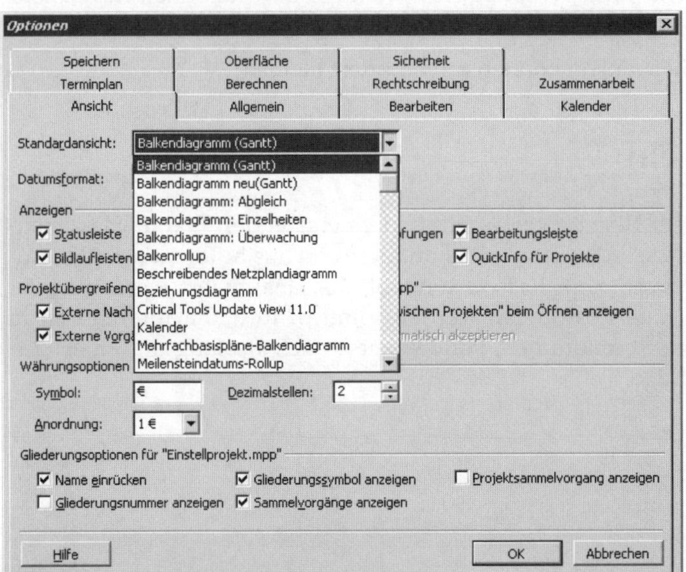

Abbildung 5.1: Die Registerkarte Ansicht

- In der Drop-down-Liste *Standardansicht* kann eine bevorzugte Darstellung der Terminpläne gewählt werden.
- Die Einstellung *Gregorianischer Kalender* unter *Kalendertyp* kann in Project 2007 unverändert bleiben. In Project 2003 ist diese Einstellmöglichkeit nicht vorhanden.
- Die Drop-down-Liste *Datumsformat* darunter ermöglicht, das gewünschte, dem Projekt angepasste Datumsformat festzulegen. Empfehlenswert ist wegen des minimalen Platzbedarfs die kürzeste Darstellungsform (28.2.08). Für Kalendertests kann allerdings kurzfristig eine Einstellung mit Uhrzeit sinnvoll sein, z. B. 28.2.08 8:00 h.
- Im Bereich *Währungsoptionen* sollte in Project 2007 unter *Währung* entweder Euro oder ggf. eine abweichende Projektwährung ausgewählt sein. In Project 2003 wird die Währung über das Feld *Symbol* festgelegt. Die eingegebene Währung muss bei allen Terminplänen übereinstimmen, die miteinander verknüpft werden, andernfalls wird die Verknüpfung durch den auftretenden Währungskonflikt nicht zugelassen. Das gilt vor allem für Teilprojekte, die in einem übergeordneten Projekt eingebettet werden sollen.
- Die Anzahl der Kommastellen können Sie im Auswahlfeld *Dezimalstellen* auf null oder eins setzen, außer Sie benötigen für eine Kalkulation exakte Zahlen.
- Die Checkbox *Projektsammelvorgang anzeigen* sollte deaktiviert bleiben, weil sonst einige sehr hilfreiche benutzerdefinierte Einstellungen übersteuert werden. Das bedeutet, dass durch den Projektsammelvorgang, der bei Verwendung immer in der ersten Zeile erscheint, alle für die Übersichtlichkeit der Pläne vorgenommenen Formatierungen hinfällig sind. Die Meilensteine stehen nicht mehr in den ersten Zeilen, und bei Ausblendung der Details unter dem Projektsammelvorgang sind wichtige Informationen nicht mehr sichtbar.
- Alle anderen Checkboxen können unverändert bleiben.

5.2 Allgemein

Korrekturen in dieser Registerkarte betreffen einerseits den Planungsassistenten, der abgeschaltet werden kann, und andererseits das automatische Hinzufügen neuer Ressourcen zum Ressourcenpool, das deaktiviert werden sollte. Irrtümlich eingetragene Ressourcen werden somit nicht mehr automatisch in den Ressourcenpool übernommen, sondern erst nach Bestätigung einer entsprechenden Rückfrage.

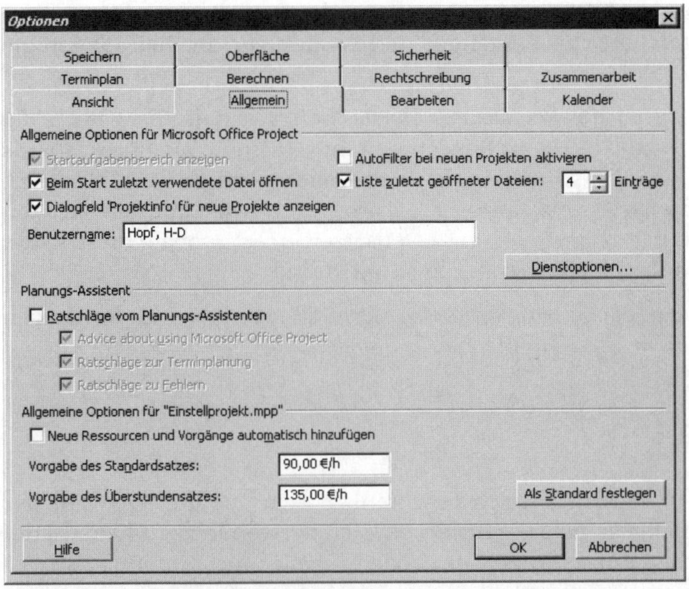

Abbildung 5.2: Die Registerkarte Allgemein

Wichtige Einstellungen auf dieser Registerkarte betreffen folgende Checkboxen:

- Die Option *Dialogfeld ‚Projektinfo' für neue Projekte anzeigen* sollte aktiviert sein, weil dort beim Erstellen eines neuen Plans der Projektstarttermin und der jeweils zu verwendende Kalender eingetragen werden.
- Damit Project mit dem zuletzt bearbeitete Projekt startet, sollte die Option *Beim Start zuletzt bearbeitetes Projekt öffnen* aktiviert sein.
- Die Auswahl *Ebenen rückgängig machen* ist neu in Project 2007. Hier kann die Voreinstellung beibehalten werden.
- Den *Benutzernamen* übernimmt Project aus den Windows-Einstellungen. Er kann jedoch problemlos überschrieben werden.
- Erfahrene Anwender können die *Ratschläge vom Planungsassistenten*, falls gewünscht, abschalten, weil die häufigen Meldungen des Assistenten die Arbeit nicht gerade beschleunigen, sondern mit der Zeit eher dem Anwender auf die Nerven gehen.
- Die Einstellung *Neue Ressourcen und Vorgänge automatisch hinzufügen* sollte deaktiviert sein. Andernfalls wird z.B. bei einem falsch geschriebenen Ressourcennamen im Pool automatisch und ohne Rückfrage eine neue (jedoch nicht vorhandene) Ressource mit diesem Namen angelegt, was zu Fehlern führt. Fügt man einen neuen Vorgang ein, wird dieser automatisch mit den im Terminplan davor und dahinter liegenden Vorgängen verknüpft. Auch

dieser Automatismus ist nicht immer erwünscht. Es ist deshalb besser, man entscheidet selbst, welche Vorgänger und Nachfolger der neu eingefügte Vorgang haben soll.

- Ebenfalls wichtig ist die *Vorgabe des Standardsatzes* sowie die *Vorgabe des Überstundensatzes,* die in einem Bereich von Euro/Minute bis Euro/Jahr als Mittelwert aus einer Mischkalkulation eingegeben werden. Diese Werte ermöglichen eine erste, grobe Kostenschätzung. Sie werden automatisch von den einer Ressource zugewiesenen Kostensätzen ersetzt, sobald diese in der entsprechenden Ressourcentabelle eingetragen sind.
- Wenn Sie die eingegebenen Werte für alle weiteren Projekte verwenden möchten, sollten Sie die Schaltfläche *Als Standard festlegen* betätigen.

5.3 Bearbeiten

Die Änderungen in diesem Bereich beschränken sich auf die Auswahl der jeweiligen *Anzeigeoptionen für die Zeiteinheiten.* Ich verwende auch hier wieder die kürzest möglichen Einstellungen, um in den Tabellen nicht unnötig Platz zu verschenken. Alle anderen Einstellungen können unverändert übernommen werden. Der Befehl *Als Standard festlegen* sollte auch hier aktiviert werden, damit die gewählten Einstellungen in Zukunft für alle Projekte gelten.

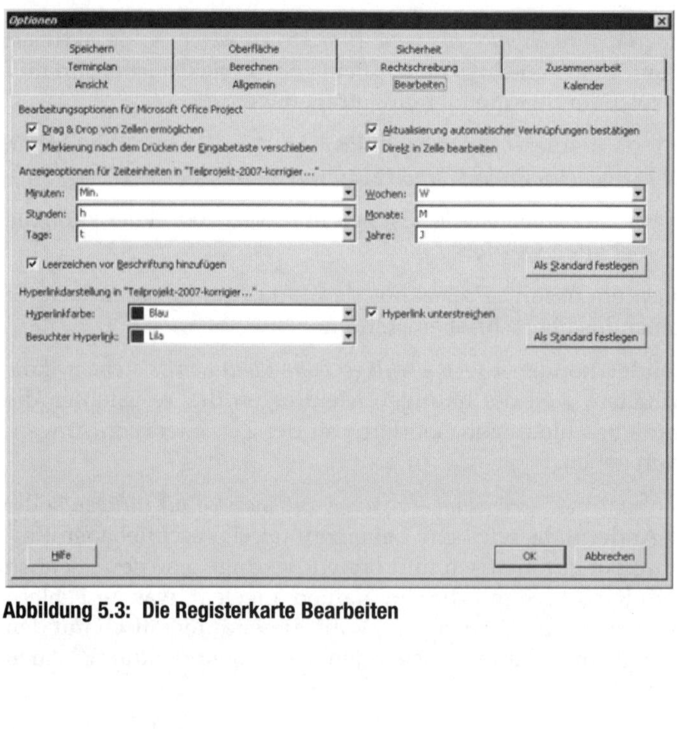

Abbildung 5.3: Die Registerkarte Bearbeiten

5.4 Kalender

Die Kalender-Registerkarte wird in der Regel immer nur gemeinsam mit dem Projektkalender angepasst. Eine genaue Beschreibung der Einstellungen finden Sie in *Kapitel 4, „Kalender einrichten“*.

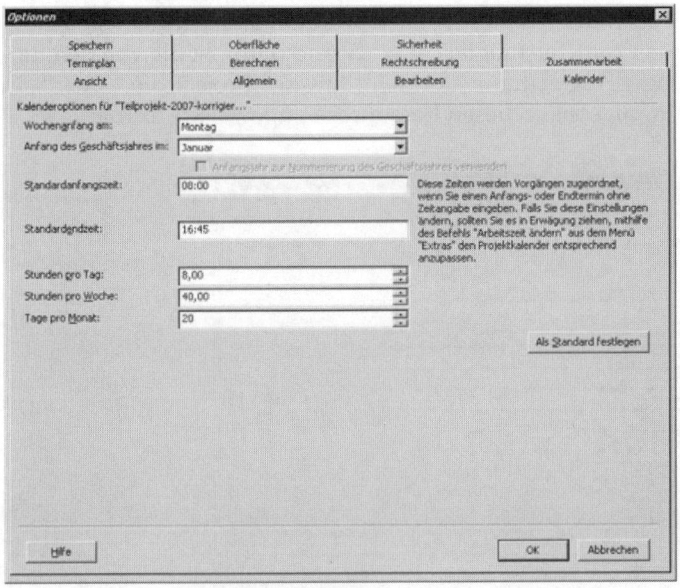

Abbildung 5.4: Die Registerkarte Kalender

Es ist sinnvoll, immer zu Beginn eines neuen Projekts die Einstellung für die Anfangs- und Endzeiten sowie für die Tages- und Wochenstunden zu überprüfen und gegebenenfalls zu korrigieren. Falsche Einstellungen in dieser Registerkarte führen unweigerlich zu Problemen bei der Terminberechnung, denn die eingegebenen Werte dienen Microsoft Project als Grundlage zur Berechnung von Terminen, Aufwand und Kosten.

Tipp Prüfen kann man die Einstellungen, indem man einen neuen Vorgang eingibt, der bei der Dauer von einem Tag und Darstellung der Dauer als Woche einen Wert von 0,2 ergeben muss. Sollten Sie für die Dauer eine Zahl ungleich 0,2 erhalten, ist das ein Hinweis, dass der betreffende Kalender Fehler enthält. Stellt man die Darstellung der Termindaten so ein, dass zusätzlich die Uhrzeit angezeigt wird, lässt sich das Ergebnis noch besser bewerten.

5.5 Terminplan

In dieser Registerkarte sind viele Checkboxen deaktiviert, weil die damit verbundenen Befehle und deren Auswirkung in der Regel nicht erwünscht sind.

Achtung Die Registerkarte *Terminplan* enthält Einstellungen, die den Rechenprozess von Microsoft Project wesentlich beeinflussen. Sie sollten unbedingt *vor* Beginn der Arbeit festgelegt werden, da nachträgliche Änderungen nicht ohne Probleme möglich sind. Grund dafür ist die von den Einstellungen abhängige Berechnungsformeln, mit der Project die Dauer von Vorgängen bestimmt, sobald diesen Ressourcen zugewiesen werden.

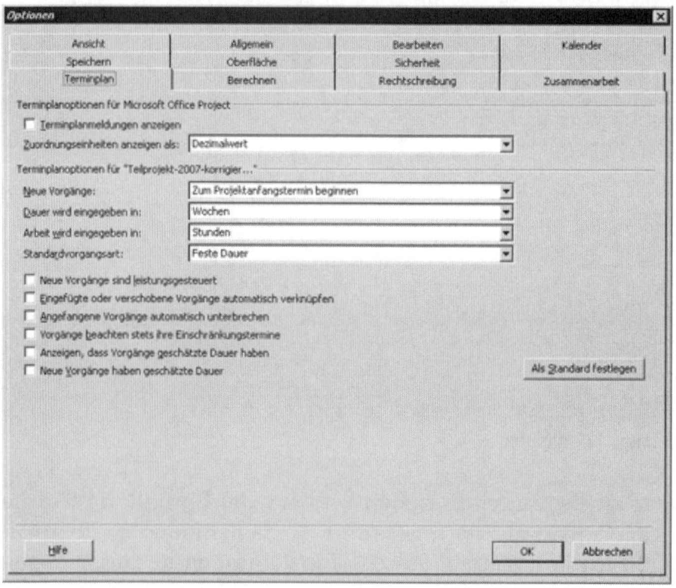

Abbildung 5.5: Die Registerkarte Terminplan

- Wenn Sie im Umgang mit Microsoft Project noch relativ unerfahren sind, können Sie die Option *Terminplanmeldungen anzeigen* aktivieren. Allerdings verlangsamt es das Arbeiten, da bei fast jeder normalen Änderung Ihrer Pläne Hinweisfenster auftauchen, um Sie auf mögliche Fehler hinzuweisen.
- Unter *Zuordnungseinheiten anzeigen als* sollten Sie bei personenbezogener Ressourcenplanung die Prozentangabe wählen. Wenn Sie jedoch mit Abteilungsbezeichnungen arbeiten, dann sind dezimale Zuordnungseinheiten die bessere Wahl.
- Bei größeren Projekten sollte für die Dauer die Einheit *Wochen* gewählt werden, die Einheit *Tage* ist hier oft zu fein. Für die Arbeit sind *Stunden* der richtige Wert.

- Die *Standardvorgangsart* ist wichtig, sobald mit Ressourcen geplant wird. Sie sollte zu Beginn der Planung auf *feste Dauer* gestellt werden, da Experten meist von einem festen Personalbedarf ausgehen, wenn sie eine Zeitschätzung abgeben. Microsoft Project ermittelt bei dieser Einstellung, wie viele Stunden zwischen Anfang und Ende eines Vorgangs liegen, wenn der Projektkalender zugrunde gelegt wird. Der Aufwand in Personalstunden für einen Vorgang mit fester Dauer errechnet sich dann aus seiner Dauer multipliziert mit der Anzahl zugeordneter Ressourcen.
- Die Einstellungen *Feste Arbeit* oder *Feste Einheiten* setzen beide die Leistungssteuerung für neue Vorgänge voraus, die bei festen Einheiten auch nicht abgeschaltet werden kann. In beiden Fällen wird davon ausgegangen, dass die Aufwände in Personenstunden bekannt sind. Die Dauer eines Vorgangs ergibt sich dann durch Division des bekannten Aufwands durch die Anzahl zugeordneter Ressourceneinheiten.
- Die Option *Neue Vorgänge sind leistungsgesteuert* sollte deaktiviert sein. Andernfalls ändert Project automatisch die Dauer eines Vorgangs und damit auch den Terminplan, sobald eine Ressource mit einem Wert ungleich 100% zugeordnet wird. Für Anwender, die mit dem Programm noch nicht so vertraut sind, führt das häufig zu Überraschungen, denn es entspricht nicht dem üblichen Denkansatz: Meist ist schon bekannt, wie viel Zeit ein Vorgang in Anspruch nehmen wird, und es ist klar, dass eine bestimmte Anzahl an Personen notwendig ist, um dieses Ziel zu erreichen. Damit sind auch die zu erwartenden Kosten bekannt.
- Alle anderen Checkboxen können Sie einstellen, wie in *Abbildung 5.5* gezeigt.

  Achtung Auch für die Registerkarte *Terminplan* gilt: Bei Beginn neuer Projekte sind die Einstellungen in dieser Registerkarte auf jeden Fall zu überprüfen und entsprechend zu korrigieren.

Und bitte denken Sie daran: Erst wenn Sie die Schaltfläche *Als Standard festlegen* betätigen, sind alle Änderungen in dieser Registerkarte auch für zukünftige Projekte gültig!

5.6 Berechnen

In dieser Registerkarte sind im Normalfall keine Änderungen an den vorgegebenen Einstellungen notwendig. Wenn es doch einmal nötig werden sollte, dann können folgende Befehle geändert werden:

- Die Umschaltung der Berechnungsoption von *Alle offenen Projekte* auf *aktives Projekt* verhindert, dass sich ein Fehler in einem Projektplan fortpflanzt und bei verknüpften Projekten größeren Schaden anrichtet. Wenn Sie diesen Schutz verwenden möchten, müssen Sie allerdings jedes einzelne Projekt getrennt berechnen.

- Die Checkbox *Ist-Kosten werden immer von Microsoft Office Project berechnet* können Sie deaktivieren, wenn die Kosten zum Beispiel von SAP berechnet und von dort übernommen werden.
- Bei Fremdleistungen oder Beschaffung von Kaufteilen kann die Einstellung *Standardfälligkeit fester Kosten* auf *Anfang* oder *Ende* eingestellt werden.
- *Vorgänge sind kritisch falls Puffer kleiner oder gleich 0 Tage* kann in speziellen Fällen auch auf Werte zwischen 5 und 10 Tagen gesetzt werden, z.B. wenn für ein kritisches Projekt die Lieferzeiten bereits als kritisch dargestellt werden sollen, um bei den betroffenen Lieferanten etwas früher Druck ausüben zu können.

  Tipp Wenn in Ihren Terminplänen kritische Wege farbig hervorgehoben werden, können Sie durch eine geänderte Einstellung für den Puffer (z.B. 5–10 Tage) die farbige Kennzeichnung verändern. Vorgänge, die vorher hellblau (nicht kritisch) dargestellt wurden, erscheinen dann als rot markiert (also kritisch). Bei wichtigen Abgabeterminen kann dieser Effekt verwendet werden, um die Dringlichkeit zu verdeutlichen.

Sollen evtl. geänderte Einstellungen auch für zukünftige Projekte gelten, müssen Sie noch auf die Schaltfläche *Als Standard festlegen* klicken.

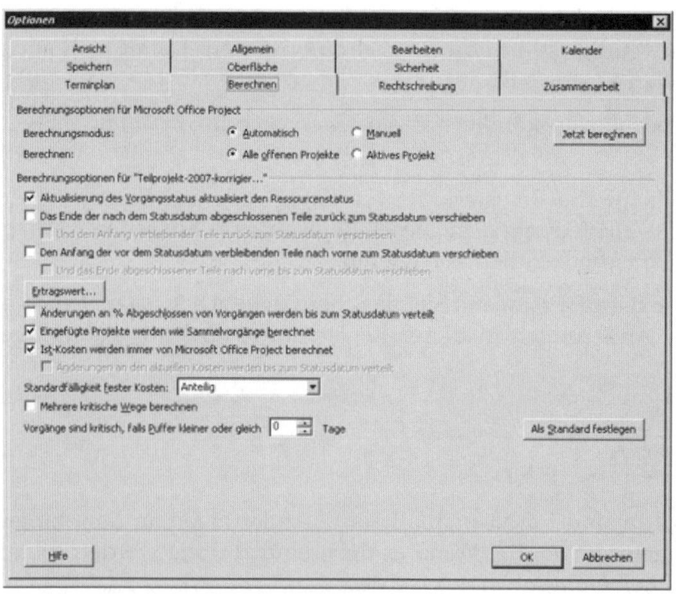

Abbildung 5.6: Die Registerkarte Berechnen

5.7 Rechtschreibung

In dieser Registerkarte lässt sich festlegen, welche Felder in Project auf Rechtschreibung überprüft werden sollen. Änderungen sind hier nicht pauschal möglich, sondern müssen Schritt für Schritt vorgenommen werden. In Project 2007 wurden die ergänzenden Einstellmöglichkeiten auf ein eigenes Dialogfeld ausgelagert (siehe *Abbildung 5.8*), das man über die Schaltfläche *Weitere Rechtschreiboptionen* erreicht. Neu hinzugekommen ist dabei z.B. die Möglichkeit, mit benutzerdefinierten Wörterbüchern zu arbeiten.

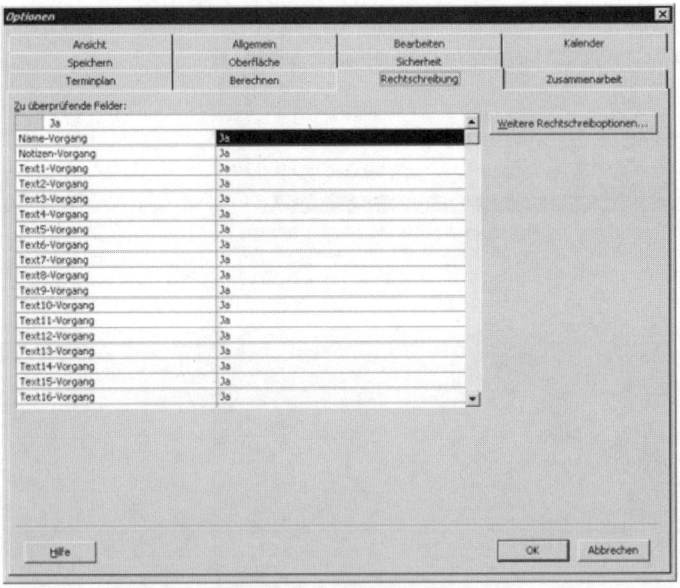

Abbildung 5.7: Die Registerkarte Rechtschreibung

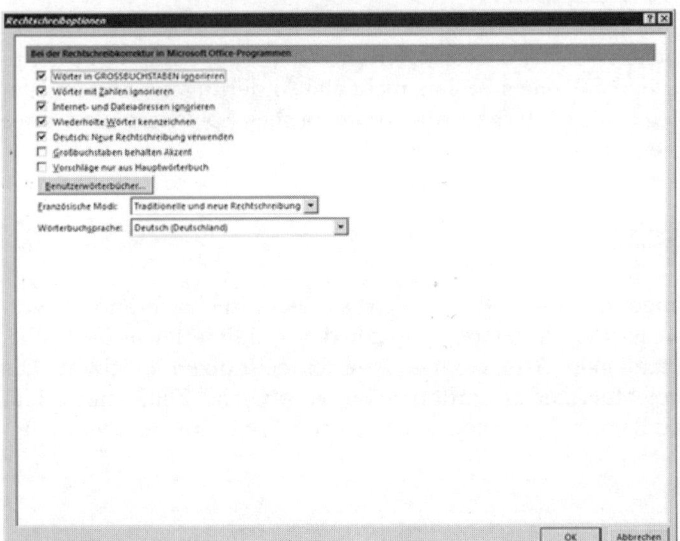

Abbildung 5.8: Die in Projekt 2007 wählbaren Ergänzungen zur Rechtschreibprüfung

5.8 Speichern

In dieser Registerkarte können Sie die Speicherorte für Ihre Projektdateien, Benutzervorlagen und – falls Sie mit der Professional Version von Project arbeiten – Ihrer Arbeitsgruppen-Vorlagen anpassen. Die Bedienung entspricht dabei der in allen anderen Microsoft Office-Programmen.

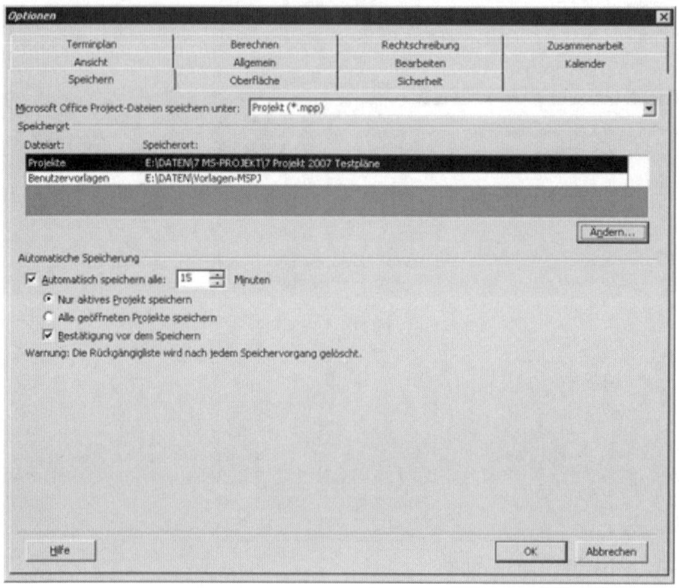

Abbildung 5.9: Die Registerkarte Speichern

Automatisches Speichern ist beim Bearbeiten großer Projekte immer zu empfehlen, damit Sie für den Fall eines Fehlers nicht alle Änderungen seit dem letzten Speichern verlieren. Als Intervall für automatisches Speichern sind etwa 15 Minuten empfehlenswert.

5.9 Oberfläche

Die Grundeinstellungen in dieser Registerkarte müssen nicht verändert werden. Ausgenommen ist der Projektberater, der dann aktiviert werden sollte, wenn Sie bei der täglichen Arbeit einen Assistenten nutzen möchten. Die Arbeit mit dem Projektberater erfordert zwar zusätzliche Zeit, man erhält dafür aber gerade zu Beginn der Arbeit mit Microsoft Project mehr Sicherheit.

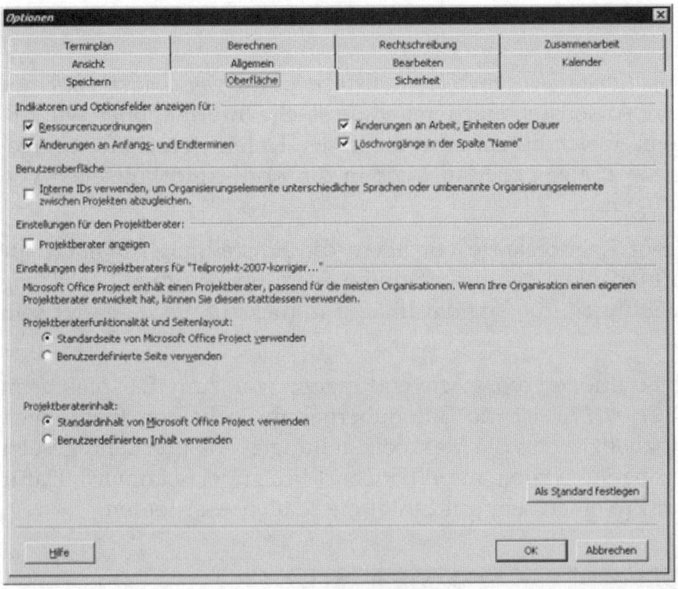

Abbildung 5.10: Die Registerkarte Oberfläche

Der Projektberater ist relativ umfangreich und bietet auch erfahrenen Anwendern die Möglichkeit zu überprüfen, ob alle Daten korrekt eingegeben wurden. Auf diese Weise hilft er dabei, Fehler zu vermeiden. Während der Arbeit mit dem Projektberater können Sie auswählen, zu welchen der vier angebotenen Themen *Vorgänge, Ressourcen, Überwachen* und *Berichten* Sie den Projektberater benutzen möchten (siehe *Abbildung 5.11*).

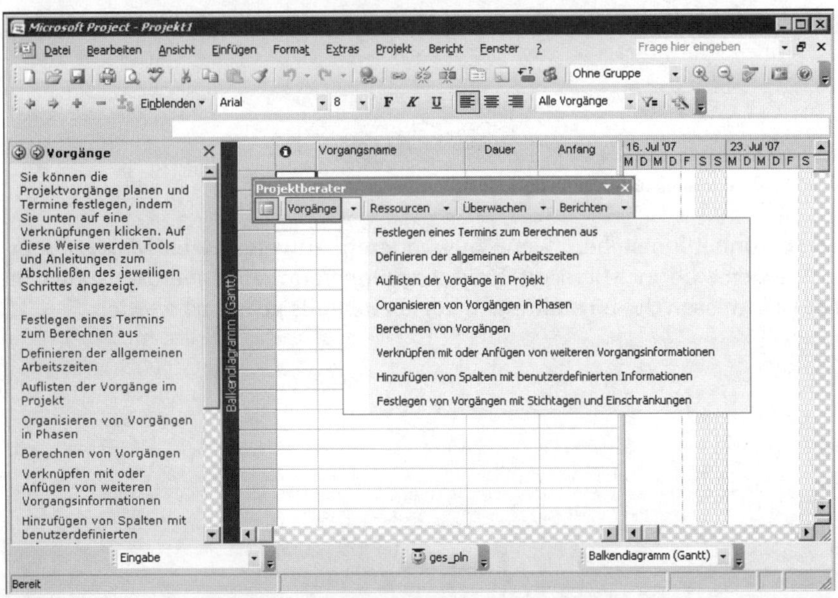

Abbildung 5.11: Der Projektberater bietet umfangreiche Unterstützung.

5.10 Sicherheit

Die Checkbox *Informationen beim Speichern aus den Dateieigenschaften entfernen* sollte deaktiviert sein. Ansonsten würden gerade solche Informationen wie z.B. *Autor* oder *Firma* beim Speichern entfernt, die in den Dateieigenschaften eingetragen werden, um sie später per Mausklick in die Kopf- und Fußzeilen von Dokumenten einzufügen.

Wichtig sind in dieser Registerkarte vor allem die Einstellmöglichkeiten zur *Makrosicherheit*, die man über die gleichnamige Schaltfläche öffnet. *Abbildung 5.13* zeigt die Einstellungen, die standardmäßig immer auf *Hoch* gesetzt sein sollten.

Bei bestimmten Interaktionen von Anwendungen, wie zum Beispiel beim Arbeiten mit *WBS Chart Pro,* ist die Datenübernahme in beiden Richtungen überhaupt erst ermöglicht, wenn die Makroeinstellungen entsprechend gesetzt sind, also die Übergabe von Daten aus WBS Chart Pro zugelassen wird. Dafür gibt es in WBS Chart Pro einen sehr gut funktionierenden Assistenten.

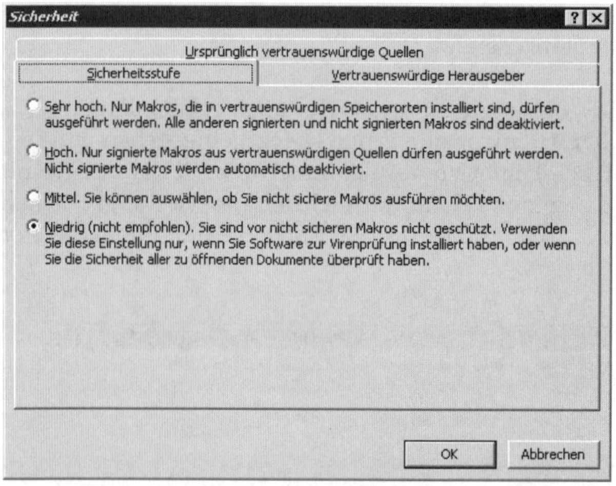

Abbildung 5.12: Die Registerkarte Sicherheit

Probleme können entstehen, wenn aus anderen Anwendungen Makros übergeben werden, die in Microsoft Project weiter verarbeitet werden sollen. In diesem Fall müssen die Einstellungen gegebenenfalls geändert werden.

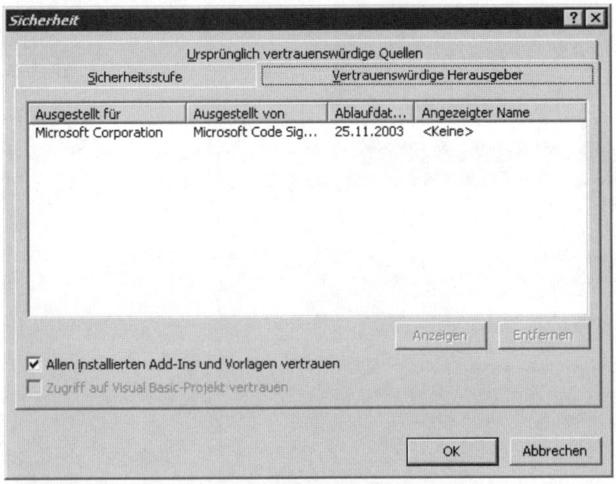

Abbildung 5.13: Einstellung der Makrosicherheitsstufen

5.11 Zusammenarbeit

Falls Sie die Professional-Version von Microsoft Project verwenden, sehen Sie unter *Extras/Optionen* zusätzlich die Registerkarte *Zusammenarbeit*. Hier werden alle wesentlichen Einstellungen vorgenommen, die mit der Nutzung von Microsoft Project Server zu tun haben. In den meisten Unternehmen sind diese Einstellungen allerdings Aufgabe der IT-Abteilung.

> **Hinweis** Aufgrund des relativ hohen Aufwands bei der Nutzung von Microsoft Project Server wird das Thema in diesem Buch bewusst nicht beschrieben. Die grundsätzliche Arbeit mit Microsoft Project wird jedoch nicht davon beeinflusst, ob die Client- oder die Serverversion verwendet wird. In beiden Fällen ist das Arbeiten identisch. Es gelten also alle Hinweise, die in diesem Buch zu finden sind.

Wer detaillierte Information dazu sucht, wie man Projekte auf dem Server verwaltet und bearbeitet, dem empfehle ich speziell auf die Verwendung von Microsoft Project Server ausgerichtete Literatur.

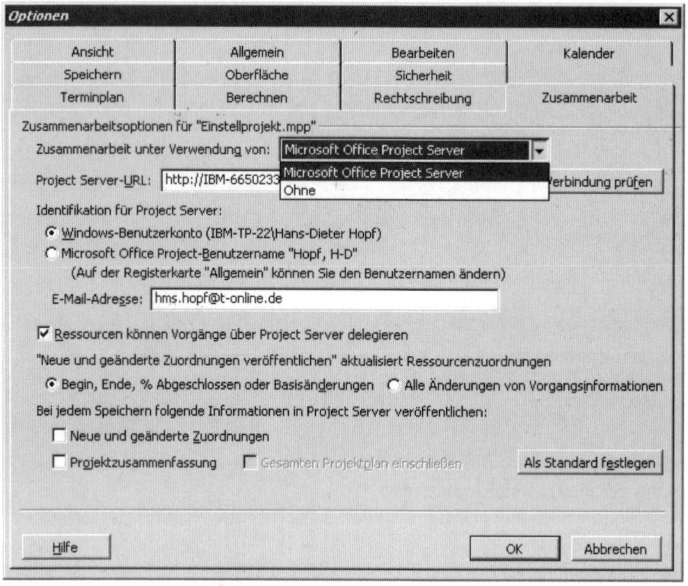

Abbildung 5.14: Die Registerkarte Zusammenarbeit in der Professional-Version von Project

6 Weitere Anpassungen

Anpassungen sind für die optimale Arbeit mit Microsoft Project aller Versionen unerlässlich, wenn Sie immer wieder bestimmte Formatierungen verwenden müssen und diese als Ihren persönlichen oder als Firmenstandard festlegen wollen.

6.1 Formate anpassen

Zu den Formaten gehören die im Menü *Format* enthaltenen Untermenüs und die damit erreichbaren Einstellungen, die hier der Reihe nach beschrieben werden.

6.1.1 Schriften

Schriften werden mithilfe der *Standard-Schriftarten-Formatierung* geändert und angepasst. Die Abbildung zeigt die neue Version der Formatierung von Schriften aus Project 2007.

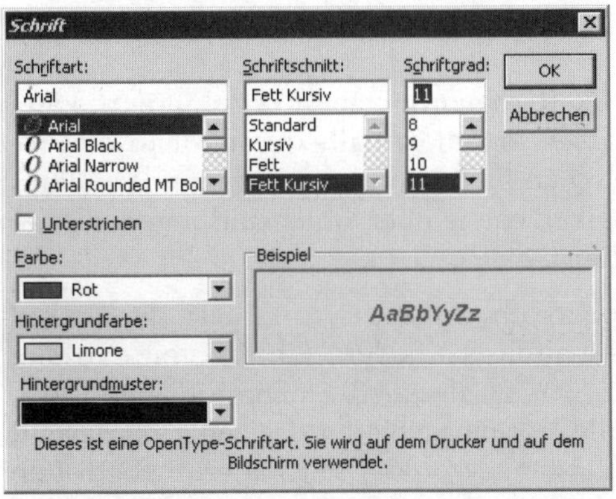

Abbildung 6.1: Schriften formatieren nach Windows-Standard

Die Schriftart wird immer nur für den in einer oder mehreren markierten Zellen einer Tabelle enthaltenen Text wirksam. Um den Text einer ganzen Zeile einer Tabelle formatieren zu können, muss die Zeile markiert werden. Das geschieht durch einen linken Mausklick in dem grauen Bereich links neben der oder den gewünschten Zeilen.

6.1.2 Balken

Tipp Es ist oft sehr sinnvoll, einzelne Balken in einem Terminplan ihrer Bedeutung nach farblich zu differenzieren. Wenn das mit Maß und Ziel gemacht wird, kann man wichtige Vorgänge besonders herausheben, um den Betrachter darauf hinzuweisen, dass hier zum Beispiel eine besonders schwierige Aufgabe ausgeführt werden muss und auf deren terminliche Einhaltung unbedingt zu achten ist.

Eine andere Möglichkeit, farbig abgesetzte Balken zu verwenden, kann auch für die Unterscheidung von Aufgaben verschiedener am Projekt beteiligter Firmen sehr hilfreich sein.

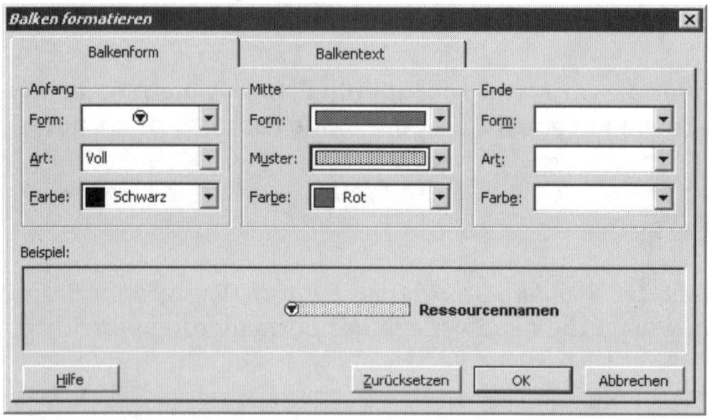

Abbildung 6.2: Einzelne Balken formatieren

Die Möglichkeit, auch den einem Balken zugeordneten Text zu ändern, kann sehr sinnvoll eingesetzt werden. Es lassen sich die Inhalte der in Microsoft Project verwendeten Felder beliebig um einen Balken herum platzieren, also links vor dem Balken, rechts hinter dem Balken sowie über, unter und innerhalb des Balkens, wie das in Bild 7.3 dargestellt ist.

Achtung Immer wenn Texte oberhalb und/oder unterhalb der Balken angeordnet werden, wird die Zeilenhöhe bei jedem Eintrag von einzeilig auf zwei- bis dreizeilig verändert, was zu deutlich größeren Plänen führt, weil durch diese Formatierung alle Vorgänge bis zu dreizeilig dargestellt werden, auch wenn nur wenige Vorgänge von der Formatierung betroffen sind.

Bei den vielen Möglichkeiten, Ihre Pläne zu formatieren, ist es sinnvoll, sich etwas zurückzuhalten und nicht in eine Formatierungseuphorie zu geraten.

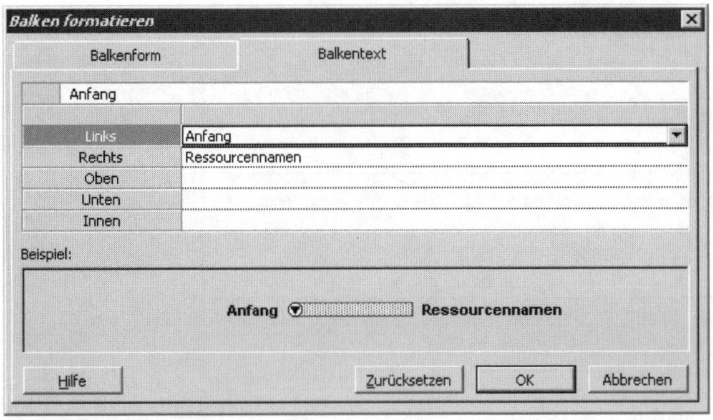

Abbildung 6.3: Balkentexte ändern

6.1.3 Zeitskala

Die Formatierung der Zeitskala ist eine wichtige Maßnahme, um die Übersichtlichkeit Ihrer Terminpläne zu steuern.

Die Zeitskala bietet bis zu drei Leisten, um die Einträge für die gewünschten Zeiteinheiten vornehmen zu können. Sie haben also die Möglichkeit, in der oberen Leiste das Jahr anzuzeigen, in der mittleren Leiste Quartale oder Monate und in der unteren Leiste die Wochen oder Tage. Wichtig ist, dass von oben nach unten eine Verkleinerung des Zeitmaßstabes eingehalten wird.

Achtung Die kleinste wählbare Einheit ist die *Minute* und die größte das *Jahr*. Durch Eintragen einer beliebigen Zahl (es gibt hier offenbar kein Limit!) im Feld *Teilung* erhält man eine komprimierte Darstellung. Zum Beispiel bei der Eingabe von *3* wird nur jede dritte Woche in der Skala angezeigt, wenn für die betroffene Leiste die *Einheiten* auf *Woche* gesetzt sind.

Die Einstellung für die *Teilung* wird automatisch eingestellt, wenn man unter *Ansicht/Zoom/Gesamtes Projekt* das ganze Projekt in den für die Grafik verfügbaren, sichtbaren Platz (rechts von der Tabelle) eines Terminplans einpassen lässt.

Diese Einstellung der *Teilung* wird aber nicht automatisch zurückgesetzt, wenn Sie den Plan vergrößert darstellen.

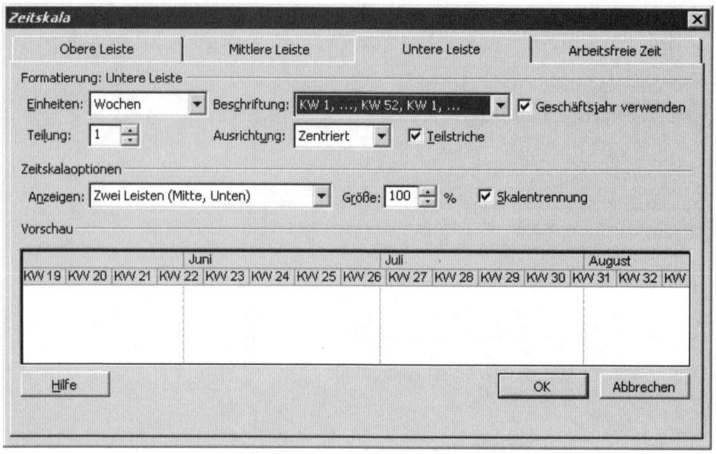

Abbildung 6.4: Zeitskalen ändern

Achtung Wenn Sie möchten, dass die arbeitsfreien Zeiten, die Feiertage oder Betriebsferien in den Terminplänen angezeigt werden, dann ist es nötig, in der *Zeitskala* die Registerkarte *Arbeitsfreie Zeit* anzuwählen und dort den gewünschten Projektkalender zu laden.

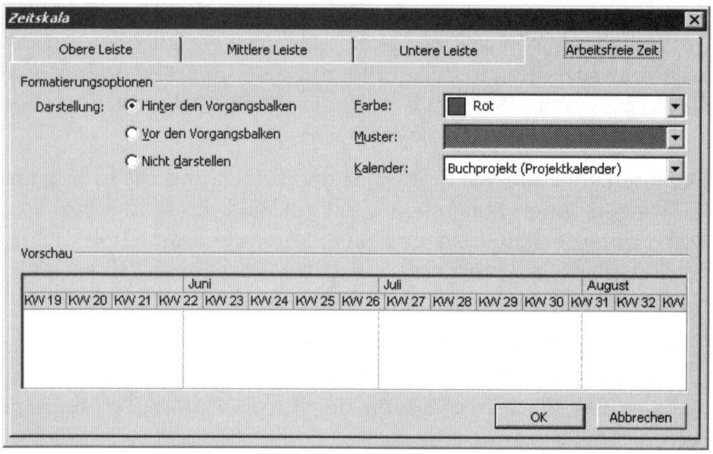

Abbildung 6.5: Darstellung der Feiertage aktivieren

6.1.4 Gitternetz

Achtung Die Einstellungen im *Gitternetz* sind unbedingt erforderlich, um zwei wichtige Markierungslinien zu erhalten:

- *Aktuelles Datum*, also *heute* oder *Today*, dieser Eintrag ist für alle Darstellungen sinnvoll, muss aber für jede Ansicht getrennt eingestellt werden, erst dann wird diese Linie angezeigt
- Das *Status-Datum* oder *Time-Now-Date*, das den Tag markiert, der für die Aktualisierung aller Pläne eines Projektes als Bezugstermin und damit als Messpunkt für den Arbeitsfortschritt dient, wird nur in den Plänen benötigt, die zur Anzeige des erreichten Arbeitsfortschritts verwendet werden.
- Die Formatierung kann deshalb nur bei geladenem *Balkenplan:Überwachung* oder anderen, entsprechend verwendeten Plänen vorgenommen und gespeichert werden.
- Eine weitere, wichtige Eigenschaft des Statusdatums ist, dass sich jede automatische Berechnung des Arbeitsfortschritts immer auf dieses Datum bezieht.

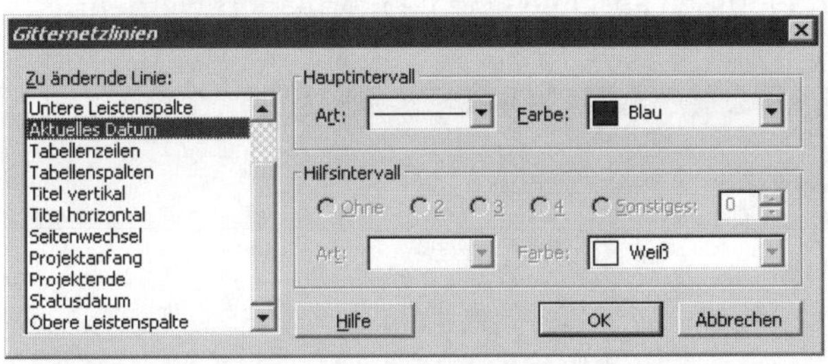

Abbildung 6.6: Aktuelles Datum für die Anzeige formatieren

Die Einstellung des für die Überwachung wichtigen *Status-Datums* erfolgt im Format *Gitternetzlinien* durch Auswahl der Linien nach *Art:* und der *Farbe:*, so wie Sie es in Ihren Plänen angezeigt haben möchten, also unbedingt eine auffallende Farbe und auch eine auffällige Linienart wählen.

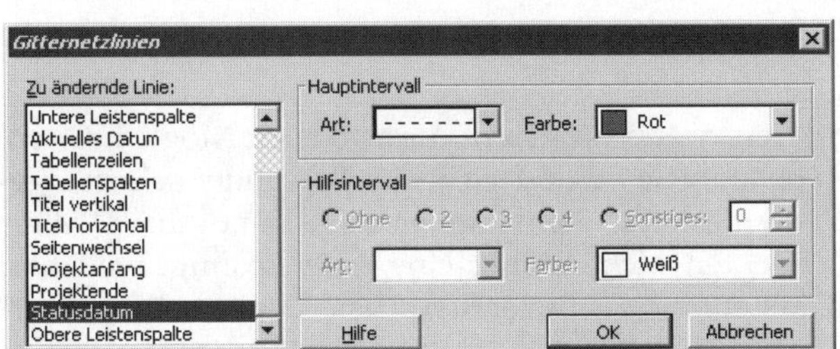

Abbildung 6.7: Statusdatum für die Anzeige formatieren

Alle weiteren Linienarten sind von Fall zu Fall nach Ermessen anwendbar, unterliegen jedoch nicht den Regeln wie das *Statusdatum* und das *aktuelle Datum.*

6.1.5 Der Balkenplan-Assistent

Der *Balkenplan-Assistent* ist der Helfer für den noch unerfahrenen Anwender von Microsoft Project. Mit diesem Assistenten wird es einfach, individuelle Wünsche für die Darstellung von Terminplänen bekommen.

Die nötigen Einstellungen sind sehr einfach zu erreichen, weil durch die Auswahl der angebotenen Varianten *Standard, Kritischer Weg, Basisplan, Andere: Benutzerdefinierter Balkenplan* bereits die wesentlichen Voreinstellungen verfügbar sind.

Für besondere Zwecke finden Sie in der *Benutzerdefinierten Anpassung* eine Vielzahl weiterer Möglichkeiten, Ihre ganz speziellen Wünsche bezüglich der Darstellung festzulegen.

Außerdem ist die Nutzung des Balkenplan-Assistenten die einzige Möglichkeit, um falsch formatierte Balkenarten schnell wieder in eine der Standardversionen zurückzusetzen. Allerdings sind dabei alle benutzerdefinierten Einstellungen betroffen und müssen anschließend neu formatiert werden.

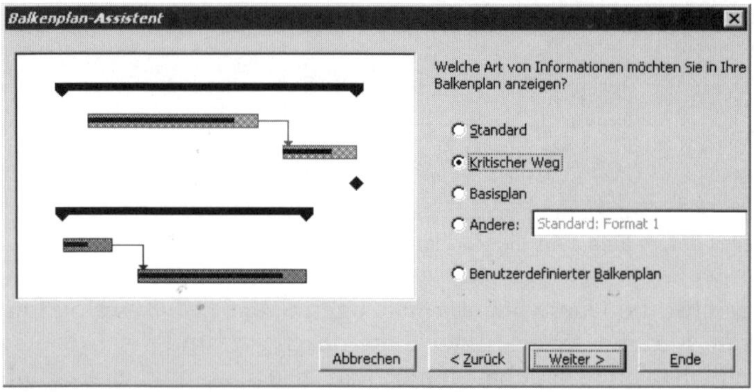

Abbildung 6.8: Nutzung des Balkenplan-Assistenten

Mit dem Befehl *Jetzt formatieren* werden diese Änderungen abgeschlossen und übernommen.

Ein Problem kann sich ergeben, wenn aufgrund dieser vielen Möglichkeiten, Pläne und ihre Darstellung beliebig zu verändern, jeder Anwender seinen eigenen Plan kreiert. Diese Pläne besitzen dann immer die „Handschrift" ihrer Ersteller, und das ist in Projekten nicht immer eine gute Lösung, weil hier immer eine einheitliche Darstellung zu bevorzugen ist. Damit wird sichergestellt, dass vom Firmenlogo bis zum Layout einheitliche Dokumente verwendet werden.

Sollte Ihnen das Angebot der mit dem Balkenplan-Assistenten anpassbaren Darstellung von Terminplänen nicht reichen, dann können Sie mithilfe einer benutzerdefinierten Methode fast jede beliebige Balkenformatierung erreichen, indem Sie diese Formatierungen unter Verwendung der *Balkenarten* selbst zusammenstellen, wie das weiter unten (siehe *6.1.7*) beschrieben wird.

6.1.6 Textarten

Textarten zu formatieren ist immer dann sinnvoll, wenn es darum geht, durch Absetzen von Texten für besser lesbare und auch besser aussehende Pläne zu sorgen. Die typischen Ansätze für die Textformatierung sind Meilensteine, Sammelvorgänge, Besprechungen, Design-Reviews und ähnlich wichtige Vorgänge in einem Plan oder einer Tabelle eines Projektes.

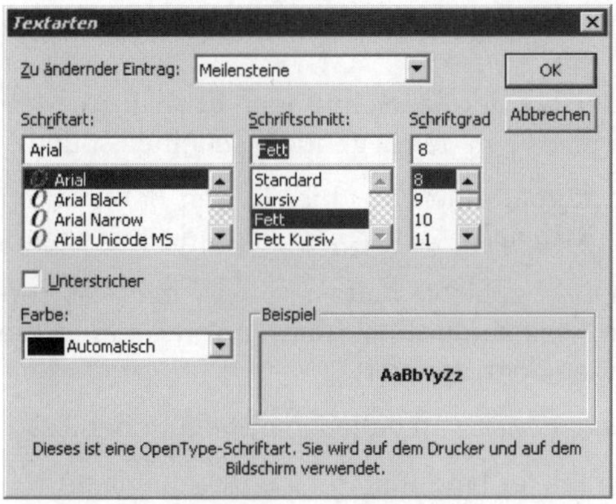

Abbildung 6.9: Textarten formatieren

Die Formatierung der gewünschten Textart für die in den Terminplänen von Microsoft Project verwendeten Bezeichnungen kann einfach nacheinander ausgewählt werden, also ohne zwischendurch mit OK zu bestätigen. Die Umsetzung erfolgt dann für alle Einträge gemeinsam, sobald die Eingabe aller Änderungen mit OK abgeschlossen wird.

6.1.7 Balkenarten

Eine Formatierung mit dem Menü der Balkenarten und der dazu gehörenden Texteinträge sollte erst vorgenommen werden, wenn man sich wirklich sicher ist, was hier mithilfe der *Feldnamen* in bestimmten Spalten der Tabelle alles eingestellt, aber auch sehr leicht und gründlich verstellt werden kann, weil es zwischen bestimmten Feldern wichtige Zusammenhänge gibt.

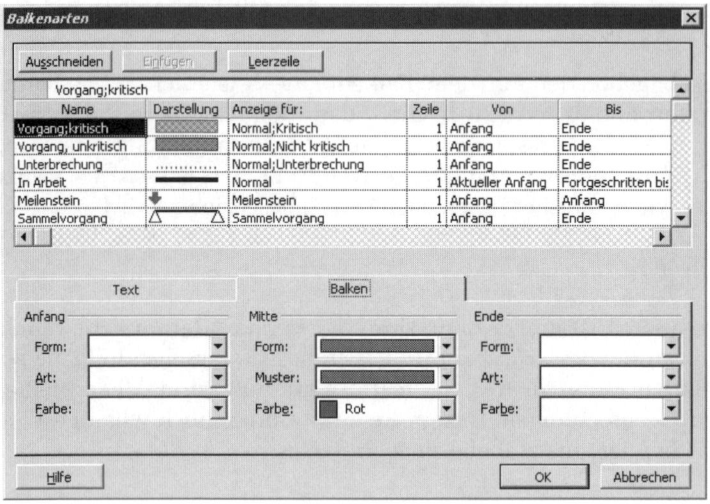

Abbildung 6.10: Balken und ihre Textfelder formatieren

Eine typische Einstellung ist die Änderung der Bezeichnungen für Balken, Meilensteine und anderen Symbolen, so wie sie in der Legende erscheinen sollen.

> **Achtung** Diese genannten Einträge können nur hier in den Balkenarten oder, wie bereits gesagt, mit dem *Balkenplan-Assistenten* verändert werden.

Wenn zusätzlich kritische Wege durch rot gefärbte Balken mit einem etwas veränderten Muster gewünscht werden, was sinnvoll ist, dann nimmt man diese Einstellung ebenfalls hier mit folgenden Schritten vor:

- Markieren der ersten Zeile (*Vorgang normal*) an beliebiger Stelle in der Zeile
- *Ausschneiden* des markierten Eintrags (er landet in der Zwischenablage)
- *Einfügen, Einfügen* (*zwei Mal Einfügen aus der Zwischenablage*), jetzt sind zwei identische Einträge vorhanden
- Der erste Vorgang wird geändert, *Farbe Rot*, Bezeichnung von *Normal* in *Normal;Kritisch*, das sind die entsprechenden Feldnamen, die nur in den Listenfeldern ausgewählt werden können. Dabei darauf achten, dass die Aufzählung von zwei Feldnamen durch ein Semikolon getrennt sein muss.
- Der zweite Vorgang wird geändert in der Bezeichnung von *Normal* in *Normal;Nicht kritisch*, ebenfalls unter Verwendung der Feldnamen aus dem Listenfeld und durch Semikolon getrennt.

Hinweis Wenn Sie noch nie in den *Balkenarten* bestehende Formatierungen verändert haben, sollten Sie sich notieren, was verändert wurde, oder mithilfe einer Bildschirmkopie des aktiven Fensters und durch Einfügen in eine Textdatei die entsprechende Referenz erstellen.

Warum? Es gibt bei den Balkenarten keinen *Reset-Befehl* für den Fall, dass sich ein Fehler eingeschlichen hat und Sie nicht einmal mehr die ursprünglichen Balken sehen, obwohl Sie glaubten, alles richtig gemacht zu haben.

Der einzige Ausweg in so einem Fall ist die Nutzung des Balkenplan-Assistenten, der Ihnen aber alle individuellen Formatierungen entfernen wird, aber zumindest die Ausgangsposition wieder herstellt.

6.1.8 Einzelheiten

Das *Format Einzelheiten* wird aktiv, wenn in einer geteilten Ansicht im unteren Teil des Fensters eine Maske geladen ist und diese mit einem Mausklick aktiviert wurde. Erkennbar ist das an einem hervorgehobenen Seitenrand an der linken Seite des entsprechenden Fensters.

Das *Format Einzelheiten* ist immer aktiv, wenn eine Maskenansicht im Vollformat geladen, der Bildschirm also nicht geteilt wurde.

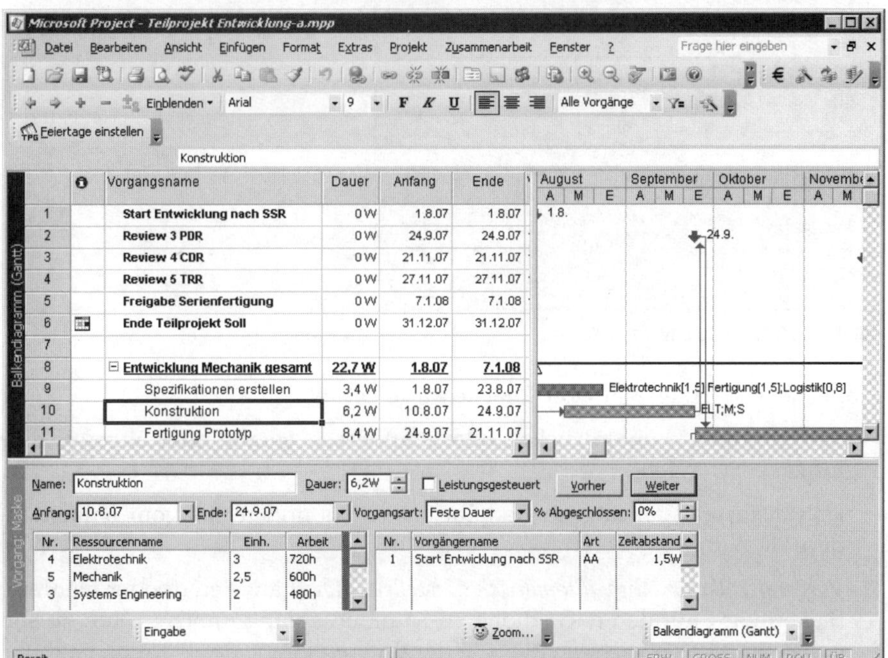

Abbildung 6.11: Die dritte Ansicht, Vorgangsmaske, Einstellung Einzelheiten

Hinweis Mit dem Format *Einzelheiten* lassen sich in den Masken nur die darin enthaltenen Informationen wechseln, aber nicht formatieren.

Der schnellste Weg, um die als Standard verfügbaren Inhalte der Maskenansicht zu wechseln, führt bei aktiver Maske mit einem rechten Mausklick in den grauen Bereich (Kontextmenü). Damit öffnet sich sofort der Dialog zur Auswahl der weiteren, verfügbaren Informationen.

6.1.9 Layout

Hinweis Mit Änderungen im Untermenü *Layout* können Pläne bei Bedarf nochmals angepasst werden, um die Balken zum Beispiel für Präsentationen deutlich stärker zu machen durch Anhebung der *Balkenhöhe* von einem Wert von 12 Punkt auf 24 Punkt.

Ebenfalls oft verwendet wird die Reduzierung der Balkenhöhe von 12 Punkt auf 6 Punkt, was bei sehr großen Plänen angebracht ist, damit sich auf einer Seite mehr Zeilen/Vorgänge als normal abbilden lassen.

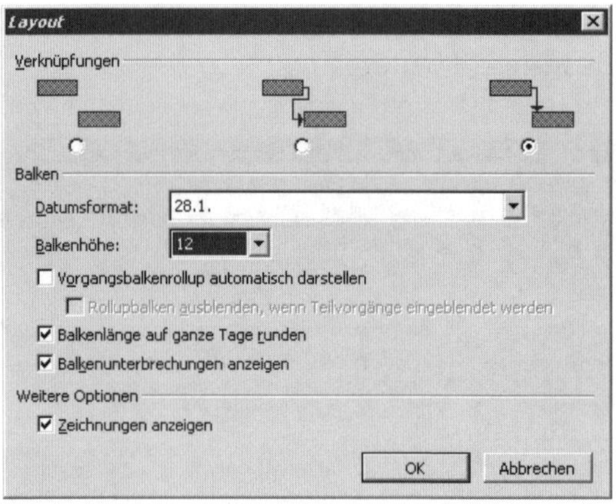

Abbildung 6.12: Das Layout ändern

Mögliche Änderungen auf der Registerkarte *Layout*:

- Verknüpfungen unterdrücken oder stattdessen gerade oder abgewinkelte Linien verwenden
- Datumsformat der angezeigten Termine links und rechts vom Balken ändern
- *Vorgangsbalken Rollup automatisch darstellen* – Die Länge eines oder mehrerer Balken wird auf den nächsthöheren Sammelvorgang projiziert, um zu signalisieren, dass etwas Wichtiges in der unteren Ebene der Planung liegt.
- *Balkenhöhe* von 6 Punkt (große Pläne) bis 24 Punkt (bei Präsentationen) wählbar

- Die beiden Einstellungen für *Balkenlänge auf ganze Tage runden* und *Balkenplanunterbrechungen anzeigen* können unverändert bleiben.
- *Zeichnungen anzeigen* setzt voraus, dass Zeichnungen vorhanden sind.

6.1.10 Zeichnung

Zeichnungen sind in den Symbolleisten unter *Ansicht/Symbolleisten* durch einfache Markierung des betreffenden Eintrags einzuschalten.

Mithilfe von Zeichnungen lassen sich Kommentarboxen (Textfelder) einzelnen Vorgängen so zuordnen, dass sie in bestimmter Lage zu dem betreffenden Vorgang angeordnet werden. Das ist sinnvoll, wenn ein entsprechend wichtiger Hinweis zu einem kritischen Vorgang deutlich sichtbar in einem Terminplan eingebettet werden soll. Aber auch beliebige, farbig gefüllte Formen, Linien und Hinweispfeile lassen sich hiermit einfügen und bestimmten Vorgängen zuordnen.

Die Formatierung der *Textbox* erfolgt nach einem Doppelklick auf den umgebenden Rahmen. Die weiteren Einstellungen nehmen Sie in der Dialogbox und den Registerkarten entsprechend Ihren Anforderungen vor.

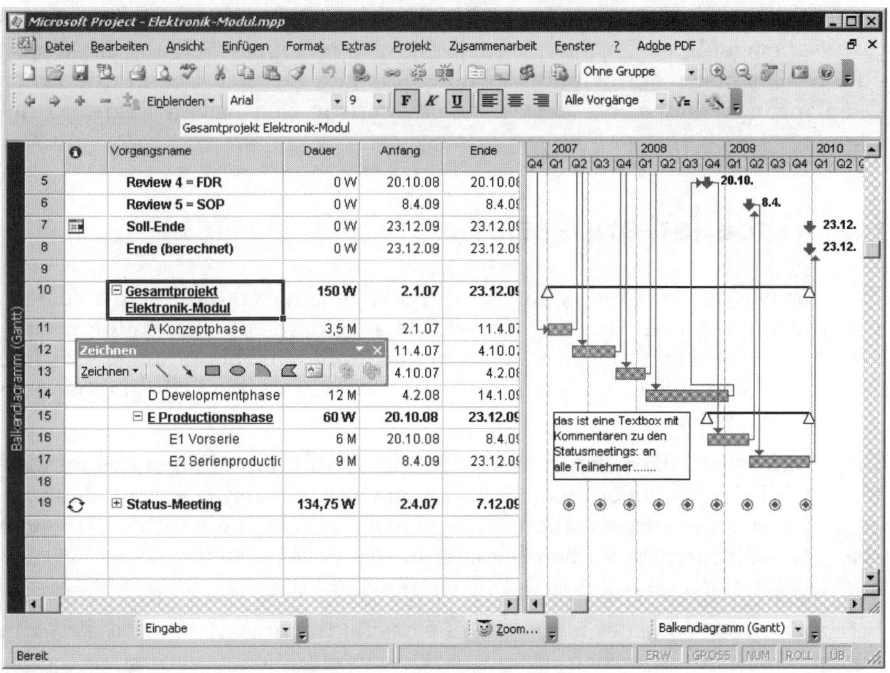

Abbildung 6.13: Die Möglichkeit, Textboxen zu nutzen

Details für die Formatierung von Zeichnungen und Textboxen umfassen Linien, farbliche Füllung sowie Größe und Position abhängig von gewählten Vorgängen und/oder zeitliche Positionierung, horizontal nach Datum und vertikal in Zentimetern vom oberen Bildrand gemessen.

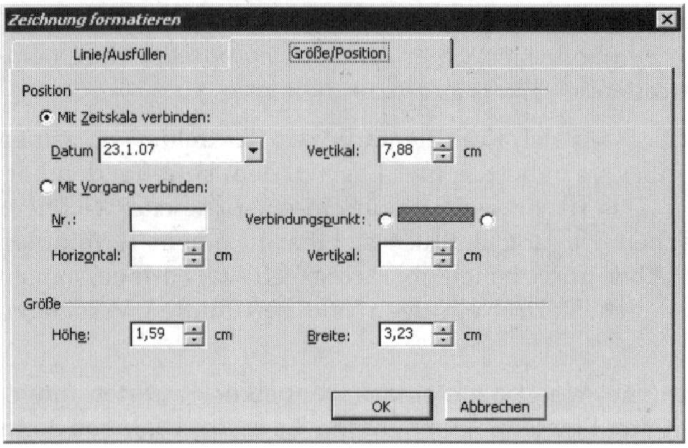

Abbildung 6.14: Formatierung der Textbox in Terminplänen

Die Formatierungsmöglichkeiten einer Textbox, oder anderer mit dem Menü *Zeichnen* eingefügter Objekte, werden mit einem Doppelklick auf das Objekt oder bei Textboxen auf den umgebenden Rahmen geöffnet. Die erforderlichen Detailangaben finden Sie dann durch Blättern in den beiden Registern des Dialogs.

6.2 Tabellen anpassen

Eine der wichtigsten Methoden, um Ihre Planungen exakt auf den jeweiligen Bedarf anzupassen, ist die Möglichkeit, die in Feldern enthaltenen Informationen je nach Verwendungszweck beliebig anzuordnen. Damit lassen sich Ihre Planungen sehr gut und ohne großen Aufwand auch für Datenimport oder -export aufbereiten.

Die *Ansicht* von Balkenplänen besteht in Microsoft Project immer aus mindestens zwei Teilen variabler Breite: links aus einer wählbaren *Tabelle* mit den nötigen, ausgewählten Informationen zu jedem Vorgang und rechts aus einer ebenfalls wählbaren grafischen Darstellung des Projektablaufs.

Zusätzlich zu einer *Normalansicht* können nach Teilung des Fensters mit dem Befehl *Fenster teilen* in der unteren Hälfte des Bildschirms *Masken, Tabellen* oder *Diagramme* geladen werden. Damit werden Informationen verfügbar, die bei der Arbeit mit Ressourcen besonders hilfreich sind.

Eine Änderung der Tabellen einer beliebigen Ansicht ist nur dann möglich, wenn vorher diese *Ansicht* ausgewählt und dann die gewünschte *Tabelle* durch Auswahl im Menü *Ansicht* geladen wird (siehe Absatz *6.5* weiter unten in diesem Kapitel).

Alle vorhandenen Tabellen können durch entsprechende Zusammenstellung von rund 600 verfügbaren Feldern und durch Verwendung der entsprechenden Feldnamen beliebig an Ihren Bedarf angepasst werden. Hierbei ist zu unterscheiden, ob eine Tabelle für Vorgänge oder für Ressourcen bestimmt ist. Abhängig hiervon unterscheiden sich deren Inhalte sehr stark, und viele Felder können nicht in jeder Tabelle verwendet werden.

Neue Tabellen können sehr leicht mit dem Tabelleneditor und unter Verwendung entsprechender Feldnamen beliebig und ihrem Bedarf entsprechend zusammengestellt werden. Auch neu angelegte oder veränderte Feldnamen, die zum Beispiel spezielle Formeln enthalten, können hier verwendet werden.

Die Anpassung von Feldnamen wird in einem eigenen Kapitel weiter unten in diesem Buch detailliert beschrieben (*siehe Kapitel 7, Felder anpassen und verändern*).

Der Weg zu den Einstell- und Änderungsdialogen geht über das in *Abbildung 6.15* abgebildete Menü *Ansicht, Tabelle:Eingabe* und das Untermenü *Weitere Tabellen…* bis zu der Dialogbox für die Bearbeitung von Tabellen.

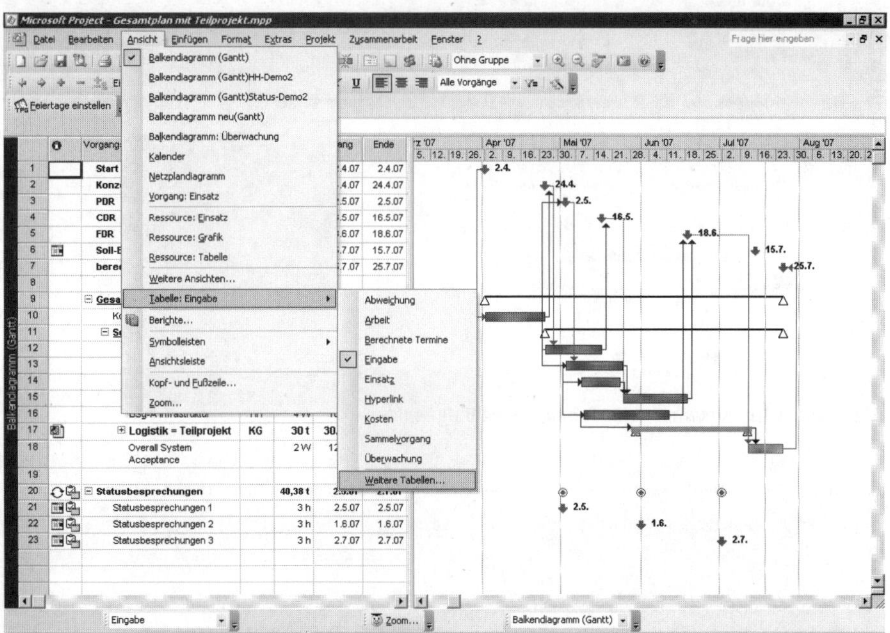

Abbildung 6.15: Tabellen anpassen und ändern

6.2.1 Vorgangstabellen

Jede Änderung von Tabellen betrifft die Reihenfolge und den Inhalt von Spalten und damit von Feldern und Feldnamen. Diese *Feldnamen* können aus *Dropdown-Listenfeldern* ausgewählt werden, sodass die neu erzeugten Spalten die gewünschten Informationen enthalten.

Viele Begriffe der Planung sind genormt worden und entsprechen oft nicht den in Microsoft Project verwendeten Bezeichnungen der genutzten Feldnamen. Zum Beispiel ist nach ISO der Begriff Vorgangsnummer mit VNR abzukürzen statt nur Nr. zu verwenden. Deshalb wird es oft erforderlich, die Bezeichnung der in den Tabellen enthaltenen Spalten fachlich anzupassen. Das kann entweder in der Spalte der aktiven Tabelle direkt gemacht werden oder besser in der Tabelle selbst.

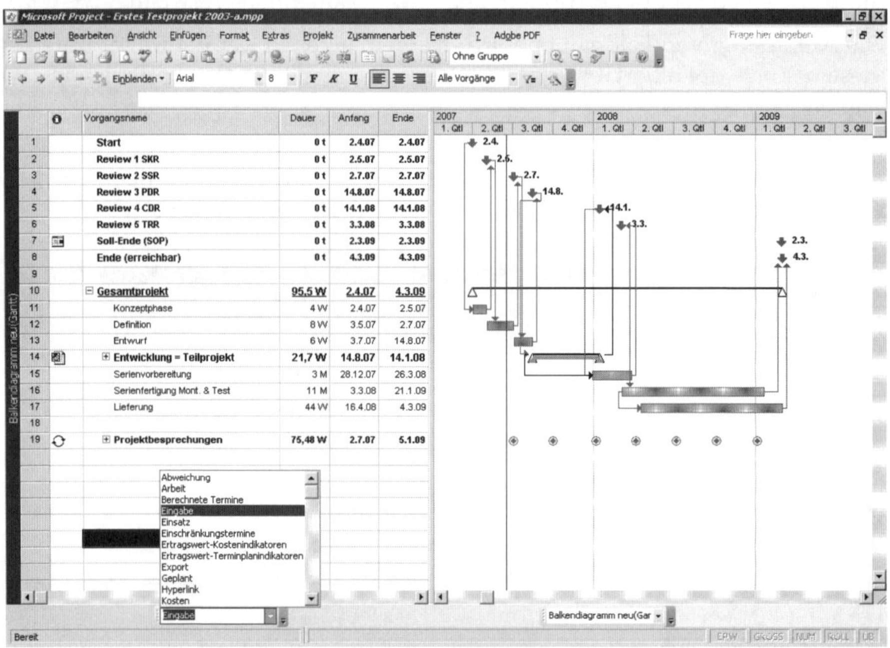

Abbildung 6.16: Auswahl einer Tabelle eines Balkenplans

6.2.2 Tabellen ändern

Größere Änderungen von Tabellen können erst durchgeführt werden, wenn das Dialogfeld zur Anpassung von Tabellen geöffnet ist.

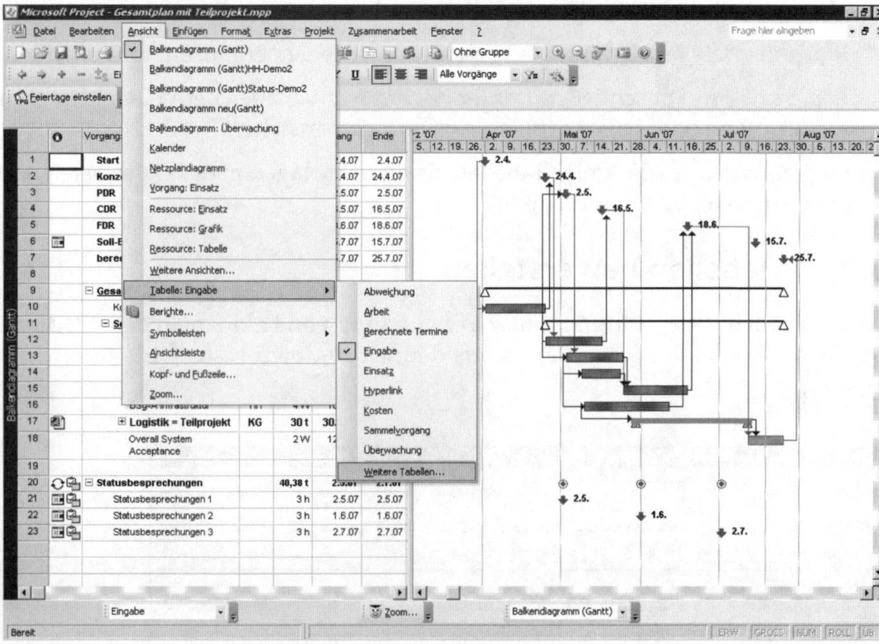

Abbildung 6.17: Auswahl einer aktiven Tabelle zur Änderung

Dieses Dialogfeld erreichen Sie über *Ansicht/Tabelle:Eingabe/Weitere Tabellen...*, wie das auch aus der *Abbildung 6.17* zu erkennen ist.

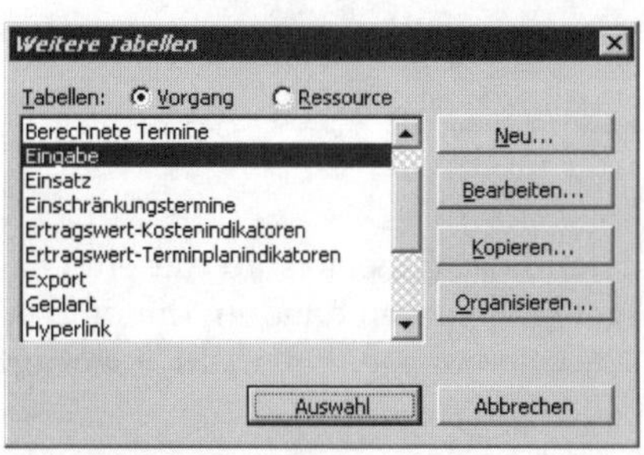

Abbildung 6.18: Auswahl zu bearbeitender Tabellen

Nach der Entscheidung, ob eine Vorgangstabelle oder Ressourcentabelle geändert werden soll, können Sie in der Dialogbox die entsprechende Aufgabe auswählen.

Folgende Optionen stehen dann zur Verfügung:

- *Neu...* erstellt eine völlig neue Tabelle mithilfe des Tabelleneditors.
- *Bearbeiten...* – Tabelleninhalte verschieben, löschen, ergänzen, umbenennen
- *Kopieren...* und anschließend unter neuem Namen speichern nach kleineren Änderungen oder bevor größere Änderungen anstehen
- *Organisieren...* – geänderte Tabellen als neue Vorlagen in der *Global.mpt* speichern für alle weiteren Projekte

6.2.3 Tabellen neu erstellen

Neue Tabellen werden immer unter Verwendung von Feldnamen erstellt, die in der linken Spalte des Dialogfeldes aus dem Drop-down-Listenfeld ausgewählt werden.

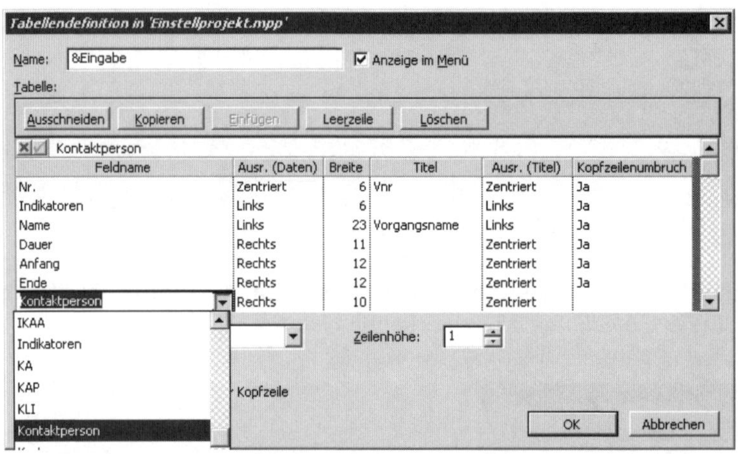

Abbildung 6.19: Felder in Tabellen ändern

Hinweis Eine Änderung des verwendeten Feldnamens ist in diesem Dialogfeld nicht möglich, da es sich um festgelegte Namen handelt, die im System enthalten sind und die mit dem Tabellenassistenten nicht geändert werden können.

Wer Feldnamen ändern möchte, muss dafür in das Menü zum Anpassen von Feldern wechseln. Details hierzu finden Sie in *Kapitel 7, Felder anpassen und verändern* weiter unten in diesem Buch.

6.2.4 Ressourcentabellen ändern

Der Aufbau von Ressourcentabellen ist weitgehend identisch mit den Vorgangstabellen. Ressourcentabellen unterscheiden sich aber durch die für die Erfassung von Arbeit (z.B. Personalstunden) zusätzlich erforderlichen Felder. Hierzu gehören die Zuordnungseinheiten, die Ressourcenkürzel, die Standardsätze, der verwendete Ressourcenkalender und weitere ressourcenspezifische Informationen.

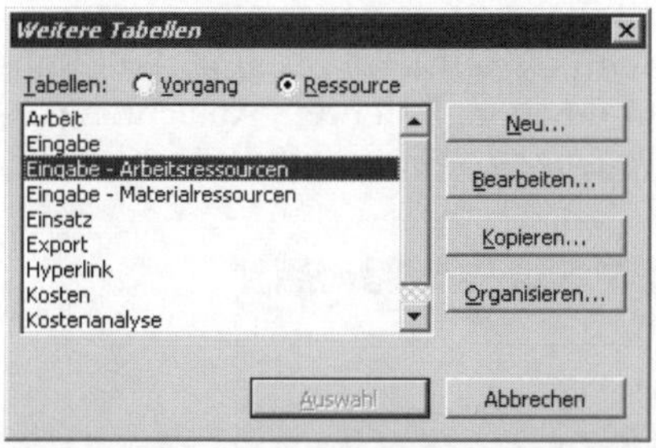

Abbildung 6.20: Auswahl von Ressourcentabellen

Wie im Listenfeld sichtbar, stehen für die Erfassung von Ressourcen insgesamt drei Eingabetabellen zur Verfügung. Bei normaler Dateneingabe wird nur die allgemeine Tabelle *Eingabe* geladen. Die beiden anderen Eingabetabellen können nur durch entsprechende Auswahl über *Ansicht/Tabelle:Eingabe/Weitere Tabellen/Ressource* oder mithilfe einer speziellen Symbolleiste geladen werden.

Wenn eine Eingabetabelle unter *Bearbeiten* geöffnet wird, kann der Unterschied zwischen Materialressourcen und Arbeitsressourcen betrachtet werden. Bei Bedarf können dann hier erforderliche Änderungen vorgenommen werden.

Bevor Änderungen an Tabellen gemacht werden, ist es sinnvoll, zur Sicherung eine Kopie der ursprünglichen Tabelle anzulegen und diese unter einer entsprechenden Bezeichnung zu speichern. So kann schon vor Beginn von Änderungen dafür gesorgt werden, dass geänderte Tabellen leichter aufzufinden sind.

6.2.5 Tabellen organisieren

Nach jeder Änderung einer Tabelle ist zu überlegen, ob diese Änderungen nur ganz speziell für das aktive Projekt zutreffen oder ob die vorgenommenen Änderungen auch für alle zukünftigen Projekte verfügbar sein sollen. Das ist deshalb wichtig, weil jede Änderung einer geladenen Tabelle nur bei dem aktiven Projekt verbleibt.

Alle anderen Projekte können nicht auf geänderte Tabellen zugreifen, solange die nicht mit dem Befehl *Organisieren* in die *Global.mpt* übernommen wurde.

Hinweis Eine oft verwendbare Möglichkeit, das Menü *Organisieren* zu verwenden, ist, dass sich Tabellen des aktiven Projektes direkt in ein neues Projekt übertragen lassen, ohne dass diese Tabellen in die Vorlagendatei übernommen werden müssen.

Das wird möglich, indem statt der *Global.mpt* das neue Projekt in das linke Dialogfeld geladen wird. Jetzt kann die entsprechende Tabelle mit dem Kopierbefehl direkt von dem rechts geladenen Dialogfeld in das linke Dialogfeld kopiert werden und steht damit dem neuen Projekt sofort zur Verfügung.

Aus diesem Grund betrachte ich das Menü *Organisieren* als eine Art „Rangierbahnhof" für alle projektspezifischen Tabellen, Kalender, Ansichten etc., die in den Registerkarten unter *Extras/Optionen* zu finden sind.

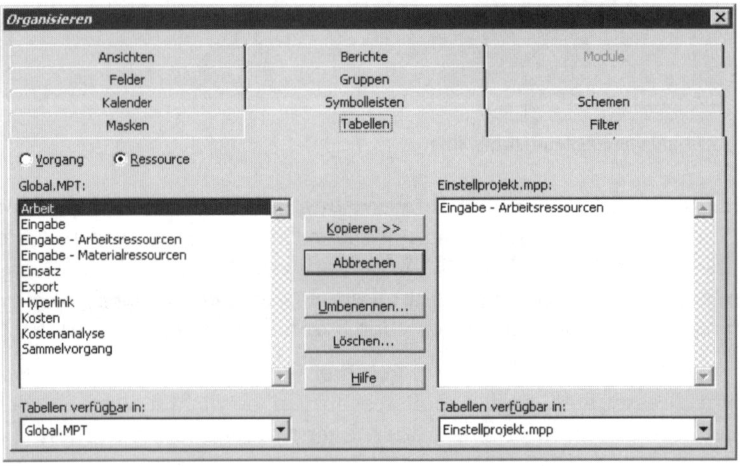

Abbildung 6.21: Die Registerkarte, um Tabellen zu ändern und zu organisieren

6.2.6 Tabellen umbenennen

Die Umbenennung vorhandener oder veränderter Tabellen kann in dem Dialogfeld des Menüs *Extras/Organisieren/Tabellen/umbenennen* vorgenommen werden, ebenso wie auch die Löschung nicht mehr verwendeter Tabellen.

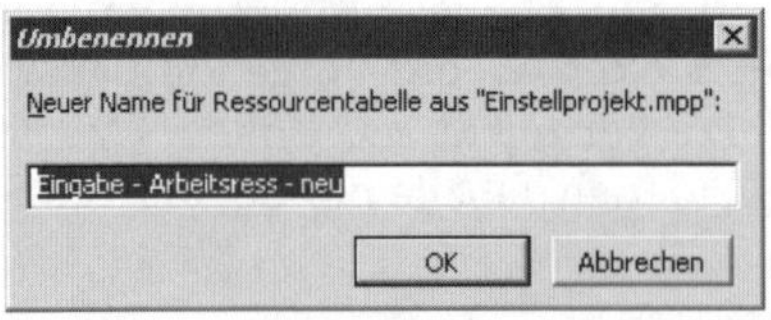

Abbildung 6.22: Umbenennen veränderter Tabellen

Achtung Noch ein Hinweis zu der Vorlagendatei *Global.mpt*.

Um bei Problemen jederzeit auf eine vorherige Version zurückzugreifen, ist noch vor Beginn umfangreicher Änderungen an bestehenden Vorlagen (Tabellen, Ansichten, Felder etc.) eine Kopie der ursprünglichen Version unter dem Namen *Backup.mpt* oder *Global.bak* anzulegen und in demselben Verzeichnis wie die Originaldatei zu speichern.

Diese Backup-Dateien werden vom Programm nicht automatisch aktualisiert. Deshalb ist der Anwender selbst für die entsprechenden Arbeitsschritte verantwortlich.

6.3 Symbolleisten anpassen

Um die Arbeit mit Microsoft Project zu vereinfachen und zu beschleunigen, gibt es zwei Symbolleisten, die für den Wechsel von Tabellen und Ansichten verwendet werden können und die nur noch aktiviert werden müssen.

Sie können dann zwischen allen verfügbaren Ansichten und den darin enthaltenen Tabellen sehr viel schneller wechseln als normal. Besonders interessant ist die Möglichkeit, sehr schnell beliebige Kombinationen von Terminplänen, Tabellen, Masken und Grafiken zu erhalten, um damit wesentliche Informationen zu erhalten.

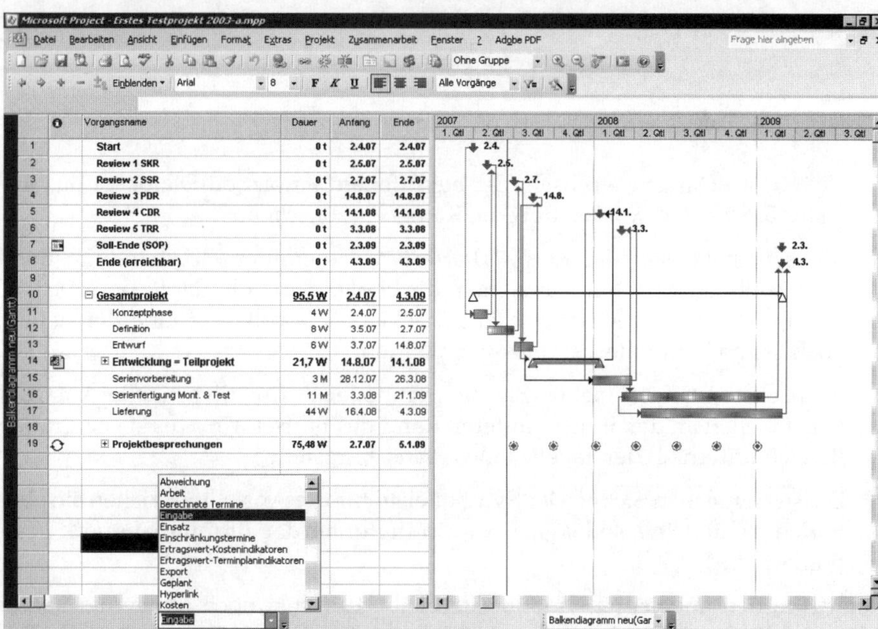

Abbildung 6.23: Auswahl von Tabellen über eine Symbolleiste

6.3.1 Symbolleisten neu anlegen

Klicken Sie mit der rechten Maustaste in einen grauen Bereich der Menüleisten, wählen anschließend *Anpassen* und erstellen jetzt mit drei einzelnen Mausklicks auf die Schaltfläche *Neu* drei neue Symbolleisten, ohne sie zu benennen.

Die drei Symbolleisten ziehen Sie am besten an einen beliebigen, gut sichtbaren Bereich des Bildschirms (linke Maustaste gedrückt halten und Symbol dabei in der Mitte fassen).

6.3.2 Befehle zuordnen

Abbildung 6.24: Befehle zu Symbolleisten zuordnen

Hinweis Danach wechseln Sie bei offenem Anpassen-Dialog in das Register *Befehle* und wählen dort die Kategorie *Ansicht* aus.

Im rechten Fenster der Registerkarte *Befehle* befinden sich ganz am Ende (den Rollbalken nach unten ziehen) die beiden Symbole *Tabelle* und *Ansicht*, die mit der linken Maustaste angeklickt und jeweils auf eine der neuen, noch leeren Symbolleisten gezogen werden.

Im nächsten Schritt ziehen Sie die Symbolleiste für die schnelle Auswahl von Tabellen an den linken, unteren Rand des Bildschirms, bis sie im grauen Bereich unterhalb der Tabelle eines Plans einrastet.

Dasselbe machen Sie mit der Symbolleiste für die Ansichten, ziehen sie aber in den rechten Teil, sodass sie etwa mittig unter der Terminplangrafik positioniert wird.

Die dritte neu angelegte Symbolleiste bleibt zunächst noch unbenutzt in der Mitte des Bildschirms stehen, bis ein Makro aufgezeichnet ist, mit dem die Terminplangrafik automatisch an den verfügbaren Platz rechts von der Tabelle angepasst wird.

Ab jetzt haben Sie die Möglichkeit, alle vorhandenen Tabellen oder Ansichten sehr schnell mit jeweils nur einem Mausklick auf den entsprechenden Begriff in einer der neu angelegten Symbolleisten auszuwählen.

Was bei der schnellen Änderung von Ansichten oft passiert, ist meist mit einer Überraschung verbunden: Der Teil mit der Termingrafik ist leer!

Das liegt daran, dass sich die Darstellung ausgewählter Balkendiagramme oft an einem anderen Termin außerhalb des sichtbaren Bereiches orientiert oder durch Änderungen der Platzbedarf verändert wurde.

Um diesen Effekt zu beheben, gibt es zwei Möglichkeiten:

Entweder Sie gehen den langen Weg über die Zeitachse und passen mit dem *Zoom*-Befehl (*Ansicht/Zoom/Gesamtes Projekt/OK*) den Plan automatisch ein, oder Sie zeichnen diese Befehlsfolge als Makro auf und ziehen dieses auf die noch nicht belegte dritte Symbolleiste.

Damit können Sie dann mit nur einem Mausklick auf diese Symbolleiste den gesamten Terminbereich eines Planes in dem rechten Teil des Bildschirms darstellen, unabhängig davon, über welchen Zeitraum sich der Plan erstreckt. Die Zeitskala wird immer automatisch so angepasst, dass der gesamte Plan zu sehen ist.

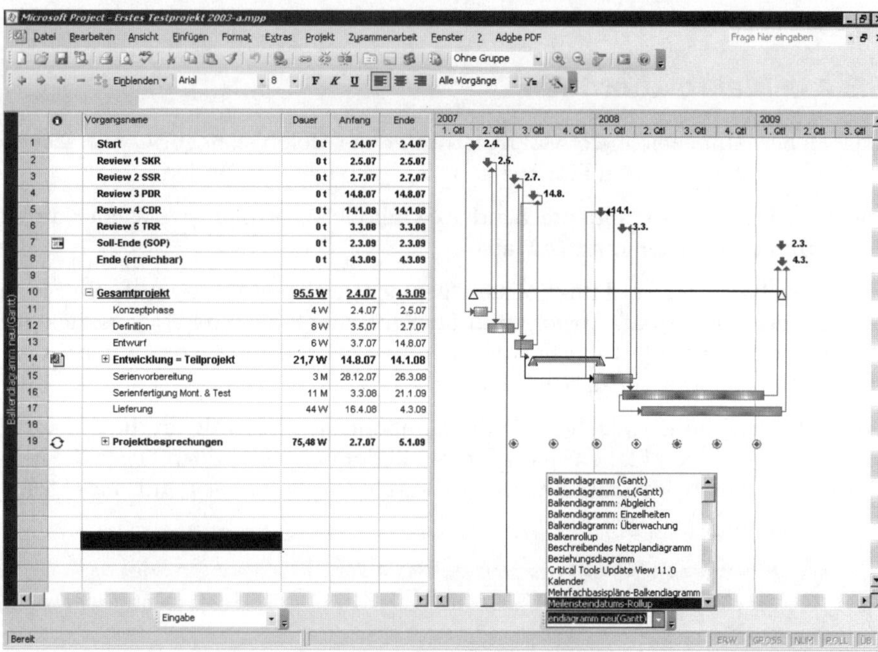

Abbildung 6.25: Auswahl einer Ansicht mithilfe einer Symbolleiste

6.3.3 Makro aufzeichnen

Um ein *Makro* aufzuzeichnen, gehen Sie über *Extras/Makro/aufzeichnen...*, und folgen dort dem Dialog so weit, bis Sie eine eindeutige Bezeichnung festgelegt haben.

Tipp Als Hilfe: Ich verwende hier nur einen Buchstaben, das kleine *(z)*, weil das vom System noch nicht als Name des Makros vergeben ist und eine längere Bezeichnung für die Übernahme in eine möglichst kleine Symbolleiste ungeeignet ist.

Dann starten Sie die Aufzeichnung und arbeiten der Reihe nach folgende Schritte ab:

- *Ansicht*
- *Zoom*
- *Gesamtes Projekt*
- *OK*
- Jetzt keine weiteren Mausklicks mehr, sondern die Aufzeichnung stoppen mit *Extras/Makro/Aufzeichnung beenden.*

Als Nächstes muss das gerade aufgezeichnete Makro noch der verbliebenen mittleren Symbolleiste zugeordnet werden.

6.3.4 Makro zuordnen

Das soeben aufgezeichnete Makro ist unter der Befehlskategorie *Alle Makros* registriert und dort durch Eingabe von *„Z"* auch leicht zu finden.

Die Zuordnung zu der entsprechenden Symbolleiste erfolgt jetzt wieder durch Markieren und Ziehen mit der Maus.

Es kann jetzt sofort ein Funktionstest gemacht werden. Dazu wechseln Sie in eine andere Terminplan-Ansicht und überprüfen, ob nach dem Mausklick auf die Symbolleiste der geänderte Plan in voller Größe sichtbar wird, unabhängig davon, wie breit der verfügbare Platz ist.

Wenn das funktioniert, ziehen Sie die Symbolleiste endgültig an die passende Position. Bei meinen Plänen ist das immer in der unteren grauen Leiste die Mitte zwischen den beiden anderen Symbolleisten für die *Tabellen* und *Ansichten.*

Symbole ändern

Nachdem das Makro mit der sehr einfachen Bezeichnung *Z* gespeichert wurde, kann noch ein ansprechendes Symbol mit *Drag und Drop* auf diese Symbolleiste gezogen werden.

Das geht mit folgenden Schritten:

- Rechter Mausklick auf die betreffende Symbolleiste und Wahl von *Anpassen*
- Jetzt bei geöffnetem *Anpassen*-Dialog noch einmal ein rechter Mausklick auf das zu ändernde Symbol, dann
- *Schaltflächensymbol ändern* wählen
- Nun kann ein beliebiges Symbol durch Anklicken ausgewählt und mit der Maus auf die Symbolleiste gezogen werden.

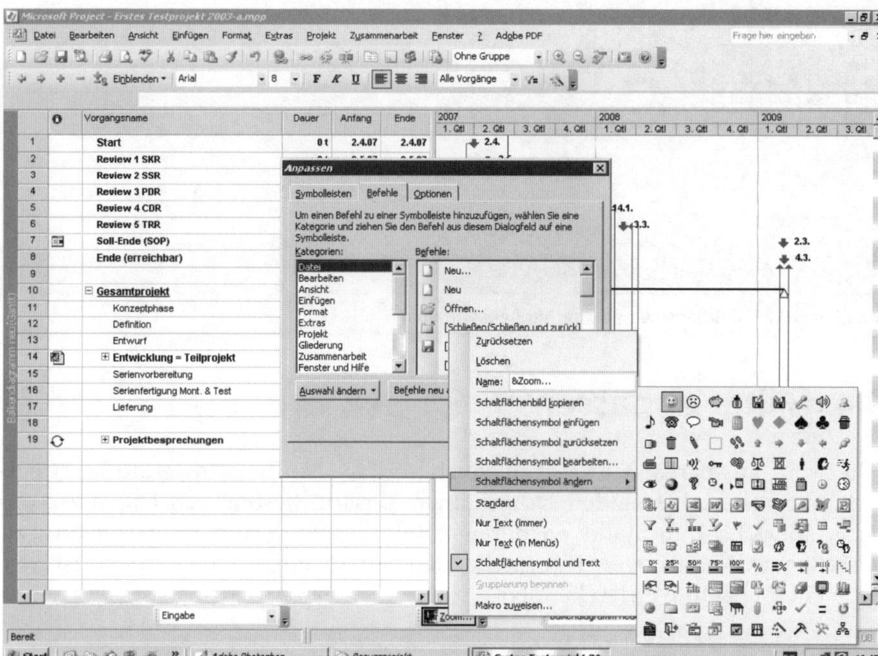

Abbildung 6.26: Auswahl eines Schaltflächensymbols

Symbol editieren

Sollte Ihnen das gewählte Symbol absolut nicht gefallen, so haben Sie natürlich auch die Möglichkeit, durch gewisse kleinere Korrekturen Ihr ganz persönliches Symbol zu erzeugen, wie in der Abbildung des Schaltflächen-Editors gezeigt.

Damit das möglich wird, muss der Dialog *Anpassen* geöffnet sein, die Schaltfläche ausgewählt und dann im Kontextmenü (rechter Mausklick) der Befehl *Schaltfläche ändern* aktiviert werden. Erst jetzt öffnet sich der *Schaltflächen-Editor,* und Sie können Ihre Änderungen vornehmen.

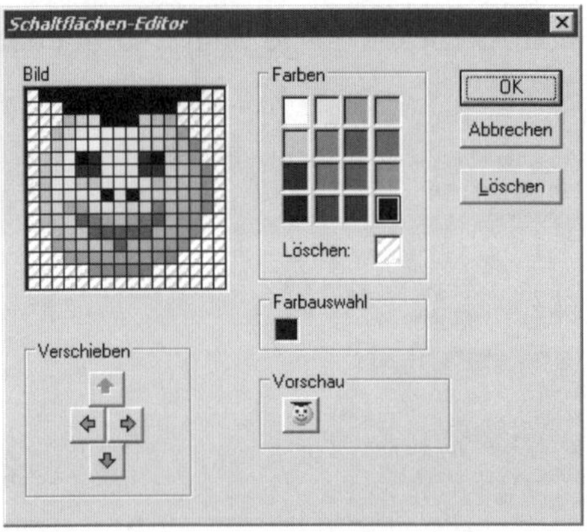

Abbildung 6.27: Editieren von Schaltflächensymbolen

6.4 Filter anpassen

Filter sind in Microsoft Project reichlich vorhanden. Ihre Anwendung ist einfach, aber es kann trotzdem vorkommen, dass in besonderen Fällen zusätzliche, spezielle Informationen herauszufiltern sind. Dann ist es wichtig zu wissen, wie Änderungen in bestehenden Filtern einzutragen sind oder wie neue Filter erstellt werden können.

6.4.1 Filterarten

In Microsoft Project wird unterschieden zwischen Filtern, die ohne Rückfrage entsprechend der Einstellungen arbeiten und die gewünschten Ergebnisse sofort liefern, und interaktiven Filtern, die immer zuerst ein Dialogfeld zur Eingabe der Filterkriterien anzeigen, wenn man sie anwendet.

6.4.2 Filter bearbeiten

Der Weg zu den Einstellungen und Änderungen von Filtern geht aus dem Menü *Projekt* über *Filter/Weitere Filter...* zu den Auswahlmenüs und Änderungsdialogen, siehe *Abbildung 6.28.*

Grundsätzlich ist zwischen vorgangsbezogenen und ressourcenbezogenen Filtern zu unterscheiden, weil nur so die verschiedenen Filterungen genutzt werden können.

Gewünschte Anpassungen werden vorgenommen, indem Sie für einen in der Liste ausgewählten Filter mit der Schaltfläche *Bearbeiten...* den Filter-Editor öffnen.

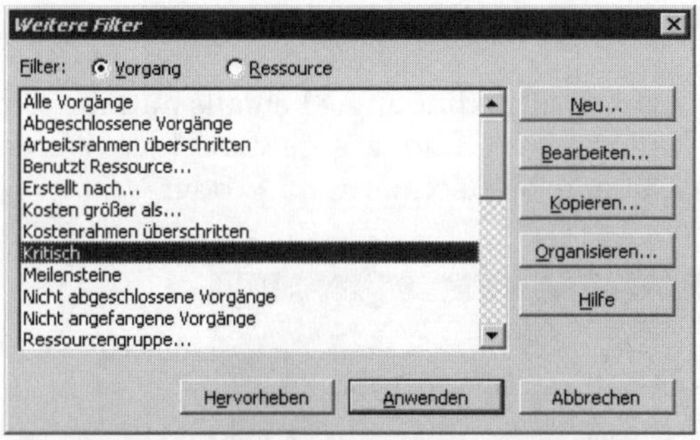

Abbildung 6.28: Auswahl des zu ändernden Filters

Im Einzelnen können Einträge erfolgen für:

- *Und-/Oder*-Einstellung
- Den zu filternden *Feldnamen*
- Festlegung einer *Bedingung*
- den/die *Wert(e)*
- *Anzeige im Menü* der Filter, was nicht unbedingt erforderlich ist, weil dafür bereits entsprechende Symbolleisten verfügbar sind

Einträge für Filter mit mehr als einer Bedingung können unter Verwendung der Schaltfläche für das Einfügen von Leerzeilen erstellt werden, indem dann in der neuen Zeile der entsprechende Eintrag aus der angebotenen Liste von Feldnamen übernommen wird, wie das in den beiden nachfolgenden Abbildungen zu erkennen ist.

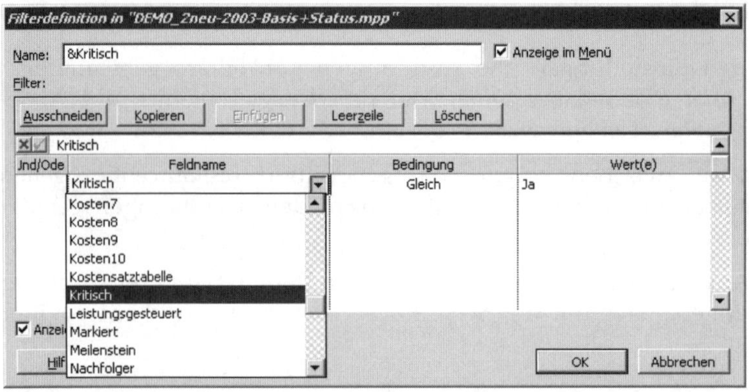

Abbildung 6.29: Änderungsdialog eines Filters, Auswahl Feldname

Im nächsten Schritt erfolgt die Auswahl einer Bedingung, ebenfalls mithilfe der in einem Listenfeld verfügbaren Bedingungen, und des gewünschten Werts. Der Wert für *kritisch* hat z. B. keine Zahlengröße, sondern nur *ja* oder *Nein.*

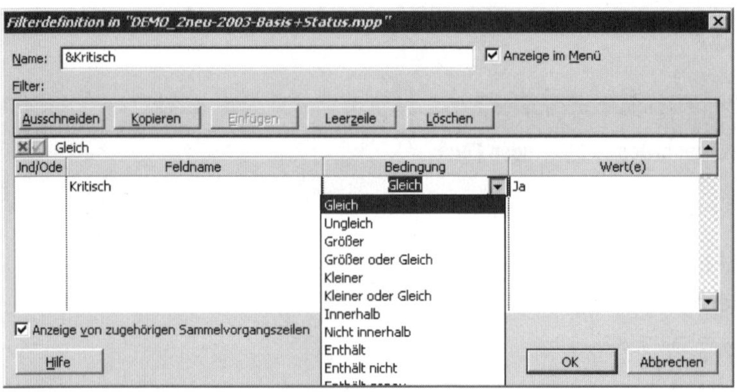

Abbildung 6.30: Einstellen der Filterbedingung

Die *Abbildung 6.31* zeigt die Auswahl und Wirkung des oben genannten Filters zur Anzeige der Vorgänge, deren aktuelle Dauer sich gegenüber der ursprünglich geplanten Dauer unterscheidet. Mit der Markierung einer Checkbox lassen sich *zugehörige Sammelvorgänge* eines Vorgangs erfassen und anzeigen.

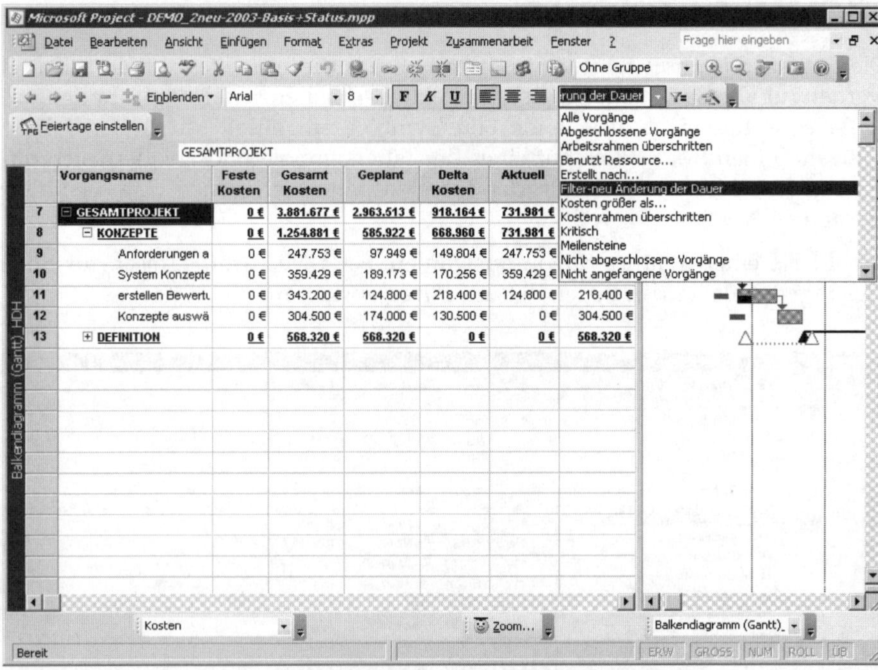

Abbildung 6.31: Auswahl des neuen Filters Abweichung von der Dauer > 0

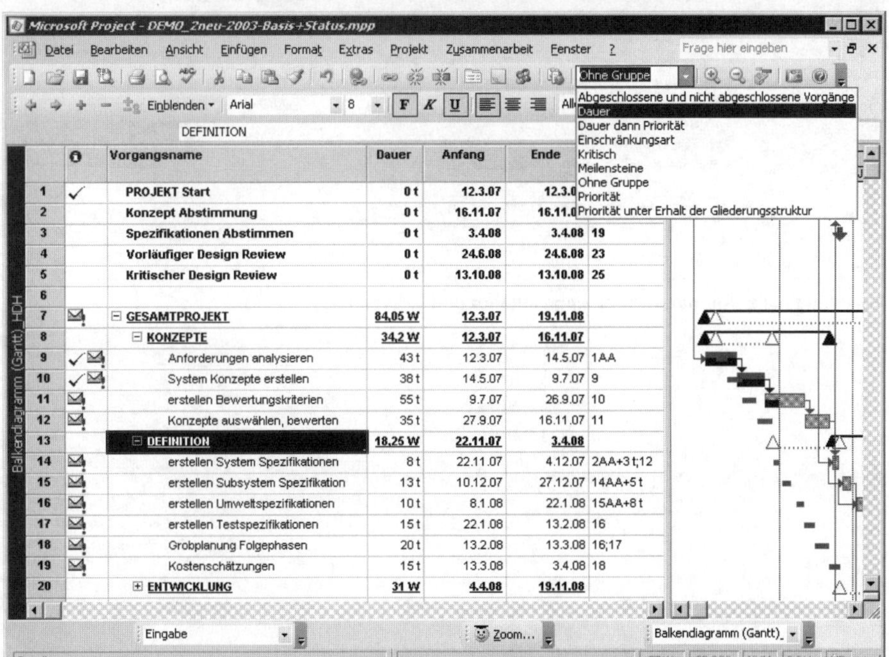

Abbildung 6.32: Ein Terminplan ohne Filterung

6.4.3 Autofilter nutzen

Die *Symbolleiste Format* enthält ein Symbol, das die *Autofilter* aktiviert. Damit werden für alle Spalten der in den Ansichten enthaltenen Tabellen, ähnlich wie in Excel, automatisch arbeitende Filtersymbole eingefügt. Mit diesen Filtern kann mit einem Mausklick auf eines der Filtersymbole und aus dem sich öffnenden Listenfeld nach den in der Tabellenspalte enthaltenen Daten gefiltert werden.

Sobald Sie einen Eintrag davon auswählen, zeigt Microsoft Project nur noch diejenigen Zeilen an, in denen dieser Eintrag vorkommt.

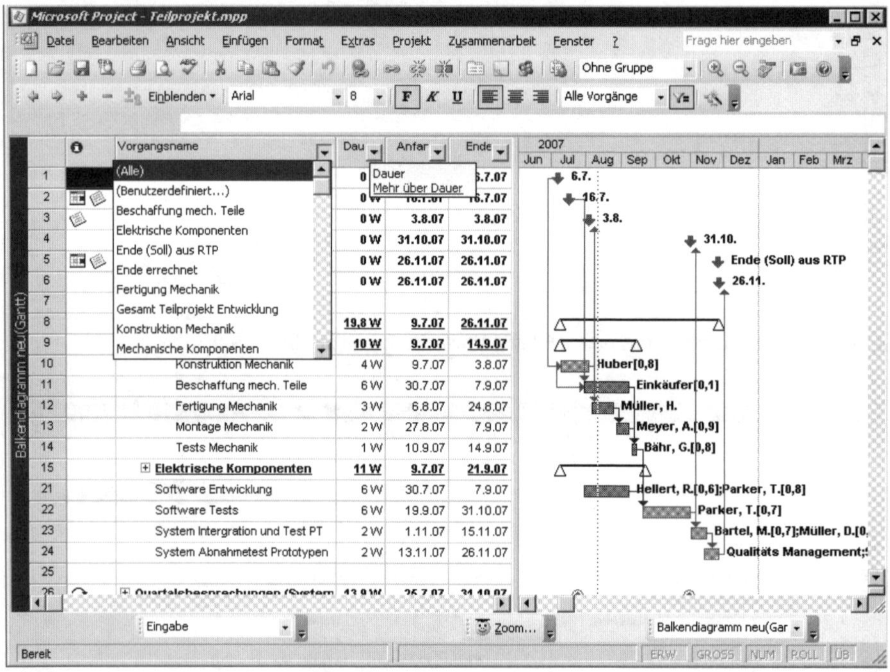

Abbildung 6.33: Autofilter (Alle) eingeschaltet und verwendet

6.4.4 Filtern und gruppieren

Mithilfe der Gruppierungsfunktion wird es möglich, Vorgänge oder Ressourcen nach bestimmten Kriterien, zum Beispiel nach aufsteigender Dauer oder nach Ressourcennamen, zu ordnen. Wenn man z.B. die Mitarbeiter jeder Abteilung als Gruppe definiert, kann man die Mitarbeiter nach Abteilungen geordnet darstellen. Die Gruppierungsfunktion lässt sich sehr gut in Kombination mit Vorgangsfiltern einsetzen.

Sie wird aktiviert, indem man die gewünschte Gruppierungsart im Listenfeld *Gruppieren nach* in der Symbolleiste *Standard* auswählt.

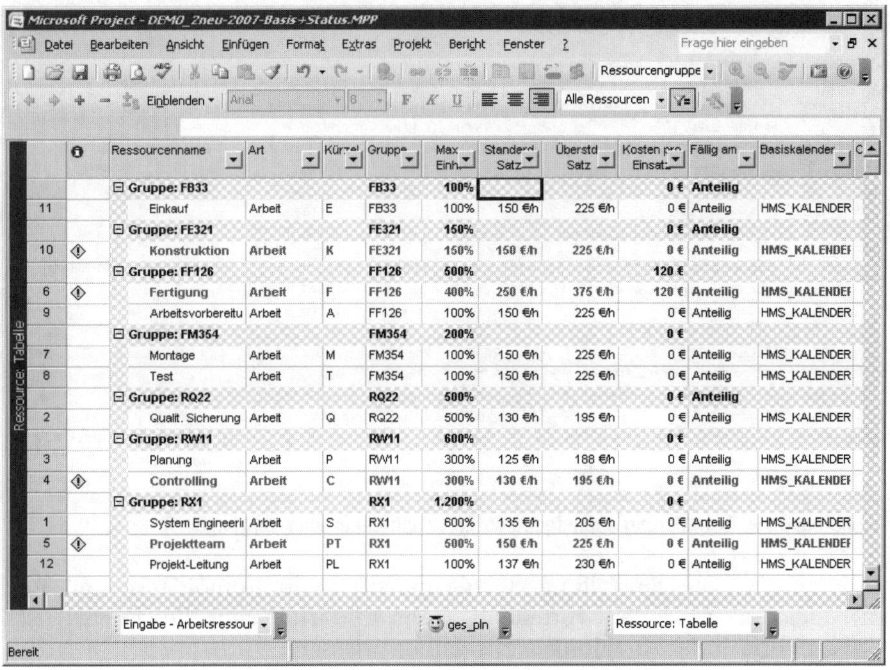

Abbildung 6.34: Filterung nach Vorgängen markierter Ressourcengruppen

6.4.5 Gruppenfilter Dauer für alle Vorgänge

Eine doppelt gefilterte Projektdatei liefert bei Gruppenfilterung nach Dauer und für alle Vorgänge als Ergebnis eine nach aufsteigender Dauer sortierte Liste aller Vorgänge, wie das im nächsten Bild dargestellt ist.

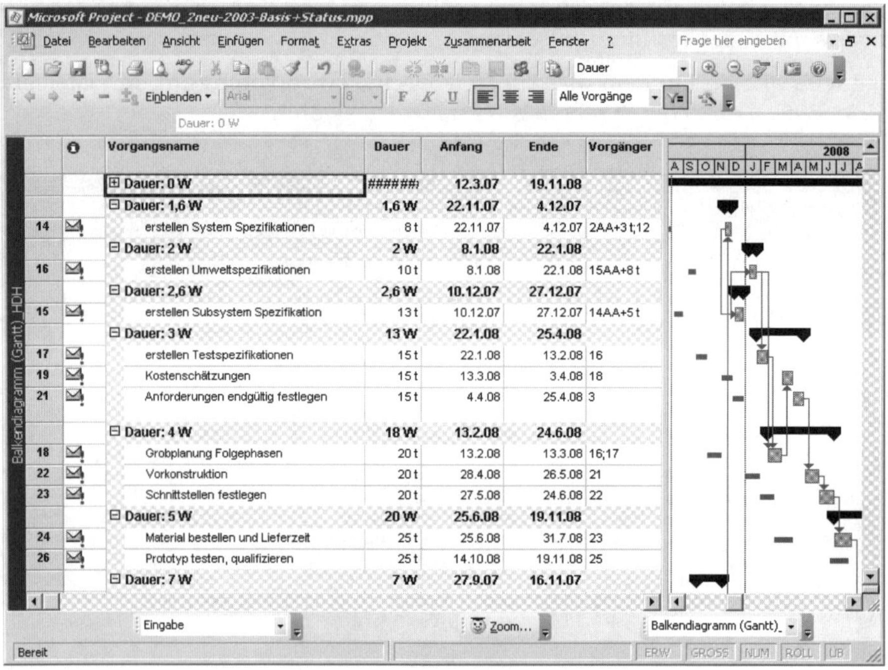

Abbildung 6.35: Gruppierung aufsteigend sortiert nach Dauer aller Vorgänge

Hinweis Die Einstellung der Gruppenfilter in Kombination mit Ressourcen ist besonders vorteilhaft, wenn es darum geht, Ressourcen nach Kategorien oder Abteilungen zusammenzufassen.

Hierbei ist besonders interessant, dass sich automatisch Summenzeilen für jede Ressourcengruppe ergeben, die dann zum Beispiel Aufwände, Kosten oder andere wichtige Daten für diese Ressourcengruppe wie einen Sammelvorgang zusammenfassen.

Als Beispiel wurden hier die in einem Pool enthaltenen Ressourcen nach ihren Abteilungen gefiltert, was zu einer Auswertung der Aufwände und Auslastungen jeder betroffenen Abteilung führt. Die rot markierten Ressourcen (im Bild hellgrau dargestellt) weisen auf Überlastung hin und liefern damit eine Information an die Projektleitung, dass hier dringend korrigierende Maßnahmen zu ergreifen sind.

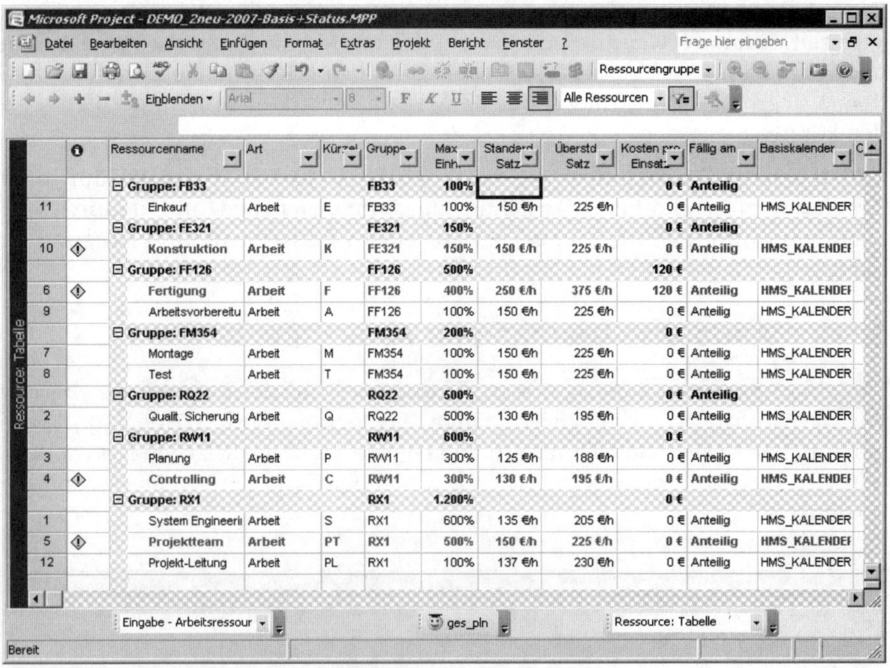

Abbildung 6.36: Gruppierte Ressourcentabelle bei aktivem Autofilter

6.5 Ansichten anpassen

Ansichten müssen immer dann angepasst werden, wenn sich die darin verwendeten *Tabellen* geändert haben. Dann ist es notwendig, die verwendete Tabelle auszutauschen. Bei umfangreichen Änderungswünschen kann es jedoch nötig werden, völlig neue Ansichten zu erstellen. So kann man z.B. individuelle, auf den eigenen Arbeitsstil zugeschnittene Ansichten zusammenzustellen, um dadurch alle benötigten Informationen möglichst auf einem Bildschirm zur Verfügung zu haben.

Ansichten werden generell nach *Einzelansichten* und *Ansichtskombinationen* unterschieden.

Eine *Ansichtskombination* ist dadurch gekennzeichnet, dass durch Teilung des Fensters mit den Befehlen *Fenster/Teilen, Fenster/Teilung aufheben* in einen oberen und unteren Bildschirm jeweils eine Einzelansicht mit einer beliebig als Ergänzung wählbaren *Maske, Tabelle* oder *Grafik* kombiniert werden kann. Mit ein paar wenigen Ausnahmen können diese Masken, Tabellen, Balkenpläne und Grafiken sowohl im oberen als auch im unteren Fenster angeordnet werden.

Die Inhalte des unteren (normal) oder oberen (Ausnahme) Fensters können jederzeit durch Verwendung der Symbolleisten für die Auswahl von Tabellen und Ansichten geladen werden, wobei zusätzlich noch weitere Detailinformationen über das Kontextmenü (rechte Maustaste verwenden) aufgerufen werden können.

Vorteil solcher Anpassungen ist die Möglichkeit, sich individuelle, auf Ihren Arbeitsstil zugeschnittene Ansichten zusammenzustellen, um dadurch alle benötigten Informationen möglichst auf einem Bildschirm zur Verfügung zu haben.

6.5.1 Änderung bestehender Ansichten

Um eine Ansicht zu ändern, öffnen Sie zunächst mit der Befehlsfolge *Ansicht/ Weitere Ansichten...* die gleichnamige Dialogbox und wählen dort die gewünschte Ansicht aus. Durch Anklicken einer der Schaltflächen *Neu...*, *Bearbeiten...*, *Kopieren...* oder *Organisieren...* führen Sie dann die jeweils gewünschte Aktion aus.

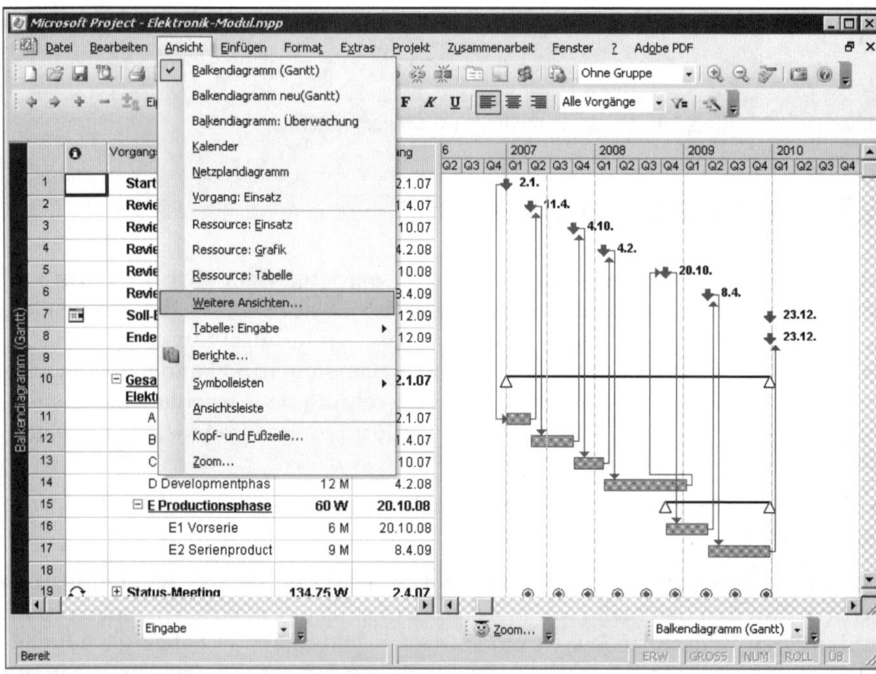

Abbildung 6.37: Die Auswahl Ansicht/Weitere Ansichten...

Nach Auswahl der zu ändernden Ansicht im geöffneten Dialogfeld *Weitere Ansichten* können Sie durch Anklicken der Schaltflächen *Neu...*, *Bearbeiten...*, *Kopieren...* oder *Organisieren...* die jeweils auszuführende Aktion wählen.

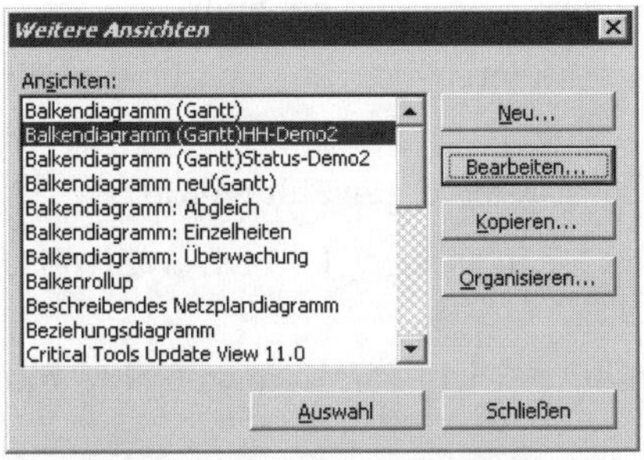

Abbildung 6.38: Der Aufruf zur Bearbeitung vorhandener Ansichten

Folgende Möglichkeiten werden hier angeboten:

- *Neu* ... Neue Ansichten erstellen erklärt sich selbst.
- Bestehende Ansichten vor der Bearbeitung kopieren (empfehlenswert), um jederzeit auf die ursprüngliche Version zurückgreifen zu können.
- *Bearbeiten...* immer dann, wenn an bestehenden Ansichten Änderungen durchzuführen sind.
- *Organisieren* immer dann wählen, wenn geänderte Ansichten in der *Global.mpt* zu speichern, zu löschen oder umzubenennen sind (wichtig).

Sobald feststeht, was mit der ausgewählten *Ansicht* zu tun ist, betätigen Sie die entsprechende Schaltfläche, um in den Anpassungsdialog für die Ansichten zu kommen.

Hier finden sich die entsprechenden Einstellungen für die veränderbaren Komponenten der zu bearbeitenden *Einzelansicht*:

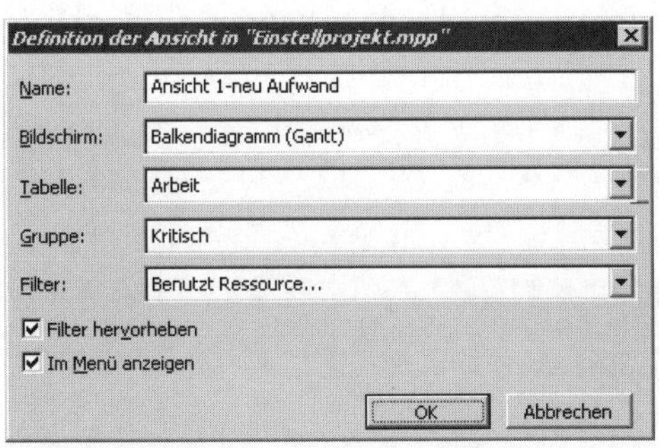

Abbildung 6.39: Einstellung der gewünschten Inhalte einer Einzelansicht

- Es kann ein beliebiger, eindeutiger *Name* als Bezeichnung vergeben werden.
- Die gewünschte Darstellung wird mit *Bildschirm:* aus dem Listenfeld ausgewählt.
- Die zu ladende *Tabelle* wird ebenfalls aus dem Listenfeld gewählt.
- Der Gruppenfilter kann mit *Gruppe* oder anderen Begriffen voreingestellt werden.
- Ein aktiver Filter kann mit *Filter:* aus dem Listenfeld gewählt werden.
- Die Checkboxen *Filter hervorheben* und *Im Menü anzeigen* können wahlweise markiert werden.

Sobald diese Änderungen fertig sind, kann die Ansicht sofort ausgewählt und verwendet werden.

Ansichtskombinationen bieten, wie bereits beschrieben, die Möglichkeit, sich im unteren Teil des Bildschirmfensters eine zusätzliche Tabelle, eine Maske, eine Grafik oder auch einen zweiten Terminplan anzeigen zu lassen. Damit erhalten Sie weitere und sehr detaillierte Informationen über den Ressourceneinsatz, die Kosten und andere wichtige Daten.

Um eine neue Ansichtskombination zu erstellen, wählen Sie unter *Ansicht/Weitere Ansichten/Neu…* die Option *Ansichtskombination*, und bestätigen Sie mit *OK*.

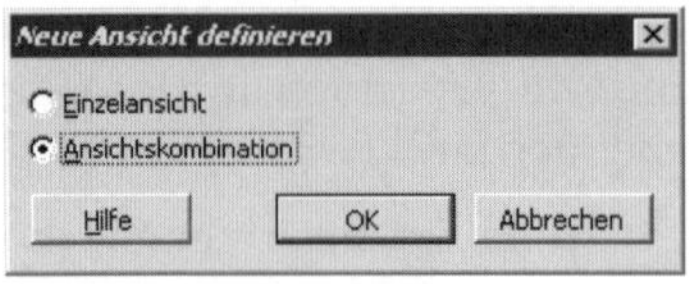

Abbildung 6.40: Auswahl einer neuen Ansichtskombination

Jetzt folgen Sie den angebotenen Möglichkeiten im nachfolgenden Dialogfeld. Stellen Sie sich die neue Ansicht nach Ihren Kriterien zusammen, und legen Sie fest, welche Informationen *Oben* und *Unten* enthalten sein sollen. Bedenken Sie auch, dass möglicherweise bereits geänderte Ansichten vorhanden sind, die Sie hier verwenden sollten.

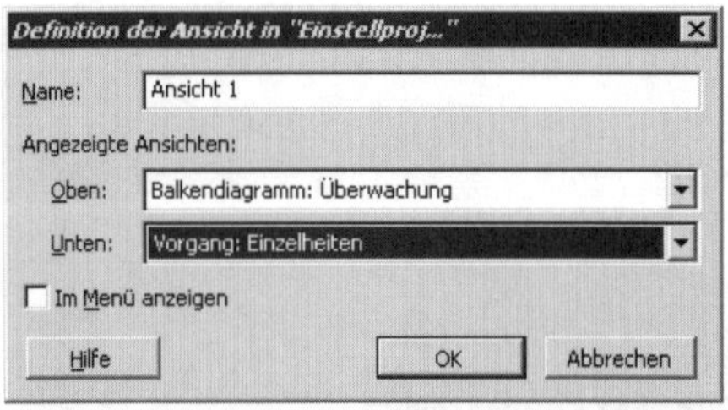

Abbildung 6.41: Inhalte einer Ansichtskombination definieren

Sobald Sie die Einstellungen für den oberen und unteren Teil der Ansicht gewählt haben, ist jetzt noch mit der Checkbox einzustellen, ob diese Ansicht auch im Menü der Ansichten enthalten sein soll.

Die neuen oder geänderten Ansichten können dann über das Menü *Ansichten/ Weitere Ansichten...* und das sich dann öffnende Dialogfeld auf herkömmliche Weise ausgewählt werden.

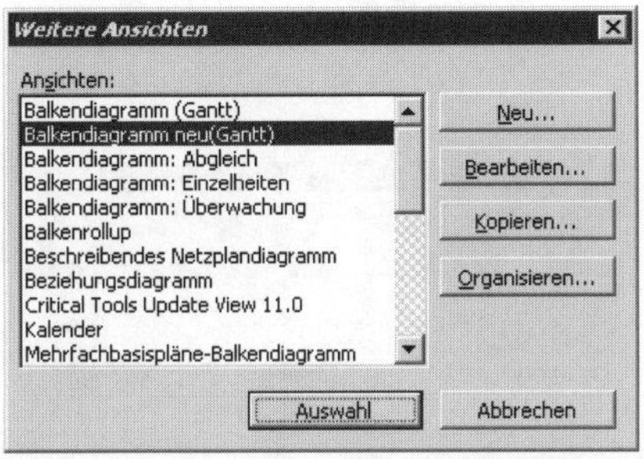

Abbildung 6.42: Auswahl geänderter Ansichten, herkömmliche Methode

Wenn Sie sich die beiden Symbolleisten für den schnellen Wechsel von Ansichten und Tabellen eingerichtet haben, wie das bereits weiter vorne in *Kapitel 6.3* beschrieben wurde, können Sie hiermit erforderliche Ansichtswechsel vornehmen.

6.6 Organisieren

Wie bereits in den Kapiteln 4 und 5 beschrieben, ist das Organisieren die einzige Möglichkeit, alle für ein Projekt oder eine Firma individuell angepassten Vorlagen zu sichern und damit auch für alle zukünftigen Projekte verfügbar zu machen.

Organisieren ist deshalb eine der wichtigsten Aufgaben bei der Anwendung von MS Projekt und sollte meiner Meinung nach von einer zentralen Stelle aus übernommen werden.

Den Dialog *Organisieren* erreichen Sie über das Menü *Extras/Organisieren*. Die verschiedenen Vorlagen sind dort jeweils auf eigene Registerkarten aufgeteilt.

Im Einzelnen sind das:

- *Ansichten*
- *Berichte*
- *Felder, Feldnamen*
- *Filter*

- *Gruppen, Gruppennamen*
- *Kalender*
- *Masken*
- *Module*
- *Schemen*
- *Symbole*
- *Tabellen*

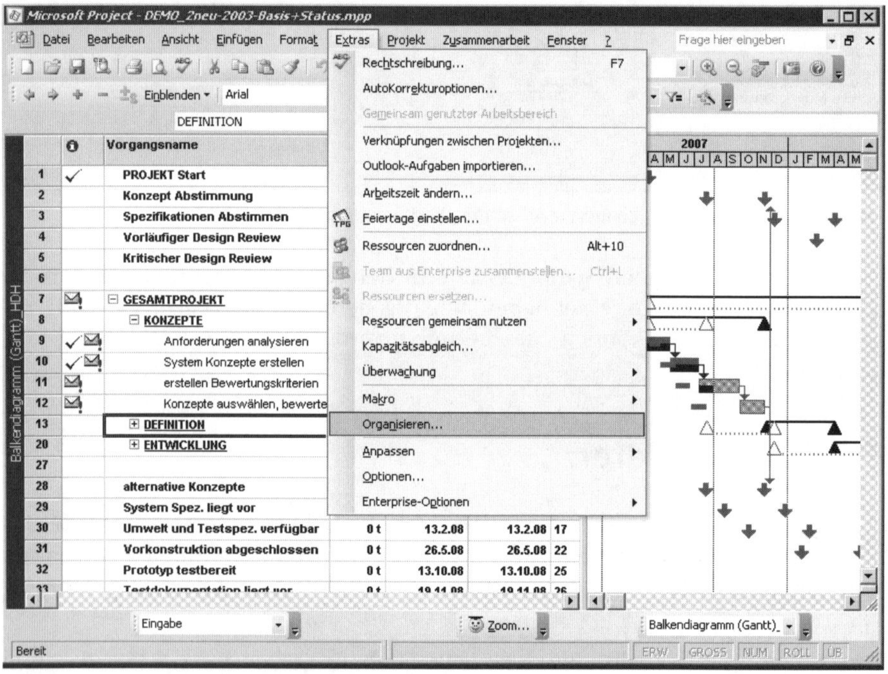

Abbildung 6.43: Aufruf des Menüs Organisieren

6.6.1 Speichern in der globalen Vorlage

Nach dem Öffnen des Dialogs sind die jeweils in der *Global.MPT* vorhandenen Vorlagen im linken Listenfeld zu sehen. Das rechte Listenfeld zeigt die von dem aktiven Projekt verwendeten Vorlagen. Dazwischen befinden sich die Schaltflächen mit den zur Verwaltung der Vorlagen notwendigen Befehlen *Kopieren, Umbenennen* und *Löschen*.

Um eine Vorlage aus einem Projekt in die zentrale Vorlagendatei *Global.MPT* zu übertragen, markiert man diese zunächst im rechten Bereich des jeweiligen Projekts und überträgt sie dann mithilfe der Schaltfläche *Kopieren* in den anderen Bereich der Global.MPT.

Es ist leicht erkennbar, dass es für die Praxis wichtig ist, alle veränderten Vorlagen, möglichst sofort nach Abschluss der Änderung durch entsprechendes Organisieren in die *Global.mpt* zu übertragen. Erst damit wird sichergestellt, dass die veränderten Vorlagen ab sofort für alle weiteren Bearbeitungsschritte an bestehenden oder künftigen Projekten verfügbar sind.

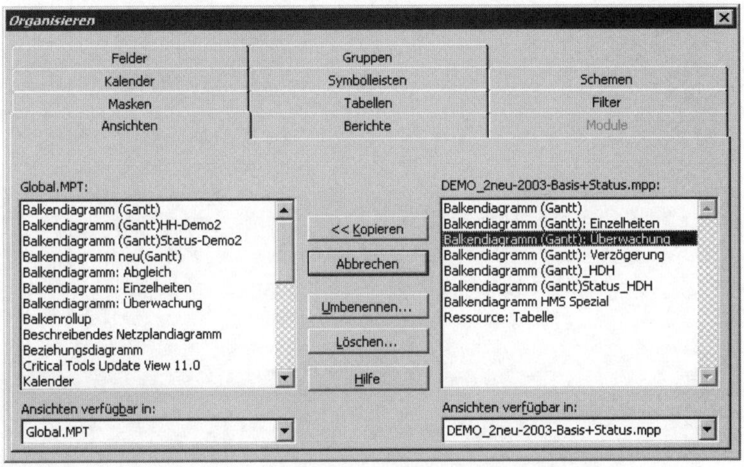

Abbildung 6.44: Die Register für das Organisieren der Projektvorlagen

6.6.2 Vorlagen zwischen Projekten austauschen

Bei Bedarf kann auf die eben beschriebene Weise auch eine Vorlage aus dem aktiven, offenen Projekt direkt in ein anderes geöffnetes Projekt übertragen werden. Dazu wählt man im Drop-down-Listenfeld einfach statt der *Global.mpt* die Datei des entsprechenden Projekts aus.

Ein praktisches Anwendungsbeispiel wäre die Übernahme einer noch nicht vorhandenen Ansicht aus einem externen Projekt in das gerade aktive Projekt. Dabei kann auch noch entschieden werden, ob diese Ansicht auch in der aktuellen Globaldatei gespeichert werden soll.

Ein weiteres typisches Beispiel, das bei internationalen Projekten häufig anzutreffen ist, ist der Kalender eines nicht in Deutschland laufenden Teilprojektes, der mithilfe des Organisieren-Dialogs sehr einfach in Ihr Projekt übertragen werden kann.

Die beschriebene Methode ist für alle Vorlagen von Projekten anwendbar und sehr hilfreich, weil damit oft umfangreiche Änderungen bestehender Vorlagen vermieden werden können.

Das Dialogfeld *Organisieren* und seine Registerkarten sind deshalb aus meiner Sicht der „Rangierbahnhof" aller Projektvorlagen.

7 Felder anpassen und verändern

Felder anzupassen wird immer dann erforderlich, wenn die in Tabellen enthaltenen Informationen zusätzliche Inhalte anzeigen sollen, die sonst in der gewünschten Form nicht verfügbar wären. Dazu gehören Ampelsymbole, kalkulierte Preise, mithilfe von Funktionen veränderte Daten, Wertelisten für die Eingabe vordefinierter Werte und weitere, oft projekt- oder firmenspezifische Informationen, die nur mithilfe von angepassten Feldern angezeigt werden können.

Eine Auswahl der Felder, die individuell angepasst werden können, finden Sie unter *Extras/Anpassen/Felder.../Felder anpassen* im Register *Benutzerdefinierte Felder.*

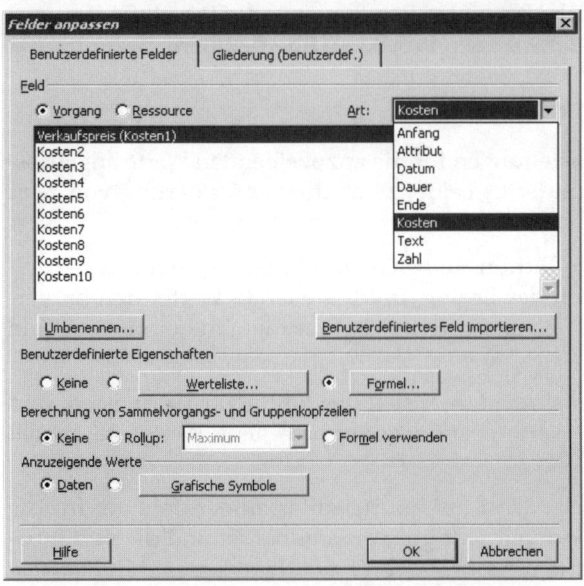

Abbildung 7.1: Weitere auswählbare Felder und Feldnamen

Bei der Anpassung von Feldern muss unbedingt zwischen Ressourcen- und Vorgangsfeldern unterschieden werden, weil sich die Inhalte der Vorgangs- und Ressourcentabellen unterscheiden.

Im Einzelnen können folgende Felder für eine Anpassung verwendet werden:

- 10 Terminfelder_1 Anfang, von Anfang1 bis Anfang10
- 10 Terminfelder_2 Ende, von Ende1 bis Ende10
- 10 Terminfelder_3 Datum, von Datum1 bis Datum10
- 10 Zeitfelder Dauer, von Dauer1 bis Dauer10
- 10 Attributfelder Attribut1 bis Attribut10 (Ja/Nein)
- 10 Kostenfelder Kosten von Kosten1 bis Kosten10
- 30 Textfelder Text, von Text1 bis Text30
- 20 Zahlenfelder Zahl, von Zahl1 bis Zahl20.

Im Dialogfeld *Felder anpassen* sind im unteren Teil die nötigen Einstellungen für die Arbeit mit angepassten Feldern vorzunehmen. Die Radio-Buttons und Schaltflächen bieten Ihnen die Möglichkeit festzulegen, wie die angepassten Felder verwendet werden sollen, wie das hierunter im Detail beschrieben wird.

Umbenennen führt in den Dialog zur Änderung der Bezeichnung eines im Listenfeld ausgewählten Feldnamens.

Benutzerdefiniertes Feld importieren... öffnet den Dialog, um ein bereits früher angepasstes Feld, sortiert nach Vorgangs-, Ressourcen- oder Projektfeldern, aus der Vorlagendatei oder aus dem aktiven Projekt zu übernehmen.

Benutzerdefinierte Eigenschaften

Hierunter finden sich die Einstellungen für die anzuzeigenden Werte angepasster Felder. Die Anzeige veränderter Felder wird durch Markierung von *keine* unterdrückt.

Durch Markierung des Radio-Buttons links von der Schaltfläche für die Anzeige von Wertelisten öffnet sich der Dialog, um bestehende Wertelisten zu verwenden. Damit werden aber bereits vorhandene Einträge im betroffenen Feld einer Tabelle gelöscht.

Mit der Auswahl von *Wertelisten...* öffnet sich der Editor für Wertelisten, und es können jetzt bestehende Werte geändert oder eine neue Werteliste erstellt werden.

Mit der Auswahl von *Formel...* wird der Formeleditor aufgerufen, der für die Erstellung entsprechender Formeln sehr gut verwendbar ist und die verfügbaren Felder enthält, die sich durch Auswahl von *Feld* öffnen lassen. Mit *Funktion* lassen sich einem ausgewählten Feld weitere, vorhandene Formeln zuordnen, falls entsprechender Bedarf besteht.

Als Standard ist die *Anzeige von berechneten Werten* für Sammelvorgänge oder Gruppenkopfzeilen nicht aktiviert (*keine* ist markiert). Wenn die Werte für diese Vorgänge jedoch übernommen und angezeigt werden sollen, dann ist die entsprechende Auswahl zu treffen.

Durch Markieren von *Rollup:* kann in einem Listenfeld ausgewählt werden, welcher der verfügbaren Werte angezeigt werden soll.

Erst mit dem Befehl *Formel...* werden vorhandene Formeln angepasster Felder auch auf Sammelvorgänge und Gruppenkopfzeilen angewendet.

Damit in den Tabellen, deren Spalten angepasste Felder enthalten, entweder Werte oder Symbole dargestellt werden, muss im Dialogfeld die Markierung der anzuzeigenden Werte auf *Daten* oder *Symbole* geändert werden.

7.1 Anpassen von Kostenfeldern

Wenn von Microsoft Project die Projektkosten berechnet und verwaltet werden, sind die festen Kosten und der kalkulierte Verkaufspreis nach firmeninternen Vorgaben zu berechnen. Um die hierfür nötigen Formeln verwenden zu können, sind entsprechende Anpassungen bei betroffenen Kostenfeldern vorzunehmen.

Das Dialogfeld für die Anpassung der auszuwählenden Felder wird mit der Befehlsfolge *Extras/Anpassen/Felder* geöffnet, siehe *Abbildung 7.2*.

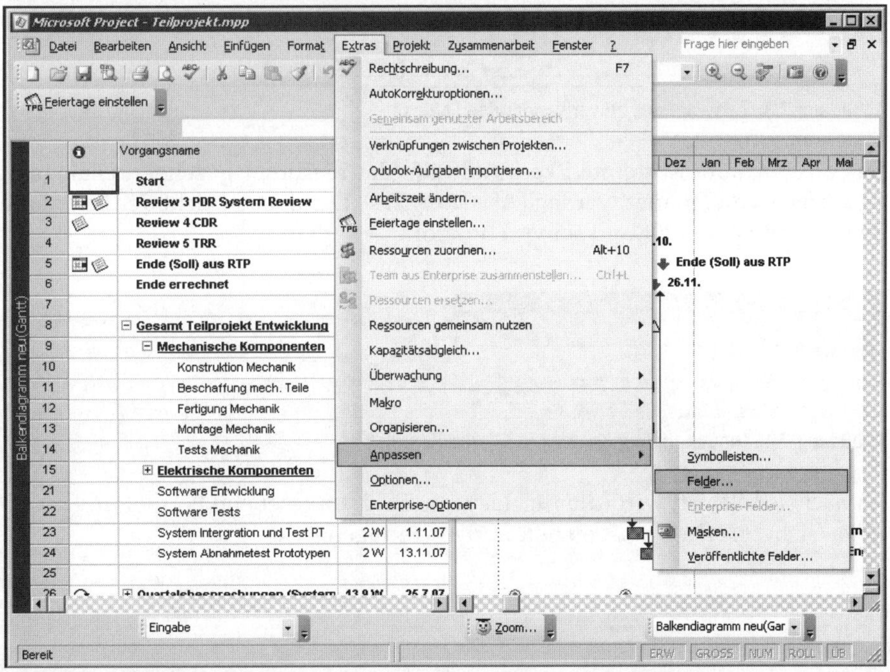

Abbildung 7.2: Öffnen des Dialogs zur Anpassung von Feldern und Feldnamen

7.1.1 Kostenfeld auswählen

Sobald sich das Dialogfeld geöffnet hat, wählen Sie zunächst *Vorgang* und dann im Listenfeld *Art:* Kosten als betroffene Felder. Dann wählen Sie unter den zehn verfügbaren Kostenfeldern (*Abbildung 7.3*) das Feld *Kosten1* aus. Dann vergeben Sie mit *Umbenennen* eine passende Bezeichnung, die eindeutig beschreibt, wozu das Feld verwendet werden soll und welche Formel oder Funktion es haben wird.

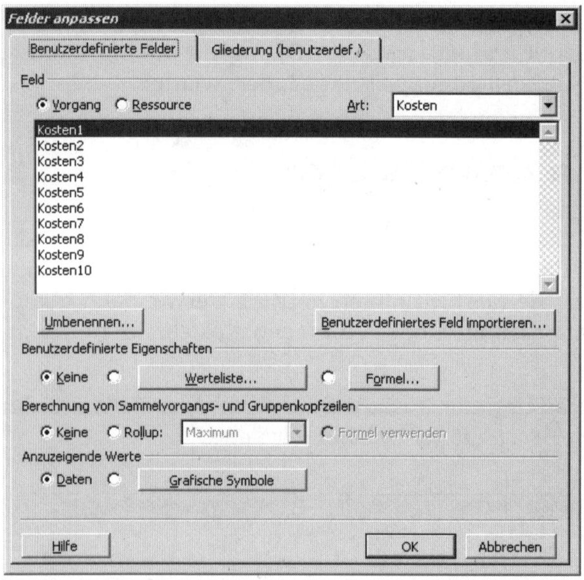

Abbildung 7.3: Auswahl des zu verwendenden Feldes

Das ausgewählte Kostenfeld kann mithilfe des hierunter gezeigten Dialogs in *Verkaufpreis* umbenannt werden (*Abbildung 7.4*). Damit entspricht der Feldname dem neuen Feldinhalt und seiner Funktion.

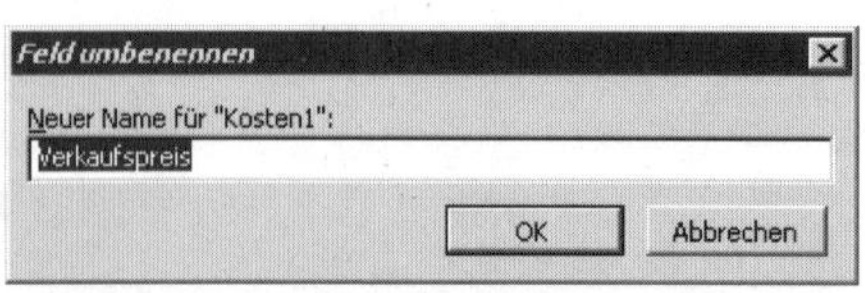

Abbildung 7.4: Umbenennung Kosten1 in „Verkaufspreis"

Im nächsten Schritt wird die für das neue Feld vorgesehene Formel im *Formeleditor*, siehe *Abbildung 7.5*, erstellt und eingetragen.

7.1.2 Eine Formel erstellen

Durch den Eintrag der Formel für das ausgewählte Feld wird die Berechnung entsprechender Werte möglich. Sie können aber erst angezeigt werden, wenn Sie dafür in der vorgesehenen Tabelle eine neue Spalte eingefügt haben. Der Inhalt dieser neuen Spalte kann erst nach Auswahl des geänderten Feldnamens für den Spalteninhalt angezeigt werden.

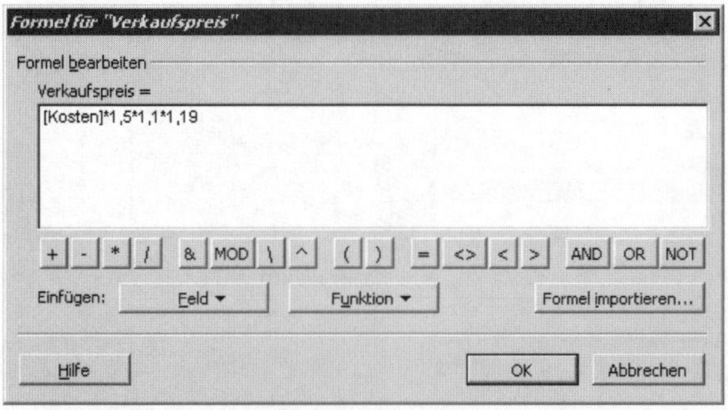

Abbildung 7.5: Festgelegte Formel eintragen (manuell)

Die Formel des ausgewählten Beispiels besteht aus folgenden angenommenen Werten und Faktoren:

- *Kosten* enthält die ursprünglich berechneten Werte für die Gesamtkosten eines Vorgangs auf der Basis der gewählten Standardsätze der zugeordneten Ressourcen.
- Der Faktor von 1,5 berechnet den *Verkaufspreis* des Vorgangs mit einem firmenspezifischen *Gemeinkostenzuschlag* von 50% auf die nach dem Standardsatz berechneten Kosten.
- Der Faktor von 1,1 errechnet einen gewünschten oder vereinbarten *Gewinn* von 10% auf die berechneten Kosten.
- Und schließlich berechnet der Faktor von 1,19 die anzurechnende *Mehrwertsteuer*.
- Nach einem Wechsel in die Kostentabelle und Einfügen einer neuen Spalte für den *Verkaufspreis* wird dieser jetzt in der Tabelle dargestellt.

7.1.3 Vorhandene Kostenfelder

Bei komplizierten Formeln kann, statt manueller Eingabe, die Eingabe mithilfe des Assistenten vorgenommen werden. Dieser enthält eine Auswahl vorbereiteter Formeln und Funktionen. Benötigte Formeln können mithilfe der Schaltflächen *Feld* oder *Funktion* ausgewählt werden. Das Beispiel, siehe *Abbildung 7.6*, gibt Ihnen einen Eindruck der verfügbaren Feldnamen, die nach dem Betätigen der Schaltfläche *Feld* angeboten werden.

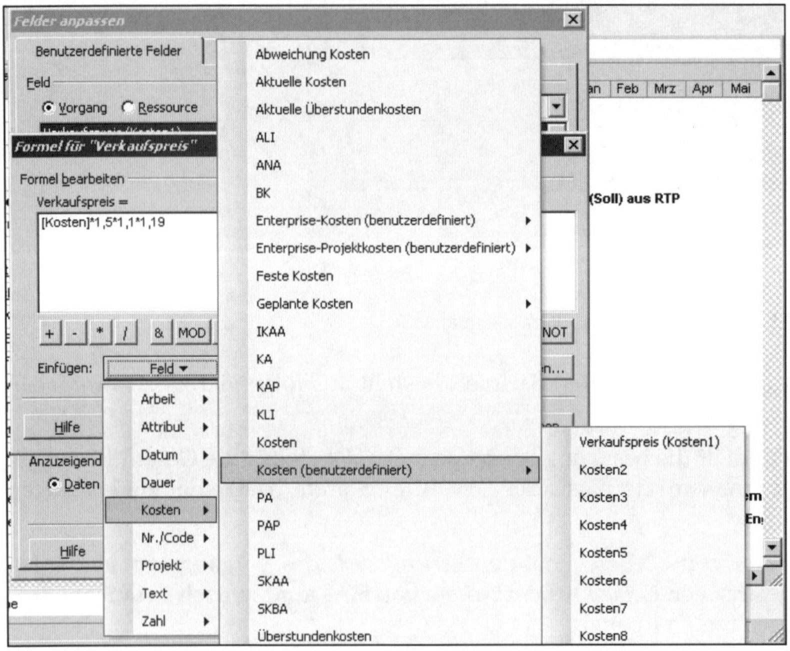

Abbildung 7.6: Arbeiten mit dem Formel-Assistenten

Es wird damit relativ einfach, aus den enthaltenen Feldnamen und Funktionen die benötigte Formel im Formeleditor zusammenzustellen.

7.1.4 Wertelisten anlegen

Mit *Wertelisten* können ausschließlich die hier festgelegten Daten in die entsprechenden Eingabezellen einer Tabelle übernommen werden. Das ist bei der Dateneingabe sehr vorteilhaft, weil damit *Zahlendreher* und andere Eingabefehler weitgehend vermieden werden können, siehe *Abbildung 7.7*.

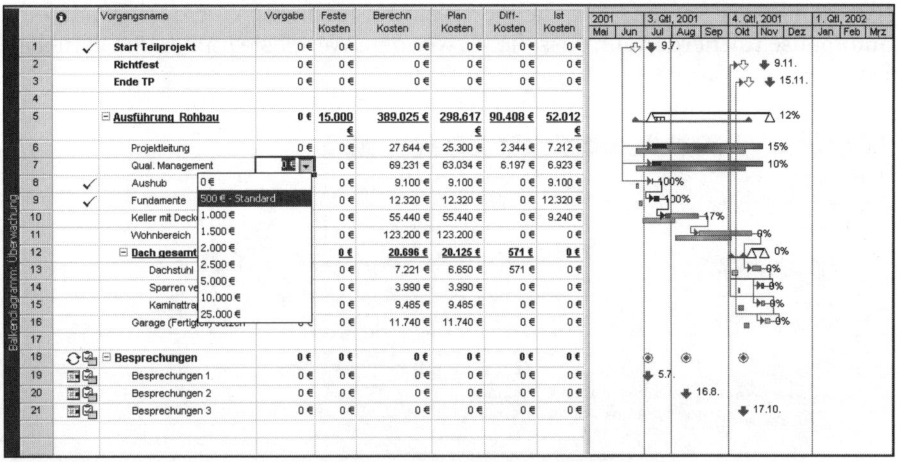

Abbildung 7.7: Werteliste in einer Kostentabelle zur Eingabe fester Kosten

Damit Sie Wertelisten nutzen können, ist es jedoch erforderlich, in der verwendeten Tabelle eine neue Spalte einzufügen und dafür den für die Werteliste festgelegten Feldnamen zu verwenden, wie das bei der Definition der neuen Spalte in *Abbildung 7.8* ersichtlich wird. Das geht mit den bereits bekannten Schritten für die Anpassung von Tabellen und mithilfe des Dialogs für die Definition neuer Spalten (*siehe Kapitel 6, Weitere Anpassungen*).

Abbildung 7.8: Eine neue Spalte für eine Werteliste einrichten

Wie bereits bekannt sein sollte: die betreffende Tabelle laden, den Ort für die neue Spalte festlegen, *Einfügen/neue Spalte* wählen. Dann Auswahl des festgelegten Feldnamens für die Werteliste, Festlegen der Spaltentitel, Ausrichtung und anderer Werte. Danach lässt sich die Werteliste sofort mit Drop-down verwenden, fertig. Die in Wertelisten enthaltenen Daten können ab jetzt durch einfache Mausklicks übertragen werden.

Alle nötigen Einstellungen zur Nutzung von Wertelisten sind im Editor einzugeben. Ein Beispiel hierfür zeigt die hierunter enthaltene *Werteliste für „Werteliste“ Abbildung 7.9*. Es lässt sich mit den *Dateieingabeoptionen* auch festlegen, dass bei der Dateneingabe neue, in der verwendeten Werteliste noch nicht enthaltene Werte automatisch in die Werteliste aufgenommen werden. Damit wird automatisch sichergestellt, dass die verwendete Werteliste immer den aktuellen Status hat.

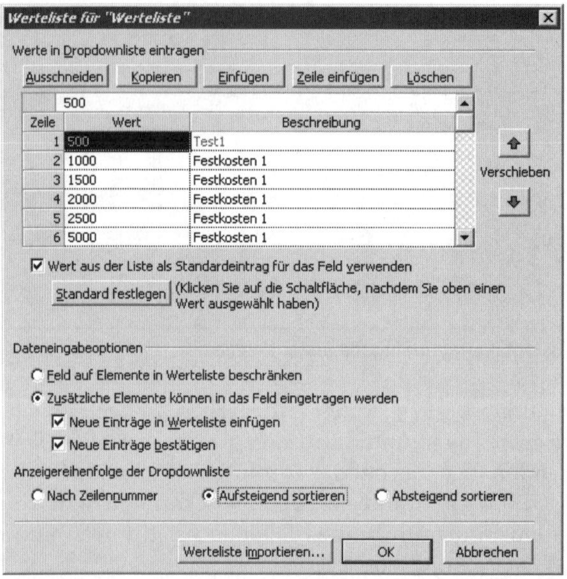

Abbildung 7.9: Werte einer Liste hinzufügen für die Eingabe fester Kosten

Hinweis Die in *Abbildung 7.9* abgebildete Dialogbox gibt eine Übersicht der verschiedenen Möglichkeiten, um Wertelisten anzulegen und zu verwalten. Wenn die Checkbox zur Beschränkung auf *Werte aus der Werteliste...* aktiviert ist, können bei der Dateneingabe nur die vorhandenen Werte verwendet werden. Es ist deshalb wichtig zu wissen, wo bei Bedarf die Änderungen vorzunehmen sind.

7.1.5 Anpassung der Berechnung fester Kosten

Microsoft Project liefert in den Kostentabellen eine etwas in die Irre führende Darstellung der *Festen Kosten* bei *Sammelvorgängen*, weil offensichtlich ganz bewusst keine Summen in die Zeile *Feste Kosten* der Sammelvorgänge übertragen werden.

Achtung Es fehlt dem Anwender deshalb die Summe in der Spalte für *Feste Kosten*, was sehr oft zu Diskussionen geführt hat.

Wenn man aber die Summe für Sammelvorgänge in dieser Spalte selbst errechnet und manuell einträgt, dann wird der Betrag den einzelnen Positionen für die *Gesamtkosten*, *Abweichung der Kosten* und die *Verbleibenden Kosten* hinzugerechnet, was so absolut nicht richtig ist.

Um dieses Problem zu beseitigen, kann der Fehler in der Berechnung von Festkosten für Sammelvorgänge mithilfe der Feldanpassung relativ einfach behoben werden.

Sobald der Dialog für die Anpassung von Feldern geöffnet ist, können die erforderlichen Korrekturen für das neue Kostenfeld eingetragen werden. Die einzelnen Schritte finden Sie hierunter.

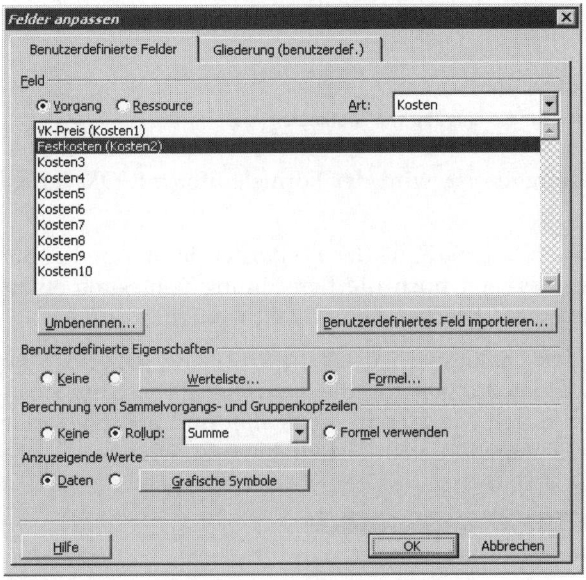

Abbildung 7.10: Feldnamen für Festkosten festlegen

Das sind die vorzunehmenden Änderungen in chronologischer Reihenfolge:

- In der Dialogbox *Felder anpassen* für die Auswahl geeigneter Felder (*Abbildung 7.10*) wird für die beabsichtigte Anpassung des neu zu erstellenden Feldes *Festkosten* das nächste freie Kostenfeld, hier *Kosten2*, markiert.
- Das gewählte Feld umbenennen in *Festkosten*, zu Kontrollzwecken erscheint der ursprüngliche Feldname in Klammern dahinter.
- Im Formeleditor (*Abbildung 7.11*) die Formel so eintragen, dass die neue Feldbezeichnung *Festkosten* jetzt auf die berechneten Werte für Feste Kosten zugreift.
- Es gibt hier keine Berechnung, sondern nur den neuen Feldnamen *Festkosten* und welche Daten aus welchem Feld (*Kosten*) zu übertragen sind.

  Hinweis Damit wird die ursprüngliche Tabellenspalte *Feste Kosten* nur für die Dateneingabe verwendet, und die berechenbaren Werte erscheinen ab jetzt in der neu angelegten Spalte *Festkosten* und werden damit so berechnet, wie das gefordert und richtig ist.

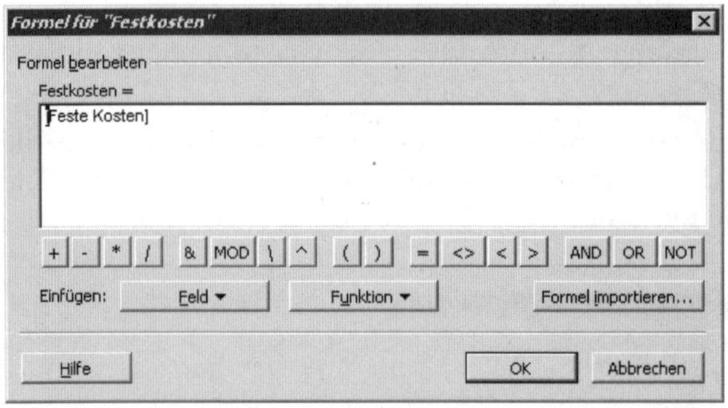

Abbildung 7.11: Übertragungsformel für die Eingabe von Festkosten

Sobald die Formel hier eingetragen ist, wird der Formeleditor mit *OK* verlassen.

Nachdem es sich immer nur um die Summe der Festkosten in den Zeilen der Sammelvorgänge handelt, muss jetzt noch die Berechnung von Sammelvorgangs- und Gruppenkopfzeilen entsprechend eingestellt werden.

In dem sich danach öffnenden Dialogfeld (*Abbildung 7.12*) sind jetzt noch im unteren Teil die restlichen Einstellungen für die *Berechnung von Sammelvorgangs- und Gruppenkopfzeilen* durch Markieren von *Rollup* und anschließende Auswahl der *Summe* in dem dazugehörenden Listenfeld vorzunehmen.

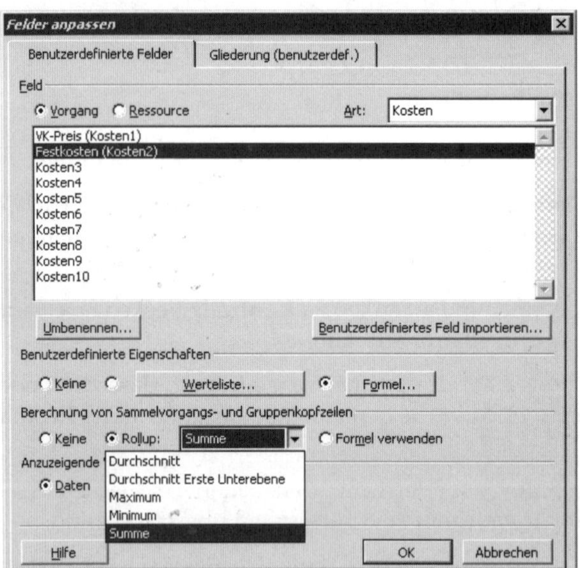

Abbildung 7.12: Definition der Summierungsfunktion bei Sammelvorgängen

Damit ist die Anpassung erfolgreich abgeschlossen, und das neue Feld für die korrekte Erfassung und Berechnung fester Kosten kann in einer Kostentabelle als neue Spalte eingefügt (*Abbildung 7.13*) werden.

Abbildung 7.13: Neue Spalte für die Festkosten definieren

Sobald die neue Spalte eingefügt ist, sollte mit ersten Tests begonnen werden, um zu prüfen, ob die Datenübergabe und Summierung fester Kosten richtig funktioniert, wie das weiter unten detailliert beschrieben ist.

> **Hinweis** Die neue Spalte wurde kurzfristig noch in *Fixkost* umbenannt, um eine bessere Differenzierung zwischen den beiden Spalten zu erhalten; die Funktion der beiden Spalten wurde dann durch Feldanpassung vertauscht, und damit dient die ursprüngliche Spalte *Feste Kosten* nur noch zur Dateneingabe.

Alle Einträge werden dann in die neue Spalte *Fixkosten* übernommen und dort, auch in den Zeilen der Sammelvorgänge, ordnungsgemäß berechnet.

	Vorgangsname	Feste Kosten	Fixkost	Gesamtkosten	Geplant	Abweichung
1	**Start Teilprojekt**	0 €	0 €	0 €	0 €	0 €
2	**Richtfest**	0 €	0 €	0 €	0 €	0 €
3	**Ende TP**	0 €	0 €	0 €	0 €	0 €
4						
5	⊟ **Ausführung Rohbau**	**15.000 €**	**123.456 €**	**512.481 €**	**298.617 €**	**213.864 €**
6	Projektleitung	0 €	0 €	27.644 €	25.300 €	2.344 €
7	Qual. Managem	0 €	0 €	69.231 €	63.034 €	6.197 €
8	Aushub	0 €	0 €	9.100 €	9.100 €	0 €
9	Fundamente	123.456 €	123.456 €	135.776 €	12.320 €	123.456 €
10	Keller mit Deck	0 €	0 €	55.440 €	55.440 €	0 €
11	Wohnbereich	0 €	0 €	123.200 €	123.200 €	0 €
12	⊟ **Dach gesamt**	**0 €**	**0 €**	**20.696 €**	**20.125 €**	**571 €**

Überwachung

Abbildung 7.14: Feste Kosten als Eingabe für die Fixkostenberechnung

Sofern in der ursprünglichen Spalte für die Festkosten bereits Einträge vorhanden waren, sind die geschützt und können nicht verändert oder gelöscht werden.

Bei der oben dargestellten Prüfung (*Abbildung 7.14*) ist Folgendes zu erkennen:

- Es wurde in Zeile 9, *Fundamente*, ein neuer Wert von 123.456 Euro in der Spalte *Feste Kosten* eingetragen.
- Der in Zeile 5 für den Sammelvorgang bereits vorhandene Betrag von 15.000 Euro wurde nicht überschrieben.
- Der neue Wert erscheint aber jetzt in der Spalte *Fixkost* direkt neben der Eingabezelle.
- Dieser neue Wert wird jetzt als Summe 123.456 € in Zeile 5, dem Sammelvorgang, ordnungsgemäß übernommen.
- Gleichzeitig wurde der Betrag als *Abweichung* in derselben Zeile übernommen, in die Summe der *Abweichungen* eingerechnet und schließlich auch den *Gesamtkosten* hinzugerechnet.
- Die Änderungen haben insgesamt sechs Einträge entsprechend aktualisiert.
- Mit [Strg]-[Z] (An-/Aus-Schalter) können die Auswirkungen direkt nach einem Eintrag kurzfristig rückgängig gemacht werden, um zu prüfen, ob alles richtig berechnet wurde.

7.1.6 Ampelsymbole in Tabellen

Ampelsymbole in den verschiedensten Farben werden sehr gern für die schnelle *Quick-Look-Information* verwendet (*Abbildung 7.15*), um so auf bestehende Probleme hinzuweisen.

In diesem Terminplan sind die Symbole in einer eigenen Spalte angesiedelt und signalisieren anhand entsprechender Farbe, wo Probleme aufgetreten sind.

Grün zeigt an, dass sich die Kosten nicht verändert haben, was durch bewusste Auswahl der Meilensteine für das Beispiel erreicht wurde, weil die aufgrund ihrer Dauer von null für die Berechnung von Kosten nicht relevant sind.

Rot weist in diesem Terminplan auf Vorgänge hin, deren berechnete Kosten deutlich von den Planwerten abweichen, was aufgrund der gewählten *Soll-Ist-Darstellung* auch sichtbar wird und leicht zu begründen ist.

7.1.7 Symbole definieren

Wie Ampelsymbole festgelegt werden und welche Einstellungen dafür vorzunehmen sind, wird hierunter detailliert beschrieben (*Abbildung 7.16*).

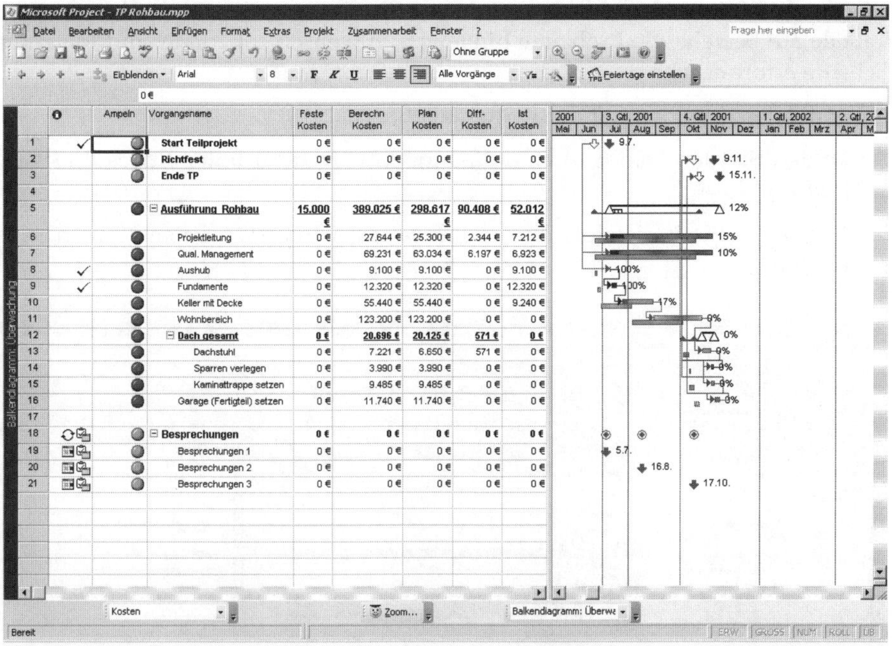

Abbildung 7.15: Tabelle mit Ampelsignalen für Kostenabweichungen

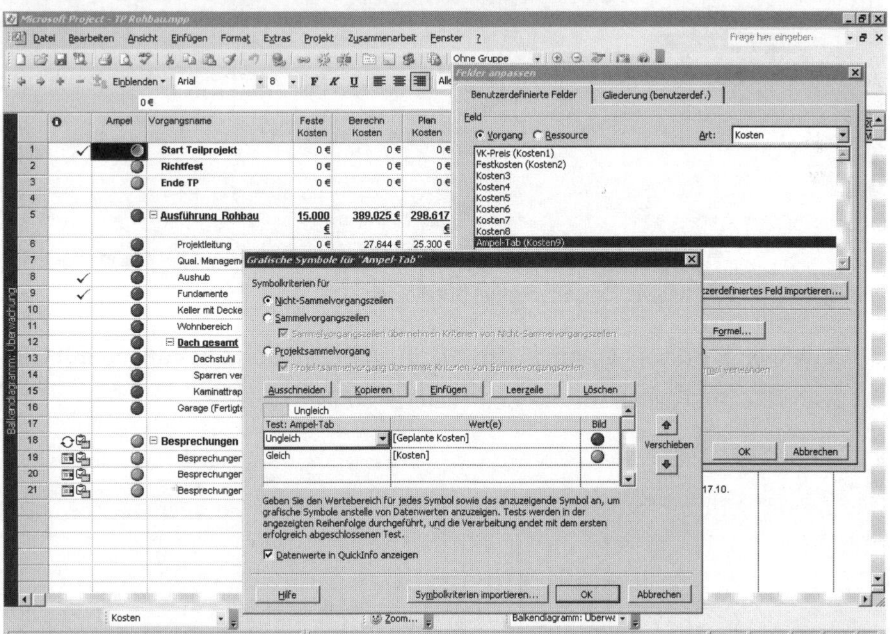

Abbildung 7.16: Festlegen von Feldname, der Ampelsymbole und der Werte

Wenn mithilfe von *Ampelsymbolen* in einer Spalte eines Terminplans oder einer Tabelle auf bestehende Probleme hingewiesen werden soll, dann sind folgende Schritte erforderlich:

- Laden Sie den Plan mit der Kostentabelle.
- Öffnen Sie den Dialog zur Anpassung von Feldern unter *Extras/Anpassen Felder.*
- Markieren Sie im Dialogfeld der *Feldnamen* einen noch freien Namen, z.B. Kosten3.

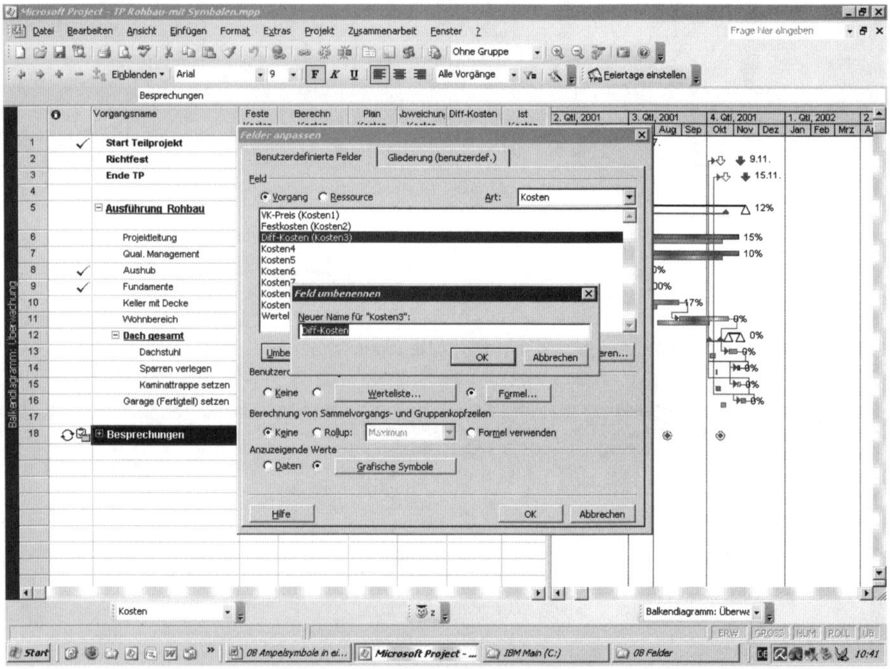

Abbildung 7.17: Feld Kosten3 umbenennen in Diff-Kosten

- Benennen Sie den Feldnamen um z.B. in *Diff-Kosten* und bestätigen mit OK.
- Legen Sie die Formel für das neue Feld *Diff-Kosten* fest.

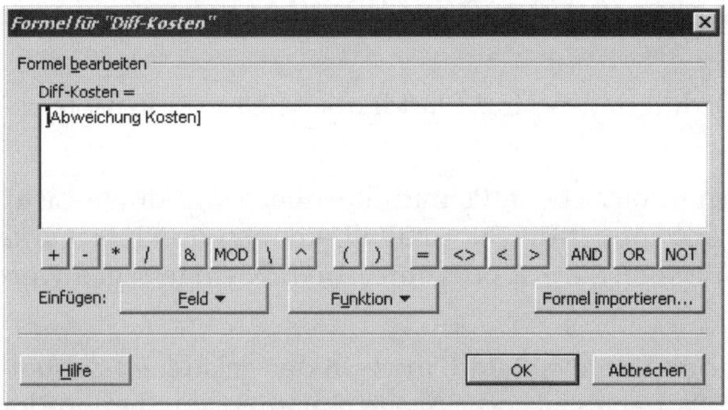

Abbildung 7.18: Formel für das Feld Diff-Kosten festlegen als Abweichung Kosten

- Klicken Sie dann die Schaltfläche *grafische Symbole* als *anzuzeigende Werte* im unteren Teil des Dialogfeldes zur Anpassung von Feldern.
- In dem sich jetzt öffnenden Dialog können *Symbolkriterien* für die zu markierenden Vorgänge festgelegt werden.

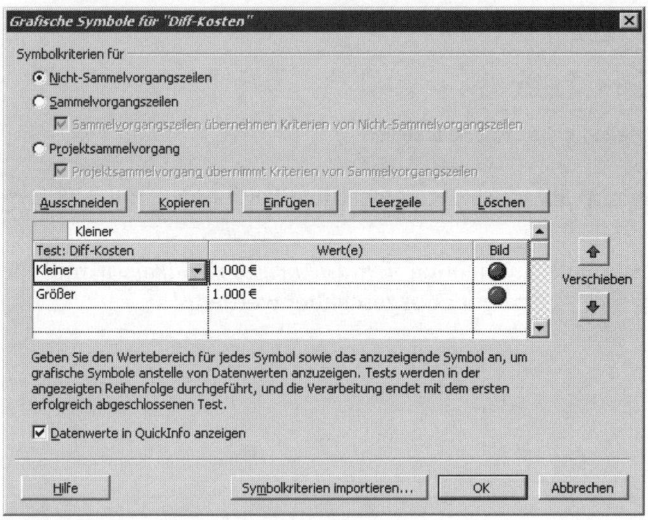

Abbildung 7.19: Symbolkriterien definieren

- In einem weiteren Schritt erfolgt die Einstellung der *Bedingungen*, der *Wert(e)* und des Symbols (*Bild*).
- Für die Auswahl von Bedingungen sind Standards in Drop-down-Listenfeldern verfügbar.
- Die Auswahl von Werten erfolgt ebenfalls mithilfe einer Drop-down-Liste. Bei Bedarf, und das ist fast immer der Normalfall, können durch *manuelle Eingabe* Werte wie zum Beispiel *2000 €* oder nur *JA/NEIN* eingetragen werden.
- Wenn alle Auswahlkriterien festgelegt sind, muss in der geladenen Kostentabelle an geeigneter Stelle noch eine *neue Spalte* eingefügt werden, in der die Symbole dargestellt werden sollen.

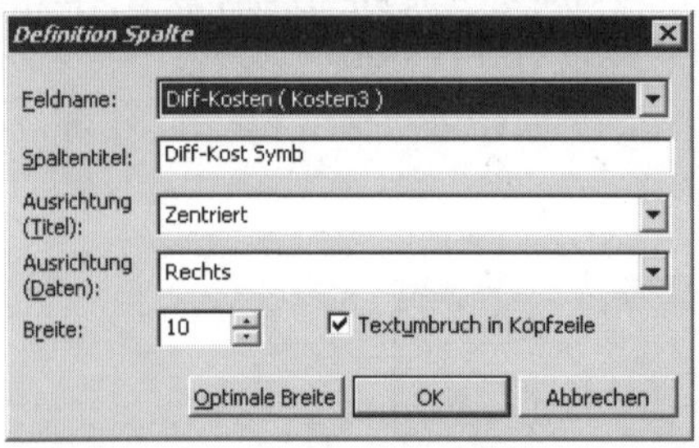

Abbildung 7.20: Die neue Spalte für die Symbole erstellen

- Der Feldname dieser Spalte muss dem gewählten Feldnamen, z.B. *Diff-Kosten*, entsprechen.
- Die Anzeige der Symbole kann unter *Extras/Anpassen/Feldnamen* mithilfe der Schaltfläche *Symbole...* ein- oder ausgeschaltet werden.

7.2 Erweiterte Anpassung von Feldern

Der Dialog zum Anpassen von Gliederungscodes unterscheidet zwischen Vorgangsdaten und Ressourcendaten. Er wird verwendet, wenn es darum geht, die Codierung der Gliederung und des Projektstrukturplans (siehe Auszug aus der Microsoft-Project-Hilfe weiter unten in diesem Abschnitt) dem Projekt und/oder den Anforderungen einer Firma anzupassen.

Typisch ist hier die Umbenennung vorhandener Felder, Änderung des Codeformats, Festlegung einer geänderten Gliederung und Erstellung einer Nachschlagetabelle, die auch sehr gut als *PSP – Inhaltsverzeichnis* bei der Erstellung des Projektstrukturplans verwendet werden kann. Insgesamt gibt es auch hier je zehn Felder, um *Gliederungscodes* anzupassen.

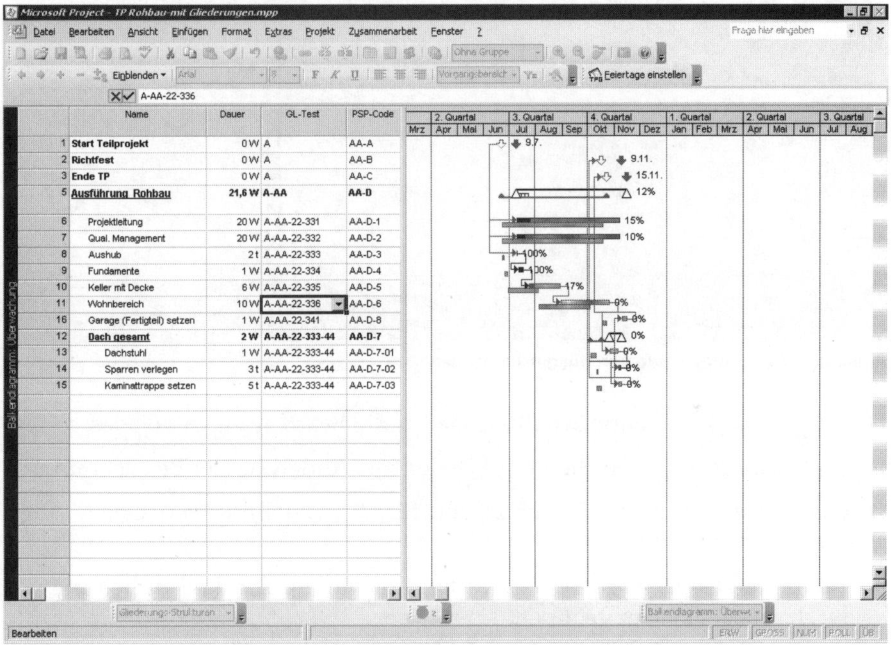

Abbildung 7.21: Terminplan mit geänderter Tabelle für Gliederungs- und PSP-Code

7.2.1 Bearbeiten von Gliederungscodes

Gliederungscodes werden im Menü *Extras/Anpassen/Felder/Felder anpassen...* und über einen Wechsel in das Register *Gliederung (benutzerdef.)* aufgerufen.

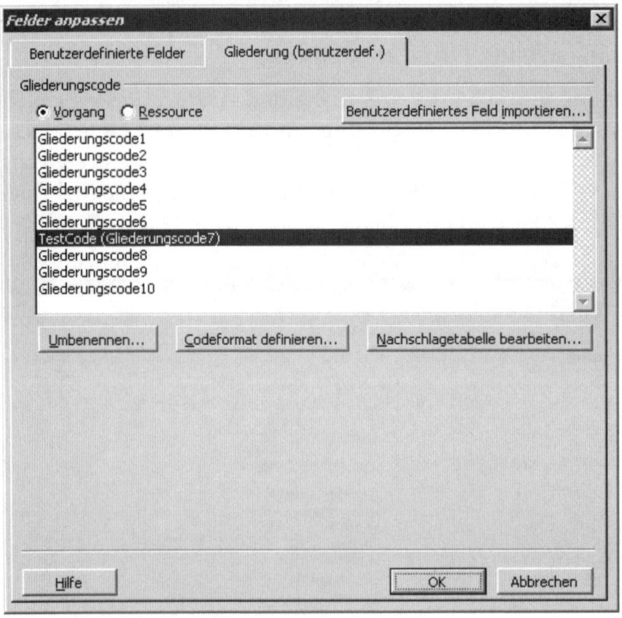

Abbildung 7.22: Anpassung von Gliederungscodes

Der Dialog bietet folgende Schaltflächen für die Bearbeitung der Codes:

- *Umbenennen...* – Es erscheint der Dialog zur Änderung der Bezeichnung.
- *Codeformat definieren...* – Der Dialog für die Erstellung von Gliederungscodes wird geöffnet.
- *Nachschlagetabelle bearbeiten...* – Es wird der Editor für die Bearbeitung von Nachschlagetabellen geöffnet.

Umbenennen eines Gliederungscodes

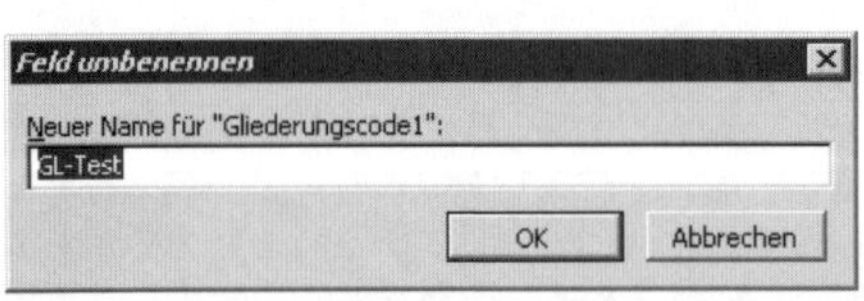

Abbildung 7.23: Umbenennung eines markierten Gliederungscodes

Definieren des Gliederungscodes

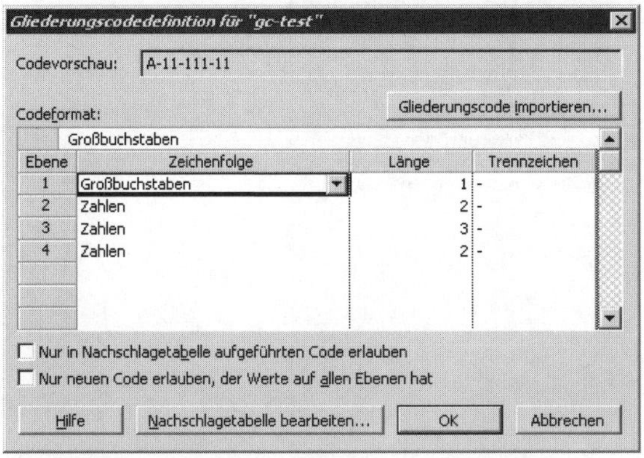

Abbildung 7.24: Festlegen des gewünschten Codes

Im Allgemeinen reicht es, wenn der gewünschte Code in diesem Dialogfeld nach Bedarf zusammengestellt wird. Bei der Definition des Codes können alternativ zwei Checkboxen markiert werden, mit deren Hilfe wichtige Einschränkungen vorgegeben werden.

- „Nur in Nachschlagetabelle aufgeführten Code erlauben" lässt nur die Verwendung eines bereits vorhandenen Codes zu.
- „Nur neuen Code erlauben, der Werte auf allen Ebenen hat" bedeutet, dass die Anzahl der Ebenen mit den Ebenen (der Hierarchie) der Planung übereinstimmen muss.
- „Gliederungscode importieren…" ermöglicht es, vorhandene Codes aus der Global.mpt oder einem geöffneten Projekt zu verwenden.
- „Nachschlagetabelle bearbeiten…" öffnet das Dialogfeld für die Erstellung oder Änderung von Gliederungscodes.
- Das hier beschriebene Vorgehen ist in den nachfolgenden Abbildungen ersichtlich.

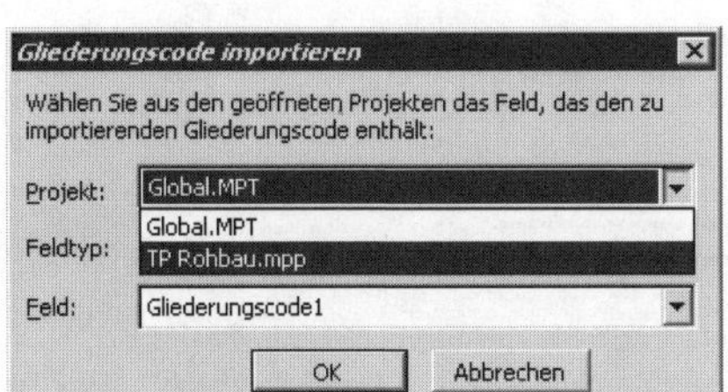

Abbildung 7.25: Auswahl eines Gliederungscodes zum Import

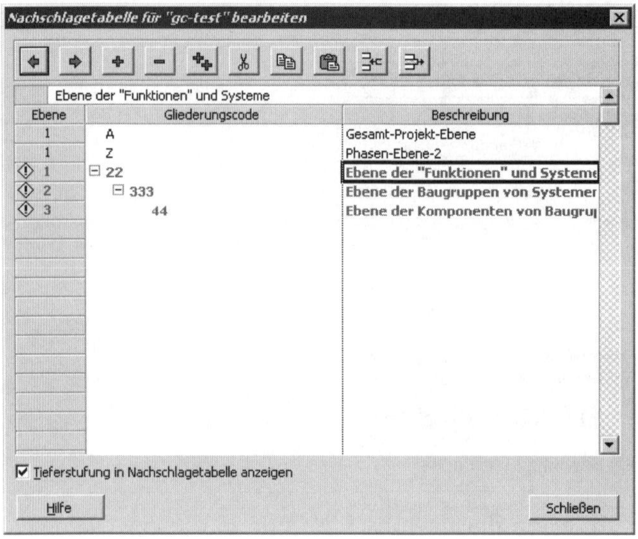

Abbildung 7.26: Nachschlagetabelle bei Eingabe eines falschen Codes

Die drei (rot) markierten Codes entsprechen nicht den Vorgaben und müssen entsprechend korrigiert werden. Das wird erreicht, indem die Anzahl von Zeichen pro Ebene so umgestellt wird, wie das in der Codedefinition festgelegt wurde, und auch die richtige Ebene ausgewählt ist. Die korrigierte Nachschlagetabelle finden Sie in der Abbildung hiernach. Diese Nachschlagetabelle enthält auch noch neue Codes, die automatisch erstellt werden, sobald sich eine Änderung in der Tabelle des Planes ergibt.

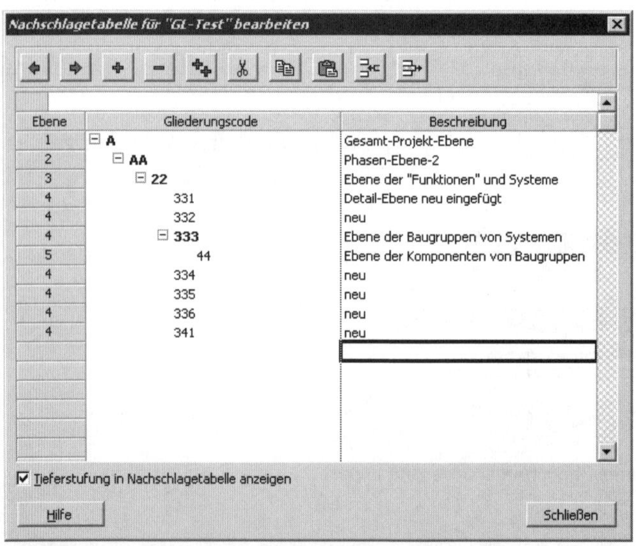

Abbildung 7.27: Die korrekte Nachschlagetabelle mit automatisch ergänztem, neuem Code nach Änderungen in der Tabelle eines Planes

Um die neuen Codes in der Nachschlagetabelle zu bearbeiten, kann die Symbolleiste verwendet werden.

Abbildung 7.28: Symbolleiste für die Bearbeitung einer Nachschlagetabelle

Bedeutung der Symbole im Einzelnen:

- Pfeil links: in die nächsthöhere Ebene stufen
- Pfeil rechts: in die nächst tiefere Ebene stufen
- Pluszeichen: in der nächst tieferen Ebene Details anzeigen
- Minuszeichen: in der nächst tieferen Ebene Details ausblenden
- Plus-Plus: alle Details aller Ebenen anzeigen
- Schere: Ausschneiden
- Code kopieren
- Code einfügen
- Neuen Code zwischen zwei Zeilen einfügen
- Markierten Code entfernen

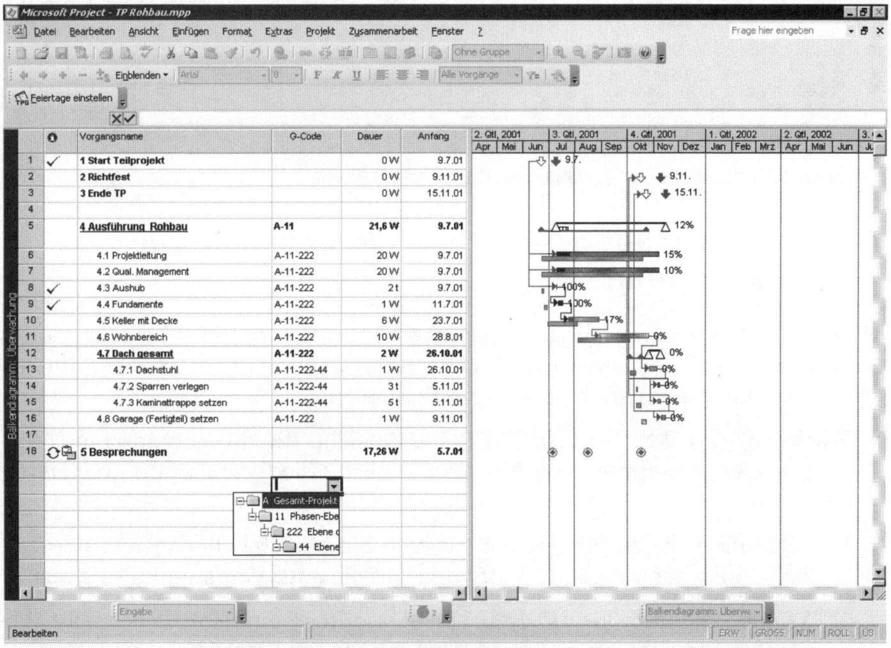

Abbildung 7.29: Code einfügen mithilfe des Listenfeldes in der entsprechenden Spalte

Wenn Sie Gliederungscode einfügen möchten, haben Sie mehrere Möglichkeiten. Sie können in einer beliebigen Zelle der Spalte für den Gliederungscode durch Mausklick ein Listenfeld öffnen, das den Code in grafischer Form darstellt und den gewählten Code dem ausgewählten Vorgang zuordnet.

Sie können aber einen Code direkt in der Spalte Gliederung für jeden Vorgang manuell eintragen. Dieser Code wird automatisch auf Richtigkeit überprüft und dann als neu in die Nachschlagetabelle übernommen. Dort ist dann jedoch eine entsprechende Korrektur vorzunehmen.

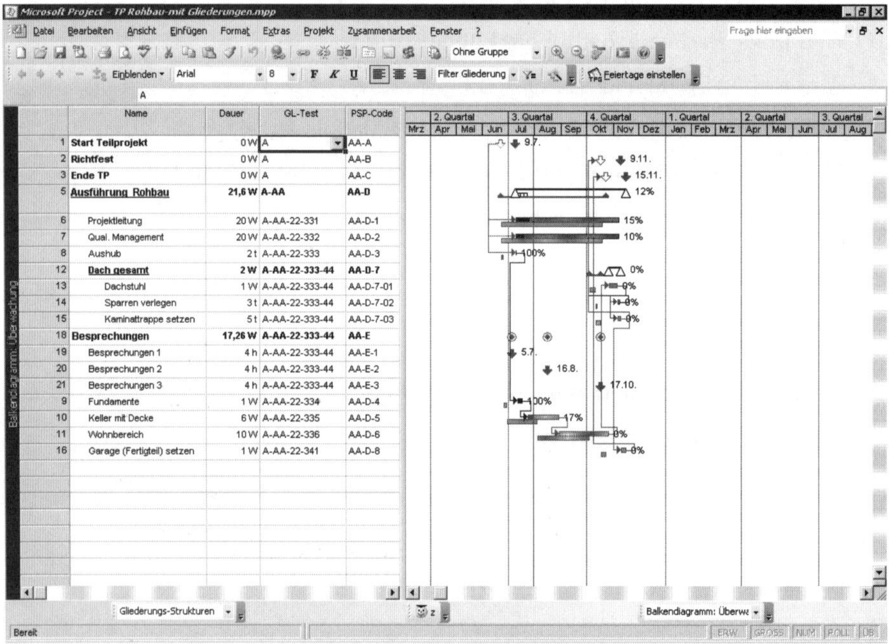

Abbildung 7.30: Auswirkungen, wenn nach Code sortiert wurde

7.2.2 Auszug aus der Microsoft-Project-Hilfe zur Gliederung

Mit benutzerdefinierten Gliederungscodes können Sie nach bis zu zehn Codes gruppieren. Die Vorgehensweise finden Sie in der Microsoft-Project-Hilfe, so wie sie hier als vereinfachter Auszug enthalten ist.

1. Klicken Sie im Menü *Ansicht* auf eine Ansicht, die die gewünschten Vorgänge oder Ressourcen enthält, die Sie nach Gliederungscode gruppieren möchten.
   - Um Vorgänge zu gruppieren, wählen Sie eine Tabellenansicht wie z.B. Balkendiagramm (Gantt), Vorgang: Tabelle oder Vorgang: Einsatz aus.
   - Wählen Sie zum Gruppieren von Ressourcen eine Tabellenansicht wie die Ansicht Ressource: Tabelle oder Ressource: Einsatz aus.

2. Zeigen Sie im Menü *Projekt* auf *Gruppieren nach*, und klicken Sie dann auf *Benutzerdefinierte Gruppierung*.

Geben Sie in der Zeile *Gruppieren nach* in der Spalte Feldname das Gliederungscodefeld ein, oder wählen Sie das Feld aus, anhand dessen Sie Vorgänge oder Ressourcen gruppieren möchten.

Sie können aus bis zu zehn Gliederungscodes mit Standardnamen, wie z.B. Gliederungscode6, auswählen oder den Namen wählen, den Sie bei der Definition des Codes eingegeben haben, z.B. GL-Test (Gliederungscode1), falls Sie ihn so umbenannt haben.

1. Wenn Sie nur nach einer bestimmten Ebene des Gliederungscodes gruppieren möchten, die Sie im Feld *Feldname* ausgewählt haben, klicken Sie auf *Gruppenintervalle definieren*. Klicken Sie im Feld *Gruppieren nach* auf *Ebene*, um anzugeben, dass Sie die Vorgänge oder Ressourcen auf der Grundlage der Gliederungscodeebene gruppieren möchten. Klicken Sie im Feld *Gruppierungsebene* auf die Nummer der Gliederungscodeebene, nach der Sie gruppieren möchten.

   Wenn Sie z.B. Vorgänge oder Ressourcen auf der Grundlage der dritten Ebene des Gliederungscodes (3) gruppieren möchten, klicken Sie im Feld *Gruppierungsebene* auf 3.

Anzeige von Gliederungsnummer, Gliederungs- und PSP-Codes in Tabellen

Zum Anzeigen dieser Codes für Vorgänge oder Ressourcen muss das entsprechende Feld in der aktiven Tabelle enthalten sein oder an der gewünschten Stelle eingefügt werden.

1. Wählen Sie in diesem Fall das Feld rechts neben der Position aus, an der Sie das neue Feld einfügen möchten.
2. Klicken Sie im Menü *Einfügen* auf *Spalte*.
3. Um das Gliederungsnummernfeld einzufügen, klicken Sie im Feld *Feldname* auf *Gliederungsnummer* oder den geänderten Feldnamen

   Zum Einfügen des Gliederungscodefeldes klicken Sie auf *Gliederungscode1* bis *Gliederungscode10* oder auf ein beliebiges benutzerdefiniertes Gliederungscodefeld im Feld *Feldname*.

   Um das PSP-Feld einzufügen, klicken Sie im Feld *Feldname* auf PSP.

   - Sie können Gliederungsnummern auch in einem eigenen Feld Gliederungsnummer anzeigen, sodass Sie Gliederungsnummern mit einem anderen Feld vergleichen können, z.B. mit einem Gliederungscodefeld, das Sie erstellt haben, um Buchungsschlüssel anzuzeigen, die Vorgängen in unterschiedlichen Gliederungsebenen zugeordnet wurden.

- Integrierte Gliederungsnummern, die mit dem Vorgang im Feld *Vorgangsname* oder im Feld *Gliederungsnummer* angezeigt werden, können nicht bearbeitet werden.

Andere Möglichkeiten zum Kategorisieren von Daten

Die Gruppierung kann mit benutzerdefinierten Feldern, Filtern, Gliederungscodes, Gliederungsnummern und der Sortierung verwendet werden, um nur die gewünschten Daten in der gewünschten Reihenfolge zu kategorisieren und anzuzeigen. Die Gruppierung kann auch zusammengefasste Rollup-Daten für jedes Feld der Gruppe bereitstellen.

Gruppieren mit benutzerdefinierten Feldern

1. Zeigen Sie im Menü *Projekt* auf *Gruppieren nach*, und klicken Sie dann auf *Benutzerdefinierte Gruppierung*.
2. Klicken Sie in der Spalte *Feldname* auf das benutzerdefinierte Feld, nach dem Sie gruppieren möchten.

Anmerkung Benutzerdefinierte Felder können direkt eingegebene Daten, Formeln zur Berechnung des Feldwertes, grafische Symbole für Daten, die angegebene Kriterien erfüllen, oder aus einer Werteliste eingegebene Daten enthalten.

Gruppieren mit Filtern

1. Zeigen Sie im Menü *Projekt* auf *Gruppieren nach*, und klicken Sie anschließend auf die gewünschte Gruppe.
2. Zeigen Sie im Menü *Projekt* auf *Filter*, und klicken Sie dann auf den gewünschten Filter.

Anmerkungen

- Das Ergebnis ist identisch, unabhängig davon, ob Sie zuerst filtern oder zuerst gruppieren.
- Das Kombinieren von Filtern und Gruppieren kann einen erheblichen Einfluss auf zusammengefasste Gruppierungswerte haben, weil ein Rollup nur für die sichtbaren Werte eines Feldes ausgeführt wird.

Gruppieren mit Gliederungscodes

1. Zeigen Sie im Menü *Projekt* auf *Gruppieren nach*, und klicken Sie anschließend auf *Benutzerdefinierte Gruppierung*.
2. Klicken Sie in der Spalte *Feldname* auf das gewünschte Gliederungscodefeld.
3. Klicken Sie auf *Gruppenintervalle definieren*, um die Gliederungscodeintervalle festzulegen, nach denen Sie gruppieren möchten.

Anmerkung Das Ergebnis ist eine hierarchische Gruppierung der Vorgänge oder Ressourcen nach dem zugeordneten Gliederungscode.

Gruppieren mit Gliederungsnummern

1. Zeigen Sie im Menü *Projekt* auf *Gruppieren nach*, und klicken Sie anschließend auf *Benutzerdefinierte Gruppierung*.
2. Wählen Sie in der Spalte *Feldname* den Eintrag *Gliederungsnummer* aus, oder geben Sie Gliederungsnummer ein.

Anmerkung Es kann hilfreich sein, zuerst nach der Gliederungsnummer und dann nach anderen Feldern innerhalb der Gliederungsnummernstruktur zu gruppieren.

Gruppieren mit der Sortierung

1. Zeigen Sie im Menü *Projekt* auf *Gruppieren nach*, und klicken Sie anschließend auf die gewünschte Gruppe.
2. Zeigen Sie im Menü *Projekt* auf *Sortieren*, und klicken Sie anschließend auf das Feld, nach dem Sie sortieren möchten.

Anmerkung Das Ergebnis ist identisch, unabhängig davon, ob Sie zuerst sortieren oder zuerst gruppieren. Die Auswahl von Aufsteigend oder Absteigend im Dialogfeld *Gruppendefinition* bestimmt jedoch die Anzeige gruppierter Zeilen, weshalb die Sortierung auf die Vorgänge oder Ressourcen innerhalb einer Gruppe und nicht auf die gesamte Ansicht angewendet wird. Zum Öffnen des Dialogfeldes *Gruppendefinition* zeigen Sie im Menü *Projekt* auf *Gruppieren nach*, und klicken Sie dann auf *Weitere Gruppen*. Klicken Sie auf die Gruppe, deren Sortierreihenfolge Sie ändern möchten, und klicken Sie dann auf *Bearbeiten*.

Erstellen eines PSP-Codes

Wenn in Ihrer Organisation ein bestimmtes Codeformat für Projektstrukturpläne (PSP) erforderlich ist, können Sie Vorgängen gemäß ihren Positionen in der Hierarchie der Projektgliederung entsprechende PSP-Codes zuordnen.

1. Klicken Sie im Menü *Ansicht* auf eine Tabellenansicht, z.B. auf Vorgang: Tabelle.
2. Zeigen Sie im Menü *Projekt* auf PSP-Code, und klicken Sie dann auf *Codedefinition*.
3. Um Vorgänge in diesem Projekt von Vorgängen in anderen Projekten zu unterscheiden, geben Sie im Feld *Projektcodepräfix* ein projektspezifisches Codepräfix ein, z.B. PHASE-A.

Anmerkung Wenn Sie mit mehreren Projekten in einem Rahmenterminplan arbeiten oder mit Projekten, die Verknüpfungen zu externen Vorgängen aufweisen, ist die Verwendung eines Projektcodepräfixes für die Unterscheidung unterschiedlicher Projektvorgänge sehr hilfreich.

Zuordnen von Gliederungscodes

Nach dem Erstellen von Gliederungscodes können diese Vorgängen oder Ressourcen zugeordnet werden.

1. Laden Sie im Menü *Ansicht* z.B. Vorgang: Tabelle oder Ressource: Tabelle.
2. Um das Gliederungscodefeld einzufügen, markieren Sie das Feld rechts neben der Einfügestelle.
3. Klicken Sie im Menü *Einfügen* auf *Spalte*.
4. Klicken Sie im Feld *Feldname* auf den Namen des Gliederungscodefeldes, das Sie definiert haben.
5. Klicken Sie zum Ausrichten des Titels im Feld *Ausrichtung* (Titel) auf Links, Zentriert oder Rechts.
6. Klicken Sie auf OK.
7. Geben Sie jetzt im Gliederungscodefeld für den Vorgang oder die Ressource einen Gliederungscode ein, oder wählen Sie diesen aus.

Wiederholen Sie diesen Schritt für jeden Vorgang bzw. jede Ressource.

Anmerkung Um Gliederungscodes effektiver einzugeben, können Sie eine Nachschlagetabelle erstellen, aus der die verschiedenen selbst definierten Gliederungscodes ausgewählt werden können.

Fehlerbehebung bei der Anzeige von Vorgängen

In Microsoft Project werden zuerst die Sammelvorgänge und dann die unter den erweiterten Sammelvorgängen angezeigten Teilvorgänge sortiert. Es werden nur die Vorgänge oder Ressourcen sortiert, die angezeigt sind. Aus einer Gliederung ausgeblendete bzw. herausgefilterte Vorgänge werden nicht sortiert.

- Um beim Sortieren die Gliederungsstruktur beizubehalten, zeigen Sie im Menü *Projekt* auf *Sortieren*, klicken auf *Sortieren nach* und aktivieren das Kontrollkästchen *Gliederungsstruktur beibehalten*.

Erhalten der ursprünglichen Reihenfolge von Vorgängen

- Zeigen Sie zum Wiederherstellen der Vorgänge in der ursprünglichen Reihenfolge im Menü *Projekt* auf *Start*, klicken Sie auf *Sortieren nach*, und klicken Sie dann auf *Zurücksetzen*.

Aufheben der Gruppierung

Wenn Sie im Feld *Gruppieren nach...* ein Kriterium ausgewählt haben, werden die Vorgänge gruppiert und einige Vorgänge verschoben. Die Schaltflächen *Teilvorgänge einblenden* und *Teilvorgänge ausblenden* blenden statt der Gliederungsstruktur der Sammelvorgänge und Teilvorgänge die Gruppen ein bzw. aus. Um die Gruppierung aufzuheben, klicken Sie auf das Feld *Gruppieren nach*, und wählen Sie *Ohne Gruppe* aus.

Teil 2

8 Microsoft Project in der Praxis

Dieses Kapitel enthält wichtige Informationen für die praktische Arbeit mit Microsoft Project, angefangen von der Dateneingabe bis zur zeitlichen Optimierung von Terminplänen bei mehreren zeitgleich ablaufenden Projekten.

Sie erhalten hier Tipps für den Umgang mit *Meilensteinen, Anordnungsbeziehungen, Sammelvorgängen* und dem *kritischen Weg*. Weitere Tipps betreffen die Erstellung und Nutzung von *GIF-Dateien*, die Arbeit mit *externen Daten*, die Bearbeitung einer *Unterbrechung* von Vorgängen mit spezieller Darstellung in einem dafür ausgelegten Terminplan, den Umgang mit *Schichtbetrieb* und schließlich die Verwendung der neuen Vorgangsart *HAMMOCK* aus Microsoft Project 2007.

8.1 Dateneingabe

Bei normaler Anwendung von Microsoft Project öffnet sich immer, wenn ein neues Projekt angelegt wird, die Ansicht *Balkenplan (Gantt)* bei der die Eingabetabelle geladen ist. Diese Tabelle ist für die normale Arbeit mit Microsoft Project völlig ausreichend und muss nur in Sonderfällen ergänzt oder gegen eine andere, angepasste Tabelle gewechselt werden.

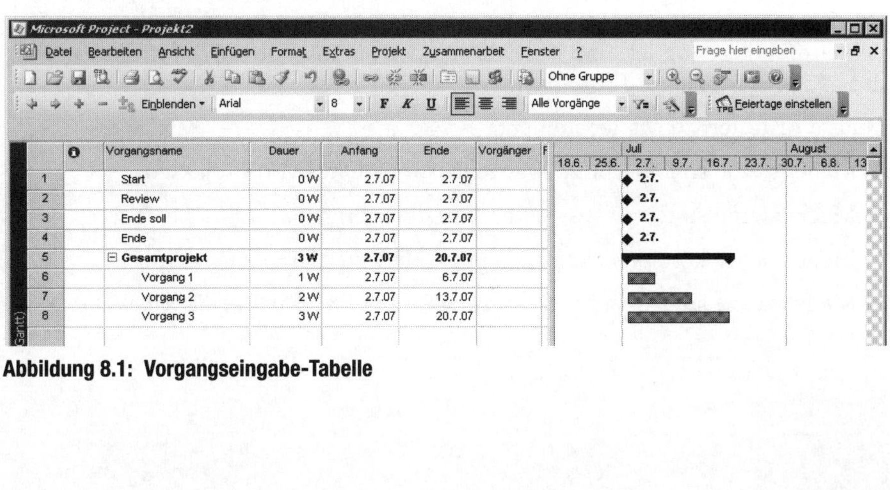

Abbildung 8.1: Vorgangseingabe-Tabelle

8.1.1 Eingabetabelle für Vorgänge

Für die Beschreibung von Vorgängen nutzen Sie die Spalte *Name* oder wie in dem Beispiel *Vorgangsname*, weil der Spaltentitel bereits dem genormten Begriff angepasst wurde.

Ist der beschreibende Text zu lang, haben Sie drei Möglichkeiten:

- Sie ziehen mit der Maus die rechte Spaltentrennlinie so weit nach rechts, bis die nötige Breite erreicht ist.
- Sie klicken doppelt auf die Trennlinie zwischen Name und Dauer, dann wird die Breite automatisch angepasst (siehe Excel).
- Sie ziehen mit der Maus die Zeilentrennlinie nach unten, der Text wird jetzt umbrochen, und das geht auch für mehr als nur doppelte Zeilenhöhen.

Anfangstermine von Vorgängen sollten nur dann eingetragen werden, wenn es zu dem bearbeiteten Vorgang keine Vorgänger gibt und der Vorgang nicht an dem für das Projekt in der *Projektinfo* eingetragenen Starttermin beginnt. Typische Vorgänge hierfür sind Bereitstellungen von Werkzeugen, Anlieferungen etc.

Endtermine von Vorgängen sind bei Beginn der Planung zunächst nur für den *Solltermin* (das ist ein Hilfsmeilenstein für die Farbsteuerung des kritischen Weges) einzutragen, können aber später jederzeit ergänzt werden.

Die Spalte der *Vorgänger* enthält die Nummern aller Vorgänge, die den Beginn des bearbeiteten Vorgangs maßgeblich beeinflussen. Zeitliche Abstände oder Überlappungen von Vorgängen werden mithilfe der *Anordnungsbeziehungen* festgelegt, wie das weiter unten in diesem Kapitel beschrieben wird.

Die Spalte *Ressourcen* wird verwendet, um *Namen* und *Zuordnung* der benötigten *Ressourcen* einzutragen.

8.1.2 Meilensteine, Vorgänge besonderer Bedeutung

Meilensteine haben per Definition immer eine Dauer von null. Damit werden sie automatisch als Standardsymbol (*Diamant, schwarz*) dargestellt, was aber nicht auffällig genug ist, und deshalb werden sie mit *Format/Balkenarten* in rote und grüne Symbole umformatiert.

Weitere Kriterien zu Meilensteinen:

- Meilensteine sind wichtige *Messpunkte* im Ablauf von Projekten.
- Meilensteine sind *ergebnisorientiert* zu definieren.
- Meilensteine können *hierarchisch* gegliedert werden (sehr wichtig).
- Meilensteine sind wesentliche *Bestandteile* in *Projektstatus-Berichten*.

- Meilensteine müssen in Plänen so platziert werden, dass sie als *Top-Information* erkennbar sind, also *in den obersten Zeilen eines Planes.*
- Meilensteine können aus *besonders wichtigen Vorgängen* entstehen, die dann trotz einer Dauer ungleich null als Meilenstein definiert werden können; siehe *Informationen zum Vorgang* im Register *Spezial,* Checkbox *als Meilenstein darstellen* markieren.
- Meilensteine lassen sich als *Rollup* in einem eigens dafür angelegten Sammelvorgang auch in nur einer Zeile darstellen.
- *Zahlungsmeilensteine* haben zusätzlich die Funktion zu signalisieren, dass eine Zahlung fällig wird, zunächst unabhängig davon, ob es *Ausgaben* oder *Einnahmen* sind.

Meilensteine in einer Zeile

Oft wird bemängelt, dass *Meilensteine* ziemlich viele Zeilen eines Terminplans belegen. Und es kommt immer wieder die Frage auf, ob sich das ändern lässt, sodass zumindest die Top-Level-Meilensteine *in einer Zeile* nebeneinander dargestellt werden.

Das ist möglich, und die Prozedur ist relativ einfach:

- Fügen Sie in der obersten Zeile des Terminplans einen *neuen Vorgang* so ein, dass alle Vorgänge, die als Meilensteine definiert sind, direkt darunter liegen.
- Benennen Sie den neuen Vorgang als *Meilensteine.*
- *Markieren* Sie alle Meilenstein-Vorgänge.
- Stufen Sie jetzt die Meilensteine unter den neuen Vorgang, indem Sie diese noch markierten Vorgänge mit der Maus nach rechts verschieben (*Tiefer stufen*) oder das grüne Pfeilsymbol der Symbolleiste mit gleicher Funktion klicken.
- Jetzt muss noch der *Balken* entfernt werden, indem der Vorgang *Meilensteine* markiert und mit dem Befehl *Format/Balken/Balkenform* die Anfangs- und Endsymbole sowie der Balken so formatiert werden, dass der Sammelvorgang selbst nicht mehr angezeigt wird (Überprüfung ist möglich im unteren Bereich des Dialogfeldes des Menüs *Balkenarten*).
- Wenn das so weit fertig ist, sind alle Meilenstein-Vorgänge nochmals zu markieren und mithilfe der *Informationen zum Vorgang* (rechte Maustaste) gemeinsam als *Rollup-Vorgang* zu definieren, wodurch sie in die Zeile der Meilensteine projiziert werden.
- Zum Abschluss erfolgen noch die Formatierung der gewünschten Symbole, wieder mithilfe des Menüs *Format/Balkenarten* (erreichbar durch Doppel-

klick in die Balkenplan-Grafik), und die Änderung der Symbole für *Rollup-Meilenstein*.

- Sollen auch noch die Bezeichnungen oder die *Termine der Meilensteine* neben den Symbolen angezeigt werden, so können Sie diese Einstellungen auch wieder in den *Balkenarten* und dort in der Registerkarte *Text* vornehmen.
- Was angezeigt werden soll und wo, kann ebenfalls im Dialog der *Balkenarten* mithilfe von *Feldnamen* der Listenfelder und dem *Zeilenwähler* eingestellt werden.

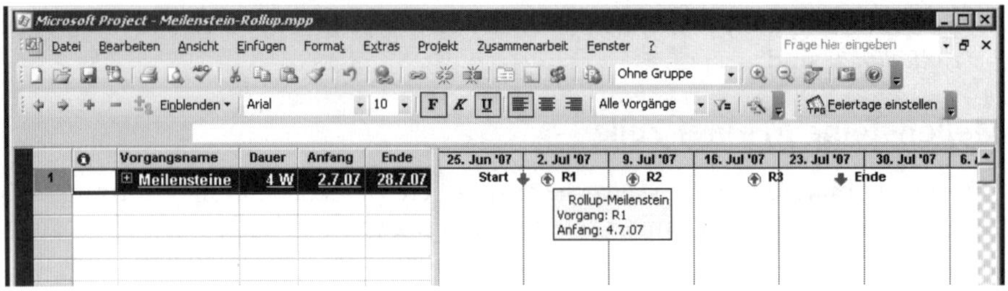

Abbildung 8.2: Meilensteine in einer Zeile darstellen

8.2 Verknüpfung und Anordnungsbeziehung

Für die Verknüpfung von Vorgängen gibt es den genormten Begriff der *Anordnungsbeziehungen* (*AOB*), mit deren Hilfe sich *Abstände* oder *Überlappungen* zwischen verknüpften Vorgängen definieren lassen.

- Die Abstände werden immer auf den Anfang oder das Ende eines Vorgängers bezogen.
- Die Abstände können positiv oder negativ sein.
- Die Dauer von Abständen kann definiert werden als:

  – *Minute* – *Stunde* – *Tag* – *Woche* – *Monat* – *Prozent*

Hinweis Wenn Sie alle diese verschiedenen Möglichkeiten zusammen in einem Plan verwenden würden, dann wäre das Chaos komplett!

Es empfehlen sich deshalb ein sparsamer Umgang mit AOBs und die Verwendung von nur zwei der vier möglichen Varianten, nämlich die *Anfangsfolge AA* und die *Normalfolge EA* (beides sind genormte Begriffe).

Mit diesen beiden AOBs können Sie alle möglichen Situationen in Projekten erfassen und darstellen. Die *Endfolge EE* (auch ein genormter Begriff) verwende ich nur für ganz bestimmte Effekte bei der Darstellung von Plänen, zum Beispiel um die Verknüpfungslinien bei dem Projektendtermin von rechts außen an den Meilenstein heranzuführen. Für die normale Planungsarbeit benutze ich diese Einstellung so gut wie gar nicht, auch wenn sie bei Bauprojekten sehr häufig angewendet wird.

Die *Sprungfolge AE* ist für mich ein Reizthema, weil es mir nicht einleuchten will, dass ein Vorgang beendet sein muss, damit sein Vorgänger beginnen kann, was ja nichts anderes bedeutet als eine Umkehr der Reihenfolge, und das kann man anders und verständlicher lösen.

Eine Darstellung der verschiedenen Varianten und die Auswirkung von AOBs mit positiven oder negativen Abstandswerten finden Sie weiter unten in diesem Kapitel anhand der verschiedenen Beispiele.

> **Achtung** Die Dauer von Vorgängen kann in Sonderfällen auch als *fortlaufende Dauer* eingetragen werden. Das bedeutet, dass der *Projektkalender* ignoriert wird und die Vorgänge *rund um die Uhr* laufen.
>
> Typische Beispiele wären hier Dauertests, Aushärtung von Beton, Flugreisen etc.
>
> Und: auch für AOBs lässt sich diese *fortlaufende Dauer* verwenden.

Anwendungsbeispiele

Wie mit AOBs zu arbeiten ist und welche Wirkung damit erreicht wird, zeigen die folgenden Abbildungen.

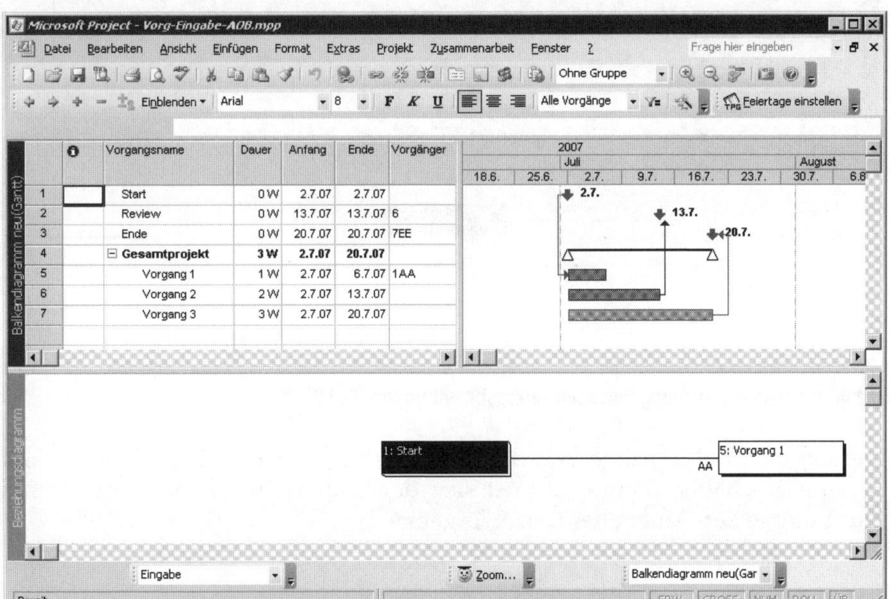

Abbildung 8.3: Anwendung von Anordnungsbeziehungen, Teil 1

Nach der Dateneingabe wurden zunächst nur die Meilensteine mit den drei Vorgängen verknüpft und diese dem Gesamtprojekt durch *tiefer stufen* untergeordnet. Es entsteht dadurch die typische Darstellung mit den Meilensteinen in den oberen Zeilen, einem Sammelvorgang, der die gesamte Laufzeit des Projektes darstellt, und darunter die Vorgänge.

Vorgang1 und *Vorgang2* sind jetzt noch als *unkritisch* markiert (*blaue Balken*), *Vorgang3* ist als kritisch markiert (*roter Balken*), weil er die längste Dauer hat und damit den Termin für das Ende festlegt.

Normalfolge (EA)

Als *Normalfolge* ist der serielle Ablauf von Vorgängen zu verstehen, die weder parallel noch zeitlich auseinandergezogen in den Balkenplänen platziert werden.

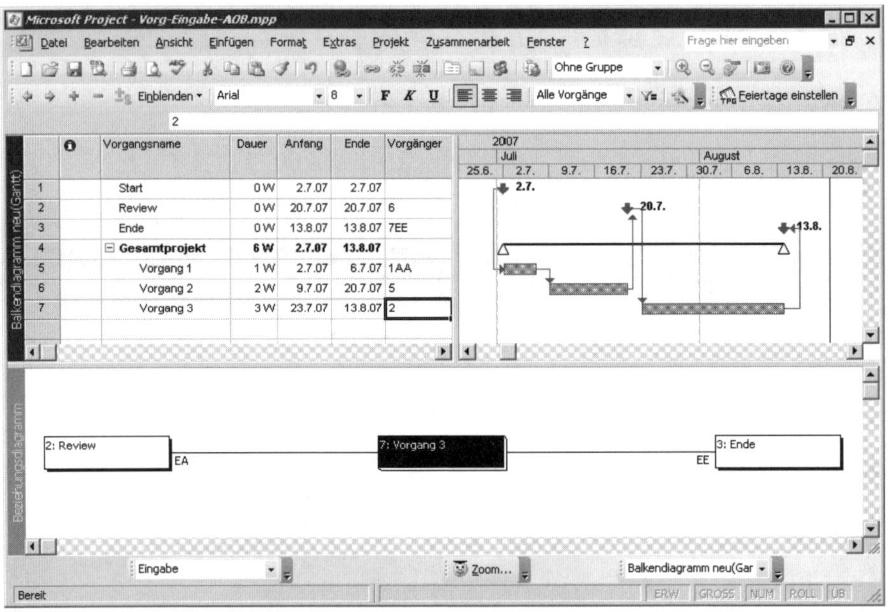

Abbildung 8.4: Anwendung von Anordnungsbeziehungen, Teil 2

Werden die drei Vorgänge und die Meilensteine normal verknüpft und damit in Serie geschaltet, dann errechnet sich der Endtermin aus dem Starttermin plus Summe der Dauer aller Einzelvorgänge.

Ergebnis: Alle Vorgänge liegen jetzt auf dem *kritischen Weg*, weil es in diesem Beispiel keinen festgelegten Endtermin gibt und deshalb der längste Weg vom Anfang zum Ende automatisch als *kritisch* markiert wird.

Anfangsfolge (AA)

Eine *Anfangsfolge* ist so definiert, dass zum Beispiel zwei Vorgänge zeitgleich ablaufen, der Beginn des zweiten Vorgangs aber vom Start des ersten direkt abhängig ist.

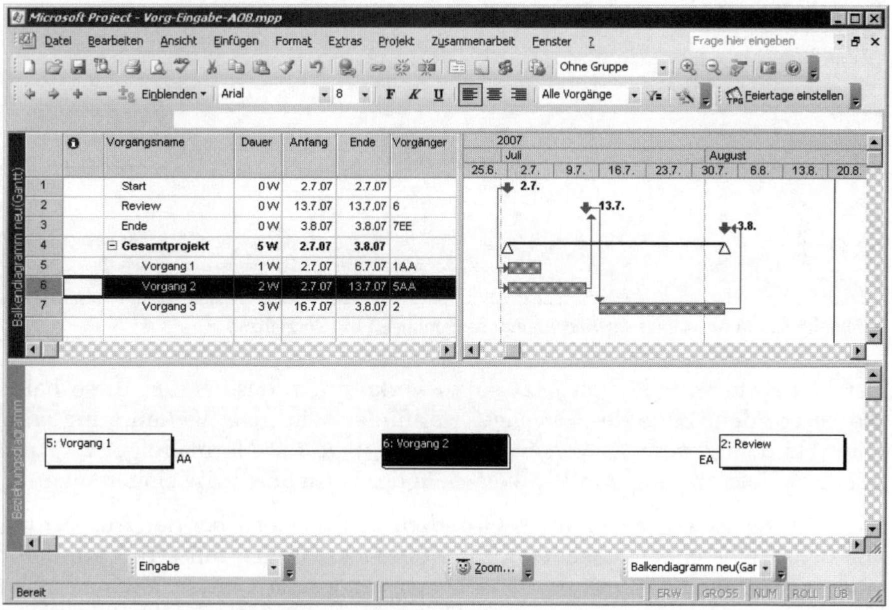

Abbildung 8.5: Anordnungsbeziehung (Typ AA)

Vorgang1 und Vorgang2 liegen parallel zueinander, Vorgang2 soll zum gleichen Zeitpunkt beginnen wie Vorgang1. Dann sind die Vorgänge mit einer *Anfangsfolge (AA)* zu verknüpfen, wie das in der unteren Hälfte des Bildes anhand des hier geladenen *Beziehungsdiagramms* leicht überprüft werden kann.

Das nächste Beispiel zeigt die Einstellungen, um den *Meilenstein Review* eine halbe Woche vor dem Ende von *Vorgang2* zu platzieren und damit den *Vorgang3* früher zu starten, weil dessen Start von der Fertigstellung des Reviews abhängig ist.

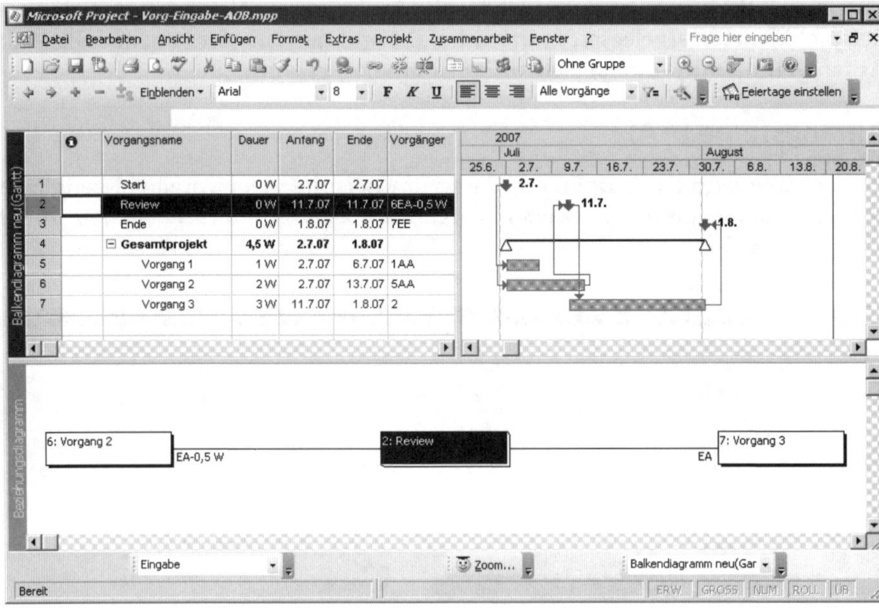

Abbildung 8.6: Anwendung der Anordnungsbeziehung EA mit Vorziehzeit

Der Meilenstein-Review ist jetzt so zu verknüpfen, dass er um diese halbe Woche vor dem Ende des *Vorgangs2* stattfinden wird. Die Verknüpfung wird dafür bei dem *Review* als Vorgänger von *Vorgang6* mit Normalfolge (EA) und mit einer Überlappung von *–0,5 Wochen* in der Form *6EA-0,5W* eingetragen.

Wenn Vorgänge aus bestimmten Gründen, zum Beispiel bei der Aushärtung von Beton, eine entsprechende Wartezeit berücksichtigen müssen, kann dafür eine Normalfolge (EA) mit positiver Dauer verwendet werden. Zwischen den beiden Vorgängen wurde dafür ein Abstand von +0,6 Wochen definiert, was erreicht wird durch Eintragen von *5EA+0,6W* für den *Vorgänger* bei *Vorgang2* in der Zeile 6 des Beispiels.

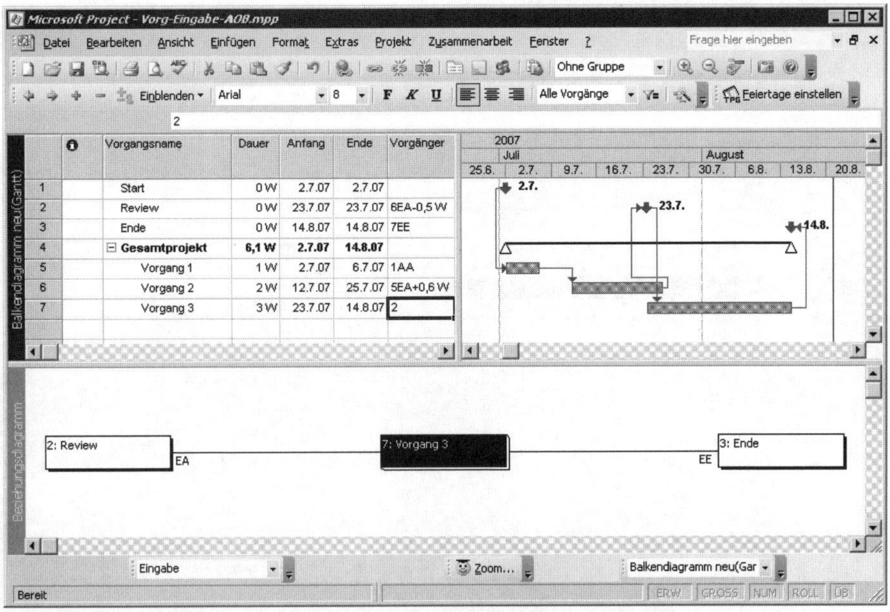

Abbildung 8.7: Anordnungsbeziehung EA + 06W führt zu zeitlicher Spreizung.

Eine etwas unlogische Darstellung ergibt sich, wenn gefordert wird, dass *Vorgang2* um drei Tage (*–0,6w*) vor dem Anfang von *Vorgang1* beginnen soll, der Projektstart aber unverändert beibehalten wird, wie das in *Abbildung 8.8* erkennbar ist.

Die Ursache liegt in der unbedachten Verwendung einer Anfangsfolge, hier – 0,6 Wochen, was dazu führt, dass Vorgang2 früher startet, als es der in der Projektinfo festgelegte Projekttermin festlegt. Bei eingeschalteten Terminplanmeldungen werden Sie allerdings gewarnt, dass hier etwas eingestellt wurde, was so eigentlich nicht sein kann.

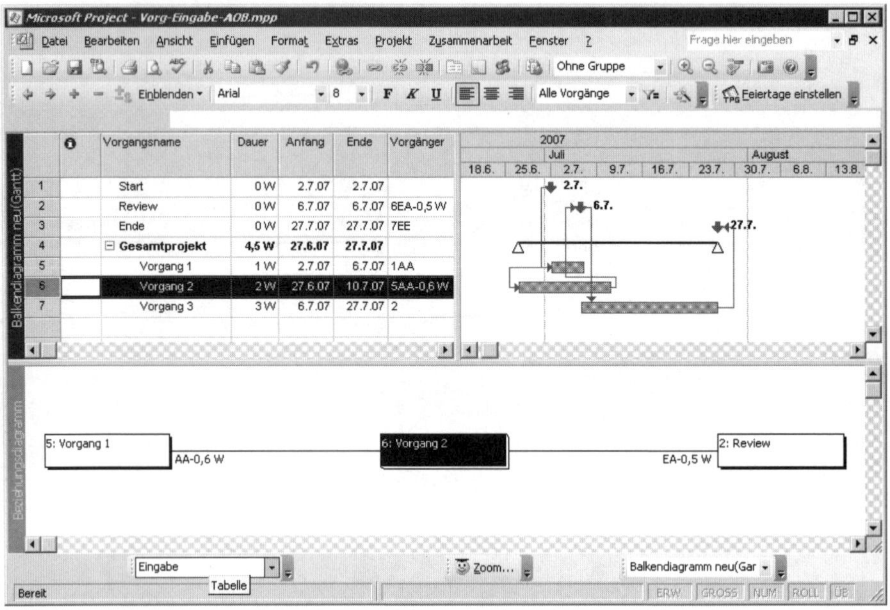

Abbildung 8.8: Anwendung von Anordnungsbeziehungen

Endfolge (EE)

Eine bei Bauprojekten immer wieder gern verwendete Anordnungsbeziehung ist die Endfolge. Die miteinander verknüpften Vorgänge stehen in einer Beziehung, bei der die verknüpften Vorgänge im Normalfall zeitgleich beendet sein müssen. Muss ein Vorgang aber um eine bestimmte Zeit früher oder später als einer seiner Vorgänger abgeschlossen sein, kann das mit einer entsprechenden *AOB* festgelegt werden, wie das weiter unten beschrieben wird (*Abbildung 8.9*).

Ist zwischen dem Ende des letzten Vorgangs und dem Ende seines Vorgängers eine festgelegte Zeitspanne erforderlich, dann kann das mit einer Endfolge erreicht werden. Der erforderliche Eintrag muss dann in *Zeile7* in der Form *6EE-3T* eingegeben werden (Abbildung 8.10).

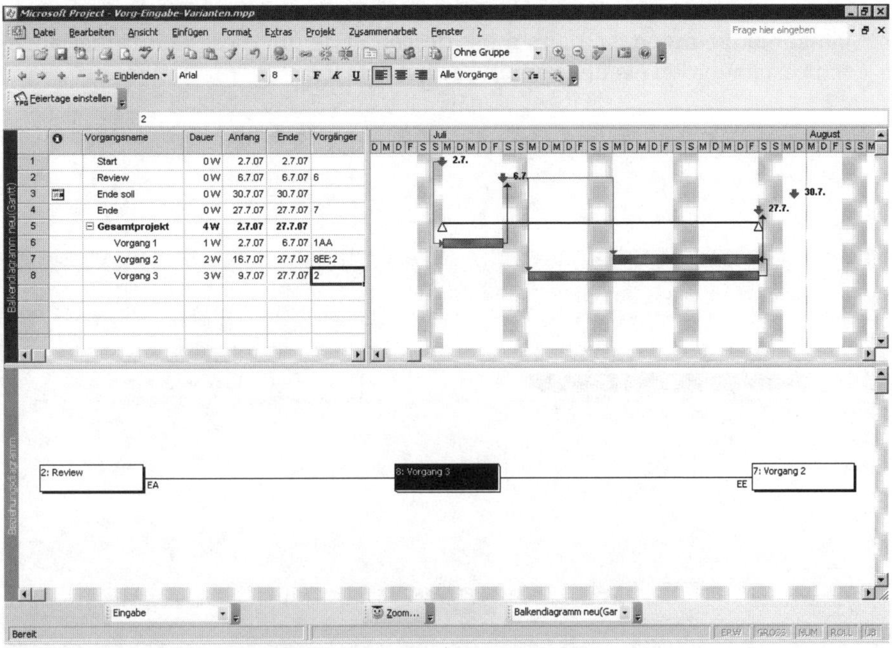

Abbildung 8.9: AOB in Endfolge EE; ohne zeitlichen Abstand

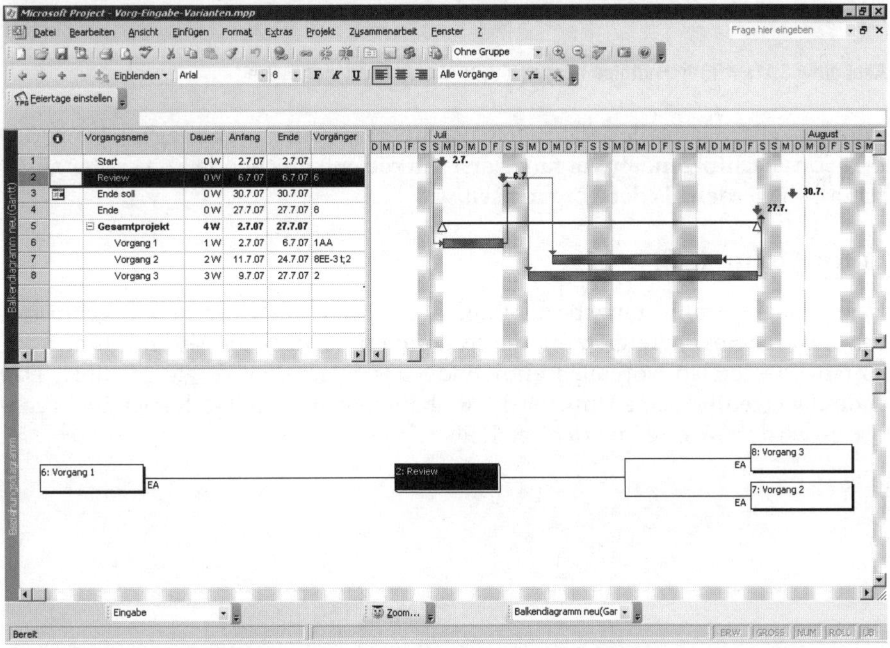

Abbildung 8.10: AOB in Endfolge mit negativem Abstand von drei Tagen

Hinweis Wenn bei einem Vorgang ein negativer Abstand zu seinem Vorgänger eingetragen ist, dann muss dessen Ende um diese Zeit früher abgeschlossen werden als der Vorgang selbst.

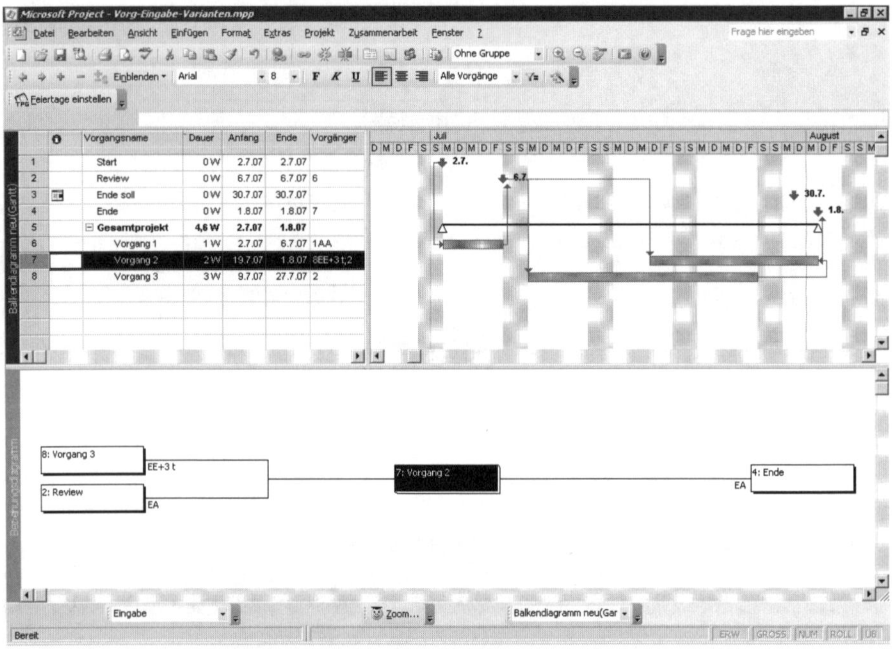

Abbildung 8.11: AOB in Endfolge mit positivem Abstand von vier Tagen

Wird an gleicher Stelle jedoch ein positiver Abstand eingetragen, kann das Ende des nachfolgenden Vorgangs erst um die entsprechende Zeit später abgeschlossen werden als der Vorgang selbst.

Sprungfolge (AE)

Eine weitere Anordnungsbeziehung, die häufig zu seltsamen Ergebnissen führt, ist die Sprungfolge (AE), die so definiert ist, dass die Verknüpfung vom Anfang des ersten Vorgangs zum Ende des folgenden Vorgangs führt. Das bedeutet eigentlich eine Umkehr der Reihenfolge und zeigt sich auch im Ergebnis; es wird schwierig, die richtige Reihenfolge zu erkennen.

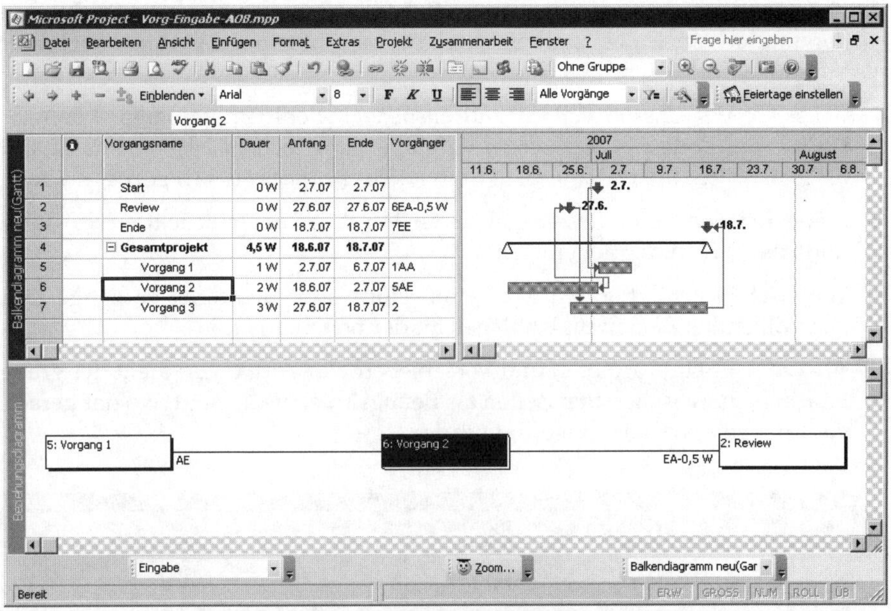

Abbildung 8.12: Anwendung von Anordnungsbeziehungen, Teil 6, Sprungfolge (AE)

Die Darstellung im Balkendiagramm zeigt die Auswirkungen sehr deutlich. Das Ende des Balkens von Vorgang2 liegt genau unter dem Anfang von Vorgang1, seinem Vorgänger. Dass die logische Reihenfolge aber unverändert beibehalten wurde, kann anhand des Beziehungsdiagramms leicht überprüft werden.

Hinweis Bei weitgehend unverändertem Plan zeigt sich hier, dass mit der Verwendung von Sprungfolgen (AE) vorsichtig umzugehen ist. Zur Erinnerung: Sprungfolge bedeutet, dass der nachfolgende Vorgang beendet sein muss, bevor sein direkter Vorgänger beginnen kann!

Vorgänge kopieren und verschieben

Vorgänge können jederzeit kopiert werden, um sie an anderer Stelle wiederholt in den Ablauf einzufügen. Dazu muss der zu kopierende Vorgang zunächst links in der grau gefärbten Nummernspalte markiert werden. Danach gibt es mehrere Möglichkeiten, diesen Vorgang zu kopieren:

- Menü *Bearbeiten/Kopieren*
- Symbole für das *Kopieren* und *Einfügen* verwenden
- Die bekannten Tastaturbefehle [Strg]+[C] und [Strg]+[V]
- Kontextmenü *Kopieren* der rechten Maustaste verwenden

- Nutzung von *Autoausfüllen*, durch Ziehen an dem unteren rechten Knoten der markierten Zelle, zum Beispiel bei gleichbleibender *Dauer* mehrerer Vorgänge
- *Ganze Vorgänge* lassen sich mit *Autoausfüllen* beliebig oft kopieren, wenn der Knoten der Zeile des markierten Vorgangs ganz rechts außen angefasst und bei gedrückter linker Maustaste nach *unten oder nach oben* (!) gezogen wird
- Ziehen eines oder mehrerer markierter Vorgänge bei gedrückter Strg-Taste und Ablegen an der neuen Position
- Verschieben erfolgt durch Markieren eines oder mehrerer Vorgänge und nachfolgendes Ziehen und Ablegen an der neuen Position

  Hinweis Beim Kopieren und Verschieben von Vorgängen dient der graue Hilfsbalken zwischen den Zeilen als Bezugslinie, die anzeigt, wo der gerade verschobene Vorgang eingefügt wird.

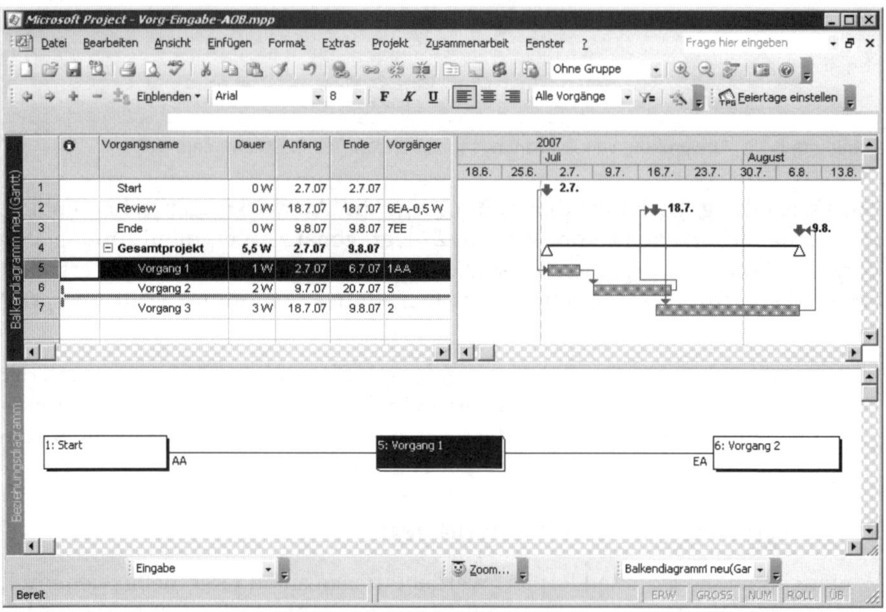

Abbildung 8.13: Vorgänge verschieben an neue Positionen

Der verschobene Vorgang wird im Terminplan an seiner neuen Position angezeigt.

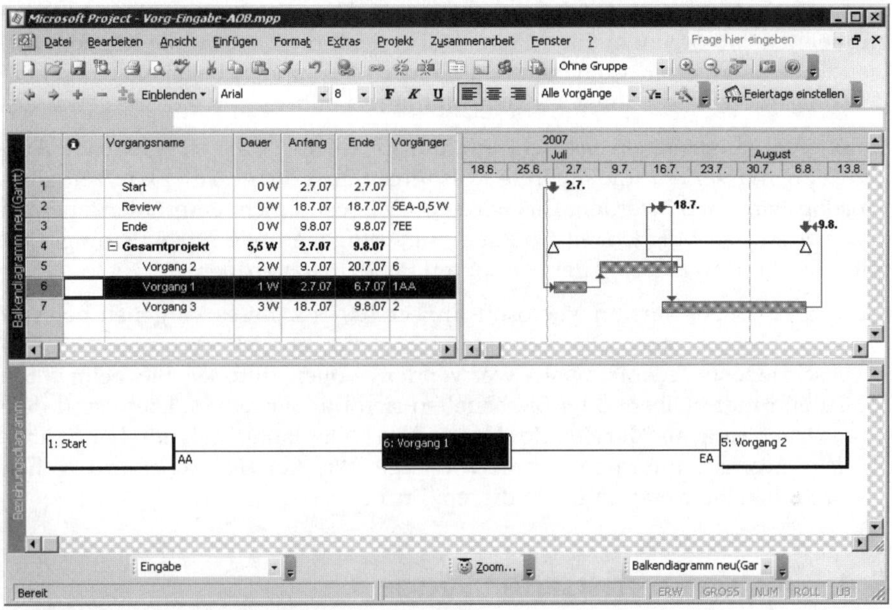

Abbildung 8.14: Vorgang1 wurde verschoben.

Einfügen und löschen von Vorgängen

Einfügen neuer Vorgänge erfolgt durch Markieren des Vorgangs in der ersten, grauen Spalte, über dem der neue Vorgang eingefügt werden soll, und nachfolgende Nutzung des Kontextmenüs *Neuer Vorgang* der rechten Maustaste oder des Menüs *Einfügen/Neuer Vorgang.*

Löschen eines Vorgangs erfolgt durch Markieren einer beliebigen Zelle in der Zeile des Vorgangs und Betätigen der [Entf]-Taste.

Hinweis Inhalte einzelner Zellen eines Vorgangs können nur mit der [←]-Taste gelöscht werden.

8.3 Sammelvorgänge

Wie die Bezeichnung schon andeutet, handelt es sich bei Sammelvorgängen um Vorgänge, die fein gegliederte Vorgänge so zusammenfassen, dass sie die Zeitspanne vom Anfang des ersten Detailvorgangs bis zum Ende des letzten Detailvorgangs als Summenbalken darstellen.

Alle berechneten Werte eines Sammelvorgangs errechnen sich aus der Summe aller Einzelwerte der unter dem Sammelvorgang enthaltenen Detailvorgänge.

Sammelvorgänge eignen sich sehr gut für die Verdichtung von Plänen, wenn zu viele Detailvorgänge einen Plan unübersichtlich machen. Sie können verwendet werden, um Kosten hierarchisch, nach PSP und Arbeitspaketen gegliedert darzustellen oder um Zwischensummen zu bilden.

Sammelvorgänge eignen sich sehr gut, um allgemeine, projektbegleitende Aufgaben zu erfassen, für die mehrere Ressourcen über die gesamte Laufzeit eines Projektes eingesetzt werden. Das wird von Microsoft nicht empfohlen, aber ich verwende diese Möglichkeit trotzdem, um Aufgaben wie Projektleitung, QM oder Systems Engineering dem gesamten Projekt zuzuordnen.

> **Hinweis** Ab Version Microsoft Project 2007 ist dieses Vorgehen bei Verwendung der neuen Dateiformate nicht mehr möglich. Wenn Sie die oben beschriebene Technik weiter verwenden wollen, müssen Sie beim alten Dateiformat bleiben, oder Sie behelfen sich mit *Hammocks*. Diese sind eine Überlieferung aus der Zeit der klassischen Netzplantechnik und haben ähnliche Eigenschaften wie Sammelvorgänge. Wie mit *Hammocks* umzugehen ist, finden Sie weiter unten in diesem Buch.

8.4 Analyse kritischer Wege

Damit die Kritischer-Weg-Analyse auch von Neulingen verstanden wird, kommt hier ein kleiner Exkurs in die Historie:

Der kritische Weg wurde gegen Ende der 50er-Jahre in den USA als CPM (*Critical Path Method, Kritischer-Weg-Methode*) entwickelt, um große militärische Projekte mit Computerprogrammen berechnen zu können. Die Methode kam etwa Anfang der 60er-Jahre unter der Bezeichnung *Netzplantechnik* nach Deutschland, wo sie zunächst für die Planung großer Bau- und Anlagenprojekte, in der chemischen Industrie, bei Ingenieurbüros und in der Luft- und Raumfahrt eingesetzt wurde.

Hier sehen Sie einen Netzplan mit markiertem kritischen Weg, erstellt unter Verwendung des Programms PertChartExpress von der Firma Critical-Tools, siehe *Abbildung 8.15*. Und zum Vergleich der Netzplan aus Microsoft Project 2007 mit zwei markierten, nicht kritischen Vorgängen mit freier Pufferzeit in der Ansicht *Netzplan*. Die Meilensteine für Anfang und Ende wurden hier automatisch markiert, weil sie auf dem kritischen Weg liegen.

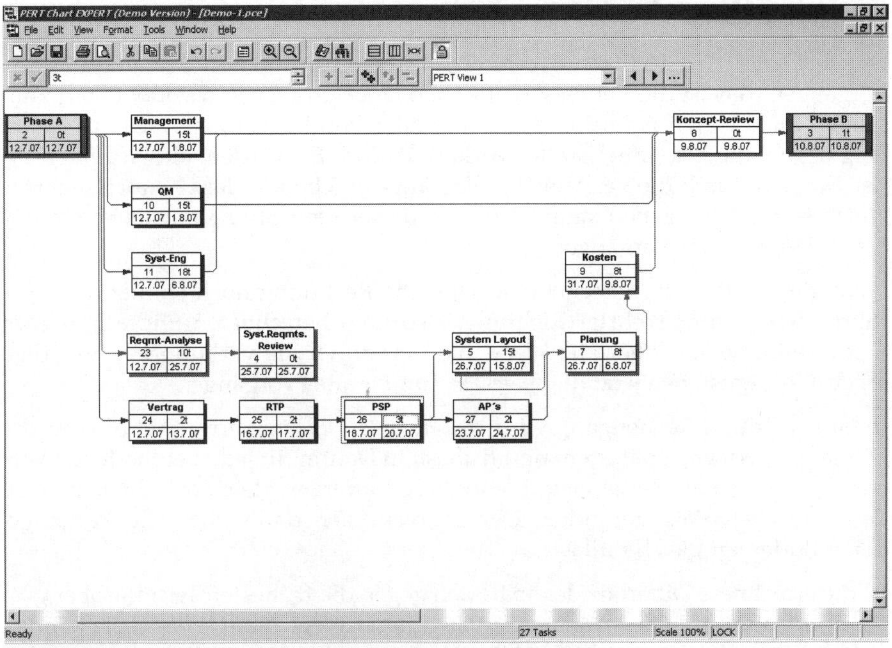

Abbildung 8.15: Kritischer Weg in einem Netzplan (PertChartExpert)

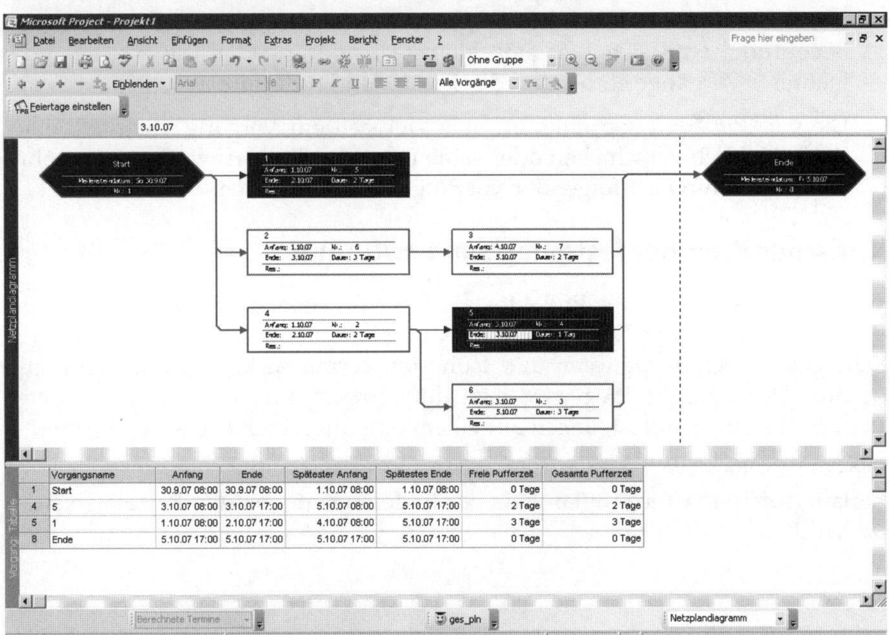

Abbildung 8.16: Das ist die Originalversion aus Microsoft Project.

Kritischer Weg ohne festen Endtermin

Die *Kritischer-Weg-Methode* errechnet in einem Terminplan mit verknüpften Vorgängen (das ist die Voraussetzung) den längsten Weg von seinem Start zum seinem Ende durch Addition der Dauer aller Vorgänge, die jeweils auf einem Weg liegen, die also miteinander verknüpft sind. Es werden alle Wege berechnet, die sich durch die verknüpften Vorgänge ergeben, sodass es auch mehrere gleich lange Wege geben kann. Während dieser Berechnung entstehen die *frühesten Termine* aller Vorgänge.

Wenn der Endtermin berechnet ist, wird die Rechnung noch einmal durchgeführt, aber in umgekehrter Richtung, also vom berechneten Endtermin zum Starttermin, wieder über alle Wege, die sich durch die verknüpften Vorgänge ergeben. Es entstehen jetzt die *spätesten Termine* aller Vorgänge.

In einem dritten Rechengang wird die *gesamte Pufferzeit* errechnet (das ist die Differenz zwischen spätestem und frühestem Datum für jeden enthaltenen Vorgang, gemessen als Zeiteinheit).Wenn diese Pufferzeit gleich null ist, haben Sie den kritischen Weg gefunden. Der erstreckt sich dann über alle Vorgänge, deren Pufferzeit gleich null ist.

Ist die errechnete Differenz der spätesten gegen die frühesten Termine aber größer null, dann sind alle Vorgänge entlang dieser Wege *Nicht kritisch*. Sie können sich, auf ihren Weg bezogen, um den errechneten Betrag verschieben, ohne den Endtermin zu beeinflussen.

> **Hinweis** Für die Kritischer-Weg-Analyse ist die gesamte Pufferzeit von Bedeutung, weil sich hier jede kleinste Änderung der Dauer eines oder mehrerer Vorgänge sofort und direkt auf den Endtermin auswirkt.
>
> Die *freie Pufferzeit* sagt aus, um wie viel sich ein Vorgang innerhalb eines Weges zeitlich verschieben oder seine Dauer verlängert werden kann, ohne den Endtermin nachfolgender Vorgänge zu beeinflussen.

Kritischer Weg bei festgelegtem Endtermin

Wenn für das Ende eines Projektes ein fest vorgegebener Endtermin besteht, dann kann es zu einer Terminüberschreitung kommen, die dazu führt, dass die Differenz zwischen spätesten und frühesten Terminen kleiner null wird, also negativ. Der kritische Weg wird jetzt differenziert, und alle Vorgänge, deren Pufferzeit kleiner null ist, liegen auf einem oder mehreren kritischen Wegen.

Diese kritischen Wege lassen sich *aufsteigend sortieren* und zeigen damit ihren Verlauf durch den Terminplan, wie das in den nachfolgenden Beispielen sichtbar wird.

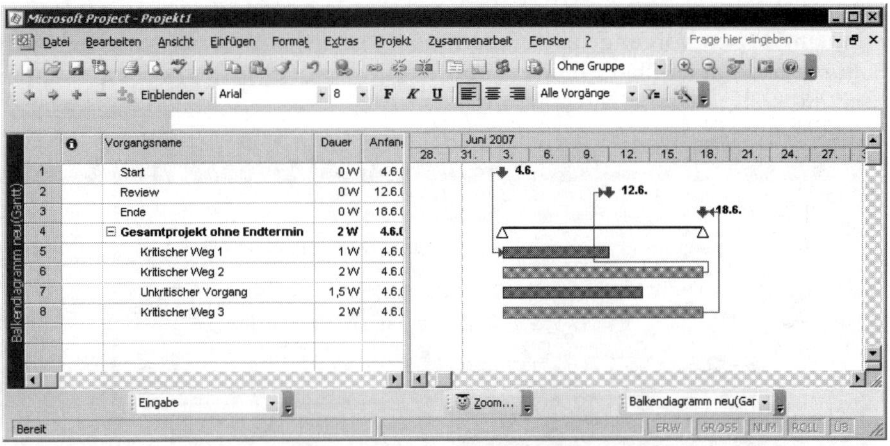

Abbildung 8.17: Kritische und unkritische Wege, einfachste Version

Bei geeigneter Formatierung im Dialog der *Balkenarten* erscheint der kritische Weg in diesem Diagramm als gefärbter Balken. Die Vorgänge Nr. 6 und Nr. 8 haben die gleiche Dauer und den gleichen Starttermin, demzufolge sind beide *kritisch*. Die Vorgänge Nr. 5 und Nr. 7 haben beide eine deutlich kürzere Dauer, sind deshalb *nicht kritisch* und werden als dunkelgraue Balken angezeigt.

Wenn ein Endtermin (*Soll-Vorgabe und Empfehlung)* eingetragen ist und alle Vorgänge in dem Plan vor diesem Solltermin fertig werden, dann sind alle *unkritisch*, haben aber verschiedene *Pufferzeiten*.

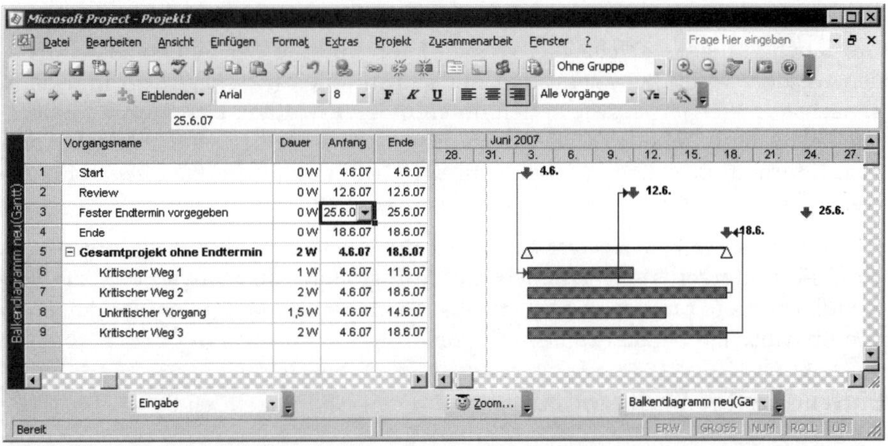

Abbildung 8.18: Alle Vorgänge sind unkritisch, weil der Endtermin 25.6.07 unterschritten wird.

Nach Verknüpfung der bis dahin noch unkritischen Vorgänge entsteht ein Terminplan, dessen Vorgänge eine Gesamtdauer erreichen, die den vorgegebenen Solltermin deutlich überschreiten, und damit wird der kritische Weg automatisch mit hellgrauen Balken markiert.

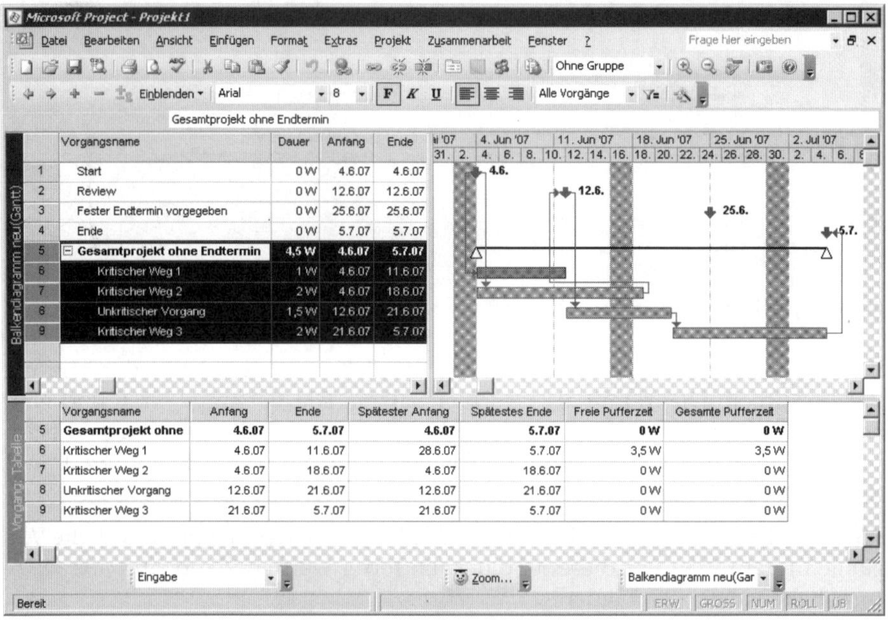

Abbildung 8.19: Kritische-Weg-Analyse mit Tabelle

Die Tabelle in einer *Kombinationsansicht* kann mithilfe der Symbolleisten geladen werden, wenn Sie zuerst den Bildschirm teilen (*Fenster/Teilen*) und dann zunächst die *Vorgangstabelle* in den unteren Bereich laden. Dann muss im unteren Teil noch die Tabelle für die *berechneten Termine* geladen werden. Sie bekommen Informationen über die berechneten Termine und die *Pufferzeiten* für die markierten Vorgänge.

Für die *Kritischer-Weg-Analyse* ist primär nur die *Gesamte Pufferzeit* interessant, die freie Pufferzeit stellt lediglich die verfügbaren Alternativen dar, die verwendbar wären, um den kritischen Weg durch Verschiebung von Vorgängen in den unkritischen Bereich zu beeinflussen.

Eintrag fester Endtermine

Mit einem rechten Mausklick auf den Meilenstein *Ende* erreichen Sie die *Informationen zum Vorgang*, wo in der Registerkarte *Spezial* der Termin (25.6.2007) und die *Einschränkungsart* für das Ende mit *Ende nicht später als* eingetragen werden.

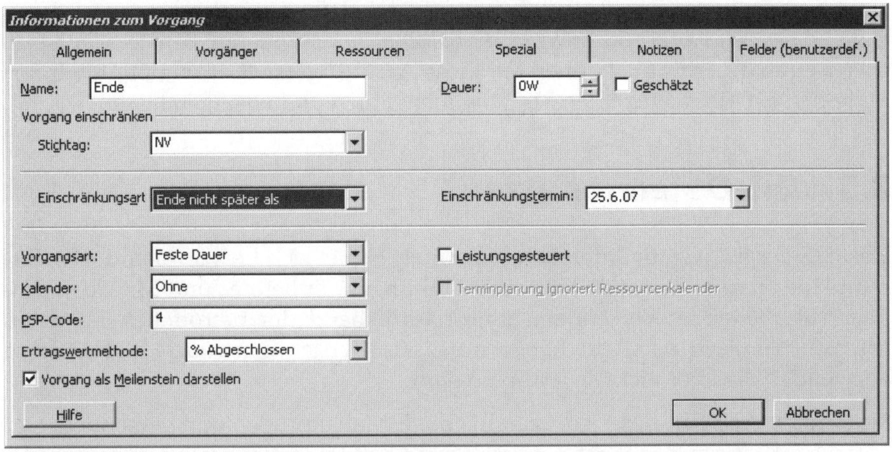

Abbildung 8.20: Eingabe eines festen Endtermins in den Informationen zum Vorgang

Jetzt ändert sich der kritische Weg auf eine negative Pufferzeit von –1,5 Wochen für alle Vorgänge, die auf diesem kritischen Weg liegen. Die Pufferzeit für den frei stehenden Vorgang Nr.3 ist hier nicht relevant, weil dieser *Vorgang isoliert* (ohne Vorgänger und ohne Nachfolger) im Plan steht.

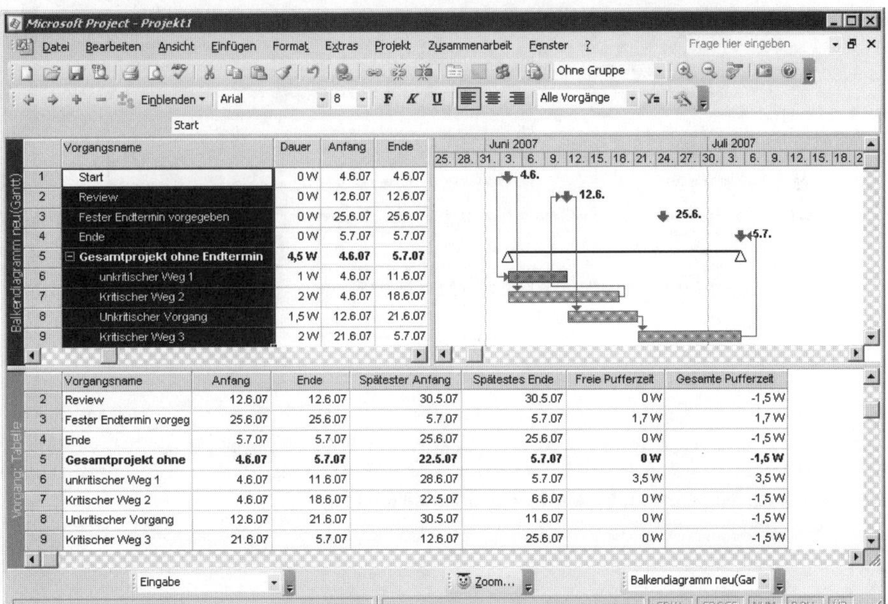

Abbildung 8.21: Anzeige kritischer Weg und Pufferzeiten ausgewählter Vorgänge

Um die *Tabelle der berechneten Termine* zu erhalten, sind die *Vorgänge*, deren Daten angezeigt werden sollen, im *Balkenplan* des oberen Fensters entsprechend zu markieren. Sie können auf diese Art auch gezielt die benötigten Informationen für einen einzelnen Vorgang auswählen und anzeigen lassen.

8.5 GIF-Dateien nutzen

Das *GIF-Format* (Grafic Interchange Format) eignet sich hervorragend, um Terminpläne an mitarbeitende Firmen, Abteilungen, Zulieferer und Mitarbeiterinnen/Mitarbeiter zu versenden, ohne dass jemand der betroffenen Personen Microsoft Project installiert haben muss. Es werden gern auch PDF-Dateien verwendet, die aber nicht so kompakt sind.

Sie können eine *GIF-Datei* jederzeit in eine E-Mail einfügen und versenden. Der Platzbedarf ist äußerst gering, und die Qualität reicht völlig aus, um die gewünschten Informationen lesen und verstehen zu können.

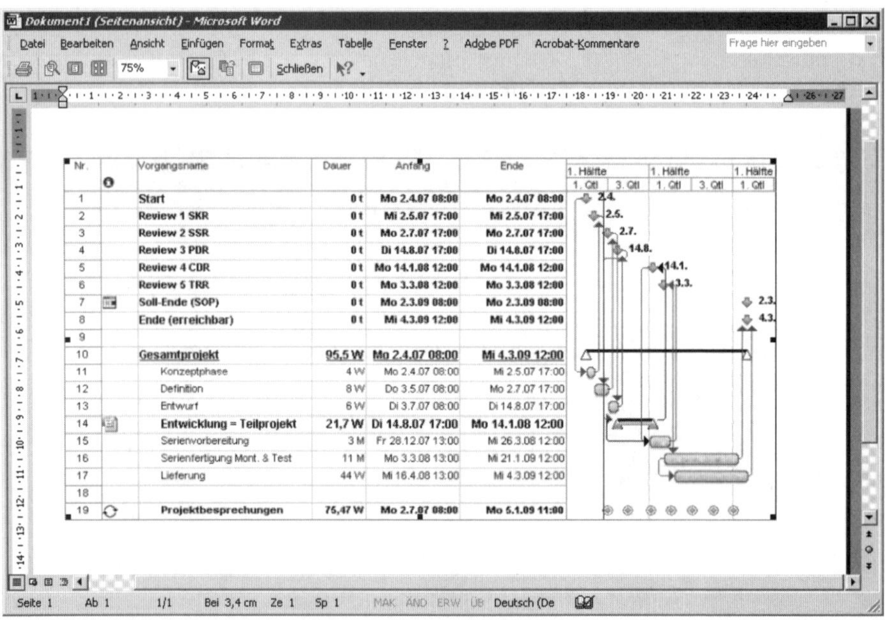

Abbildung 8.22: Eingefügte GIF-Datei in einem Textdokument

Erstellen einer GIF-Datei

Um eine GIF-Datei des aktuell angezeigten Plans zu erstellen, klicken Sie auf das Symbol *Bild kopieren* in der Standard-Symbolleiste. Es öffnet sich der gleichnamige Dialog, in dem Sie den Speicherort der GIF-Datei bestimmen und eine Auswahl treffen können, welche Zeilen gerendert und als Bild gespeichert werden sollen. Wenn die ausgewählten Vorgänge gerendert sind, kann die Datei in ein Textdokument oder direkt in eine E-Mail-Nachricht eingefügt werden.

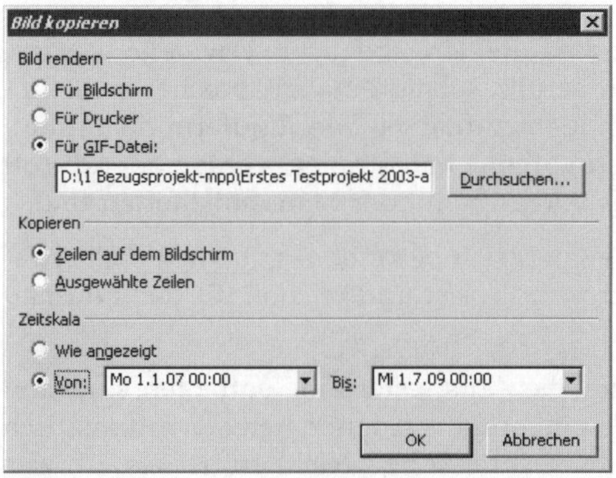

Abbildung 8.23: Der Dialog, um aus einem Plan eine *.gif-Datei zu erzeugen

8.6 Externe Datenerfassung

In vielen Firmen werden Daten, die auch für die Planungsarbeit benötigt werden, in Anwendungen wie Excel oder Access erstellt und abgelegt. Ein typisches Beispiel wäre hier die Personaldatei mit den vielen Informationen, die auch für den Aufbau eines Ressourcenpools wichtig sind.

Externe Datenerfassung und der Import dieser Daten sind grundsätzlich für die Arbeit mit Microsoft Project unter Verwendung von Microsoft-Anwendungen wie Excel, Word und Access möglich. Außerdem ist auch der Import von Dateien möglich, die mit anderen Anwendungsprogrammen erstellt wurden, wie zum Beispiel SAP. Hierzu finden Sie bei Bedarf unter *http://www.TheProject-Group.com* weitere, ausführliche Informationen.

8.6.1 Daten aus Textdokumenten

Wenn Daten für die Erstellung von Terminplänen in einem Textdokument, wie zum Beispiel in einem Arbeitspaket und seiner Beschreibung, erfasst werden sollen, sind einige Bedingungen zu beachten.

In dem Textdokument ist eine mindestens zweispaltige Tabelle einzufügen, in die der Reihe nach dieselben Daten einzutragen sind, wie sie durch Verknüpfung mit der Eingabetabelle von Microsoft Project genutzt werden sollen.

Die Spalten der Standard-Eingabetabelle von Microsoft-Project haben folgende Reihenfolge:

Indikator	Name	Dauer	Anfang	Ende	Vorgänger	Ressourcen

Die Spalte der Indikatoren kann für die Dateneingabe nicht verwendet werden, sie wird automatisch mit Symbolen gefüllt, sobald eine entsprechende Bedingung vorliegt. Dazu zählen unter anderem Anfangs- oder Endtermine mit Einschränkungen, die manuell für einen Vorgang eingetragen werden oder die oft unbewusst, durch Verschieben eines Vorgangs mit der Maus entstanden sind.

Die Spalten für Name und Dauer eignen sich besonders gut für die Übertragung von Vorgangsdaten nach Microsoft Project und reichen für den Normalfall aus.

> **Achtung** Wenn in der Datenquelle Anfangstermine enthalten sind und dynamisch in die Eingabetabelle eingefügt werden, entstehen automatisch Einschränkungstermine mit der Einschränkung „Nicht früher als…", was zu Problemen bei der Berechnung der kritischen Wege führen kann. Es ist deshalb besser, keine Kalenderdaten zu übertragen.

Fortlaufende Dauer

Die Dauer eines Vorgangs kann in besonderen Fällen auch als fortlaufende Dauer eingetragen werden, wenn Microsoft Project diesen Vorgang als einen Rund-um-die-Uhr-Vorgang berechnen soll. Damit werden alle Kalender- und Arbeitszeitanpassungen für diesen Vorgang ignoriert, auch für die Wochenenden und Feiertage. Die Dateneingabe erfolgt dann im Format:

fmin für fortlaufende Minuten	**fh** für fortlaufende Stunden	**ft** für fortlaufende Tage
fw für fortlaufende Wochen	**fm** für fortlaufende Monate	Fortlaufende Jahre sind nicht zulässig

Eingabe der Vorgänger

Die Eingabe von Vorgängern zu einem Vorgang ist in den dafür vorgesehenen Spalten und Feldern nicht nur als Vorgangsnummer möglich, sondern auch als Klartext, der in der betreffenden Zelle mithilfe einer Drop-down-Liste aus einem Listenfeld der verfügbaren Namen ausgewählt werden kann. Diese Funktion sollten Sie aber vor der Anwendung kurz getestet haben.

8.6.2 Daten in Tabellen erfassen

Als alternative Anwendung für die Bereitstellung von Planungsdaten ist auch MS Excel sehr gut geeignet. Es gilt hier dasselbe wie das bereits weiter oben für Textdokumente Gesagte:

Entscheidend für die angestrebte Funktion ist die identische Reihenfolge der Spalten und ihrer Inhalte bei den Quelldaten und der verwendeten Eingabetabelle von Microsoft Project.

Excel hat aus meiner Sicht leichte Vorteile bei der Datensammlung, weil es von fast jedem als Universalanwendung eingesetzt wird. Man kann davon ausgehen, dass kaum jemand Probleme haben wird, die benötigten Daten zu erstellen und zu pflegen.

Etwas weniger geeignet ist Excel für die Statusberichterstellung mit dynamisch eingebetteten Terminplänen, hier liegt MS Word ganz eindeutig vorn.

Wenn Daten aus Excel oder Word dynamisch in die Eingabetabelle von Microsoft Project eingefügt werden sollen, ist bei der Markierung der Eingabetabelle zu beachten, dass in der ersten Spalte (Indikatoren) keine Einträge möglich sind. Sie können diese Spalte vor Übernahme von Daten einfach markieren und löschen, um das Problem einer falsch markierten Zelle zu vermeiden. Das hat aber zur Folge, dass die Tabelle bleibende Änderungen behält und später zurückgesetzt werden muss.

Die bessere Methode ist, in Microsoft Project eine spezielle Tabelle für den Empfang verknüpfter Daten zu erstellen und diese dann für eine weitere Verwendung durch Organisieren zu sichern.

8.6.3 Zusammenfassung

Wenn Daten aus Textdokumenten oder aus Excel übernommen werden sollen, dann müssen die Spalteninhalte der Quelldokumente und der Eingabetabelle von Microsoft Project absolut identisch angeordnet werden. Gegebenenfalls ist dafür in Microsoft Project eine spezielle Tabelle zu erstellen, wie das bereits weiter vorn unter Anpassung von Tabellen beschrieben wurde.

8.7 Hammocks

Mithilfe von *Hammock-Tasks* („Hammock" bedeutet „Hängematte" – und ist ein Begriff, der aus der *Critical-Path-Methode* stammt) lassen sich Vorgänge schaffen, deren Dauer sich aus den Anfangs- und Endterminen anderer, darunter liegender Vorgänge errechnet. Der Anfangs- und Endtermin eines Hammock-Tasks wird somit nicht von der eigenen Dauer, sondern von der Dauer anderer Vorgänge gesteuert.

Um einen Hammock-Task zu erzeugen, erstellt man zunächst einen entsprechend benannten Vorgang (z.B. den Vorgang *Projektleitung*). Aus einem darunter liegenden Vorgang (z.B. aus dem Start-Meilenstein) kopiert man dann die Zelle mit dem Anfangstermin (*Bearbeiten/Kopieren (Zelle))* und fügt deren Inhalt als Verknüpfung in die Zelle *Anfang* des eben erstellten Vorgangs ein (*Bearbeiten/Inhalte einfügen*, Option: *Verknüpfung einfügen*). Anschließend kopiert man auf gleiche Weise den Endtermin eines anderen, darunter liegenden Vorgangs (z.B. aus dem Ende-Meilenstein) in die Zelle *Ende* des Hammock-Tasks.

Damit wird erreicht, dass sich die Dauer eines Hammocks automatisch der gesamten Projektlaufzeit anpasst und die Aufwände und Kosten der zugeordneten Ressourcen entsprechend und auch richtig berechnet werden.

Hammock-Tasks zu nutzen bietet sich deshalb immer an, wenn es darum geht, übergeordnete Aufgaben und die zugeordneten Ressourcen zu erfassen, besonders weil die herkömmliche Methode, dafür einen eigenen Sammelvorgang zu verwenden, seit Microsoft Project 2007 nicht mehr möglich ist, zumindest wenn Sie das neue Dateiformat verwenden.

Sie können aber, falls Sie schon mit der Version 2007 arbeiten, weiterhin übergreifende, projektbegleitende Ressourcen (zum Beispiel die *Projektbegleitende QM*, die *Projektleitung* und *Systems Engineering*) einem Sammelvorgang zuordnen. Dann dürfen Sie allerdings den Plan nicht im neuen Dateiformat speichern, weil dieses Vorgehen mit Project 2007 so eigentlich nicht mehr verwendet werden soll.

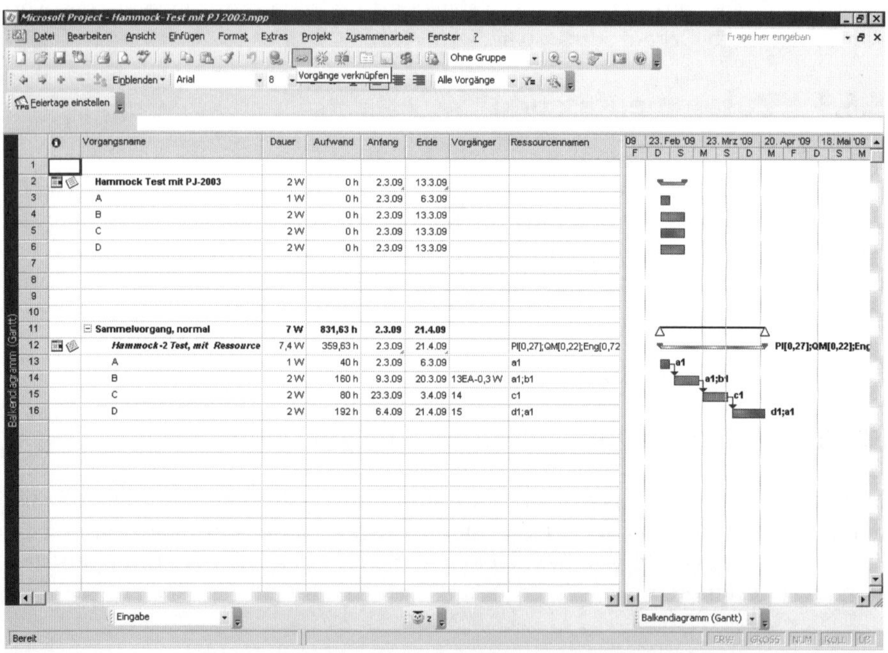

Abbildung 8.24: Arbeiten mit Hammocks bei übergeordneten Verwaltungsaufgaben

Der hier abgebildete Plan zeigt beispielhaft, wie mit Hammocks gearbeitet werden kann und wie dann das Ergebnis dargestellt wird. Die Formatierung des Balkens für den Hammock wurde leicht angepasst, um sich von den normalen Terminbalken deutlich zu unterscheiden.

Was auch deutlich wird, ist, dass keine Summenbildung wie bei Verwendung von Sammelvorgängen erfolgt, sondern nur die Berechnung der gesamten Dauer für die unter dem Hammock liegenden Vorgänge. Die Aufwände und die Kosten werden dann unter Verwendung der Dauer, des Kalenders und der zugeordneten Ressourcen berechnet. Interessant ist in diesem Beispiel, dass die Dauer mit 7,4 Wochen nicht der Summe der Dauer der vier Einzelvorgänge A bis D entspricht.

8.8 Engpässe finden und vermeiden

In vielen Firmen gibt es oft Probleme durch Engpässe, die sich aus einem fast zeitgleichen Ablauf mehrerer Projekte durch gemeinsam benötigte, aber nicht ausreichend verfügbare Ressourcen ergeben. Die Ressourcenplanung allein reicht meist nicht aus, um das Problem zu erkennen, und meist gar nicht, um es zu beseitigen. Sehr oft wird versucht, durch Änderung der Ressourcenzuordnung bei einzelnen Plänen die Lösung zu finden, aber es fehlt die Übersicht der sich gegenseitig behindernden Abläufe.

Wenn aber sichtbar gemacht werden kann, wo die Ursache wirklich liegt und wie die Abläufe im Einzelnen liegen, dann bietet sich ein besserer Lösungsweg an.

Prozedur für die Planoptimierung

An dem nachfolgenden Beispiel können Sie sehen, wie vorzugehen ist, wenn Abläufe zeitlich optimiert werden sollen. Dafür werden drei kleine Pläne erstellt, deren Vorgänge zunächst nicht miteinander verknüpft sind. Die Pläne werden anschließend gespeichert, aber nicht geschlossen.

Dann wird mit *Fenster/Neues Fenster* ein Dialog geöffnet, in dem nur diese drei Pläne sichtbar sind.

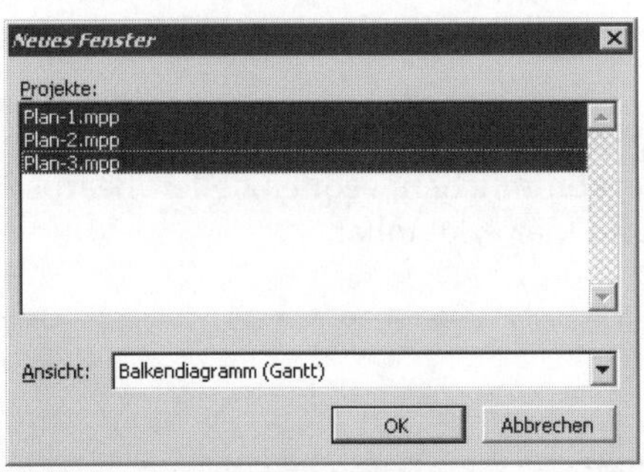

Abbildung 8.25: Auswahl neues Fenster mit drei zu öffnenden Plänen

Nach Auswahl der benötigten Ansicht und Bestätigung mit OK öffnet sich ein neues Projekt „MULTI-4.MPP", in dem die drei Projekte zusammen und parallel zueinander eingebettet sind.

Es wurde ganz bewusst keiner der Vorgänge in den Teilprojekten verknüpft, um die Funktion besser darstellen zu können und um keine Beeinflussung durch andere Vorgänge zuzulassen.

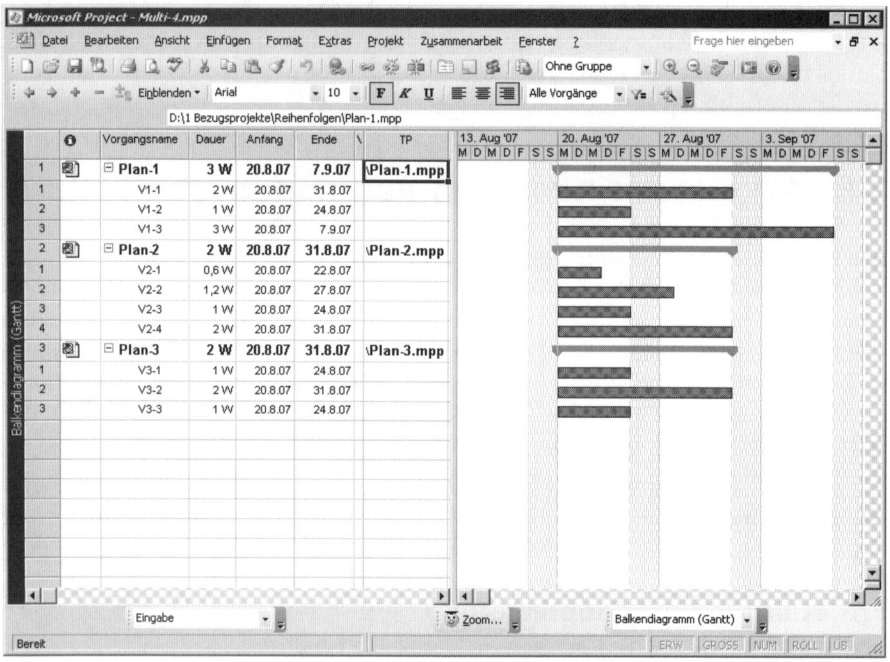

Abbildung 8.26: Drei in einem neuen Fenster geöffnete, unverknüpfte Pläne

Im nächsten Schritt werden zwischen den Vorgängen der drei Einzelpläne die Verknüpfungen so eingefügt, dass bestimmte Randbedingungen (siehe Bedingungen zur Optimierung weiter unten in diesem Abschnitt) eingehalten werden. Es wird hier durch entsprechende, mit der Maus gezogene Verknüpfungen erreicht, dass diese festgelegten Bedingungen eingehalten werden und der errechnete Endtermin sich aus dem gewählten, optimalen Ablauf in den Einzelplänen ergibt.

Dass der Zeitbedarf des neuen Gesamtplans durch Optimierung der Abläufe wesentlich kürzer wurde als bei einer herkömmlichen, sequenziellen Bearbeitung der Einzelpläne, ist jetzt eindeutig und klar erkennbar.

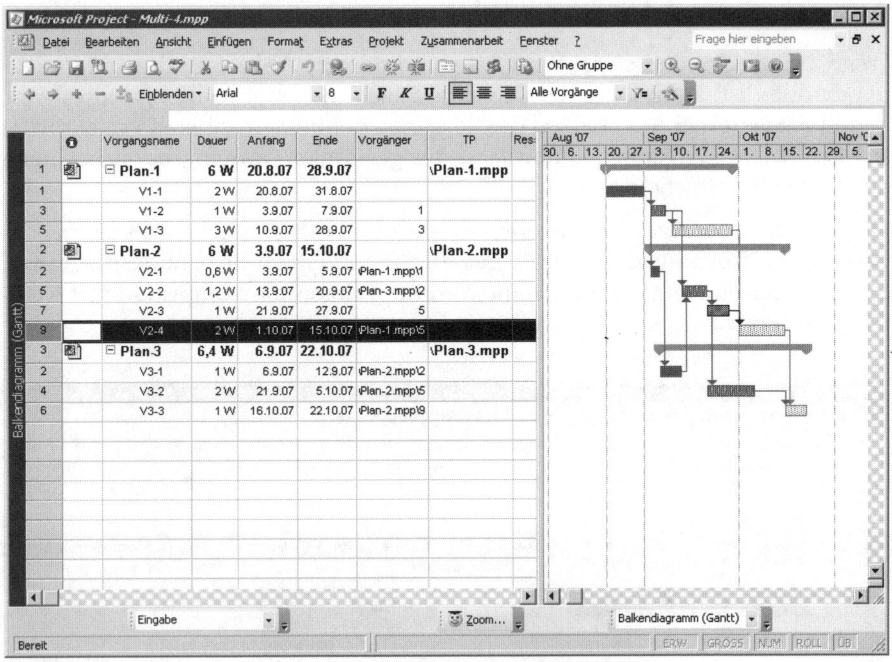

Abbildung 8.27: Optimierter Ablauf von drei parallel laufenden Projekten

Bedingungen für die Optimierung der Abläufe

Bei diesem Projekt sind folgende Bedingungen einzuhalten:

- Für den Endtermin ist das früheste erreichbare Datum zu ermitteln.
- Projekt-1 kann normal ablaufen, es gibt keine Beschränkungen.
- Die jeweils ersten Vorgänge von Projekt-2 und Projekt-3 können nur nacheinander bearbeitet werden (Problem Fachpersonal).
- Der zweite Vorgang von Projekt-2 kann beginnen, sobald Vorgang 2 aus Projekt-1 und Vorgang 1 aus Projekt-3 beendet sind (Problem Maschine).
- Vorgang 2 von Projekt-3 kann erst beginnen, nachdem Vorgang 2 aus Projekt-2 beendet ist (Problem Werkzeug).
- Die jeweils letzten Vorgänge können nur nacheinander ablaufen, aber:
- Der dritte Vorgang von Projekt-2 muss beendet sein, bevor der letzte Vorgang beginnen kann.

Auswirkung auf den Projektplan

Wenn auf die oben beschriebene Weise der optimale Ablauf für die drei Projekte gefunden ist, kann jedes der Projekte einzeln geöffnet werden, und es werden in Form von grauen Balken die Vorgänge der beiden anderen Projektpläne sichtbar. Diese Vorgänge sind anhand der gewählten Vorgangsbezeichnungen deutlich zu unterscheiden.

Die *Abbildung 8.29* zeigt im oberen Fenster die herkömmliche Darstellung als Balkenplan. Der untere Teil des Fensters zeigt in einem Beziehungsdiagramm den markierten Vorgang und seine Verknüpfungen als komprimierten Netzplanausschnitt.

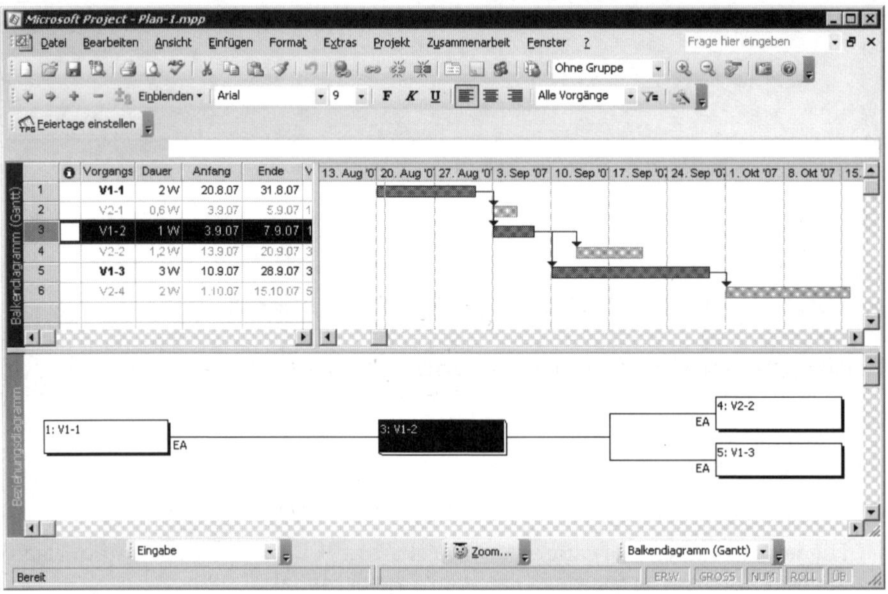

Abbildung 8.28: Der Terminplan mit den externen, grauen Vorgängen

Mehrere Pläne auf einem Bildschirm

Und noch eine Variante, die erreichte Planung zu begutachten und zu bewerten, bietet die Anordnung mehrerer Pläne gemeinsam in einem Fenster.

Sie erreichen diese Darstellung, wenn alle gewünschten Pläne geöffnet sind, indem Sie dann unter *Fenster/Alles anordnen* diese Pläne gemeinsam auf den Bildschirm holen.

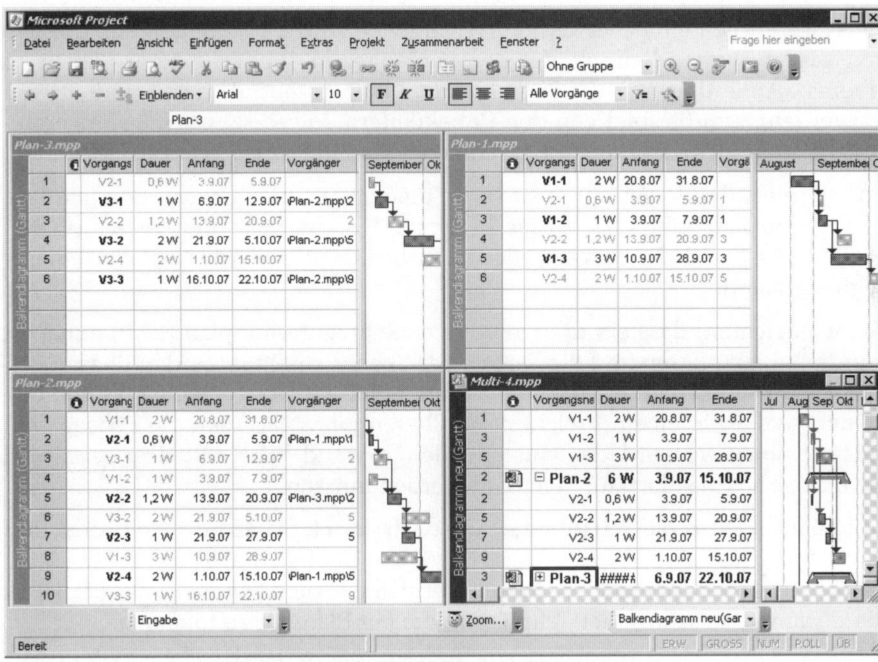

Abbildung 8.29: Anordnung der insgesamt vier Pläne in einem Fenster

Jetzt kann jeder geladene Plan vergrößert und bearbeitet werden. Sobald Sie ihn wieder in die Ausgangsgröße zurücksetzen, können Sie die Auswirkungen in den anderen Plänen sehen. Die grauen Balken stellen die externen Vorgänge der anderen Pläne dar. Mit einem Doppelklick auf einen als inaktiv markierten Vorgang können Sie zu dem jeweiligen Teilplan springen, um dort die Einflüsse der anderen Planungen zu sehen.

8.9 Das Prinzip der modularen Planung

Mit größeren Projekten umzugehen ist nicht immer einfach, weil sehr schnell zu viele Vorgänge entstehen, die nicht mehr zu überschauen sind. Deshalb heißt es in so einem Fall ganz eindeutig: weg von den großen Plänen mit mehreren Hundert oder Tausend Vorgängen und hin zu den kleinen, leicht überschaubaren Plänen mit nicht wesentlich mehr Vorgängen, als auf ein bis zwei DIN-A4-Seiten unterzubringen sind.

Es ist wesentlich einfacher und auch schneller, solche Planungen aufzustellen und sie zu überwachen, als mit den bemängelten, viel zu großen Plänen zu arbeiten. Außerdem können diese kleinen Pläne dezentral erstellt und verwaltet werden; zum Beispiel von den Projektleitern oder den Arbeitspaketverantwortlichen in den Projekten oder in den beteiligten Firmen.

Das anzuwendende Verfahren ist verhältnismäßig einfach, wenn es einen Projektstrukturplan gibt und dieser in erster Instanz nach den Projektphasen gegliedert ist und die Phasen wiederum in klar differenzierte PSP-Elemente gegliedert sind.

Es bietet sich an, dass ein übergeordneter Rahmenterminplan (RTP) zunächst nur die Projektphasen und die Details der Ebenen direkt unter den Phasen enthält. Es entstehen dadurch die sogenannten Phasenpläne, maximal bis zu neun Pläne, wenn es in einem Projekt neun Phasen gibt. Nachdem die Phasen zeitversetzt ablaufen, wird der entstehende Aufwand relativ niedrig sein, weil nicht alle Phasen sofort durchgeplant werden müssen.

Wenn Sie an Bauprojekten arbeiten, die nach der HOAI abzuwickeln sind, gibt es oft mehr als zehn Phasen. Dieses Problem lässt sich aber durch überlegte Zusammenfassung einzelner Phasen vermeiden; denkbar wäre zum Beispiel die Zusammenfassung aller Teilphasen, die mit Planung zu tun haben.

Wenn es sich um IT-Projekte handelt, dann liegen oft die Phasen der V-Modelle oder ähnlicher Standards zugrunde, und es gibt auch hier wieder dieselbe Grundstruktur für Ihre Pläne.

Wird dieses Prinzip der Gliederung Ihrer Pläne nach PSP konsequent weiterverfolgt, erhalten Sie zum Schluss hierarchisch gegliederte, detaillierte Planungen aller Teilprojekte oder Arbeitspakete des gesamten Projekts, die in einem eigenen Verzeichnis gespeichert werden können.

Bestehen zwischen den Detailplanungen Querverbindungen und Verknüpfungen, so lässt sich das mithilfe von klar definierten Schnittstellen und dazugehörenden Meilensteinen bewältigen. Es hat sich sehr bewährt, diese Meilensteine in den Plänen so zu platzieren, dass ihre Funktion (Input oder Output) aufgrund ihrer Lage eindeutig ersichtlich ist.

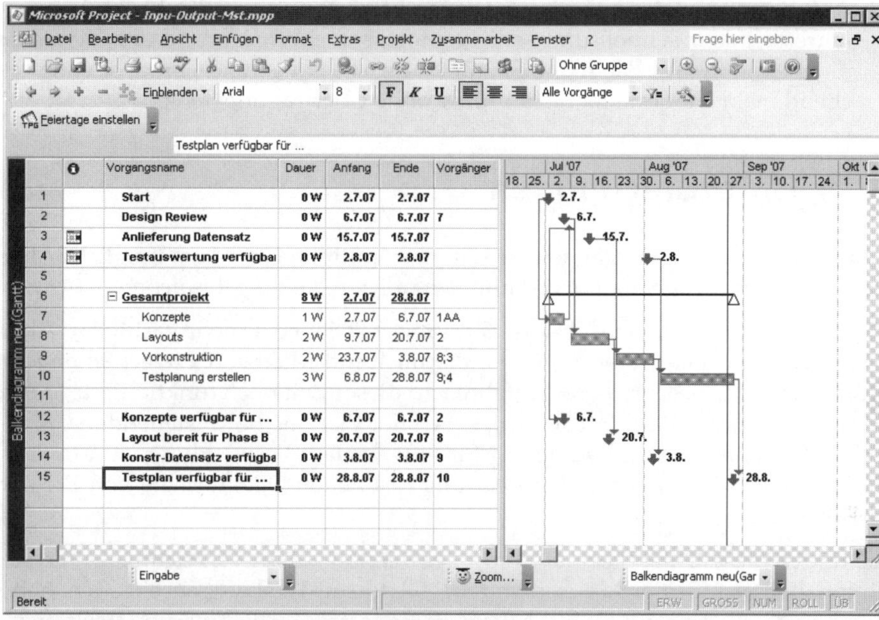

Abbildung 8.30: Input-Output-Darstellung in Detailplänen

Eingangsinformationen als Inputs zu einem Plan werden immer in den obersten Zeilen eingetragen.

Ergebnisse als Output aus einem Plan werden in den untersten Zeilen eingetragen.

In beiden Fällen muss darauf geachtet werden, dass eindeutig beschrieben wird, welches Ergebnis vorliegt und wo (Firma, Plan, Vorgang etc.) dieses als Input oder Output weitergeführt wird.

Die Verknüpfungen zwischen Teilplänen, die wie oben beschrieben über ihre Meilensteine hergestellt werden, können auf mehrere Arten erzeugt werden:

- Durch manuelle Übertragung der Endtermine von ausgehenden Informationen in die Zelle des Anfangstermins des betreffenden Meilensteins im verknüpften Plan
- Durch teilweise manuelle Übertragung der Termine mithilfe von Kopien über die Zwischenablage und anschließendes Einfügen der Termindaten aus der Zwischenablage in die entsprechenden Zellen des anderen Planes
- Durch dynamische Verknüpfung derselben Termindaten, was zu automatischer Aktualisierung aller zusammenhängenden Planungen führt, aber nicht ungefährlich ist.

Achtung Es ist zu überlegen, ob Sie Letzteres nutzen möchten. Das Verfahren ist sehr schnell und sehr komfortabel, aber aufgrund der Dynamik nicht ohne Risiko. Die manuelle Methode ist aufwendiger, braucht entsprechend mehr Zeit und ist nicht immer ohne Übertragungsfehler.

8.10 Unterbrechungen

Unterbrechung von Vorgängen ist seit jeher mithilfe der Maus möglich. Aber das Verfahren ist ungenau und damit eigentlich nicht zu gebrauchen.

Der viel bessere, genauere Weg ist seit Project 2000 nicht mehr verfügbar. Aber wenn Sie über eine Datei verfügen, die noch mit Microsoft Project 98 erstellt wurde, weil das beschriebene Verfahren zu dieser Zeit noch funktionierte, dann können Sie auch mit Project 2007 diese Art der Planung bei anstehenden Unterbrechungen anwenden. Bedingung für eine weitere Verwendung ist nur, dass Sie die Datei niemals unter Verwendung des neuen Dateiformats von Projekt 2007 speichern.

Sie finden diese Datei (Format *.mpp der Version 98) im Verzeichnis Unterbrechung bei den Beispieldateien auf der Addison-Wesley-Webseite. Ich habe mehrere Tests gemacht, ob mit Microsoft Project 2007 die Funktion noch nutzbar ist, und das Ergebnis ist positiv!

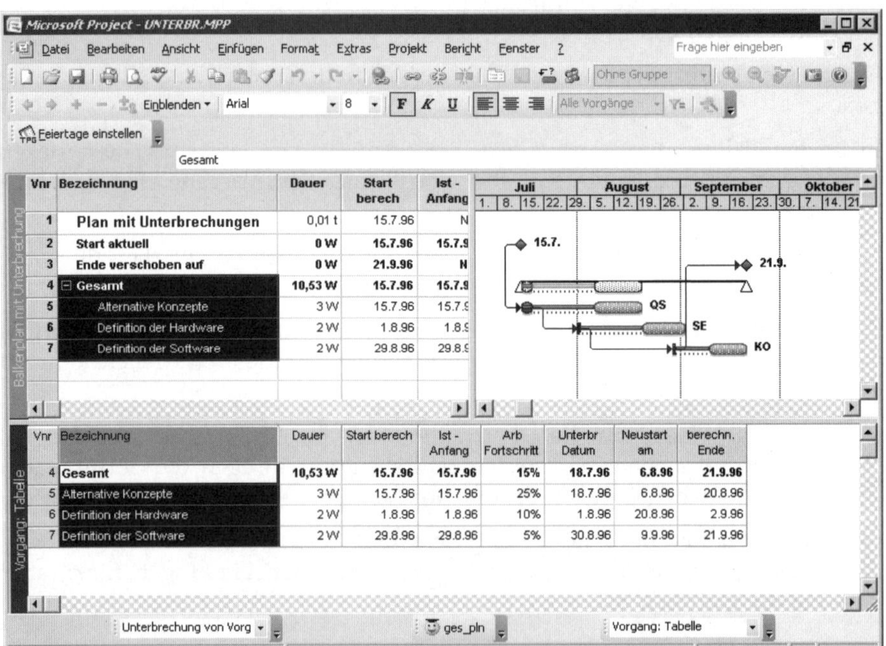

Abbildung 8.31: Unterbrechungen korrekt einstellen … Wie?

Weitere Anpassungen sind noch erforderlich bei den Tabellen und den Balkenarten, die auf den folgenden Seiten im Detail beschrieben werden oder wo anhand der Abbildungen zu ersehen ist, was im Einzelnen, auch bei Project 2007, zu tun ist.

Erstellen einer neuen Tabelle zur Bearbeitung von Unterbrechungen

Es sind die erforderlichen Felder in einer neuen Tabelle anzulegen damit eine entsprechende Dateneingabe zur Definition von Unterbrechung und Wiederaufnahme möglich wird.

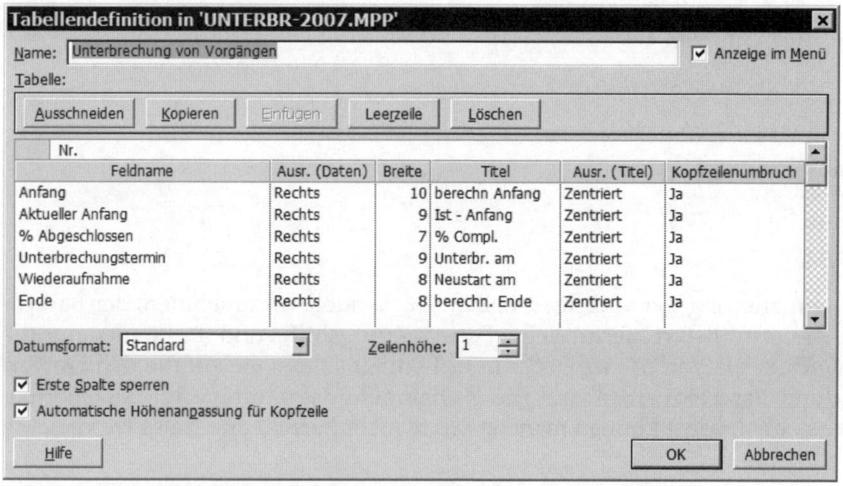

Abbildung 8.32: Tabelle Unterbrechung neu erstellen (Test mit PJ 2007)

Benötigte Felder für die Darstellung von Unterbrechungen:

- Anfang, berechnet oder manueller Eintrag
- Aktueller Anfang, Vorgang muss bereits begonnen haben
- % abgeschlossen, Vorgang muss einen Arbeitsfortschritt ausweisen
- Unterbrechungstermin, wann wurde gestoppt, als manueller Eintrag
- Wiederaufnahme, wann wurde weitergearbeitet, als manueller Eintrag
- Ende berechneter Termin aus der aktuellen Planung

Anpassung der Balkenarten zur Anzeige von Unterbrechungen

Wie üblich, werden die erforderlichen Einstellungen im Menü *Balkenarten* vorgenommen.

Es müssen hier dieselben Felder und Feldnamen verfügbar sein, die auch in der Tabelle verwendet werden, um die entsprechenden Balken auch wirklich darstellen zu können.

Wichtig ist, dass die aufgeführten Positionen verfügbar sind und mit einem passenden Format versehen werden.

- Name
- Anfang
- % abgeschlossen
- Unterbrechungstermin
- Fortgeschritten – bis
- Wiederaufnahme
- aktueller Anfang
- Ende

Die Formatierung der einzelnen Balken ist manuell vorzunehmen, der Balkenplan-Assistent liefert hierfür keine Formatierungshilfe, und Sie können nur die Musterdatei als Vorlage verwenden. Unbedingt sollten Sie auf die richtige Verwendung der Feldnamen und die Reihenfolge der Einträge im Balkenarten-Editor achten, sonst können manche Werte nicht korrekt angezeigt werden.

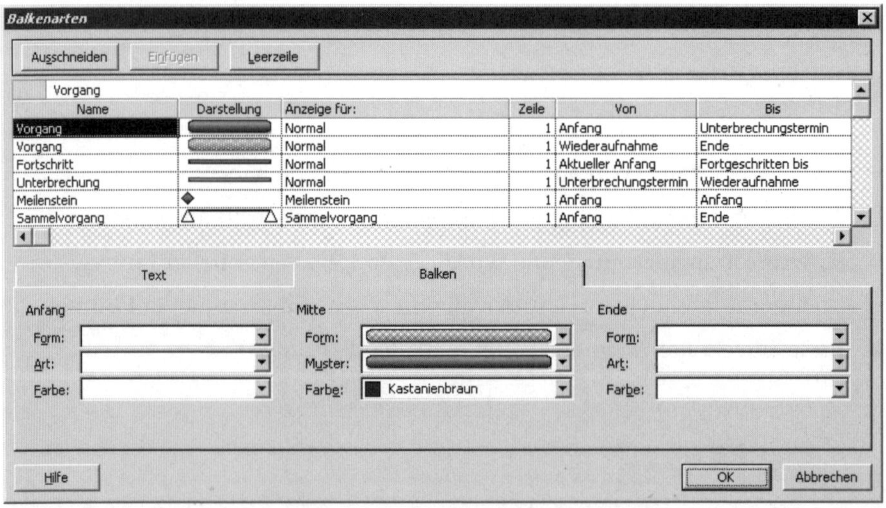

Abbildung 8.33: Balkenarten formatieren für Unterbrechungstermine, Teil 1

Achtung Besonders aufpassen müssen Sie auf die Reihenfolge der Einträge von der ersten Zeile bis zu dem Eintrag der externen Vorgänge. Wenn diese Reihenfolge nicht eingehalten wird, kann es sein, dass die gewünschten Informationen nicht dargestellt werden können. Dann wird es allerdings ziemlich mühsam, den Fehler zu finden und zu korrigieren.

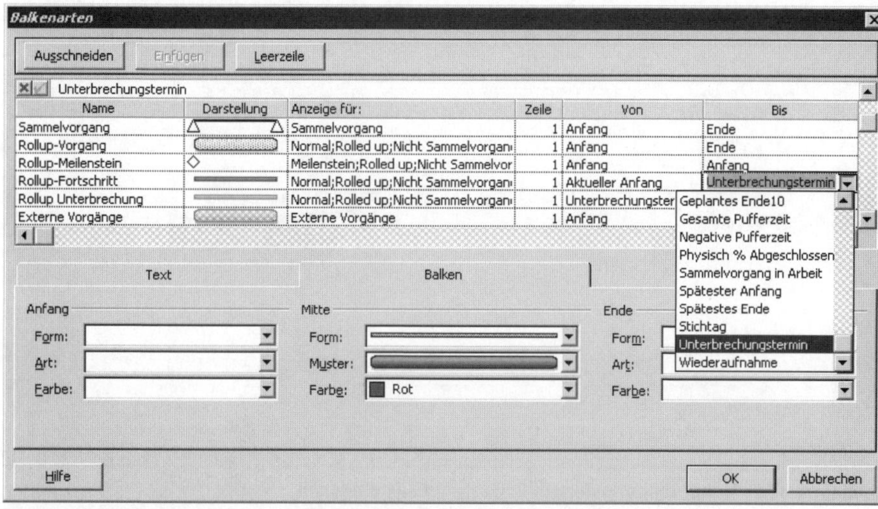

Abbildung 8.34: Balkenarten formatieren für Unterbrechungstermine, Teil 2

Wenn die Formatierungen der Balkenarten abgeschlossen und erprobt sind, sollten Sie daran denken, der jetzt aktiven Ansicht (Tabelle + Grafik) einen passenden Namen zu geben und sie für die weitere Verwendung durch Organisieren in die Vorlagendatei Global.mpt zu stellen.

Der Terminplan *UNTERBR.MPP* zeigt, dass der Test mit Project 2007 erfolgreich war, und liefert durch Anzeige der unterbrochenen Vorgänge auch den passenden Beweis (*Abbildung 8.35*).

Hinweis Zur Erinnerung:

- Der Vorgang muss begonnen haben (aktueller Anfang).
- Der Vorgang muss einen Arbeitsfortschritt gemacht haben (% complete).
- Der Neustart muss bekannt sein oder wird angenommen (Wiederaufnahme-Datum).

Viel Erfolg bei der Nutzung dieser sehr praktischen Möglichkeit, statt Vorgänge mit der Maus aufzutrennen jetzt präzise zu definieren, von wann bis wann die Unterbrechung stattfinden wird.

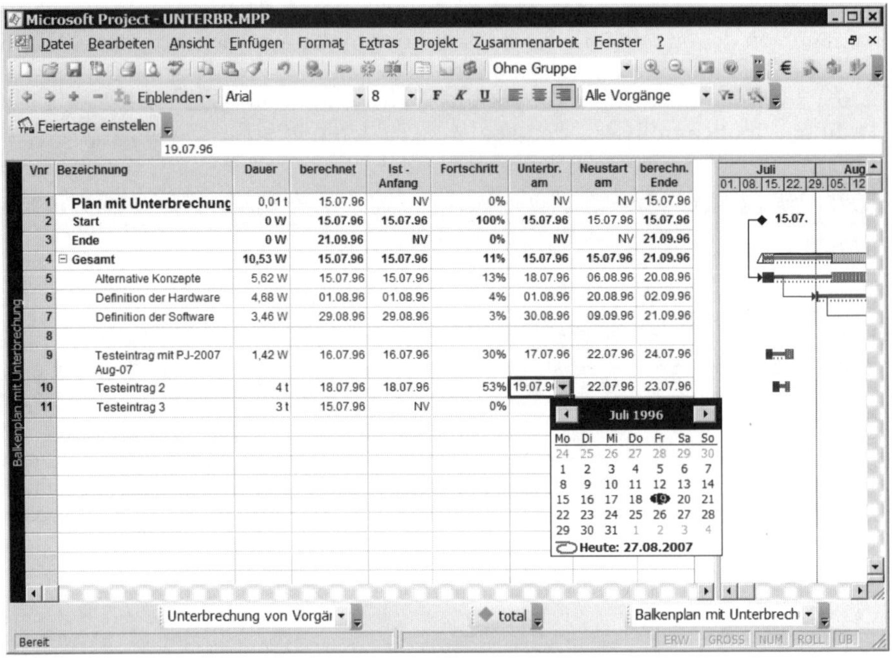

Abbildung 8.35: Unterbrechungstermin in der U-Tabelle eingeben

8.11 Sonderfall Schichtbetrieb

Es gibt immer wieder das Problem, dass die normale Tagesarbeitszeit für manches Projekt mit sehr hoher Priorität nicht ausreicht, um die anstehenden Aufgaben termingerecht abzuwickeln. Dann gibt es einen Ausweg: Das Projekt wird in einem Zwei-Schicht-Betrieb abgewickelt, vorausgesetzt, es sind genügend Ressourcen der benötigten Kategorien vorhanden.

Was ist zu tun?

- Der Projektkalender muss so eingestellt werden, dass die gesamte Zeitspanne beider Schichten abgebildet werden kann (in dem Beispiel von 7:00 bis 22:00).
- In den Optionen ist dann die Tagesarbeitszeit auf 15 (!) Stunden zu setzen.
- Die betroffenen Vorgänge sind von *fester Dauer* auf *feste Arbeit* und *Leistungssteuerung* umzustellen.
- Die Ressourcen für den Schichtbetrieb sind auszuwählen, und ihre Kalender sind entsprechend anzupassen.

Vor Beginn der endgültigen Planung ist ein Test oft hilfreich, um versteckte Fehler zu beseitigen, bevor das Projekt mit dem veränderten Ablauf startet.

Abbildung 8.36: Der Projektkalender mit verlängerter Tagesarbeitszeit

Der angepasste Projektkalender beginnt jetzt an allen markierten Werktagen um 7:00 h, endet um 22:00 und hat zwischen 14:30 und 15:00 eine halbe Stunde Pause für den Schichtwechsel. Damit wird die Tagesarbeitszeit auf insgesamt 15 Stunden eingestellt.

Als Nächstes werden die Einstellungen in der Registerkarte der Kalenderoptionen vorgenommen. Auch hier ist die Tagesarbeitszeit so einzustellen, dass der Beginn auf 7:00 h und das Ende auf 22:00 h gesetzt ist. Daraus ergeben sich 15 Stunden für die Tagesarbeitszeit und 5 x 15 = 75 Stunden für die Arbeitswoche; und das bedeutet, dass Ressourcen, für die kein Kalender angepasst wurde, mit einer Dauer von 15 Stunden pro Tag zugeordnet würden, was sicher nicht korrekt ist.

Die Einstellung von 20 Tagen pro Monat, also vier Wochen zu fünf Tagen, kann unverändert übernommen werden. Es macht wenig Sinn, hier einen anderen Wert zu verwenden (*Abbildung 8.37*).

Erst mit diesen Einstellungen wird es möglich, die Ressourcen so einzusetzen, dass zwei Schichten pro Tag erreichbar sind. Die Frühschicht geht von 7:00 h bis 15:00 h, die Spätschicht je nach Einstellung in den Tageszeiten von 15:00 h bis 22:00 h. Wenn Pausenzeiten berücksichtigt werden sollen, dann sind auch noch die entsprechenden Zeitpunkte einzutragen.

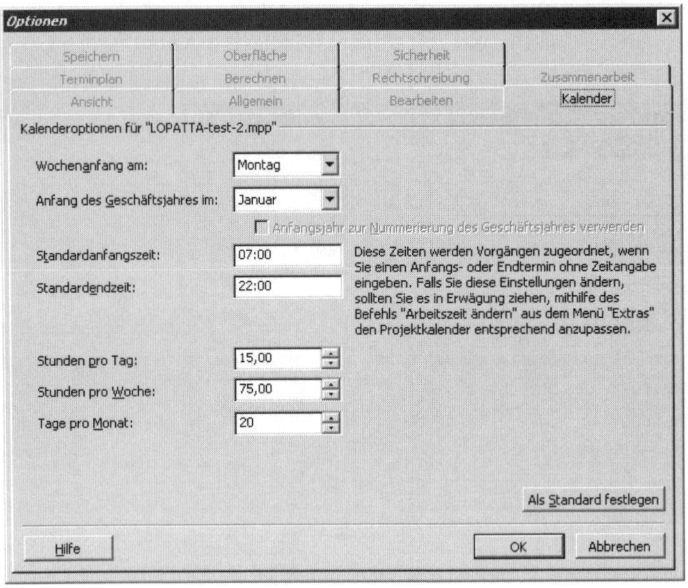

Abbildung 8.37: Einstellung von Tagesanfang, Tagesende, Tages- und Wochenstunden

Im nächsten Schritt sind alle Ressourcenkalender so anzupassen, dass die Arbeitszeit jeder für die Frühschicht vorgesehenen Ressource von 7:00 h bis 15:00 h geht. Analog dazu muss für jede Ressource der Spätschicht die Tagesarbeitszeit in den Kalendern auf 15:00 h bis 22:00 h eingestellt werden.

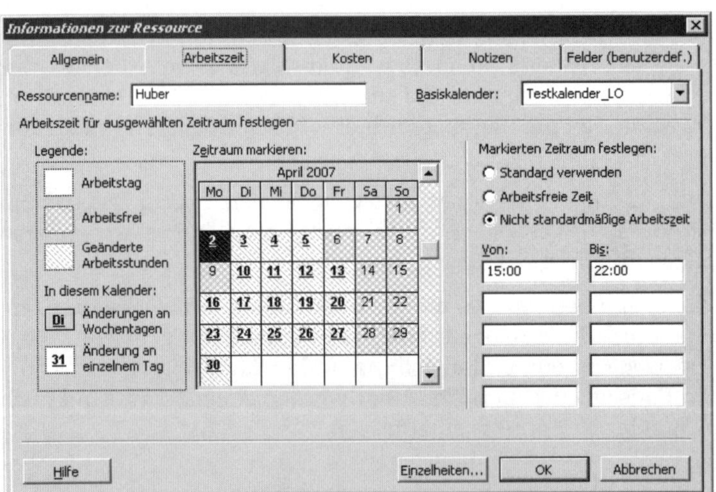

Abbildung 8.38: Spätschicht-Kalender für fiktive Ressource Huber

Wenn für alle betroffenen Ressourcen die nötigen Kalenderanpassungen abgeschlossen sind, kann zunächst mit einigen Tests begonnen werden, um sicherzustellen, dass die Planung das erwartete Ergebnis zeigt.

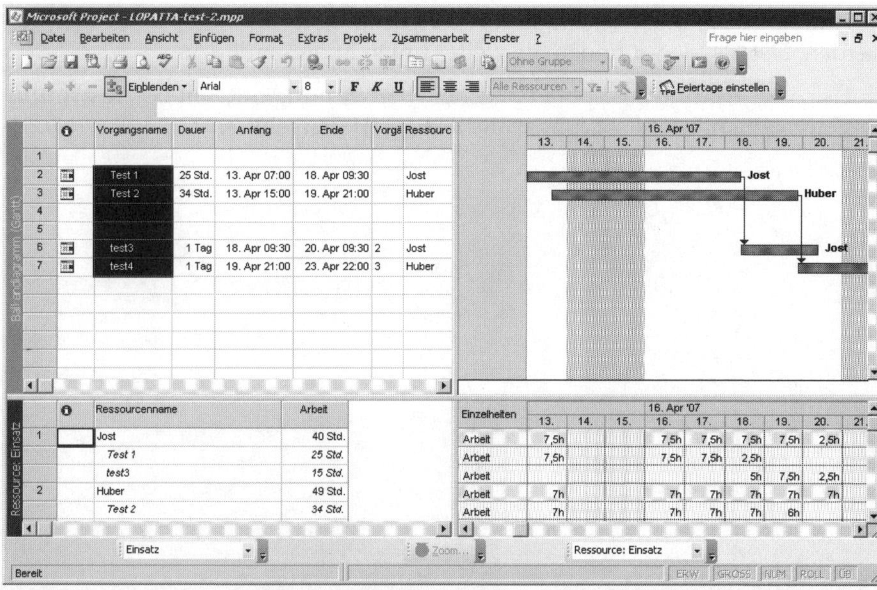

Abbildung 8.39: Testergebnis bei Zwei-Schicht-Betrieb und ressourcengesteuertem Arbeitsablauf

Wenn überprüft werden soll, ob der Zwei-Schicht-Betrieb richtig abgebildet wird, dann empfiehlt sich eine Darstellung in der Form, dass für die Dauer die Anzahl von Stunden und für die Termine eine Darstellung inklusive der Anfangs- und Endzeiten gewählt wird.

Zusätzlich kann in einer Split-Screen-Darstellung im unteren Bereich die Ansicht Ressource:Einsatz gewählt werden, anhand der die genaue Verteilung der anfallenden Stunden pro Zeiteinheit (Tage) jeder Ressource überprüfbar ist.

Erst wenn dieser Test erfolgreich gelaufen ist, sollten Sie beginnen, den Originalplan so anzupassen, dass der gewünschte Schichtbetrieb auch wirklich umgesetzt wird.

Noch eine Anmerkung:

Wenn zum Beispiel die Instandsetzung einer chemischen Anlage als Projekt zu bearbeiten ist, das rund um die Uhr abgewickelt werden muss, dann kann der bereits als Standard verfügbare 24-Stunden-Kalender verwendet werden. Die Arbeitszeiten der Ressourcen und die Termine der zu bearbeitenden Vorgänge werden wieder durch die Ressourcenkalender gesteuert. Die Art der Dauer ist einzustellen auf feste Einheiten oder feste Arbeit.

8.12 Basisplan speichern

Jeder Terminplan eines Projektes muss nach Abschluss aller Anpassungen und zu einem Zeitpunkt, wo Sie der Meinung sind, dass die Planung jetzt dem entspricht, wie das Projekt durchgeführt werden könnte, als Basisplan gespeichert werden. Details hierzu finden Sie weiter unten in diesem Buch.

Hinweis Ohne Basisplan ist keine Überwachung mit Soll-Ist-Auswertungen möglich, weil dafür sonst alle Bezugsgrößen fehlten.

9 Der Rahmenterminplan

Der Rahmenplan (RTP) gehört zu den wichtigsten Dokumenten bei der Planung und Steuerung von Projekten. Es ist deshalb besonders wichtig zu wissen, wie Rahmenterminpläne zu erstellen sind, sodass eine strukturierte und modulare Planung entsteht, durch die alle das Projekt betreffenden Meilensteine, Projektphasen, Teilprojekte und Pläne der Arbeitspakete in dem *Rahmenterminplan* hierarchisch gegliedert erfasst und angezeigt werden. Damit wird erreicht, dass jederzeit der aktuelle Gesamtstatus eines Projektes, aller Teilprojekte und Arbeitspakete erkennbar ist.

Um das zu erreichen, ist es außerordentlich wichtig, dass alle zusammengehörenden Pläne übersichtlich gestaltet werden und nicht zu viele Details enthalten. Es ist immer besser, wenn mehrere kleine Pläne erstellt und diese dann durch Einbettung in den Rahmenterminplan das Gesamtprojekt erfasst und angezeigt werden. Ein Beispiel für die hier empfohlene Gliederung finden Sie in *Abbildung 9.1*.

Der hier abgebildete Rahmenterminplan enthält die Phasen *Konzepte, Definition, Entwurf und Entwicklung* sowie die weiterführenden Phasen des Projektes. Das *Teilprojekt Entwurf und Entwicklung*, das als eigene Projektdatei besteht, wurde dann im Rahmenterminplan eingebettet, sodass alle Informationen dort erfasst und angezeigt werden können. Dieser Plan kann deshalb auch als Muster für Aufbau und Gliederung künftiger Projekte verwendet werden.

Die in *Zeile-5 bis Zeile-18* und in den *Zellen Vorgangsname* und *Dauer* sichtbaren, grauen Markierungen weisen auf eine bestehende Verknüpfung zu einer Textdatei hin. Mit einem Doppelklick in eine dieser markierten Zellen lässt sich die Textdatei öffnen und bearbeiten, wobei die Änderungen automatisch in den Projektplan übernommen und deshalb auch hier im Rahmenterminplan sichtbar werden. Wie man die Verknüpfungen erstellt, ist in *Kapitel 11, Arbeitspakete* beschrieben.

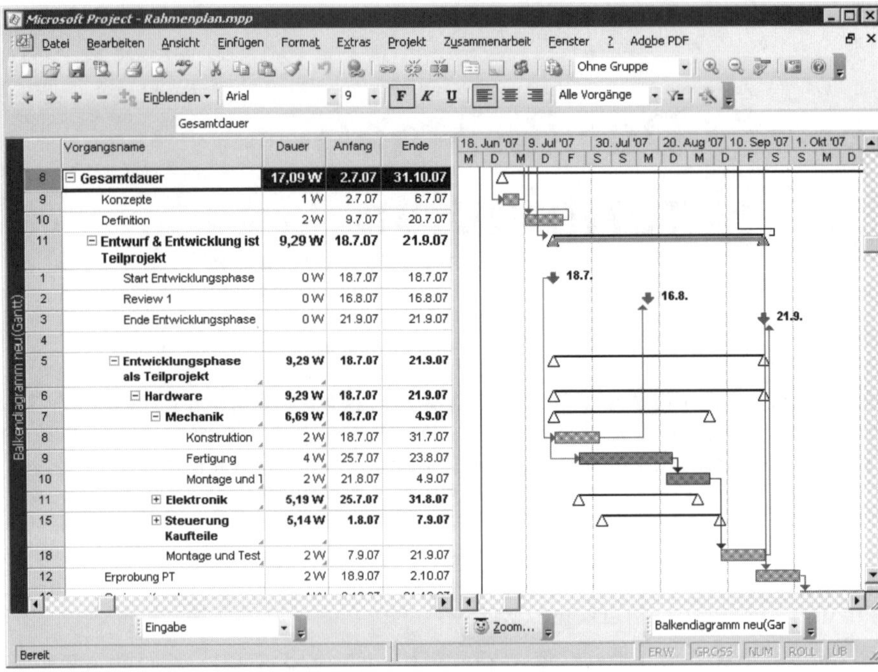

Abbildung 9.1: Rahmenterminplan und teilweise geöffnetes Teilprojekt der Entwicklungsphase

9.1 Zehn Schritte zum fertigen Rahmenplan

Hierunter wird im Einzelnen beschrieben, wie ein Rahmenterminplan erstellt wird.

Mit dem Befehl *Datei/Neu* öffnet sich der Anfangsdialog, um ein neues Projekt zu erstellen.

Folgende Möglichkeiten stehen zur Wahl:

- aus einem *leeren Projekt*
- aus einem *bestehenden Musterprojekt*
- aus einer *Online-Projektvorlage*
- aus einer *Vorlage vom eigenen Computer*
- oder von einer *Website* (zum Beispiel der Website von Microsoft Office unter Office Project 2007)

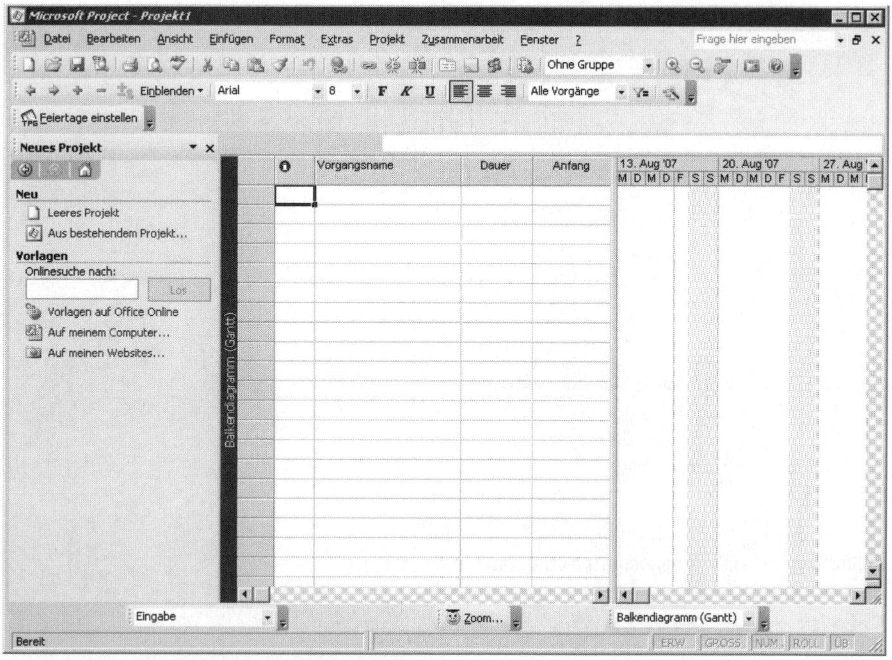

Abbildung 9.2: Erstellen eines neuen Projektes

Schritt eins: Dateieigenschaften

Nachdem ein neues Projekt geöffnet wurde, tragen Sie unter *Datei/Eigenschaften*, siehe *Abbildung 9.3*, in den ersten fünf Zeilen die entsprechenden Texte ein, weitere Informationen können bei Bedarf noch in den restlichen vier Zeilen eingetragen werden.

Die in den Dateieigenschaften im Register *Zusammenfassung* enthaltenen Informationen können sehr gut für die Einrichtung der Seite verwendet werden. Die Daten aus den ersten fünf Feldern können dann im Dialog *Seite einrichten…* aus Listenfeldern für die Kopf- und Fußzeilen ausgewählt werden und ermöglichen einheitliche Bezeichnungen für alle verwendeten Daten.

Die Registerkarten *Allgemein*, *Statistik*, *Inhalt* und *Anpassen* müssen zu Beginn eines Projektes nicht bearbeitet werden.

Die Checkbox *Vorschaugrafik speichern* unten links im Dialogfeld sollte immer angekreuzt werden, damit beim Öffnen einer Datei der linke, obere Bereich der Kopfzeilen in der Vorschau des Dialogfensters angezeigt wird.

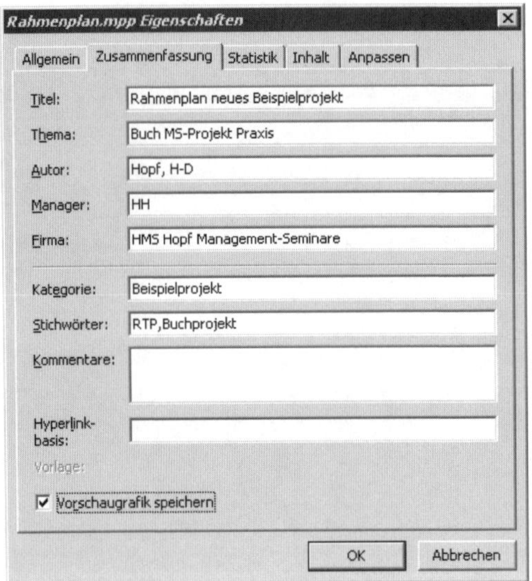

Abbildung 9.3: Dateieigenschaften editieren

Schritt zwei: Projektinfo

Das Menü *Projekt* enthält den Eintrag *Projektinfo... (Abbildung 9.4)*. Hierin ist der für das Projekt maßgebende *Start-* oder *Endtermin* einzutragen.

Ein Projektplan wird normal, also von seinem Start- zum Endtermin berechnet, wenn ein Anfangstermin eingetragen und *Berechnung vom: Projektanfangstermin* gewählt ist.

Ist ein Projektplan aber von einem festgelegten *Endtermin* aus zu berechnen, wählen Sie für den Eintrag *Berechnen vom: Projektendtermin.*

Unter *Kalender:* ist der benötigte Projektkalender aus dem Listenfeld der verfügbaren Kalender auszuwählen. Wenn der benötigte Projektkalender nicht in dem Listenfeld erscheint, dann ist er noch nicht in den Vorlagen (Global.mpt) enthalten und muss neu erstellt werden. Alternativ kann auch der Kalender eines anderen, bereits vorhandenen Projektes kopiert und verwendet werden, wie das weiter vorn in *Kapitel 4, Kalender einrichten* beschrieben wird.

Die Einstellung der *Priorität* (von 1 bis 1000) wird benutzt, um bei automatischem Ressourcenabgleich festzulegen, wie weit Vorgänge verschoben werden können, wenn Engpässe beseitigt werden sollen. Die Werte sind hier als globale Einstellung vorgesehen, können aber bei Bedarf auch für jeden einzelnen Vorgang eingestellt werden. Hierfür eignen sich am besten die Maskenansichten *Vorgang:Maske* oder *Vorgang:Einzelheiten,* die entsprechende Felder für die Eingabe der Prioritäten enthalten, oder speziell zusammengestellte Tabellen, die das Feld der Priorität enthalten.

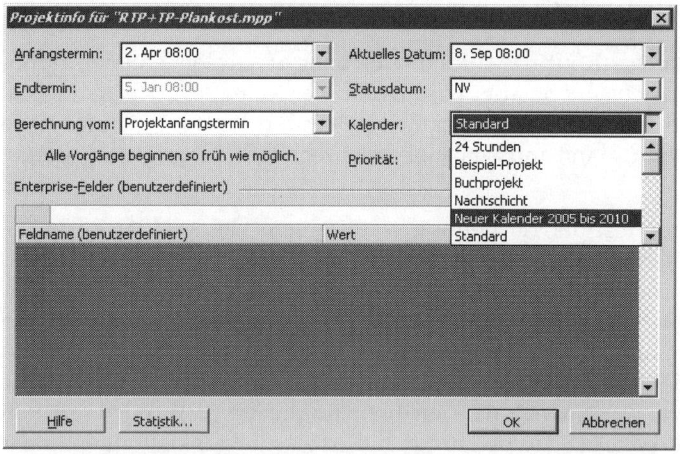

Abbildung 9.4: Eintragen von Starttermin und Auswahl des Projektkalenders

Schritt drei: Kalender anpassen

Im Allgemeinen wird es nicht nötig sein, den Projektkalender wesentlich zu ändern. Meist reicht es, die verwendbare Zeitspanne um ein oder zwei Jahre zu erweitern, indem hierfür die beweglichen Feste, Feiertage, Betriebsferien, Brückentage und die Daten für den Arbeitsbeginn, das Arbeitsende und die Arbeitszeiten pro Tag und Woche nachgetragen werden, wie das auch im nächsten Schritt beschrieben wird, siehe *Abbildung 9.5*.

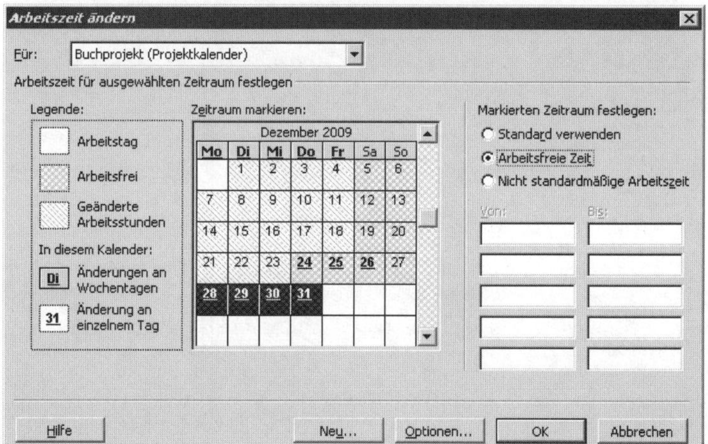

Abbildung 9.5: Kalender ergänzen, ändern

Schritt vier: Kalenderoptionen prüfen

Diese Prüfung sollte zur Routine werden, weil sehr oft in den Kalenderoptionen die Schaltfläche *Standard* betätigt wird, wenn der Kalender zum ersten Mal erstellt wurde. Und wenn die zu dieser Zeit geltenden Einträge für das neue Projekt nicht zutreffen, dann müssen hier entsprechende Korrekturen vorgenommen werden.

Tipp Ein kurzer Test der Einstellungen mit einem kleinen Plan sorgt dafür, dass Sie sicher sein können, dass keine Kalenderfehler vorliegen. Dafür öffnen Sie einen neuen Plan, laden den Kalender unter *Projekt/Projektinfo...* und geben einen neuen Vorgang mit einer Dauer von 0,2 Wochen ein. Bei korrekter Einstellung bleibt der Wert unverändert. Haben Sie aber einen nicht korrekt eingestellten Kalender, dann erkennen Sie das, weil sich die Dauer verändert. Dann wird aus den ursprünglichen 0,2W ein Wert von 0,21W oder 0,19W. Das deutet darauf hin, dass die Einstellungen unter *Extras/Optionen* im Register *Kalender* nicht so eingestellt wurden, dass die Tagesarbeitszeiten und die Anfangs- und Endzeiten den Einstellungen der Kalendertage der ersten Seite des Kalender-Dialogs entsprechen.

Wenn auch die *Tagesarbeitszeiten* überprüft werden sollen, dann verstellen Sie kurzfristig das Datum so, dass die Uhrzeiten mit angezeigt werden. Wenn jetzt alles stimmt, können Sie mit der Detailplanung fortfahren. Sind jedoch Unstimmigkeiten entstanden, dann müssen die Einträge in den Kalenderoptionen überprüft und korrigiert werden.

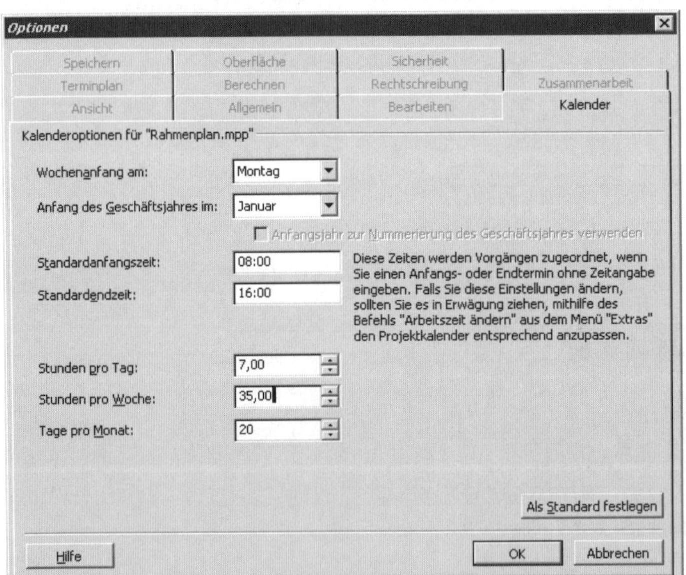

Abbildung 9.6: Kalenderoptionen anpassen auf eine 35-Stunden-Woche

Schritt fünf: Tagesarbeitszeit prüfen

Es ist sehr oft nötig, die Anfangs- und Endzeit einzelner Tage anzupassen, weil z.B. an Freitagen früher Feierabend ist als an den übrigen Tagen; wenn das so ist, dann sind entsprechende Änderungen erforderlich, siehe *Abbildung 9.7*.

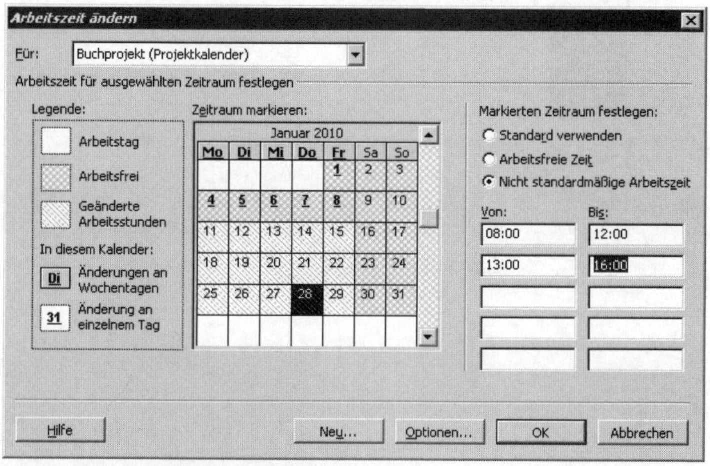

Abbildung 9.7: Tagesarbeitszeit anpassen

Ein Mausklick auf den Wochentag (*FR*) in der oberen Zeile des Kalender-Dialogfeldes markiert dann alle Freitage des aktiven Kalenders. Jetzt kann der Endzeitpunkt von 17:00 h auf 16:00 h geändert werden und gilt dann für den gesamten Kalenderbereich.

Bei Microsoft Project 2007 hat sich das etwas geändert, wie das bereits in *Kapitel 4, Kalender einrichten* beschrieben wurde.

> **Achtung** Es muss jedem klar sein, dass der Kalender das Maß aller Dinge ist, um die Termine, den Aufwand und die Kosten zu errechnen. Jeder kleinste Fehler in den verwendeten Kalendern führt unweigerlich zu falschen Terminen und damit unter Umständen zu dramatischen Fehlberechnungen des Personalaufwands und der Projektkosten.

Schritt sechs: Dateneingabe

Es gibt mehrere Verfahren, um die Daten in einen Terminplan einzutragen. Hier wird zunächst die ganz normale Vorgehensweise beschrieben. Ein weiteres Verfahren, bei dem Sie die Daten per dynamischer Verknüpfung einbinden, ist in *Kapitel 11, Arbeitspakete* beschrieben.

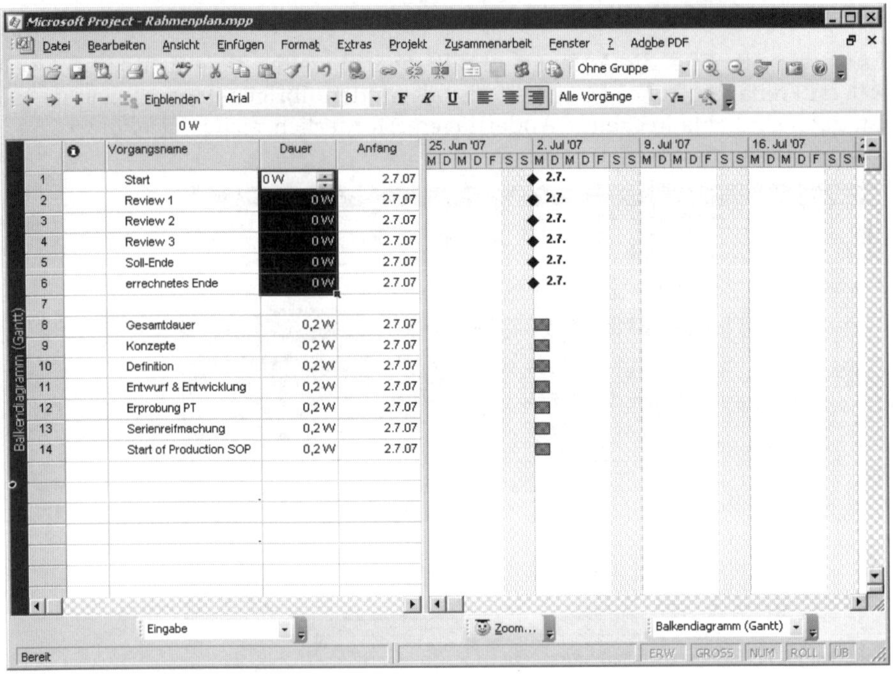

Abbildung 9.8: Eintragen der Vorgänge in der Eingabeliste

Verwenden Sie die normale Ansicht *Balkendiagramm (Gantt)*, siehe *Abbildung 9.8*, um die Meilensteine, Phasen und Vorgänge der Reihe nach in die Zeilen der Eingabetabelle einzutragen, und geben Sie dazu auch die jeweilige Dauer ein.

> **Hinweis** Bei Verknüpfung von Phasen ist es hilfreich, wenn die *Design-Reviews* so verknüpft werden, dass eine steuernde Wirkung sichergestellt wird. Das bedeutet, dass bei Verschiebung eines Design-Reviews auch alle nachfolgenden Vorgänge mit verschoben werden, solange keine korrigierende Maßnahme eingeleitet wurde.

Für die Verknüpfung der Vorgänge und Meilensteine verwenden Sie am besten die Maus, setzen den Mauszeiger auf den Balken eines Vorgangs und ziehen bei gedrückter linker Maustaste die Verbindung auf das Meilensteinsymbol und/oder umgekehrt. Achten Sie dabei auf die richtige Reihenfolge: *Was ist Voraussetzung für den nächsten Vorgang?* Ziehen Sie dann die Verbindungslinien in entsprechender Richtung, also von … nach …

Sollen Vorgänge teilweise parallel zueinander ablaufen, sind mithilfe von Anordnungsbeziehungen (siehe *Kapitel 8.2, Verknüpfung und Anordnungsbeziehung*) die entsprechenden Werte in dem Dialogfeld einzutragen. Das Dialogfeld öffnet sich nach einem Doppelklick auf die Linie der betreffenden Verknüpfung.

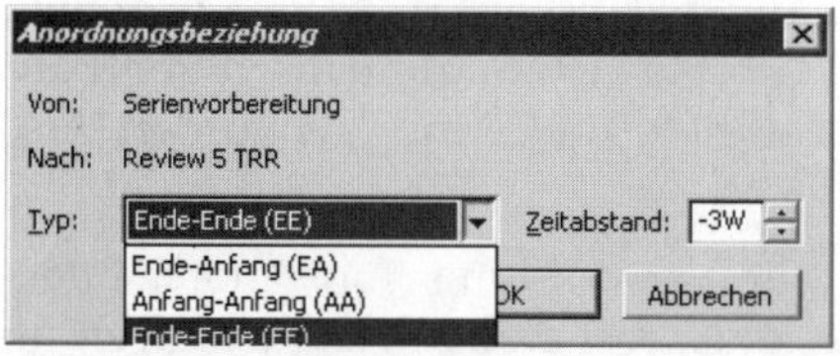

Abbildung 9.9: Überlappungen zwischen zwei Vorgängen festlegen

Eine andere Möglichkeit, Verknüpfungen einzutragen, bietet die Spalte *Vorgänger* der Eingabetabelle, wo zu einem Vorgang seine Vorgänger eingetragen werden können. Sind hier mehrere Vorgänger einzutragen, dann müssen diese mit einem Semikolon (Auflistungstrennzeichen) getrennt werden.

Die Prozedur nach der Dateneingabe:

- Vorgang 1 *Start* verknüpfen mit *Konzepte* und mit einer *Anfang-Anfang-Beziehung*
- Vorgang 2 *Review 1* verknüpfen mit Vorgang 9 *Konzepte*, mit *Ende-Anfang-Beziehung* und einem Abstand von *–0,6 w*, wenn der Review drei Tage vor dem Ende von Vorgang 9 vorgesehen ist
- Die Eingabe sieht dann bei Vorgang 9 in der Spalte Vorgänger so aus: *2ea-0,6w*
- Nach diesem Schema verfahren Sie, bis alle Reviews und Phasen entsprechend verknüpft sind.
- Den Sammelvorgang erzeugen Sie anschließend, indem alle Phasen markiert und mit dem grünen *Pfeilsymbol rechts* der Symbolleiste tiefer gestuft werden.
- Das Projektende verknüpfen Sie mit dem letzten Vorgang mit einer *Ende-Ende-Beziehung*, das gibt eine bessere Darstellung.

Tipp Zum Abschluss noch ein Tipp zur Arbeit mit Rahmenterminplänen:

Fügen Sie in der Reihe der Meilensteine noch einen weiteren Endtermin mit der Bezeichnung *Soll-Ende* oder ähnlich ein, und tragen Sie den vertraglichen Abschlusstermin als einen Anfangstermin (nicht früher als ...) ein.

Dieser Meilenstein darf mit keinem Vorgang verknüpft werden. Erst dann funktioniert er als Schalter für die Ermittlung kritischer Wege. Das bedeutet, dass die Farbkennzeichnung *kritischer Vorgänge* jetzt automatisch von Blau auf Rot geändert wird, sobald der berechnete Endtermin genau den Solltermin erreicht oder diesen überschreitet.

Wenn Sie weitergehende Informationen zur Verwendung von Anordnungsbeziehungen suchen, so finden Sie die entsprechenden Erläuterungen in *Kapitel 8.2, Verknüpfung und Anordnungsbeziehung.*

Schritt sieben: Periodische Vorgänge

Sobald alle Phasen und, soweit bekannt, ihre Feinteilung eingetragen und verknüpft sind, werden noch die *periodischen Vorgänge*, wie zum Beispiel regelmäßig stattfindende *Projektbesprechungen*, mit *Einfügen/Periodischer Vorgang* in den Rahmenterminplan eingetragen und als Meilensteine festgelegt, siehe *Abbildung 9.10.*

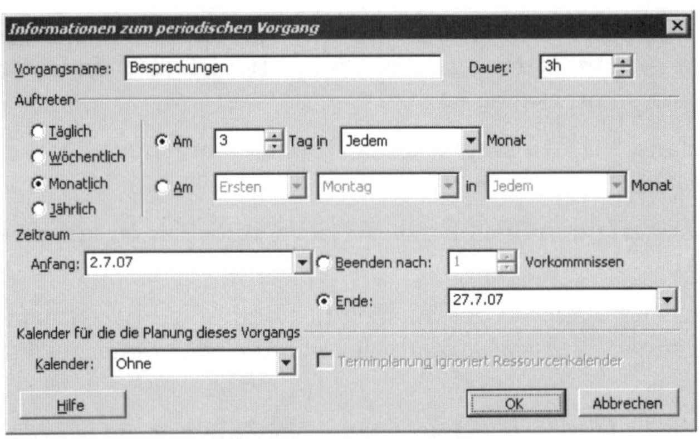

Abbildung 9.10: Festlegung periodischer Vorgänge

Damit solche periodischen Vorgänge, die in der Regel eine Dauer von nur ein paar Stunden haben (siehe *Abbildung 9.11*), als Meilensteine formatiert werden, gibt es einen Trick:

> **Tipp** Markieren Sie alle periodischen Vorgänge und klicken dann mit der rechten Maustaste auf einen davon, um die *Informationen zum Vorgang* aufzurufen. Wechseln Sie in das Register *Spezial* und markieren dort die Checkbox *als Meilenstein* darstellen. Jetzt werden die gewählten Vorgänge als Meilensteine formatiert und auch in der obersten Zeile der periodischen Vorgänge als *Meilenstein-Rollup* dargestellt.
>
> Als weitere Formatierung können Sie noch im Menü *Format/Balkenarten* die Symbole für die *Rollup-Meilensteine* ändern. Das erforderliche Menü lässt sich mit einem Doppelklick im rechten Teil eines Terminplans sehr viel schneller öffnen als mit dem Menü *Format/Balkenarten*.

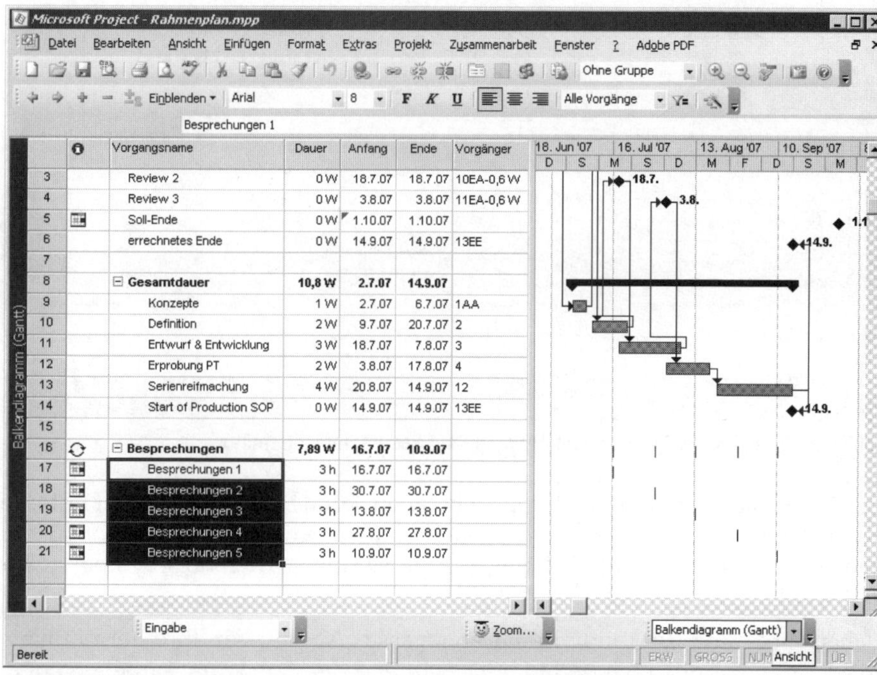

Abbildung 9.11: Besprechungen als periodische Meilensteine festlegen

Schritt acht: Rahmenterminplan fertigstellen

Der Rahmenterminplan mit den zu Meilensteinen geänderten Besprechungsterminen informiert über die regelmäßigen Besprechungen und ihre Termine, entweder im Detail oder bei geschlossenem Sammelvorgang nur durch die *Rollup-Darstellung*, wie das *Abbildung 9.12* zeigt.

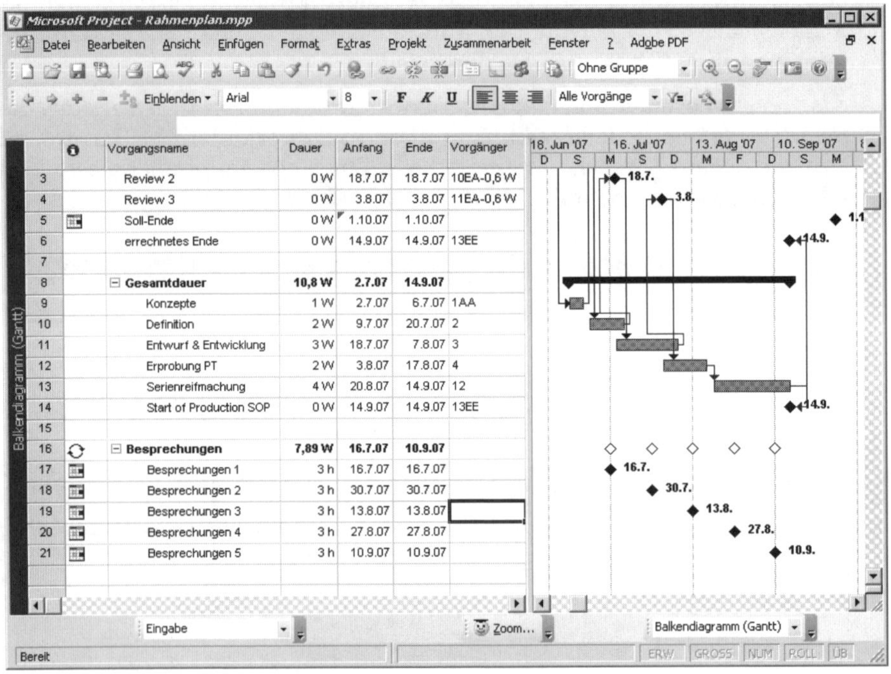

Abbildung 9.12: Der fertige Rahmenterminplan mit Besprechungsterminen

Um Meilensteine in ihrer Wirkung zu betonen, können sie noch einmal mithilfe der Balkenarten-Formatierung von dem schwarzen Standardsymbol in ein rotes Pfeilsymbol oder ein beliebiges anderes und verfügbares Symbol geändert werden.

Haben Sie schon eine individuell angepasste Ansicht für Ihre Terminpläne erstellt, dann können Sie mithilfe der während der Anpassungsarbeiten angelegten Symbolleiste schnell die gewünschte Ansicht auswählen. Wie diese Symbolleiste angelegt wird, ist im *Kapitel 6.3, Symbolleisten anpassen* detailliert beschrieben.

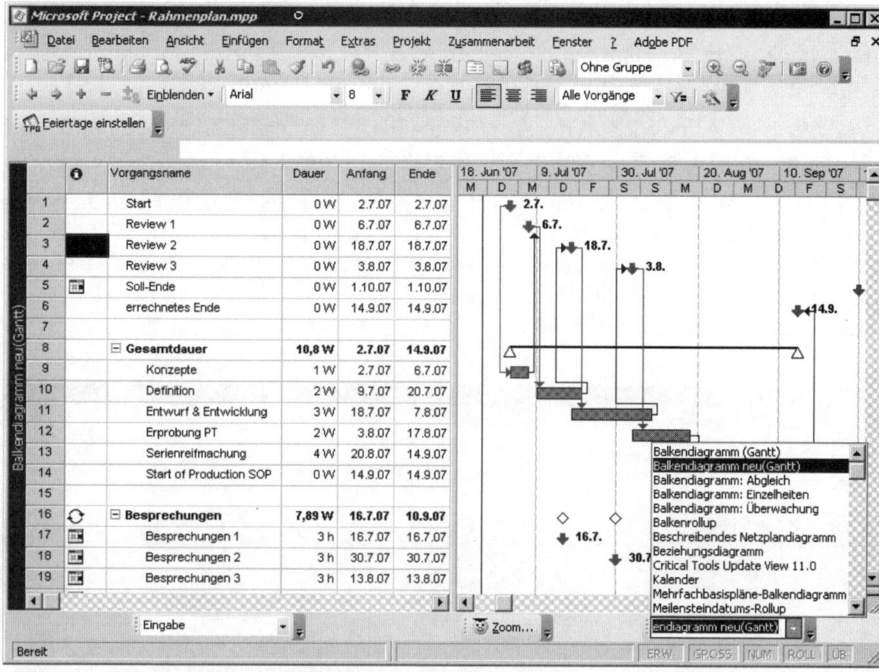

Abbildung 9.13: Wechsel der Ansicht von Standard in eine spezielle Ansicht

Schritt neun: Notizen hinzufügen

Notizen sind hilfreich, wenn zusätzliche Informationen für bestimmte Vorgänge erforderlich werden, siehe *Abbildung 9.14*.

Um Notizen hinzuzufügen, gibt es mehrere Möglichkeiten:

- Öffnen der *Informationen zum Vorgang* mithilfe des zugehörigen Symbols in der Symbolleiste. Dann das Register *Notizen* wählen.
- *Rechter Mausklick* auf einen Vorgang oder auf mehrere markierte Vorgänge. Im Register *Notizen* der *Informationen zum Vorgang* Text eintragen und formatieren oder
- Öffnen der *Notizen* mit dem *Notizen-Symbol* in der Symbolleiste
- Einfügen aus einer vorhandenen Datei mit dem Befehl *Einfügen/Objekt* und der Option *Aus Datei erstellen* oder
- Erstellen in einer Anwendung, wie Excel, Word oder Ähnlichem mit *Einfügen/Objekt* und der Option *Neu erstellen*

Als typisch können hier normaler Text und Aufzählungen eingegeben werden.

Grafiken, Terminpläne, Tabellen etc. lassen sich als *Objekte* einfügen. Damit lassen sich zusätzliche Informationen einzelnen Vorgänge hinzufügen.

> **Hinweis** Alle Notizen der Vorgänge eines Terminplans können bei Bedarf zusammen mit dem Terminplan ausgedruckt werden.

Auch wenn Teilprojekte in einem Rahmenterminplan eingebettet wurden, was üblich ist, kann eine Notiz auf besondere Dinge hinweisen, die sich in der Bezeichnung eines Vorgangs nicht unterbringen lassen. Außerdem lässt sich der Text einer Notiz sofort lesen, sobald das Symbol der Notiz mit der Maus angewählt wird (*Abbildung 9.14*).

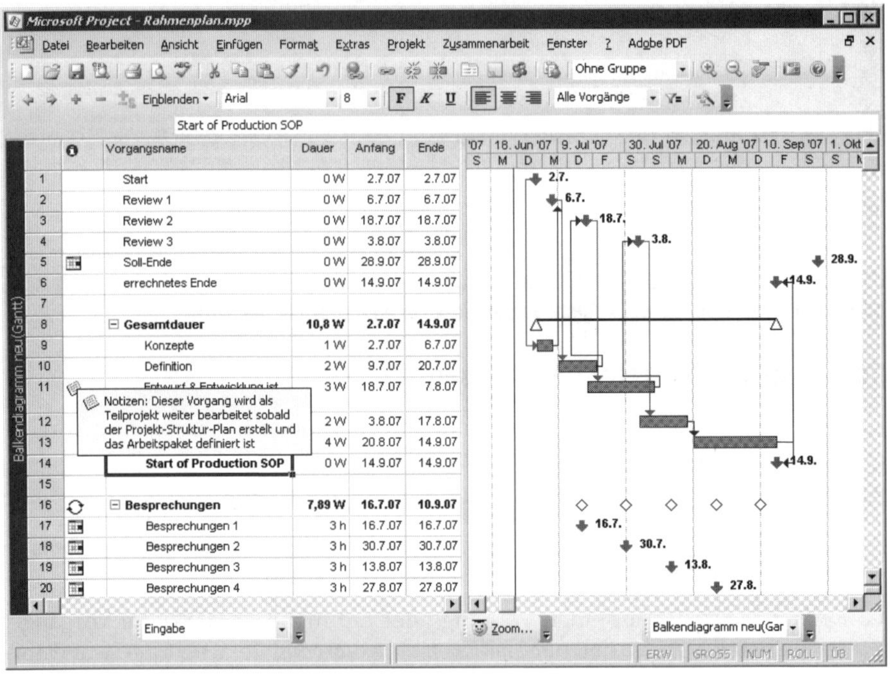

Abbildung 9.14: RTP mit angewählter, offener Notiz

Hyperlinks

Zusätzlich zu Notizen ist bei eingebetteten Teilprojekten die Verwendung von Hyperlinks sehr nützlich, weil Sie damit jederzeit das eingebettete Teilprojekt öffnen und bearbeiten können, auch wenn es bis zu diesem Zeitpunkt noch geschlossen war.

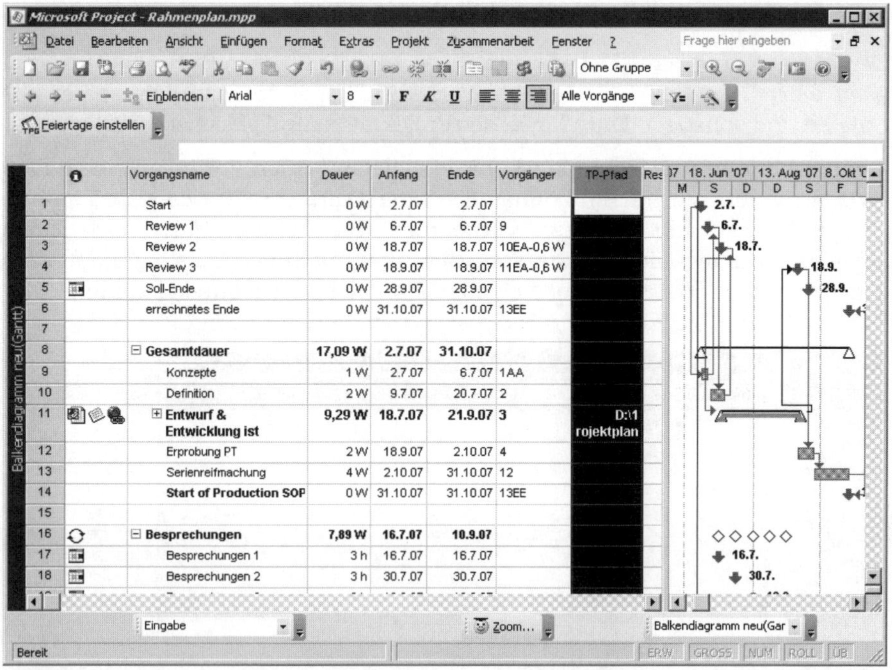

Abbildung 9.15: RTP mit Notiz, Hyperlink und eingebettetem Teilprojekt

Einen Hyperlink fügen Sie mithilfe des *Hyperlink-Symbols* in der Standard-Symbolleiste und anschließendem Eintrag der gesuchten Datei aus dem aktuellen Ordner ein, siehe *Abbildung 9.16*.

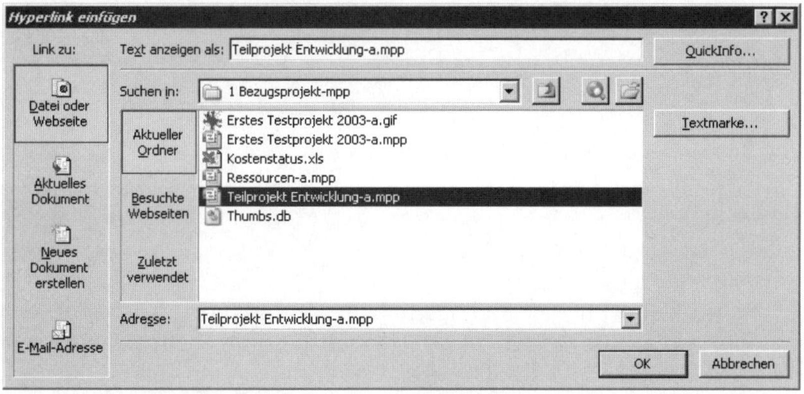

Abbildung 9.16: Einen Hyperlink zu dem Teilprojekt einfügen

Schritt zehn: Speichern des Rahmenterminplans

Der letzte, zehnte Schritt ist eine reine Routineaufgabe: den Plan mit *Datei/Speichern unter …* in einem geeigneten Verzeichnis speichern, in dem später alle Dateien und sonstigen Unterlagen des Projektes zentral gesichert werden.

Wenn Sie immer eine Sicherungskopie erstellen möchten, sobald an einem Plan etwas geändert wird, dann können Sie unter *Datei/Speichern unter.../Extras* die entsprechenden Einstellungen vornehmen. Sie können auch noch einen Schreibschutz und ein Passwort vergeben, aber mit Vorsicht! Es hat schon Fälle gegeben, wo ein Ersteller seinen eigenen Plan nicht mehr öffnen konnte!

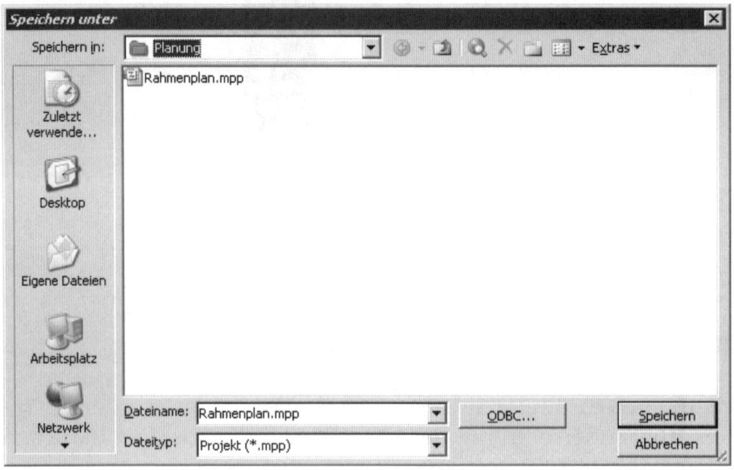

Abbildung 9.17: Speichern unter… in einem eigenen Projektverzeichnis

10 Der Projekt-strukturplan

Der Projektstrukturplan (PSP) ist genau wie der Rahmenterminplan ein besonders wichtiges Instrument für die Gliederung von Projekten. Rahmenterminplan und Projektstrukturplan stehen in einem direkten Zusammenhang, der sich für eine gut gegliederte Termin-, Ressourcen- und Kostenplanung besonders gut nutzen lässt.

In diesem Kapitel erhalten Sie die erforderlichen Informationen, um einen Standard-Projektstrukturplan zu erstellen und mithilfe dieses Plans eine ebenso klar *gegliederte Planung* aufzubauen.

Voraussetzung dafür ist, dass die für die Arbeit mit Microsoft Project erforderlichen Anpassungen und Einstellungen vorgenommen wurden, wie das weiter vorn in diesem Buch bereits beschrieben wurde.

Benötigt werden ein *Rahmenterminplan* und, soweit zutreffend, seine *Projektphasen*. Ferner die begleitenden Funktionen des Projekts wie *Projektmanagement*, *Qualitätsmanagement*, *Systems Engineering* (das sind alle technischen Aufgaben), *Systemintegration und Test*, *Einrichtungen* und *Anlagen* etc.

Als weitere wichtige Information wird eine Aufstellung typischer Aufgaben benötigt, die den einzelnen Funktionen zuzuordnen sind.

10.1 Projektstrukturplan-Kriterien

Bei der Aufgabe, Projekte richtig zu strukturieren und die kritischen Daten korrekt zu erfassen, sind Gewichtungsfaktoren oft sehr hilfreich, um festzulegen, worauf bei der Strukturierung besonders zu achten ist und welche Elemente deshalb enthalten sein müssen.

Die folgenden aufgelisteten Gewichtungsfaktoren wurden vom IPMI (Institut für Projektmanagement und Innovation der Universität Bremen) ermittelt und als Empfehlung von der GPM (Gesellschaft für Projekt-Management) veröffentlicht.

- Kosten und Finanzen: 30%
- Projektplanung und -überwachung: 25%
- Management und Organisation: 18%
- Vertragswesen und Recht: 15%
- Materialwirtschaft: 7%
- Wartung und Instandhaltung: 5%

Wegen der äußerst starken Beeinflussung vieler für die Projektarbeit wichtiger Abläufe, Pläne, Dokumente, Komponenten und Kostenstrukturen der Projektorganisation und der Kommunikation ist der Projektstrukturplan durch seine klare Gliederung und ein daraus abgeleitetes Nummernsystem eines der wichtigsten Dokumente in Projekten.

Die drei ersten Elemente jeder Phase eines Standard-PSPs sind immer die begleitenden Funktionen *Projektmanagement*, *Qualitätsmanagement* und *Systems Engineering*.

Es hat sich bewährt, die dafür benötigten Ressourcen bei der nachfolgenden Planung jeweils dem Sammelvorgang des Gesamtprojektes zuzuordnen, um so eine automatische Berechnung und Aktualisierung von Aufwand und Kosten zu erreichen. Alternativ kann auch ein *Hammock-Vorgang* verwendet werden, wie es den allgemeinen Projektmanagement-Empfehlungen entspricht. Dessen Anwendung ist in *Kapitel 8, Microsoft Project in der Praxis* beschrieben.

10.2 Verwendung von Organisation Chart

Um Projekte zu strukturieren, benötigt man geeignete Werkzeuge. Wer dazu ohne zusätzliche Software auskommen möchte, für den bietet sich das in Microsoft Office 2007 enthaltene *Organigramm-Add-In* (in Office 2003: *Organisation Chart*) an, das vom eigentlichen Verwendungszweck her für Organigramme gedacht ist, sich jedoch ebenso gut für das Erstellen von Projektstrukturplänen eignet.

Falls *Microsoft Office Visio* installiert ist, lassen sich auch dessen komfortable Organigramm-Funktionen nutzen, um Projektstrukturpläne zu entwerfen.

Das Organigramm-Add-In lässt sich über den Befehl *Einfügen/Objekt* (in älteren Office-Versionen *Einfügen/Grafik*) in Word und PowerPoint öffnen. In Microsoft Project kann es geöffnet werden, indem man im Dialog *Informationen zum Vorgang* das Register *Notizen* wählt, dort auf das Icon *Objekt einfügen* klickt und das *Organigramm-Add-In* auswählt. Projektstrukturpläne lassen sich also bei Bedarf auch in den Notizen einzelner Vorgänge öffnen oder erstellen.

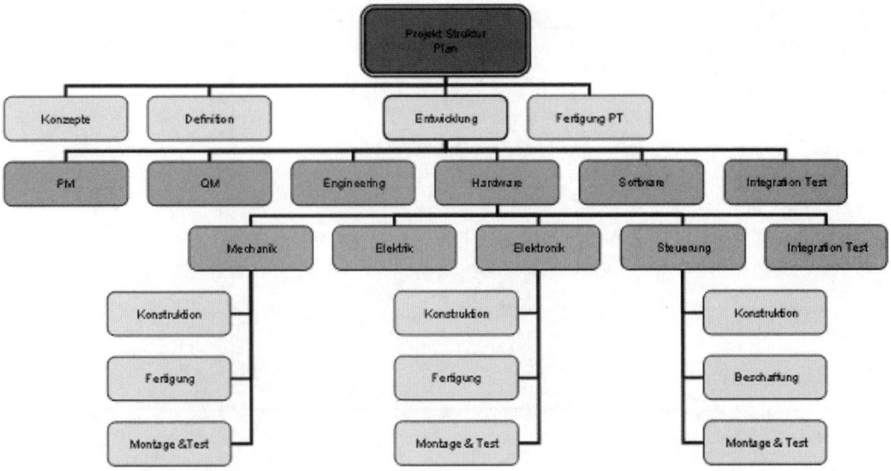

Abbildung 10.1: PSP mit Organisation Chart erstellt

Die *Abbildung 10.1* zeigt einen fertigen Projektstrukturplan (PSP) als Beispiel für den praktischen Aufbau, wie er sich in Projekten verschiedenster Kategorien bewährt hat.

Entstanden ist diese Art der Strukturierung von Projekten als Vorgabe für Auftraggeber, Kunden, Auftragnehmer, Unterauftragnehmer und Fachbereiche des Bereichs Raumfahrt der Firma MBB Ottobrunn. Dafür wurde eine firmeninterne Analyse von etwas mehr als vierzig abgeschlossenen Projekten der Luft- und Raumfahrt durchgeführt, die schließlich zu dem hierunter gezeigten Standardschema führte, das ich seitdem immer wieder für die Strukturierung der Projekte verwendet habe.

10.2.1 Standardschema für einen PSP

Nachfolgend ist beschrieben, wie man mit *Organisation Chart* aus Office 2003 einen Projektstrukturplan erstellt. Das Prinzip ist das gleiche wie bei der Verwendung des Organigramm-Add-Ins aus Office 2007. Öffnen Sie in Microsoft Word oder PowerPoint ein neues Dokument, und wählen Sie *Einfügen/Objekt/Organigramm*. Es öffnen sich ein Eingabefenster sowie die Organigramm-Symbolleiste. Klickt man dort auf das Symbol ganz rechts, öffnet sich der Dialog *Organigrammtypkatalog*, der insgesamt 16 verschiedene Darstellungsformen für den Projektstrukturplan anbietet, siehe *Abbildung 10.2*.

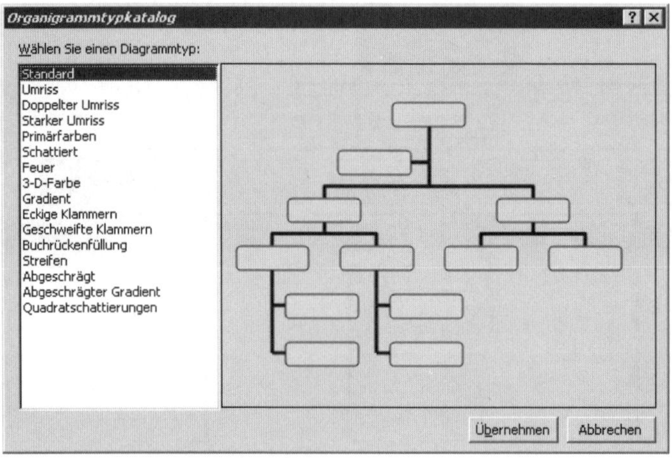

Abbildung 10.2: Auswahl des gewünschten Layouts

10.2.2 Diagrammtyp festlegen

Für die anstehende Aufgabe bietet sich das einfache Standardlayout an. Die einzelnen Elemente dieses Diagramms lassen sich jederzeit durch Anklicken auswählen.

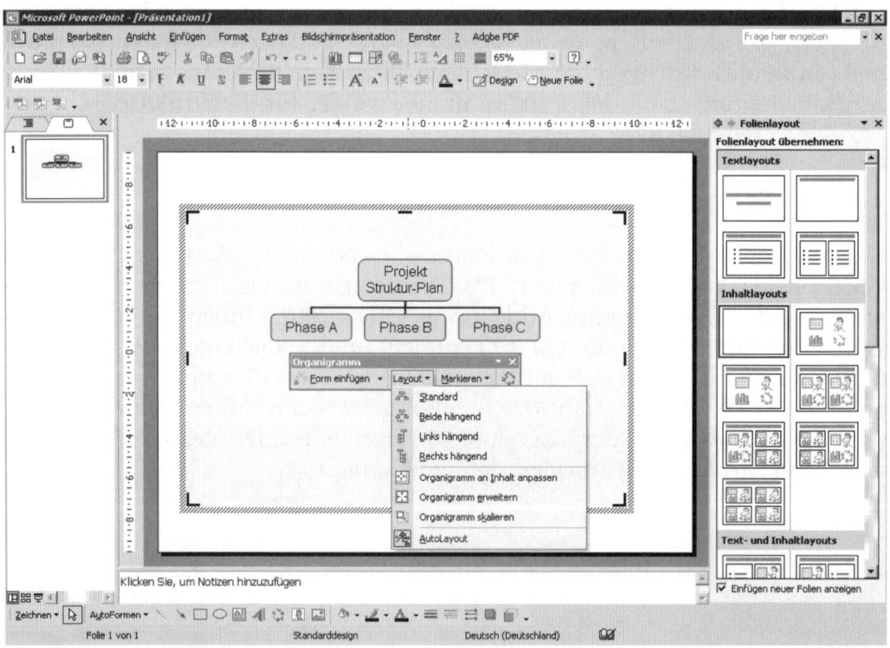

Abbildung 10.3: Festlegen der Strukturelemente und ihrer Anordnung

Die können Sie beliebig formatieren, sodass farbliche Differenzierungen der einzelnen Hierarchien und auch der Schriften sehr einfach zu erreichen sind.

Als Nächstes können die einzelnen *Strukturplanelemente* angeordnet werden. Das geschieht mithilfe der *Organigramm-Symbolleiste* und dem darin enthaltenen Menüpunkt *Layout*, siehe *Abbildung 10.3*.

10.2.3 Weitere Einstellungen

Im Layout können die gewünschten Elemente und ihre Anordnung aus der Drop-down-Liste gewählt werden. Zu beachten ist dabei, dass ein übergeordnetes Element markiert sein muss, damit die gewünschte Auswahl übernommen wird.

Die weiteren Befehle des Menüs sind so weit selbst erklärend, dass eine detaillierte Beschreibung hier als nicht erforderlich angesehen wird.

10.2.4 Gliederung im Detail

Die Erweiterung der Struktur erfolgt mit einfachen Mausklicks auf die jeweils zutreffende Bezeichnung des Menüpunkts *Form einfügen*, die sich als Schema für die Anordnung der tiefer liegenden Strukturelemente darstellt, siehe *Abbildung 10.4*.

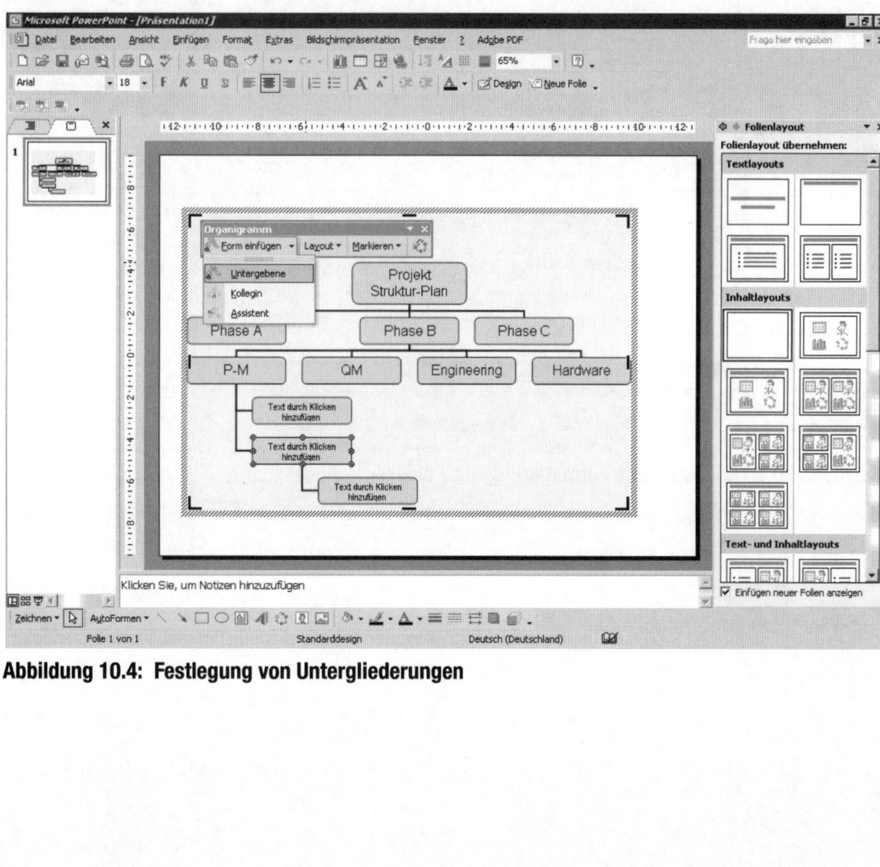

Abbildung 10.4: Festlegung von Untergliederungen

Nachdem es sich bei Organisation Chart um ein Programm zur Erzeugung von Organisationsdiagrammen handelt, werden für die gewünschte Gliederungsart die Bezeichnungen von Personen verwendet. Für die Strukturierung von Projekten gibt es keine direkt verwendbaren Begriffe.

10.2.5 Automatisch Formatieren

Mit dem Befehl *Layout/AutoLayout* kann man sich eine vom System vorgeschlagene Struktur anzeigen lassen, die dann entweder akzeptiert wird oder verworfen werden kann, wenn das angebotene Layout nicht dem gewünschten Zweck entspricht. In so einem Fall muss das *Layout* manuell angepasst werden, was nicht immer ganz einfach ist, besonders wenn die Schrift in die Textboxen einzupassen ist.

Schriften werden formatiert, indem sie zunächst in der Textbox markiert und dann mithilfe der *Format-Symbolleiste* entsprechend geändert werden.

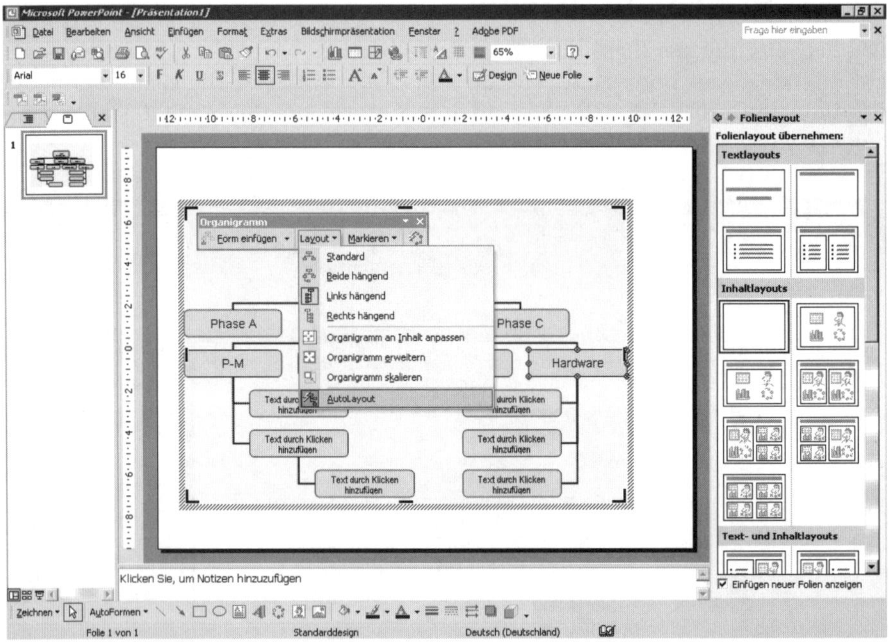

Abbildung 10.5: Automatische Formatierung auswählen

10.2.6 Der fertige Projektstrukturplan

Sobald alle Einstellungen und Formatierungen abgeschlossen sind, kann der Projektstrukturplan in ein Word-Dokument, in die Notizen eines Vorgangs oder in die Notizen einer Ressource eingebettet werden. Aber auch in PowerPoint-Präsentationen lässt sich so ein Projektstrukturplan bei Bedarf genauso einfach einfügen.

Hier ist noch darauf hinzuweisen, dass sich mit Organisation Chart sowohl Projektstrukturpläne als auch Projektorganisationsdiagramme erstellen lassen.

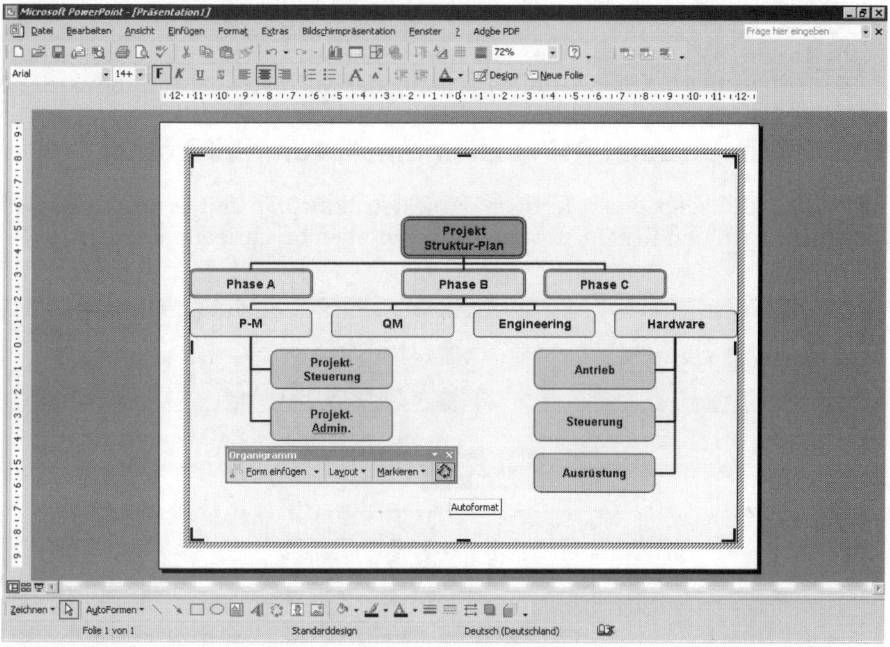

Abbildung 10.6: Der fertige PSP, erstellt mit Organisation Chart

10.2.7 Wie geht es weiter?

Sobald der PSP vorhanden ist, müssen die Arbeitspakete festgelegt und beschrieben werden, wie das in *Kapitel 11, Arbeitspakete* beschrieben ist.

10.3 Verwendung von WBS Chart Pro

Ein sehr interessantes Programm für die integrierte Arbeit mit Microsoft Project ist WBS Chart Pro von Critical Tools Inc. (*www.criticaltools.com*). Dieses nur in englischer Sprache verfügbare Programm macht es möglich, aus dem festgelegten Arbeitspaket einer Projektstruktur heraus direkt nach Microsoft Project zu wechseln, die Daten in einen Projektplan umzuwandeln und diesen Plan in Microsoft Project weiter zu bearbeiten. Sobald Änderungen an einem Terminplan vorgenommen werden, fließen die Informationen automatisch wieder zurück in die Projektstruktur, sodass das Arbeitspaket im Projektstrukturplan automatisch angepasst wird.

Hinweis *WBS Chart Pro* ist ein Add-On zu Microsoft Project und gehört deshalb nicht zum Standardlieferumfang der Microsoft Office-Produkte.

10.3.1 Ein Beispiel-PSP aus einem Automobilprojekt

Abbildung 10.7 zeigt einen fertigen Projektstrukturplan mit Formatierungen, aufgebaut nach den Regeln, die bereits weiter oben beschrieben wurden.

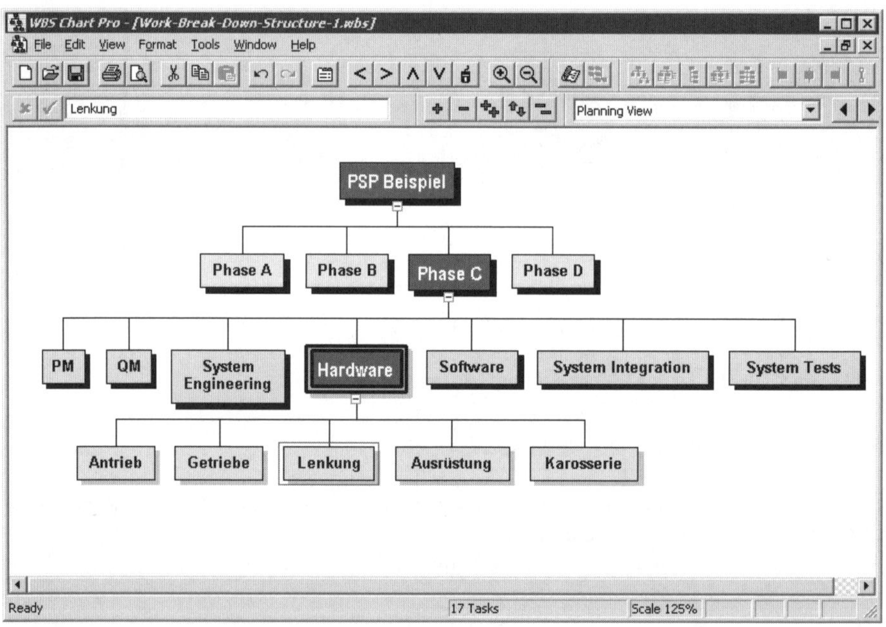

Abbildung 10.7: Der fertige PSP, erstellt mit WBS Chart Pro

10.3.2 Bearbeiten einzelner Elemente

Wenn es darum geht, in WBS Chart Pro einzelne Elemente zu bearbeiten oder anzupassen, dann hilft ein *Rechtsklick* in das Element. Das *Kontextmenü* öffnet sich wie gewohnt und bietet die nachfolgend beschriebenen Optionen für die Arbeit mit WBS Chart Pro, siehe *Abbildung 10.8*.

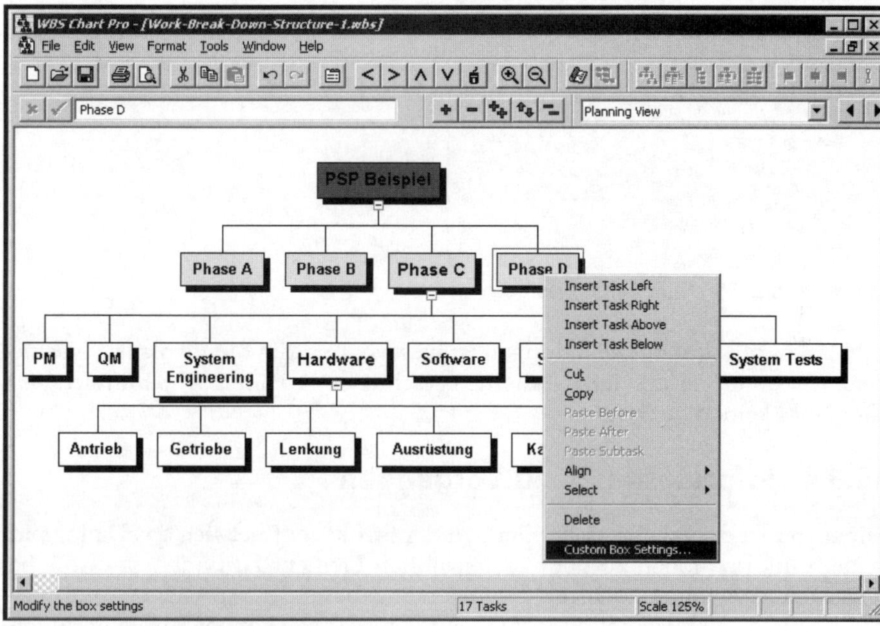

Abbildung 10.8: Elemente bearbeiten

Sie können Elemente in WBS Chart Pro wie folgt bearbeiten oder anpassen:

- *Elemente hinzufügen* jeweils links, rechts von, oben oder unter einem markierten Element
- *Ausschneiden*
- *Kopieren*
- *Ausrichten* der Elemente zueinander
- *Anordnen* nach insgesamt fünf vorgegebenen *Stilen*
- *Auswählen* nach entsprechenden Kriterien
- *Entfernen/löschen*
- *Benutzerdefinierte* Gestaltung der Elemente

10.3.3 Formatieren von Elementen

In dem Dialogfeld *Custom Box Settings* (*Abbildung 10.9*) finden sich alle Einstellungen, die das Aussehen der Elemente betreffen, also Umriss, Kantenstärke, Farbe etc.

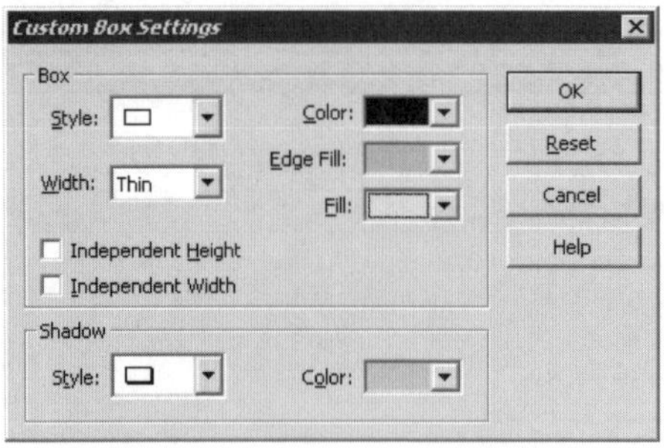

Abbildung 10.9: PSP, Formatierung von Elementen

Die Arbeit mit diesen Einstellungen ist einfach, und die Möglichkeit, verschiedene Varianten zu erzeugen, was in verschiedenen Fällen sehr hilfreich sein kann, gibt keine Rätsel auf.

10.3.4 Informationen zu Vorgängen

Mit einem Doppelklick auf ein Element der Struktur öffnet sich das Dialogfeld, in dem Informationen zu dem ausgewählten Element zu finden sind, die bei normalen Vorgängen auch für die Dateneingabe und Korrektur genutzt werden können. Die Informationen zu Sammelvorgängen können nur in geringem Umfang bearbeitet werden (*Abbildung 10.10*), weil die enthaltenen Daten zum größten Teil aus berechneten Werten bestehen.

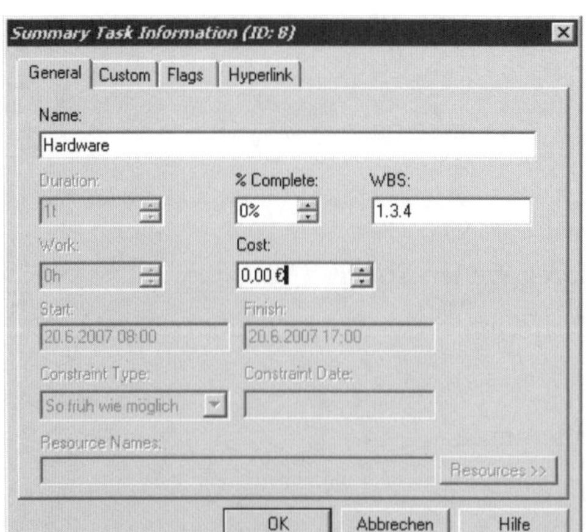

Abbildung 10.10: Informationen zu Sammelvorgängen eines PSP

Es wird hier sehr gut unterschieden zwischen Sammelvorgängen, also übergeordneten Ebenen und den unteren, normalen Vorgangsebenen.

Für die einzelnen Vorgänge (*Abbildung 10.11*) können zusätzlich noch folgende Einträge vorgenommen werden:

- *Name*, Bezeichnung
- *Dauer*, entsprechend der üblichen Einheiten (Minuten bis Jahre)
- Fertigstellungsgrad in % *komplett*
- *PSP-Element-Nummerncode* (automatisch oder individuell)
- Der errechnete Aufwand (*Arbeit*) in Personal- und/oder Maschinenstunden
- Die errechneten *Kosten*
- *Start* und *Ende* des Elements/Vorgangs
- Die *Einschränkungen* inklusive zugehöriger Termine soweit zutreffend
- Im Register *Benutzerdefiniert* (*Custom*) können bei Bedarf noch weitere Felder festgelegt und genutzt werden.
- *Markierungen* (*Flags*) können verwendet werden, um Vorgänge bestimmter Ebenen zu markieren und ein Filtern zu ermöglichen.
- Zusätzlich lassen sich *Hyperlinks* einfügen, um z.B. Dokumente mit dem PSP zu verlinken.

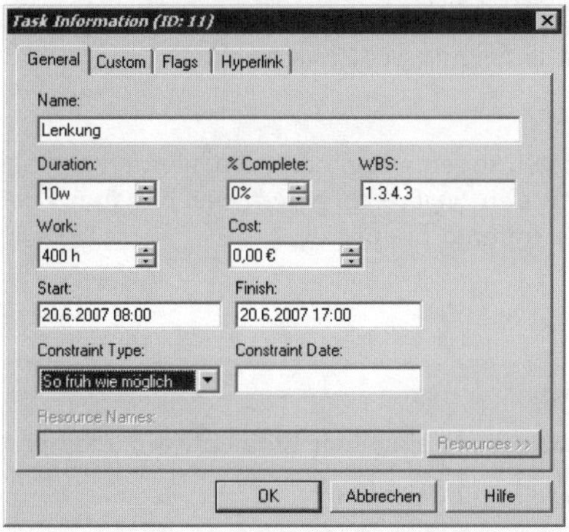

Abbildung 10.11: Informationen zu Vorgängen unter WBS Chart Pro

10.3.5 Formatieren von Elementen

Wenn es darum geht, das gesamte *Layout* eines PSP, oder einzelner Elemente daraus, zu formatieren, finden sich im Menü *Format, Abbildung 10.12*, alle erforderlichen Befehle für diese Einstellungen.

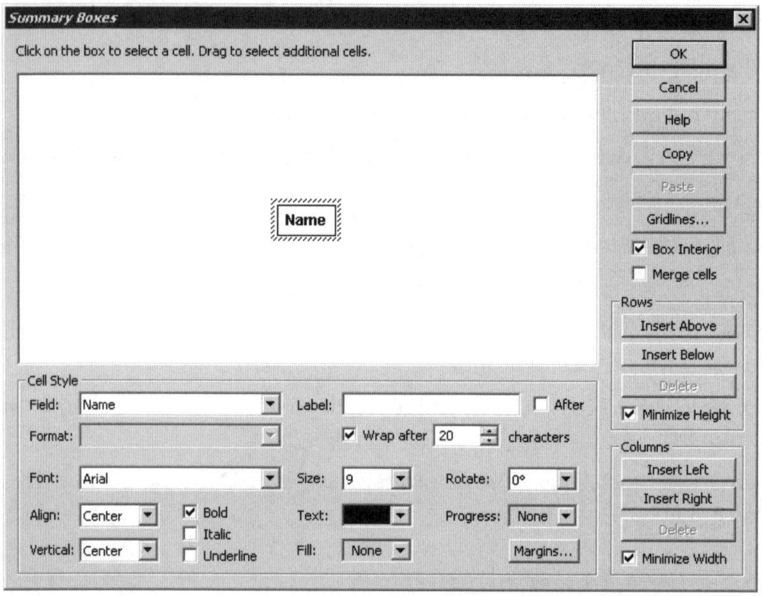

Abbildung 10.12: Das Menü „Format" erlaubt die Änderung von Elementen eines Projektstrukturplans.

Im Einzelnen können folgende Einstellungen vorgenommen werden, wobei wieder unterschieden wird zwischen den *Sammelvorgängen* der höheren Ebenen und den normalen *Vorgängen* der unteren Ebenen:

- *Umrandungen*
- Das *Diagramm* als solches
- Die *Linien* zwischen den Elementen
- Nochmals die Möglichkeit, die *Darstellung* einzelner Elemente anzupassen
- Einstellung der *Ausrichtung, links, mittig* oder *rechts*

Sobald alle Änderungen fertiggestellt sind, kann der *Projektstrukturplan* gespeichert werden. Ein mit WBS Chart Pro erstellter PSP lässt sich je nach Bedarf und Zweck in mehreren Varianten speichern.

- Als WBS Chart Pro-Datei im Format *WBS*

- Als Bild im Format *JPG, PNG, GIF* oder *BMP*
- Als Microsoft Project-Plan im Format *MPP* (über den Befehl *Tools/Microsoft Project/Goto Project*)

10.3.6 Transfer des PSP zu Microsoft Project

Um den im WBS-Format gespeicherten Plan mit Microsoft Project zu verknüpfen, wählen Sie den Befehl *Microsoft Project/Goto Project* im Menü *Tools.* Es erscheint ein Dialogfeld mit dem Hinweis, dass der Strukturplan momentan als eigenständiges Dokument vorliegt und *noch keine Beziehung zu Microsoft Project* besteht.

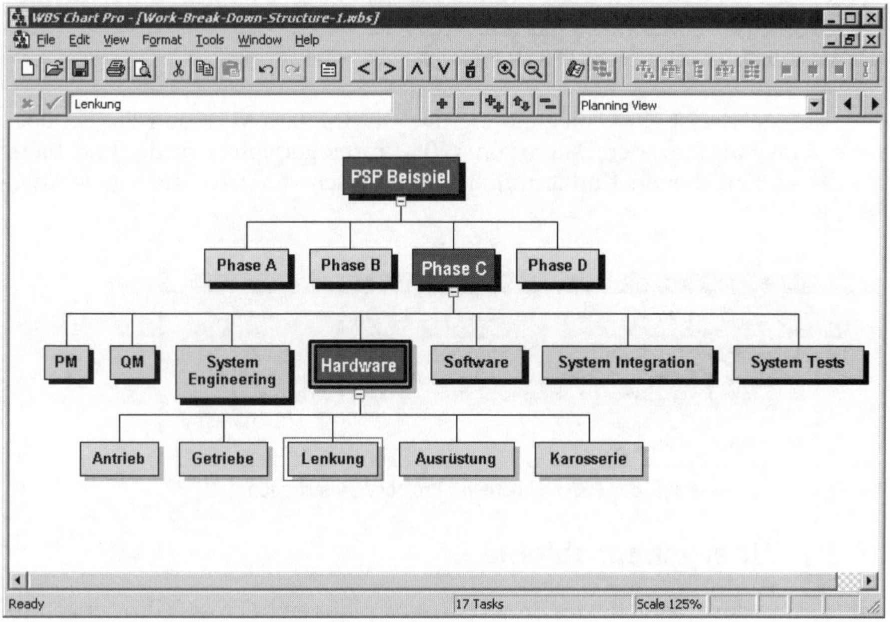

Abbildung 10.13: Der fertige Projektstrukturplan nach dem Speichern

Es wird auch darauf hingewiesen, dass eine Übertragung nach Microsoft Project einen neuen Terminplan in Project erzeugt und als Folge davon auch eine dynamische Verknüpfung zu Microsoft Project erstellt wird.

Im nächsten Schritt öffnet sich der Speichern-Dialog. Wenn Microsoft Project noch nicht entsprechend eingestellt ist, dann gibt es wieder eine entsprechende Aufforderung, den Plan als Microsoft Project-Plan mit wählbarem Dateiformat zu speichern. Dabei wird automatisch die zuletzt installierte Microsoft Project-Version erkannt und das entsprechende Dateiformat verwendet, was unter Umständen zu Problemen mit der Lesbarkeit führen kann. Der Ausweg geht hier über das Öffnen des Plans und erneutes Speichern im Dateiformat Microsoft Project 2003 oder 2000.

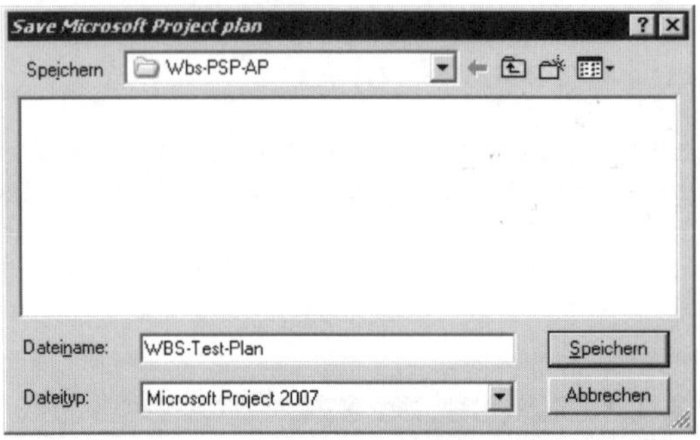

Abbildung 10.14: Speichern eines PSP als Microsoft Project-Datei (*.mpp)

Als Nächstes weist ein Dialogfeld Sie darauf hin, dass Microsoft Project noch nicht zum Empfang der Daten von WBS-Pro eingerichtet wurde, und bietet an, die entsprechende Konfiguration automatisch durchzuführen (*Abbildung 10.15*).

Abbildung 10.15: Anfrage, den PSP an Microsoft Project zu übertragen

10.3.7 Übergabeprobleme

Sollte es bei der Übergabe des Projektstrukturplans an Microsoft Project zu Problemen kommen, erhalten Sie eine weitere Meldung mit der Begründung, warum die Verbindung fehlgeschlagen ist, und dem Hinweis, wie Sie das Problem lösen können, *Abbildung 10.16*.

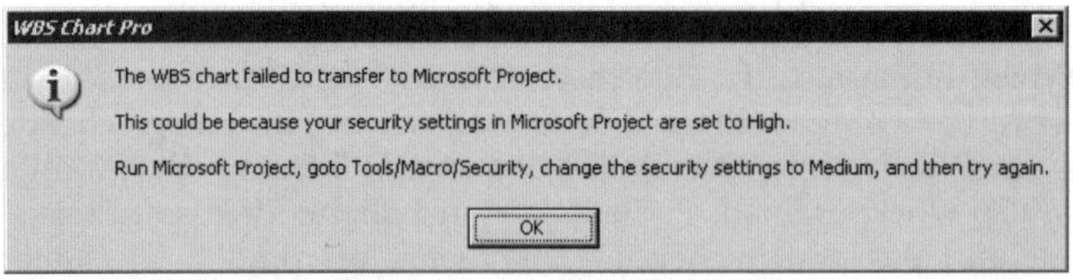

Abbildung 10.16: PSP übergeben an Microsoft Project 2007

Sie sollten den Anweisungen folgen und die Sicherheitseinstellungen herabsetzen. Wechseln Sie dazu nach Microsoft Project, klicken Sie unter *Extras/Optionen* im Register *Sicherheit* auf die Schaltfläche *Makrosicherheit*, und stellen Sie dort die vorgeschlagene Sicherheitsstufe (*Niedrig*) ein, siehe *Abbildung 10.17*.

10.3.8 Korrektur der Makrosicherheit

Wenn die Sicherheitseinstellungen so weit korrigiert wurden, legt *WBS Chart Pro* jetzt automatisch ein neues Projekt an, das alle Elemente der Struktur als Vorgänge und Sammelvorgänge enthält, so wie es der Gliederung entspricht.

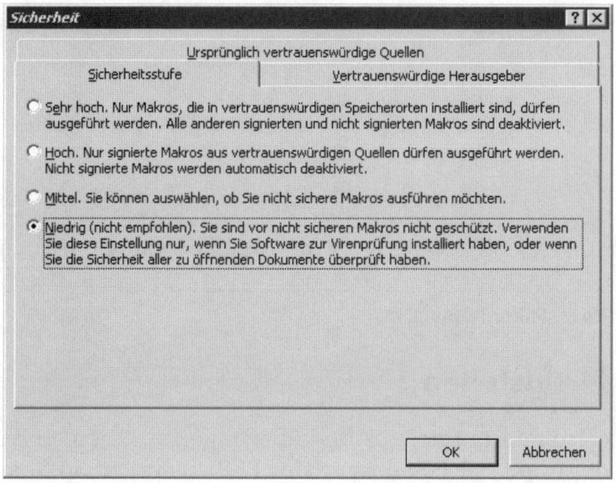

Abbildung 10.17: Korrektur der Makrosicherheit in Microsoft Project

10.3.9 Erfolgreiche Datenübergabe

Nach erfolgreicher Datenübergabe öffnet sich der Terminplan mit den übernommenen Vorgängen in Microsoft Project und kann jetzt ganz normal bearbeitet werden. Vorgänge, die in der Struktur von WBS Pro noch keine Dauer enthielten, werden mit der Standarddauer von einem Tag übertragen und müssen dann nachträglich im Terminplan angepasst werden. Damit Sie nach solchen Änderungen in einem Terminplan jederzeit schnell zu WBS Chart wechseln können, um die korrigierten Daten zu übertragen, hat WBS Chart Pro in Project ein Symbol eingebettet, das Ihnen den schnellen Wechsel ermöglicht, siehe *Abbildung 10.18*.

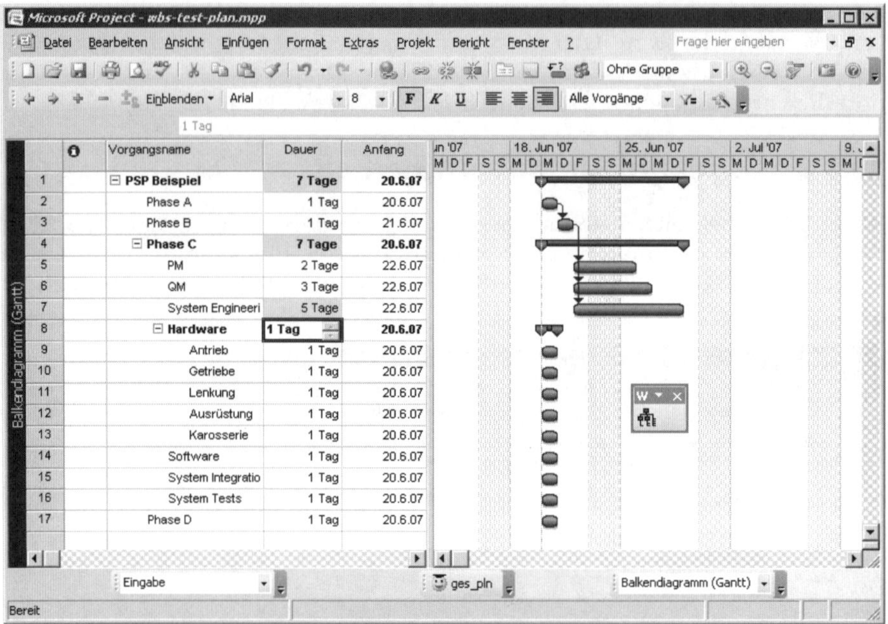

Abbildung 10.18: In WBS Chart Pro erstellter Terminplan

10.3.10 Terminplan fertigstellen

Es ist von jetzt an nur noch reine Routine, aus den übertragenen Daten einen Terminplan zu erzeugen, der exakt der Gliederung des PSP entspricht, in dem die Vorgänge miteinander verknüpft werden und wo jeweils die Standarddauer von einem Tag durch eine von Ihnen festzulegende Dauer ersetzt wird, siehe *Abbildung 10.19*.

Wenn Sie alle Änderungen an einem Terminplan vorgenommen haben, können Sie diesen Plan mithilfe des von WBS Chart Pro automatisch angelegten Symbols (siehe *Abbildung 10.19*) in die entsprechend überarbeitete Version der Struktur übertragen. Alle betroffenen Elemente des PSP werden dadurch automatisch korrigiert und enthalten jetzt alle berechneten Daten in den Informationen dieser Elemente.

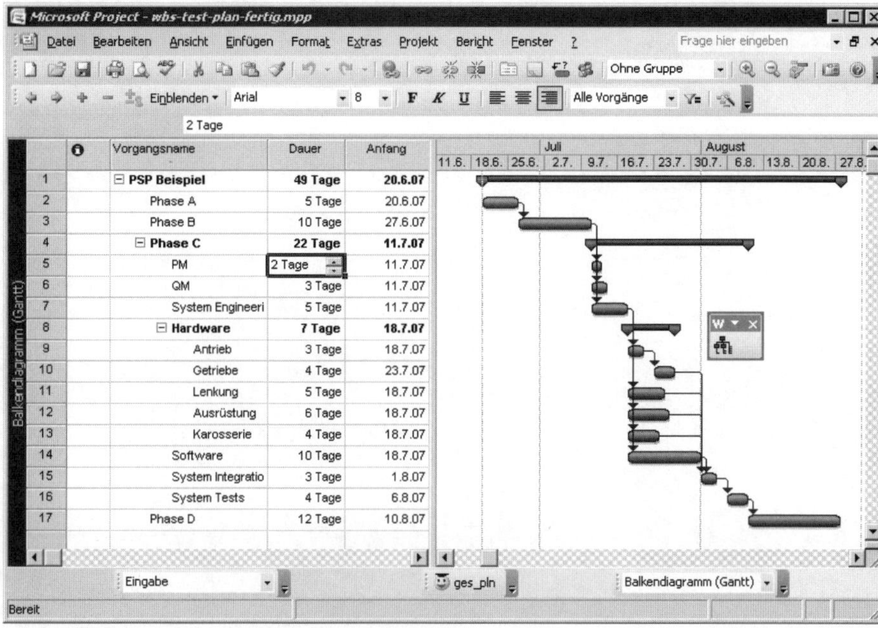

Abbildung 10.19: Der endgültige, fertige Terminplan

10.3.11 Wie geht es weiter?

Sobald ein Terminplan für ein Arbeitspaket festgelegt ist, können die weiteren Pläne der verbliebenen Arbeitspakete nach dem gleichen Verfahren erstellt werden. Wenn alle Einzelpläne der Arbeitspakete vorhanden sind, können sie als Teilprojekte in den Rahmenterminplan eingebettet werden, sodass ein strukturierter Rahmenterminplan für das Gesamtprojekt entsteht.

Wie das im Einzelnen gemacht wird, finden Sie in Kapitel *12.1, Teilprojekttechniken*.

11 Arbeitspakete

Arbeitspaketbeschreibungen sind Standardunterlagen der Projektarbeit, die zusammen mit der Projektstrukturierung entstehen und die auf klare Weise beschreiben, welche Aufgaben (*Vorgänge*) im Rahmen dieses Arbeitspakets durchzuführen sind. Arbeitspaketbeschreibungen werden in vielen nationalen und internationalen Projekten als *Vertragsdokumente* definiert und unterliegen deshalb sehr strengen Regeln, besonders wenn es um Änderungen und Freigaben geht.

Zielsetzung bei der Festlegung von Arbeitspaketen (AP) ist es, komplexe Projekte in kleinere, logisch zusammengehörige Einheiten (Teilprojekte) aufzugliedern. Dadurch wird erreicht, dass ein Arbeitspaket als eine in sich geschlossene Aufgabe als Teilprojekt an Personen, Abteilungen oder auch Firmen zur Bearbeitung vergeben werden kann.

11.1 Terminplanung von Arbeitspaketen

Ein Arbeitspaket wird erst durch eine detaillierte Termin-, Ressourcen- und Kostenplanung bewertbar und steuerbar. Deshalb sind Arbeitspakete immer die wichtigen Bausteine des gesamten Projektes.

Deshalb müssen alle Detailpläne von Arbeitspaketen als Teilprojekte in den übergeordneten Rahmenterminplan eingebettet werden. Nur so wird es möglich, die Auswirkungen, die sich aus einem Detailplan ergeben, auch in ihrer Wirkung auf den Gesamtplan zu erkennen. Und nur wenn erkannt wird, woher die Probleme kommen, können diese auch korrigiert werden.

Arbeitspaket-Beschreibung als Teilprojekt

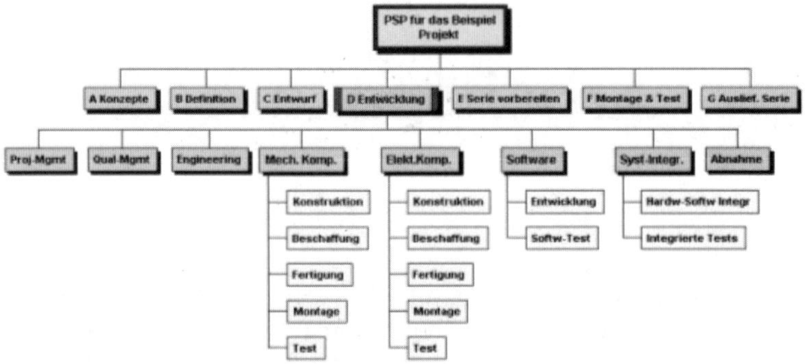

Leistungen	Dauer
Gesamt Teilprojekt Entwicklung	
Mechanische Komponenten	
Konstruktion Mechanik	4w
Beschaffung mech. Teile	6w
Fertigung Mechanik	3w
Tests Mechanik	1w
Elektrische Komponenten	
Konstruktion Elektrik	3w
Beschaffung Elektrik	8w
Fertigung Elektrik	4w
Montage Elektrik	2w
Test Elektrik	1w
Software Entwicklung	6w
Software Tests	6w
System Integration und Test PT	2w
System Abnahmetest Prototypen	2w

Abbildung 11.1: Terminplan eines Arbeitspaketes als Teilprojekt, vor dem Speichern

11.2 Dynamische Planungen

Mit dynamischer Planung eröffnet sich ein völlig neuer Workflow für die Erstellung der Projektpläne von Arbeitspaketen, die als Teilprojekte definiert und in den Rahmenterminplan eingebettet werden können.

Tipp Wurden in einer früheren Bearbeitungsstufe bereits Zahlen für Personalaufwand oder Kosten aus dem Terminplan kopiert, dynamisch an Excel geleitet, dort zu Grafiken verarbeitet und von da ebenfalls dynamisch in weitere Seiten der Arbeitspaketbeschreibung als Statusinformationen eingefügt, dann werden sich auch diese Grafiken automatisch aktualisieren.

11.3 Dynamische Verknüpfungen

Bei der Verwendung von Microsoft Project bietet es sich an, die Daten der Arbeitspaketbeschreibungen jeweils als Quelle für eine detaillierte Planung zu verwenden und sie durch DDE (Dynamic Data Exchange, dynamischer Datenaustausch) nach Microsoft Project zu übertragen und zu verknüpfen.

Vorteil dieser Methode ist unter anderem, dass die in der Quelldatei enthaltenen Einträge jederzeit für die schnelle Wiederherstellung beschädigter Detailpläne verwendet werden können.

Es ist deshalb sehr hilfreich, die beschreibenden Texte und die Dauer der Vorgänge in Tabellenform zu erstellen. Damit wird die Markierung der Vorgänge und ihrer Dauer wesentlich einfacher, als wenn es sich um freien Fließtext handeln würde. Außerdem wird es auch einfacher, die Reihenfolge der Spalteninhalte einzuhalten. Das ist wichtig, weil dynamische Verknüpfungen nur dann möglich sind, wenn die Quelldaten die gleiche Reihenfolge und ein lesbares Format haben wie die Eingabetabelle in Microsoft Project. Als Warnung ist die Überschriftenzeile der Tabelle farbig abzusetzen, damit diese Zeile nicht versehentlich markiert und kopiert wird. Das würde dazu führen, dass die Daten nicht lesbar wären und der Aufbau einer Verknüpfung unmöglich wird.

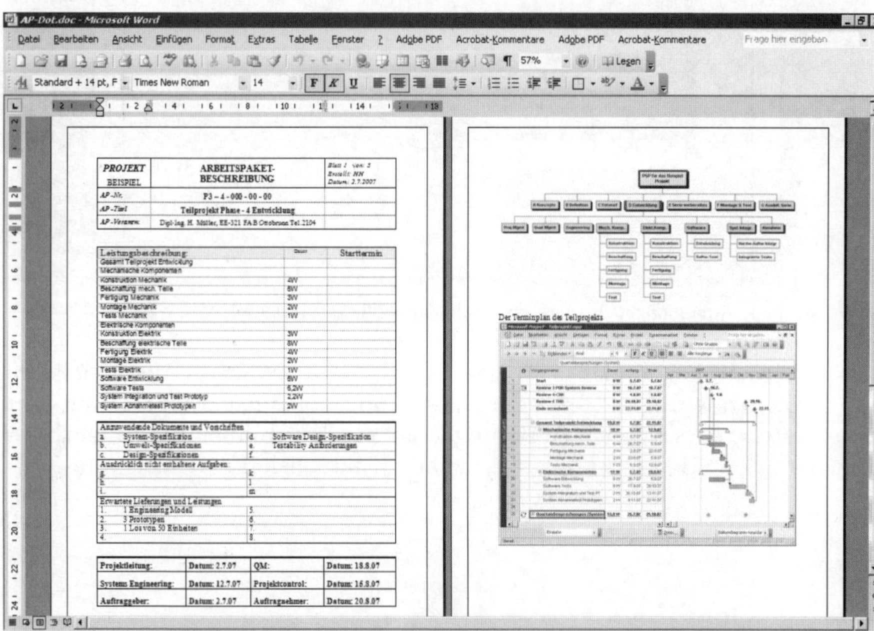

Abbildung 11.2: Arbeitspaketbeschreibung mit eingebetteten Zusatzinformationen

Abbildung 11.2 zeigt als Beispiel den Inhalt einer Arbeitspaketbeschreibung, bei der als Zusatzinformation ein Teil des Projektstrukturplans abgebildet ist. Das kann bei der Dateneingabe in die Tabelle als Hilfe verwendet werden, um sicherzustellen, dass die Daten vollständig und in entsprechender Reihenfolge eingetragen werden.

Abbildung11.3 zeigt den zweiten Abschnitt dieser Arbeitspaketbeschreibung mit dem aus den Tabellendaten erstellten Terminplan, der hier aus Microsoft Project kommt und mit einer dynamischen Verknüpfung eingebettet wurde.

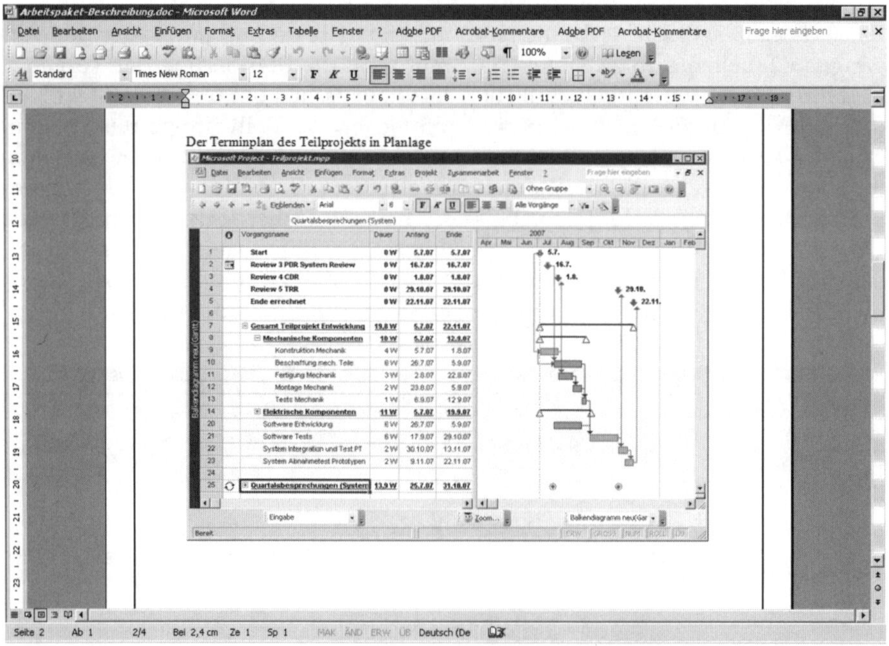

Abbildung 11.3: Arbeitspaket-Beschreibung mit eingebettetem Terminplan

Dieser Terminplan aktualisiert sich automatisch, sobald in der Quelldatei irgendeine Änderung an Text oder Dauer von Vorgängen erfolgt. Damit wird sichergestellt, dass sich bei Änderungen an Vorgängen in einem Arbeitspaket auch der zugehörige Terminplan automatisch aktualisiert und synchronisiert.

11.4 Dynamisch planen – die Methode

Wenn Sie diese Methode nutzen möchten, dann sind folgende Arbeitsschritte nötig:

- *Öffnen* einer neuen, leeren Textdatei oder, wenn bereits vorhanden, einer Arbeitspaket-Dokumentvorlage *AP.dot* unter *Word* und speichern unter neuem Namen
- Anlegen der *Tabelle*, dabei beachten, dass zuerst nur eine Zeile für die Überschriften angelegt und ausgefüllt wird
- Mit der [Tab]-Taste die nächste Zeile erzeugen und jetzt noch die erste Zeile mit einer leichten Farbmarkierung versehen
- Die einzelnen Positionen der Projektstruktur und die geschätzte Dauer in Tagen, Wochen, aber auch in Stunden der Reihe nach in die Zeilen und Spalten eintragen (Sammelvorgänge erhalten keine Dauer!)
- Mit der [Tab]-Taste wird jeweils die nächste Zeile gewählt oder automatisch eine neue Zeile erzeugt.
- Dann werden die Texteinträge innerhalb der Tabelle markiert. Dabei muss darauf geachtet werden, dass die Markierung nicht über den Tabellenrand hinausreicht.
- Mit *Kopieren* werden die Vorgangsdaten in die Zwischenablage übertragen.
- Jetzt zu Microsoft Projekt wechseln und ein neues, leeres Projekt öffnen
- Bevor die Daten aus der Zwischenablage eingefügt werden können, sind noch die bekannten Einstellungen unter *Projekt/Projektinfo* vorzunehmen.
  - *Anfangstermin* festlegen (muss bei Teilprojekten nicht ganz genau sein)
  - *Kalender* eintragen und gegebenenfalls anpassen
- Jetzt markieren Sie die Zelle für den Namen in der fünften Zeile der Eingabetabelle, gehen weiter mit *Bearbeiten/Inhalte einfügen.../Verknüpfung einfügen/Textdaten* und schließen mit *OK* ab.
- Sobald Sie mit OK bestätigen, entsteht ein Terminplan, dessen Vorgänge zunächst alle parallel angeordnet sind und der in den Textzeilen rechts unten die Markierung für durch *OLE* (Object Linking & Embedding, dynamische Verknüpfung) verknüpfte Daten anzeigt.
- Mit einem Doppelklick in den Vorgangsbereich kann nun jederzeit die Texttabelle des Arbeitspaketes geöffnet werden, um noch erforderliche Änderungen an den Quelldaten vorzunehmen, die dann wieder automatisch in dem Terminplan aktualisiert werden.

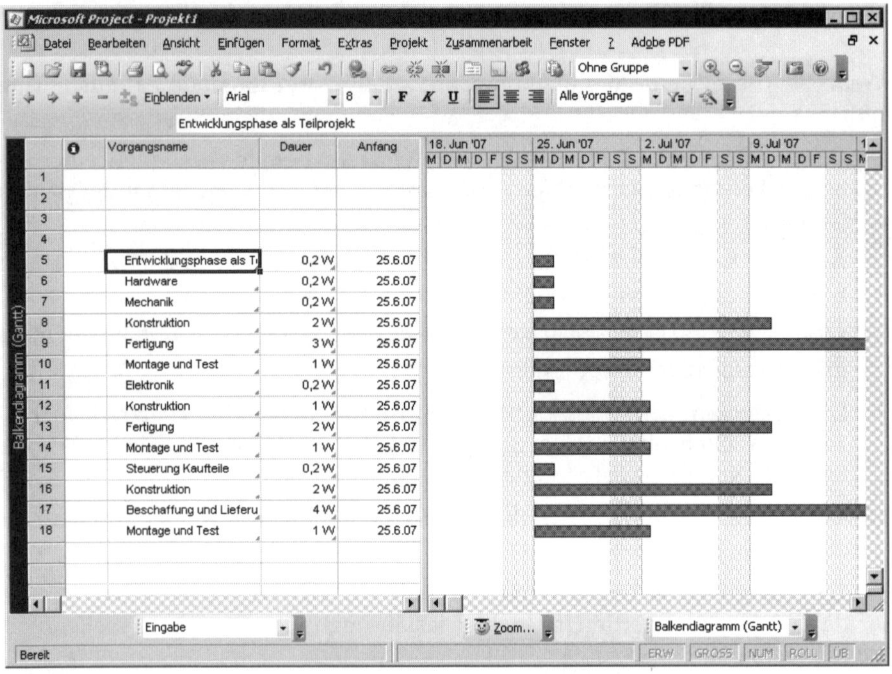

Abbildung 11.4: Daten aus der Zwischenablage dynamisch einfügen

- Wenn Sie so weit fertig sind, kann das Teilprojekt ganz normal weiterbearbeitet werden.
- Wenn das Teilprojekt fertig ist, können beide Dokumente gespeichert und geschlossen werden.

  Achtung Es ist unbedingt auf diese Reihenfolge zu achten, sonst erhalten Sie eine Kopie des Dokuments im Terminteil statt Vorgangstexte in den Eingabezeilen.

  Hinweis Mit verknüpften Dateien lassen sich Terminpläne, die mithilfe von *OLE* aus den Inhalten eines Textdokuments entstanden sind, auch unterhalb der Quelldaten dieses Dokuments wie weiter unten beschrieben wieder dynamisch einbetten. Es entsteht dabei fast ein *Kreisverkehr*!

11.5 Verlorene Verknüpfungen

In Terminplänen verloren gegangene Verknüpfungen lassen sich jederzeit wieder herstellen, indem noch einmal die Quelldaten markiert und in die Zwischenablage kopiert werden. Dann werden diese Daten mit *Bearbeiten/Inhalte einfügen/Verknüpfung einfügen:/Textdaten* noch einmal in die entsprechende erste Zelle (das ist normalerweise die Zelle *Namen* in *Zeile 5*) des verknüpften Textes eingefügt. Es erscheint eine Warnung, dass bereits verknüpfte Daten vorhanden sind und dass die Verknüpfung verloren geht, wenn Sie weitermachen. Diese Meldung können Sie ignorieren und mit den bereits bekannten Befehlsfolgen fortfahren.

Der bereits vorhandene Text und die Dauer werden überschrieben, der Terminplan bleibt jedoch unverändert, soweit es sich um die Anordnung der Balken und ihre Verknüpfungen handelt.

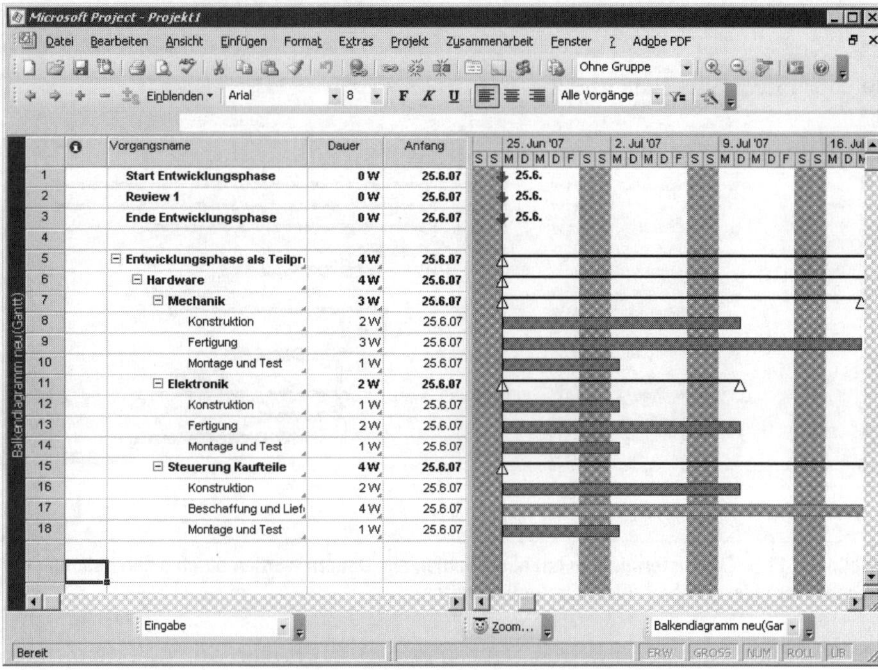

Abbildung 11.5: Dynamisch eingefügte, ergänzte und strukturierte Vorgänge

Der so erhaltene Plan wird jetzt noch fertig bearbeitet durch:

- Logische Verknüpfung zwischen den Vorgängen und Meilensteinen
- Prüfung der erhaltenen Ergebnisse
- Abschließendes Speichern in das Projektverzeichnis

11.6 Fehler durch falschen Kalender korrigieren

Der in *Abbildung 11.6* dargestellte Plan wurde versehentlich mit dem Standardkalender erstellt und enthielt völlig veränderte Werte für die Dauer, nachdem der Projektkalender geladen wurde.

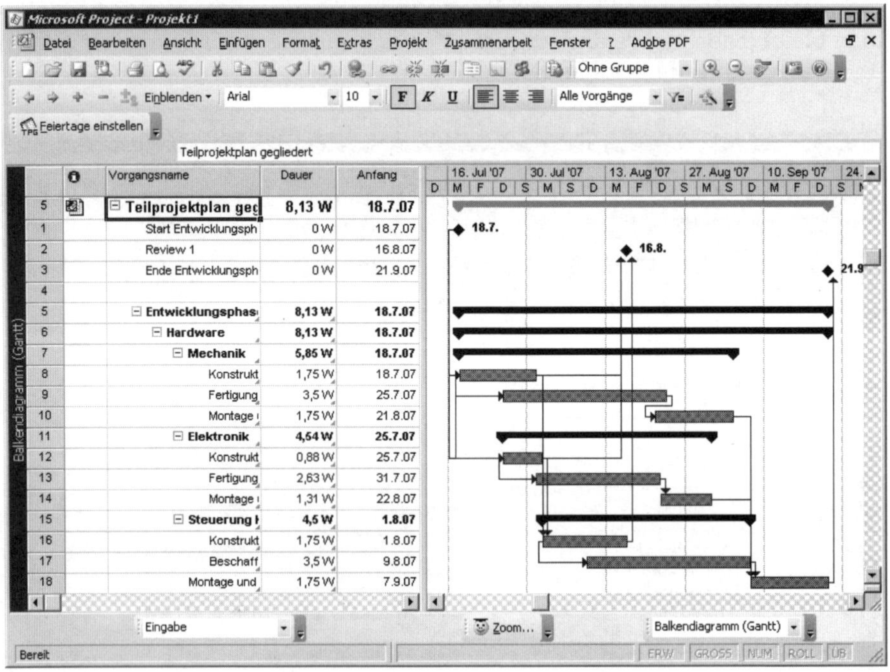

Abbildung 11.6: Dieser Terminplan hat einen Fehler, alle Dauern wurden durch einen Kalenderwechsel verändert, siehe Zahlen mit Kommawerten.

Die Korrektur der veränderten Dauern erfolgt am besten durch Aktualisieren der dynamischen Verknüpfungen, wie weiter unten beschrieben.

Die einzelnen Schritte hierfür sind:

- Menü *Bearbeiten/Verknüpfungen*
- Radiobutton *Automatisch aktualisieren*
- Schaltfläche *Jetzt aktualisieren*
- Die falschen Daten werden durch Originaldaten überschrieben.
- Mit *Schliessen* den Dialog verlassen. Fertig.

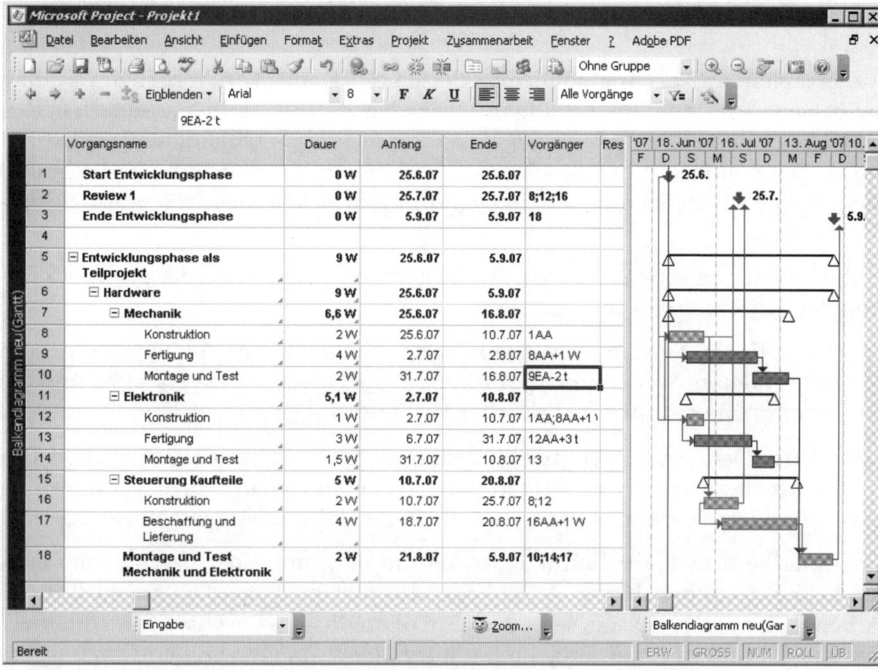

Abbildung 11.7: Korrektur durch automatische Übernahme der Ursprungsdaten

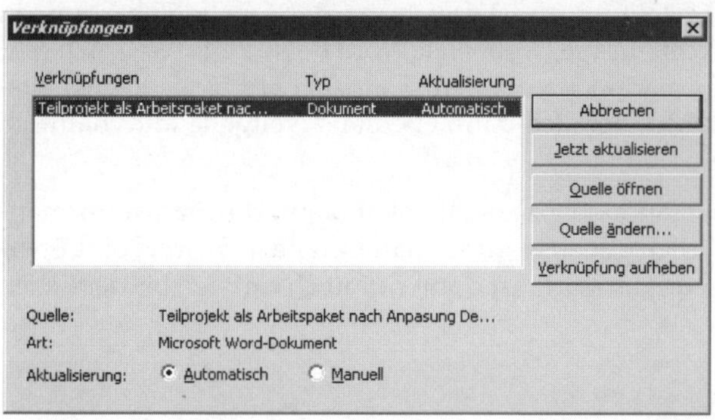

Abbildung 11.8: Der Dialog zum Aktualisieren der dynamischen Verknüpfung

11.7 Änderungen in den Quelldaten bearbeiten

Änderungen am Beschreibungstext oder an der Dauer von Vorgängen werden am besten nicht mehr im jeweiligen Terminplan vorgenommen, sondern in den Quelldaten bearbeitet, z.B. in der Word-Tabelle. Diese Quelldaten können mit einem Doppelklick in den beschreibenden und verknüpften Text (siehe graues kleines Dreieck rechts unten in den verknüpften Zellen) des Projektplans geöffnet werden.

Aufgrund der bestehenden, dynamischen Verknüpfung wird der geöffnete Terminplan automatisch synchronisiert.

> **Tipp** Es ist deshalb eine gute Lösung, die Quelldaten in Tabellenform in einer anderen Anwendung (Word, Excel oder Access) zu verwalten und die Terminpläne mithilfe dynamischer Verknüpfungen zu erstellen.

Sobald der Detailplan (Teilprojekt) fertiggestellt ist, kann er als wichtige Termininformation durch Verwenden einer weiteren dynamischen Verknüpfung in der Arbeitspaketbeschreibung unterhalb der Tabelle eingebettet werden.

Dazu markiert man alle Einträge des Terminplans und überträgt sie mit *Kopieren* in die Zwischenablage. Anschließend öffnet man das Dokument mit der Arbeitspaketbeschreibung, setzt den Cursor an die gewünschte Stelle unterhalb der Tabelle und fügt den Projektplan mit *Einfügen/Inhalte einfügen/Verknüpfung einfügen/Microsoft Project Dokument-Objekt* ein. Änderungen der Quelldaten werden auch in diesem Fall automatisch aktualisiert und sichtbar.

Als Anwendung für die Erstellung und Verwaltung der Quelldaten kommen Word, PowerPoint oder Excel infrage, wobei ich Word bevorzuge, weil sich hier später auch alle Statusinformationen zu einem Statusbericht für jedes Arbeitspaket zusammenstellen lassen, der sich dann ebenfalls weitgehend dynamisch aktualisiert.

Wer mit PowerPoint Präsentationen zu erstellen hat, kann die Statusinformationen statt nach Word natürlich genauso gut dynamisch nach PowerPoint übertragen. Welche Lösung bevorzugt wird, ist dann nur noch mit den betrieblichen Verfahren abzustimmen.

11.8 Weitere dynamische Verknüpfungen

Genau so lassen sich markierte Daten aus Tabellen eines Terminplans dynamisch in eine Excel-Tabelle übertragen, um nach entsprechenden Anpassungen automatisch Grafiken zu erstellen. Diese Grafiken können wiederum dynamisch in das Textdokument eingefügt werden und aktualisieren sich auch dort simultan, sobald eine Änderung in den Quelldaten erfolgt ist.

Hinweis Es entsteht der bereits weiter oben in diesem Kapitel erwähnte *Kreisverkehr* zwischen zwei oder drei Anwendungen:

- Entweder Word > Project > Word oder
- Word > Project > Excel > Word

Diese Funktion ist besonders hilfreich, aber nicht ganz ungefährlich, weil durch die dynamischen Verknüpfungen automatisch Anpassungen an alle verknüpften Dokumente weitergegeben werden. Das kann sehr schnell zu unerwünschten Effekten führen, die noch schwieriger zu beheben sind.

11.9 Vorteile dynamischer Verknüpfungen

Die Vorteile der dynamischen Verknüpfungen sind:

- Datensicherheit, weil die Quelldaten in einer anderen Anwendung liegen
- Zwang, jeweils die beschreibenden Texte zu aktualisieren, um die Beschreibungen der Vorgänge zu synchronisieren
- Die Quelldaten können bei Fehlern in einem verknüpften Plan jederzeit wieder verwendet werden, um Korrekturen vorzunehmen.

Sollen Quelldaten zur Fehlerkorrektur verwendet werden, ist die Befehlsfolge hierfür:

- In einem geöffneten Plan Doppelklick auf eine Vorgangsbeschreibung
- Es öffnet sich das Textdokument.
- Korrekturen vornehmen
- Wechsel zu der geöffneten Projektdatei und dann weiter mit

  Bearbeiten/Verknüpfungen/Aktualisieren/Automatisch/Aktualisieren
- Die fehlerhaften Einträge werden jetzt automatisch korrigiert.

11.10 Arbeitspakete speichern als Teilprojekt

Wenn alle Bearbeitungen abgeschlossen sind, ist das Projekt zu speichern. Entweder durch einfaches Speichern oder, wenn es sich um ein neues Projekt handelt, dann aber unbedingt auch als Basisplan, siehe Kapitel 14, *Basisplan speichern, Seite einrichten und drucken*.

Hinweis Bei der Speicherung von Projektplänen können Sie verschiedene Formate für das Dokument wählen.

Speichern unter ...

*.mpp	das normale, aktuelle Microsoft Project-Format
*.mpt	als Vorlage, Musterprojekt
*.mpd	als Microsoft Project-Datenbank (Spezialformat)
*.html und *.htm	als Webseite
*.mpp (Project 98)	für Anwender von Project 98
*.mdb (Access)	für Anwender, die Project-Daten in Access weiterverarbeiten
*.xls (Excel-Arbeitsblatt)	grafische Datenauswertung mit Pivottabellen
*.xls (Excel-Pivottab.)	
*.txt	(durch Tab oder Komma getrennt)
*.xml	
*.mpw	Arbeitsbereich, um mehrere Projekte gleichzeitig zu öffnen
ODBC	für Verwendung mit Datenbanksystemen wie Oracle

Tipp Wenn Sie mehrere Projekte geöffnet haben und diese Projekte immer alle gleichzeitig geöffnet werden sollen, dann haben Sie im Menü *Datei* noch die Option *Arbeitsbereich speichern...*, mit der erreicht wird, dass immer alle als zusammengehörend definierten Projekte gleichzeitig geöffnet werden.

Zu beachten sind hier noch die Einstellungen unter *Extras* im Menü *Speichern unter...*, in denen Sie Schreibschutz und Sicherheitskopien festlegen können.

Arbeitspaketbeschreibung als Formatvorlage

Die Arbeitspaket-Formatvorlage, die Sie auch auf der Webseite finden, dient zur Veranschaulichung diverser Möglichkeiten, um zusätzliche interessante Informationen zu Terminen, Kosten, Personalaufwand, Meilenstein-Trendanalysen oder andere wichtige Auswertungen einzubetten.

PROJEKT BEISPIEL	ARBEITSPAKET-BESCHREIBUNG	*Blatt 1 von: 5* *Erstellt: HH* *Datum: 2.7.2007*
AP-Nr.	**P3 – 4 - 000 - 00 - 00**	
AP-Titel	**Teilprojekt Phase - 4 Entwicklung**	
AP-Verantw.	Dipl-Ing. H. Müller, EE-321 FAB Ottobrunn Tel.2104	

Leistungsbeschreibung:	Dauer	Starttermin
Gesamt Teilprojekt Entwicklung		
Mechanische Komponenten		
Konstruktion Mechanik	4W	
Beschaffung mech. Teile	6W	
Fertigung Mechanik	3W	
Montage Mechanik	2W	
Tests Mechanik	1W	
Elektrische Komponenten		
Konstruktion Elektrik	3W	
Beschaffung elektrische Teile	8W	
Fertigung Elektrik	4W	
Montage Elektrik	2W	
Tests Elektrik	1W	
Software Entwicklung	6W	
Software Tests	6,2W	
System Integration und Test Prototyp	2,2W	
System Abnahmetest Prototypen	2W	

Anzuwendende Dokumente und Vorschriften			
a.	System-Spezifikation	d.	Software Design-Spezifikation
b.	Umwelt-Spezifikationen	e.	Testability Anforderungen
c.	Design-Spezifikationen	f.	
Ausdrücklich nicht enthaltene Aufgaben:			
g.		k	
h.		l	
i..		m	
Erwartete Lieferungen und Leistungen			
1.	1 Engineering Modell	5.	
2.	3 Prototypen	6.	
3.	1 Los von 50 Einheiten	7.	
4.		8.	

Projektleitung:	**Datum: 2.7.07**	**QM:**	**Datum: 18.8.07**
Systems Engineering:	**Datum: 12.7.07**	**Projektcontrol:**	**Datum: 15.8.07**
Auftraggeber:	**Datum: 2.7.07**	**Auftragnehmer:**	**Datum: 20.8.07**

Hier Projekt-Struktur-Plan und weitere Grafiken nacheinander einfügen

Abbildung 11.9: Formular einer Arbeitspaketbeschreibung

12 Teilprojekte und Multiprojekte

Die hier beschriebene Methode setzt voraus, dass ein Gesamtterminplan vorhanden ist, der später als Rahmenterminplan (RTP) verwendet werden soll. In diesen Plan werden mithilfe von OLE (Objekt Linking & Embedding) bestehende Vorgänge aus einem Teilprojekt *eingebettet*. In diesem Fall bleiben sie als Datei an ihrem ursprünglichen Platz (Verzeichnis, Ordner) und mit gleichem Dateinamen erhalten.

Teilprojekte werden im RTP durch Anzeige ihrer Sammelvorgänge dargestellt und können jederzeit geöffnet oder geschlossen werden, indem die Plus- oder Minuszeichen ihrer Sammelvorgänge angeklickt werden.

> **Hinweis** Teilprojekte können bei Bedarf jederzeit aus dem RTP entfernt werden, indem der eingetragene Verknüpfungspfad gelöscht wird. Teilprojekte werden bei diesem Verfahren nur aus dem Gesamtplan entfernt, aber als Datei bleiben sie erhalten.

12.1 Teilprojekttechniken

Der Vorteil der hier beschriebenen Methode ist, dass sich eingebettete Teilprojekte jederzeit entfernen lassen, ohne dass die ursprünglichen Pläne zerstört werden. Das ist besonders hilfreich, wenn es um sogenannte *Schedule Trade-Offs* (*Was-wäre-wenn-Analysen*) geht. Darunter versteht man die Methode, durch mehrfaches Verändern der Planungen herauszufinden, ob es bessere Wege zur Erreichung des Ziels gibt; siehe *Kapitel 14, Basisplan speichern, Seite einrichten und drucken*.

12.1.1 Voraussetzungen

- Der als künftiger Rahmenterminplan des Gesamtprojekts vorgesehene Plan ist vorhanden.
- Der Projektstrukturplan ist vorhanden und entspricht diesem künftigen Rahmenterminplan.

- Die Teilprojekte sind festgelegt nach Hierarchie und ihrem Inhalt.
- Die Arbeitspakete sind beschrieben und geplant.
- Projektkalender der Teilprojekte sind erstellt und passen zusammenpassen.
- Währungseinheiten (Symbole) liegen fest und sind identisch.
- Ressourcenkalender sind, vorhanden, aktuell und abgestimmt.
- Standardsätze aller Ressourcen sind überprüft und abgestimmt.
- Eskalationsraten der Standardsätze aller Ressourcen sind bekannt und eingearbeitet.

Die erste Methode

- Den später als Rahmenplan zu verwendenden Plan öffnen und hierin die betreffenden Vorgänge durch Eintragen des Pfades zu ihrem eigenen Plan in einer neu eingefügten Spalte (Teilprojektpfad) dynamisch einbetten, siehe weiter unten in diesem Kapitel
- Es können zwischen den in einem Rahmenplan enthaltenen und geöffneten Detailplänen selbstverständlich auch planübergreifende Verknüpfungen zwischen einzelnen Vorgängen vorgenommen werden, wodurch in den betroffenen Plänen externe Vorgänge entstehen, die dann auch in entsprechender Form bezeichnet und angezeigt werden.
- Diese Methode ist durchgängig anwendbar, sodass auch in Teilprojekten die darin enthaltenen Arbeitspakete eingebettet werden können, auch in den Plänen der Arbeitspakete können genauso noch weiter detaillierte Pläne eingebettet werden.
- Wenn das Gesamtprojekt geöffnet werden soll, dann bietet sich die hier beschriebene Methode deshalb an, weil sich durch Öffnen aller eingebetteten Teilprojekte, Arbeitspakete und deren Teilvorgänge der Gesamtplan entsprechend seiner hierarchischen Gliederungsebenen anzeigen lässt.

Tipp Die hier beschriebene Technik hat sich bei der Erstellung von Rahmenterminplänen bestens bewährt und ist deshalb ohne Einschränkungen auch bei der Multiprojekttechnik zu verwenden.

Neue Spalte einfügen

Mithilfe einer neuen Spalte, die in einer passenden Tabelle eingefügt wird, ergibt sich die Möglichkeit, Teilprojekte sehr einfach in einem Projektplan dynamisch einzubetten und die damit verbundenen Vorteile zu nutzen.

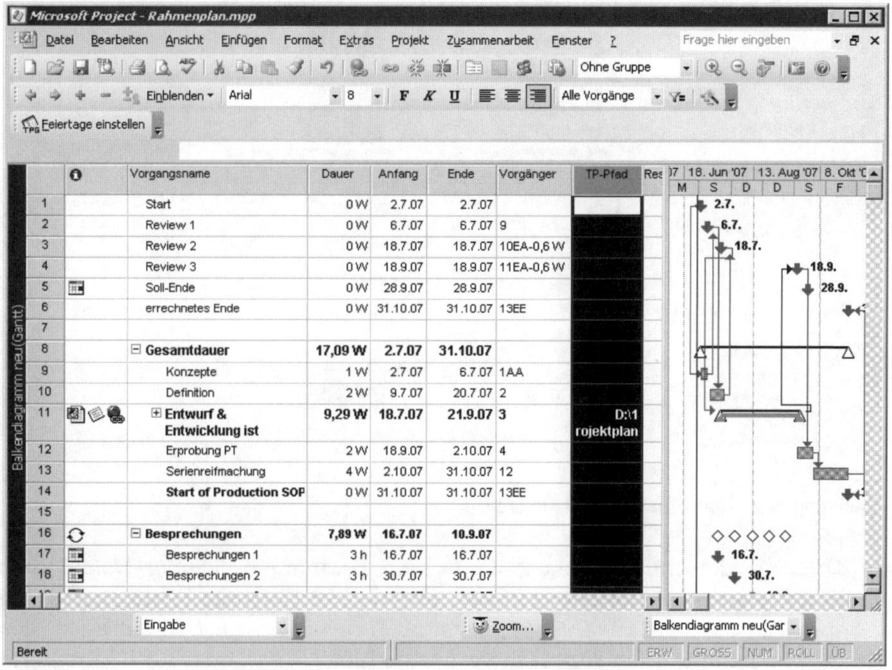

Abbildung 12.1: Neue Spalte für die Einbettung von Teilprojekten

Um eine neue Spalte in der Eingabetabelle der Standardansicht *Balkendiagramm (Gantt)* eines Rahmenterminplans einzufügen, wird die Spalte *Ressourcen* angewählt und dann mit einem rechten Mausklick der entsprechende Dialog für das Einfügen einer neuen Spalte gewählt. Sie erscheint dabei immer links von der ausgewählten Spalte.

Jetzt muss noch mithilfe der Feldnamen der Inhalt dieser neuen Spalte festgelegt werden.

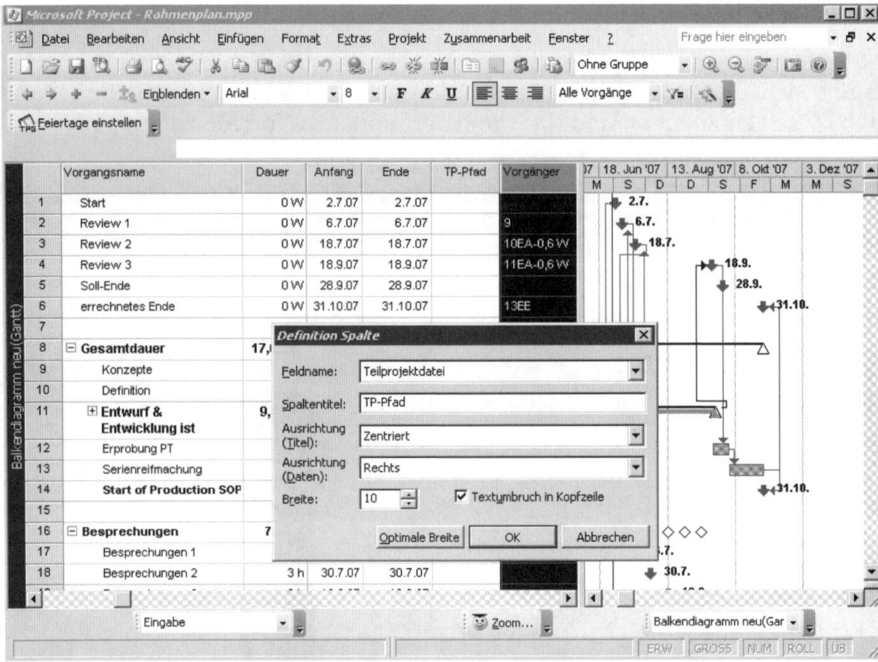

Abbildung 12.2: Neue Spalte Feld definieren

Tipp Es ist einfach, den gewünschten Feldnamen *Teilprojektdatei* durch Eingabe eines „*t*" auf der Tastatur unter den verfügbaren Feldnamen anzuspringen und auszuwählen. Jetzt ist noch der *Spaltentitel* einzutragen, den man beliebig wählen kann. Ich verwende hier *TP-Pfad* oder noch kürzer *TP*.

Damit ist die neue Spalte so weit fertig, dass durch Eingabe des Pfades das gewünschte Projekt in den Rahmenterminplan eingebettet und zunächst als Sammelvorgang angezeigt wird.

Tipp Sollten Sie nicht mehr genau wissen, wo der betreffende Plan zu finden ist, so verwenden Sie einen kleinen Trick: Geben Sie ein oder mehrere beliebige Zeichen, z.B. „*dd*", in der neuen Spalte ein, und bestätigen Sie mit *OK*. Es öffnet sich der Datei-öffnen-Dialog mit dem Hinweis *Kann eingefügtes Projekt „dd" nicht finden*. Jetzt ist es leicht, das gewünschte Teilprojekt einfach anzuklicken und mit OK einzufügen.

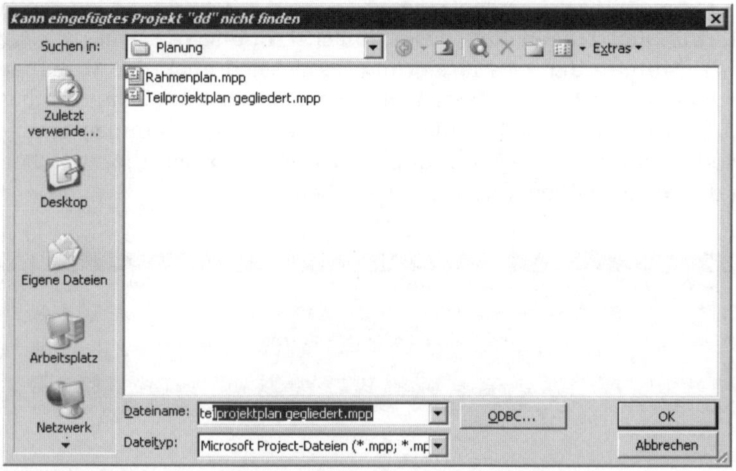

Abbildung 12.3: Ergebnis einer Suche mit fiktivem Dateinamen

Alternative

Es gibt bei Verwendung der hier beschriebenen Methode noch eine weitere Möglichkeit, die gesuchte Datei zu finden, indem man mit der rechten Maustaste den Vorgang anklickt und dann unter *Informationen zum Vorgang* das Register *Spezial* öffnet.

In diesem Register befindet sich jetzt ein neues Eingabefeld, *Verknüpfung zum Projekt:*, in dem der Pfad zum Teilprojekt eingetragen wird oder von dem aus sich der *Durchsuchen…*-Befehl verwenden lässt. Das Eingabefeld wird allerdings nur dann angezeigt, wenn für diesen Vorgang bereits eine Verknüpfung besteht. Ist das nicht der Fall, führt nur die zuvor genannte Variante zum Ziel.

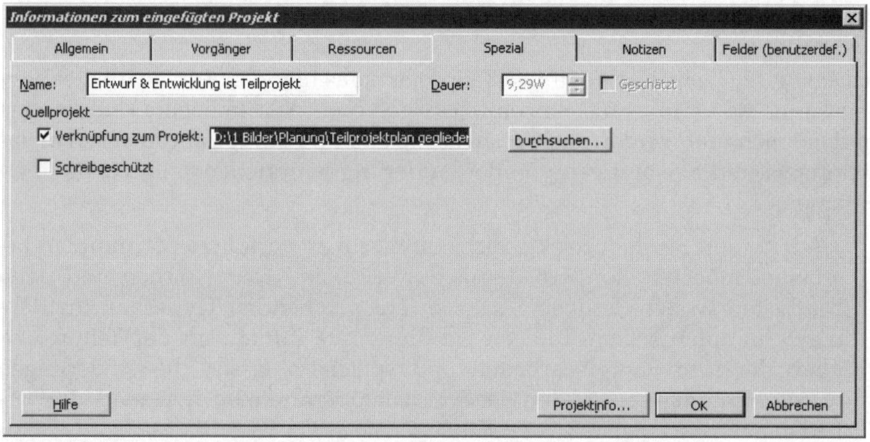

Abbildung 12.4: Die Registerkarte Spezial mit Eingabefeld für die Verknüpfung

Sobald der Pfad zum Teilprojekt eingetragen ist, wird der betreffende Plan so in den Rahmenterminplan eingebettet, dass zunächst nur sein *Sammelvorgang* dargestellt wird. Mithilfe der +/--Markierung lassen sich auch die Vorgänge der untergeordneten Gliederungsebenen des eingebetteten Projekts sichtbar machen. Damit lassen sich bei Bedarf alle Teilprojekte in einem Rahmenterminplan öffnen, sodass auch die Verknüpfungen sichtbar werden, die zwischen den Plänen und ihren einzelnen Vorgängen bestehen.

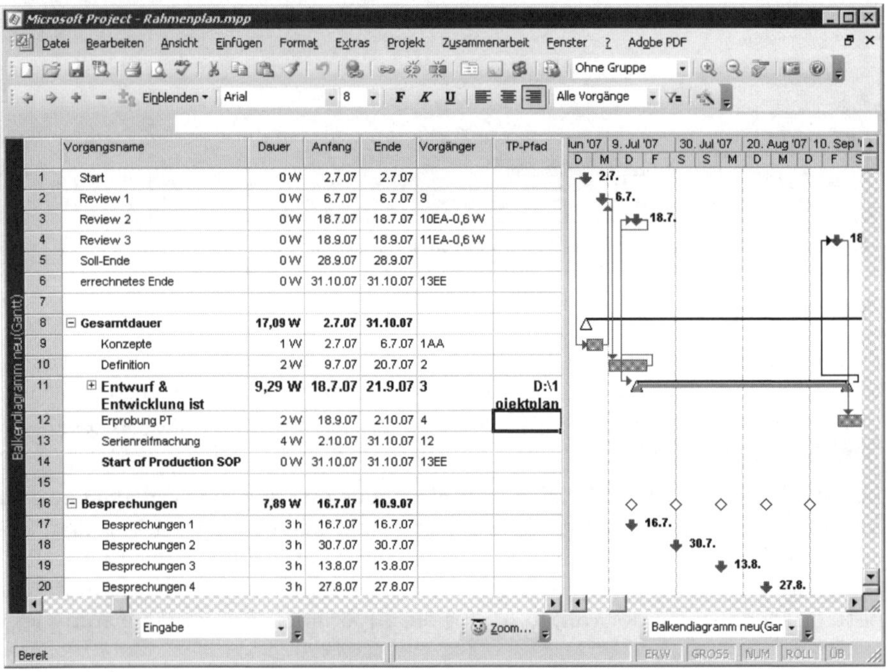

Abbildung 12.5: RTP mit Teilprojekt Entwurf & Entwicklung, noch nicht geöffnet

Abbildung 12.6 zeigt das geöffnete Teilprojekt, das hier genauso bearbeitet werden kann, als wäre es als Einzelprojekt geöffnet. Alle üblichen Änderungen sind möglich und werden nach Bestätigung einer Rückfrage automatisch in das Teilprojekt und alle anderen von der Änderung betroffenen Teilprojekte übernommen.

Tipp Wenn Sie Teilprojekte nicht direkt in einem Rahmenterminplan bearbeiten möchten, sondern den Teilprojektplan separat öffnen und dann bearbeiten wollen, können Sie einen entsprechenden Hyperlink im Rahmenterminplan setzen. Klicken Sie diesen an, öffnet sich der Teilprojektplan, der sich dann bearbeiten und speichern lässt. Alle Änderungen werden automatisch in den Gesamtplan übernommen und sind dort erkennbar.

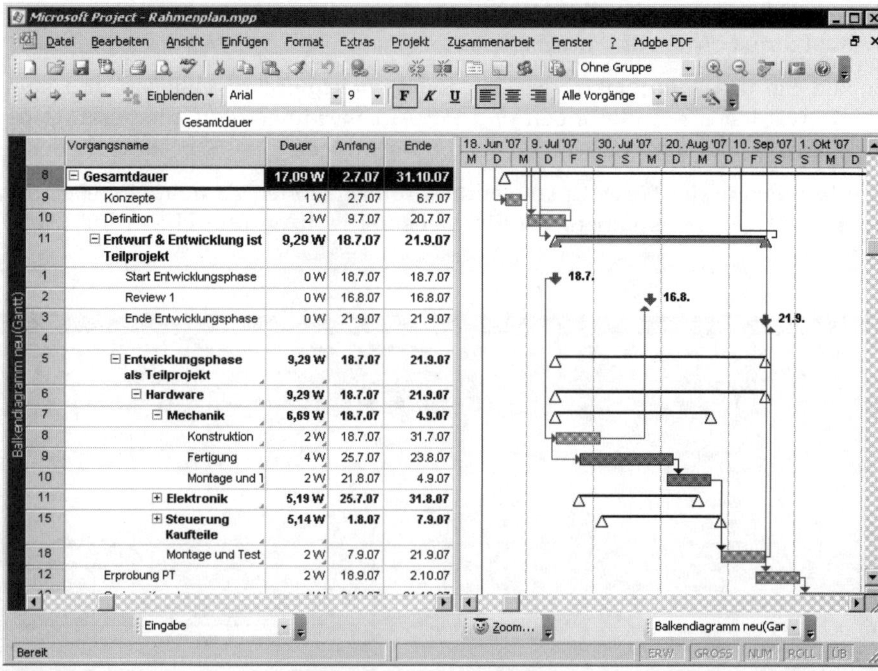

Abbildung 12.6: RTP mit offenem Teilprojekt bis zu den Vorgängen der Entwicklung/Hardware/ Mechanik

Nutzung von Hyperlinks

Erstellen eines Hyperlinks zu einem Teilprojekt ist sehr einfach. Nach dem Mausklick auf das Symbol für den Hyperlink in der Symbolleiste ist nur noch der Speicherort der gesuchten Datei auszuwählen und durch *OK* zu bestätigen (*Abbildung 12.7*). Der Hyperlink wird eingefügt und in der Indikatorenspalte der Eingabetabelle dargestellt.

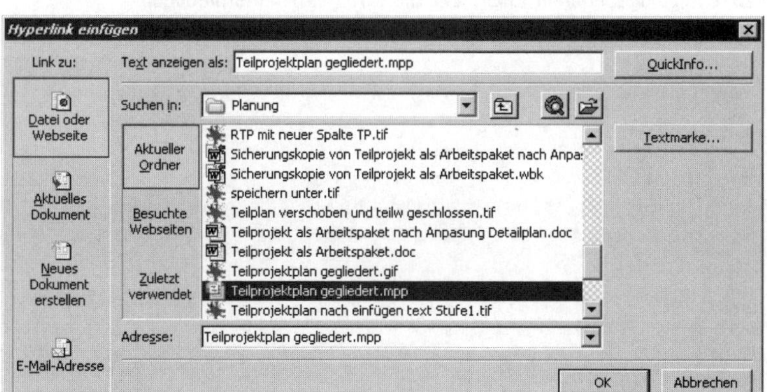

Abbildung 12.7: Festlegen eines Hyperlinks zum Teilprojekt

Ab jetzt können Sie das Teilprojekt mit einem Mausklick auf das Hyperlinksymbol direkt öffnen und bearbeiten.

Sobald Sie das Teilprojekt oder den Rahmenterminplan schließen und speichern, werden die Änderungen und ihre Auswirkungen auf alle verknüpften Teilprojekte übernommen, sobald Sie die Rückfragen mit OK bestätigt haben.

Die Info-Spalte des Gesamtplans enthält Informationen zu dem eingebetteten Teilprojekt wie Dateinamen, Pfad, bestehende Notizen und Hyperlink (*Abbildung 12.8*).

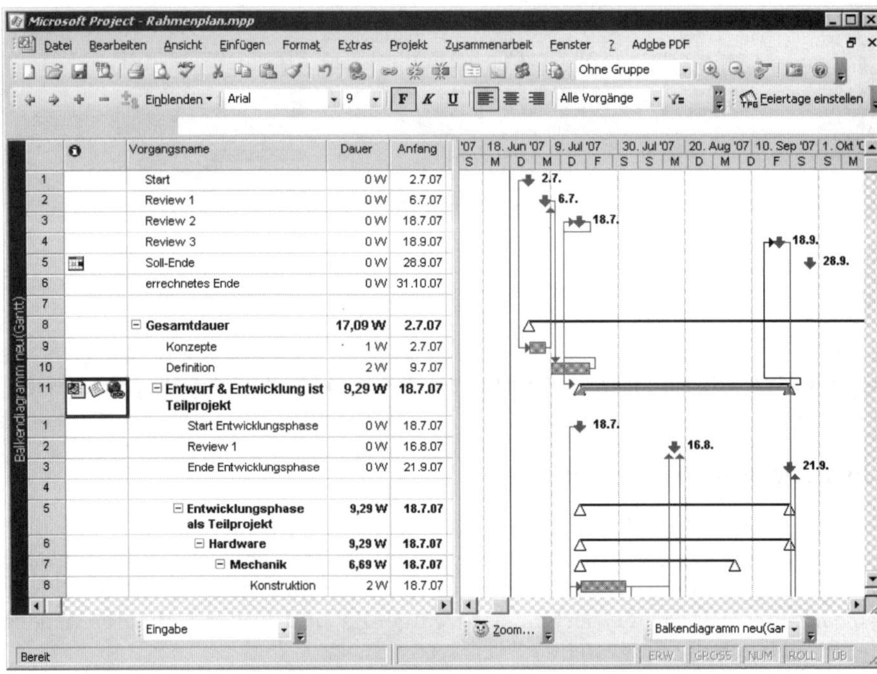

Abbildung 12.8: RTP mit eingebettetem Teilprojekt und verfügbaren Informationen

12.2 Multiprojekttechniken

Es gibt außer der oben beschriebenen Methode noch eine Variante, um mehrere Projekte gemeinsam in einem noch zu erzeugenden Rahmenplan einzubetten. Hierzu öffnen Sie ein neues, leeres Projekt und fügen dann alle benötigten Teilprojekte mit dem Befehl *Einfügen/Projekt* und nachfolgender Auswahl der entsprechenden Dateien in den neuen Gesamtplan ein. Achten Sie auf die wesentlichen Einstellungen dieser Pläne, wie das bereits weiter oben für die Teilprojekte beschrieben wurde, weil sich sonst sehr häufig ein Währungskonflikt ergibt. Der muss korrigiert werden, um die Einbettung zu ermöglichen.

Erforderliche, übergreifende Verknüpfungen zwischen den einzelnen Projekten oder ihren Vorgängen können ab jetzt in dem neu erstellten Rahmenplan (*Multiprojektplan*) aller Projekte vorgenommen werden. Damit werden sich die einzelnen Projekte in ihrer Lage verschieben, und die Auswirkungen können beurteilt und bei Bedarf korrigiert werden.

Nachteil dieser Methode ist, dass vorhandene Vorgänge eines Gesamtplanes, die wie weiter oben beschrieben in Projekte umgewandelt werden sollen, nicht mehr möglich sind. Das passiert, weil in diesem Fall eingefügte Projekte nicht den jeweiligen Balken ersetzen, sondern jeweils über dem markierten Vorgang eingefügt werden, statt diesen zu ersetzen. Deshalb kann diese Methode nicht bei bereits vorhandenen Rahmenplänen verwendet werden. Ein Unterschied besteht jedoch darin, dass im Gegensatz zur Teilprojekttechnik bei Multiprojekten kein Rahmenplan existiert. Deshalb gibt es keine Vorgangsbalken, welche die terminliche Lage eines einzubettenden Projektes bereits vorher festlegen.

12.2.1 Die zweite Methode

Mehrere, meist gleichzeitig ablaufende und sich gegenseitig beeinflussende Projekte in einem Plan überschaubar darzustellen, ist im Prinzip unter Verwendung der schon bei Teilprojekten angewandten und weiter oben beschriebenen Methode möglich.

Für die Darstellung und Bearbeitung mehrerer Projekte in einem Multiprojektplan bietet sich eine etwas abgeänderte Vorgehensweise an, die im Detail nachfolgend beschrieben wird.

- Mit *Datei/Neu* einen neuen, noch leeren Plan anlegen
- Überprüfen der Kalendereinstellungen; damit es nicht zu Überraschungen kommt, sollten nach Möglichkeit alle Projekte denselben Projekt-Kalender verwenden.
- Wo das nicht möglich ist, sind entsprechende Hinweise auf die möglichen Veränderungen der Dauer als Notiz bei den betroffenen Plänen anzufügen.

- Überprüfen aller wichtigen Einstellungen unter dem Menü *Extras/Optionen*
- Die einzufügenden, *aber nicht eingebetteten* Projekte werden mit der Befehlsfolge *Einfügen/Projekt/Datei auswählen/OK* in den Plan übernommen.
- Verknüpfungen zwischen den Projekten erstellen
- Die verknüpften Projekte werden jetzt auch in den Originalplänen zeitlich angepasst und können jetzt überprüft und bei Bedarf auch angepasst werden.
- Speichern des neuen Gesamtplans und aller darin enthaltenen Projekte

Wenn in einem Multiprojektplan der Pfad zu einem darin enthaltenen Projekt oder der Sammelvorgang dieses Projektes gelöscht wird, dann ist es komplett aus der Datei gelöscht.

Das für dieses Kapitel verwendete Beispielprojekt entstand im Rahmen eines internen Seminars. Es besteht aus mehreren selbstständigen Projekten, die zunächst ganz normal, als eigene Themen, komplett geplant wurden. Die Integration aller Projekte zu einem Multiprojektplan erfolgte später, wie das in diesem Abschnitt beschrieben wird.

12.2.2 Erstellen eines Multiprojektplans

Multiprojektpläne entstehen genau genommen nur durch eine Anhebung der Teilprojekttechnik auf eine höhere Ebene. Das bedeutet, dass hier nicht nur die Teilprojekte eines Projekts in einem Rahmenterminplan zusammengefasst werden, sondern dass die Rahmenterminpläne mehrerer, sich gegenseitig beeinflussender Projekte in einem übergeordneten Plan zusammengefasst werden.

Anzuwenden ist die hier beschriebene Methode immer dann, wenn es darum geht, alle Projekte einer Firma zu erfassen, diese in einem Gesamtplan darzustellen und damit auch die Informationen über Ressourceneinsatz und Auslastung aller Projekte zu erhalten.

> **Achtung** Eine sehr wichtige Entscheidung bei der Multiprojekttechnik ergibt sich aus der Frage, welcher Kalender in diesem Fall anzuwenden ist.
>
> **Die Antwort lautet:** Verwenden Sie einen neutralen Kalender, und lassen Sie zu, dass sich unter Umständen die berechnete Dauer von Projekten und deren Vorgängen verändert. Die Anschlusstermine (Anfangs- und Enddatum) der eingebetteten Projekte werden sich dabei aber nicht ändern, und das ist in so einem Fall entscheidend.

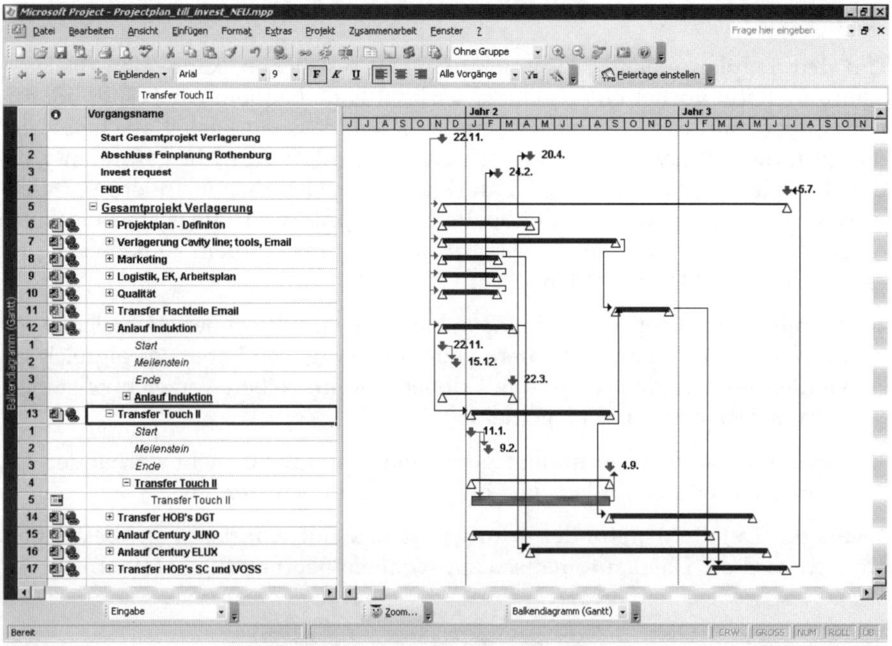

Abbildung 12.9: Multiprojekt: Beispiel aus einer internen Schulung

Die Prozedur im Einzelnen:

- Öffnen eines neuen Projekts
- Eingabe des Starttermins
- Eingabe von Design-Reviews und anderer übergeordneter Meilensteine
- Mit dem Befehl *Einfügen/Projekt…* und Auswahl der betreffenden Dateien alle Projekte nacheinander in den Gesamtplan einfügen
- Die Verknüpfungen am besten mit der Maus zwischen den einzelnen Balken der Projekte und den Meilensteinen ziehen und die Anordnungsbeziehungen nach Bedarf einstellen
- Wenn das Gesamtprojekt und die eingefügten Projekte keine Probleme signalisieren, kann die Basisplanung fixiert werden.
- Abschließend sind noch die erforderlichen Hyperlinks für jedes eingefügte Projekt zu erstellen, damit mit deren Hilfe jedes Projekt zur Bearbeitung in einem eigenen Fenster geöffnet werden kann.
- Mit einem abschließenden *Speichern unter…* wird der gesamte Plan gesichert.

12.2.3 Öffnen von Teilplänen eines Multiprojekts

Um den Teilplan eines Multiprojektplans zu bearbeiten, kann man diesen – sofern man ihn vorher entsprechend verlinkt hat – bequem per Hyperlink öffnen. Dabei kann es in einigen Fällen passieren, dass ein Dialog erscheint, der darauf hinweist, dass eine oder mehrere Projektdateien nicht gefunden wurden. Das passiert immer dann, wenn Dateien versehentlich in andere Verzeichnisse verschoben wurden. In der Spalte *Unterschiede* des Dialogs erscheint in so einem Fall der Hinweis *Datei nicht gefunden*. Um das Problem zu beheben, gibt es verschiedene Möglichkeiten:

- Mithilfe des Befehls *Durchsuchen* kann in verschiedenen Verzeichnissen nach der Datei gesucht werden; wenn das Vorgehen bereits erfolgreich ist, werden auch andere vermisste Dateien, die im selben Verzeichnis stehen, automatisch als gefunden gemeldet.
- Wenn die als nicht auffindbar gemeldete Datei nicht mehr vorhanden ist, kann das Problem mit *Verknüpfung löschen* behoben werden.

Wenn die Datei(en) gefunden wurde, ist das mit *Annehmen* zu bestätigen. Danach wird die Datei automatisch zur weiteren Bearbeitung geöffnet.

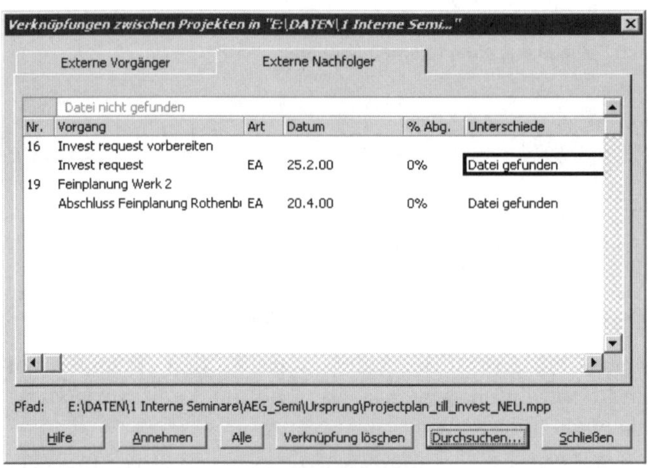

Abbildung 12.10: Anfrage nach externen Dateien

Es können jetzt alle normalen Bearbeitungsschritte für dieses Projekt erfolgen, es kann gespeichert und geschlossen werden.

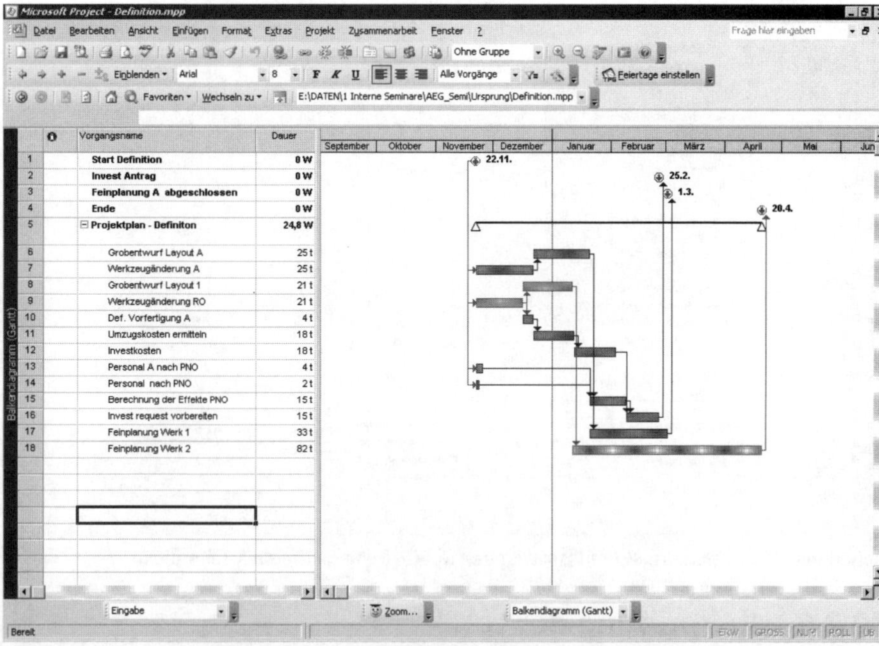

Abbildung 12.11: Geöffnetes Teilprojekt des Multiprojektes

12.2.4 Teilprojekte im Gesamtplan bearbeiten

Eine andere Möglichkeit, ein eingebettetes Teilprojekt zu bearbeiten, ist, das Projekt durch Anklicken des + vor seinem Sammelvorgang im Gesamtprojekt zu öffnen.

Das führt aber oft zu sehr unübersichtlichen Plänen, was die Bearbeitung erschwert und deshalb nicht zu empfehlen ist. Und auch hier kann sich der Dialog zur Suche von nicht auffindbaren, externen Projekten öffnen, dann ist wieder wie weiter oben beschrieben vorzugehen.

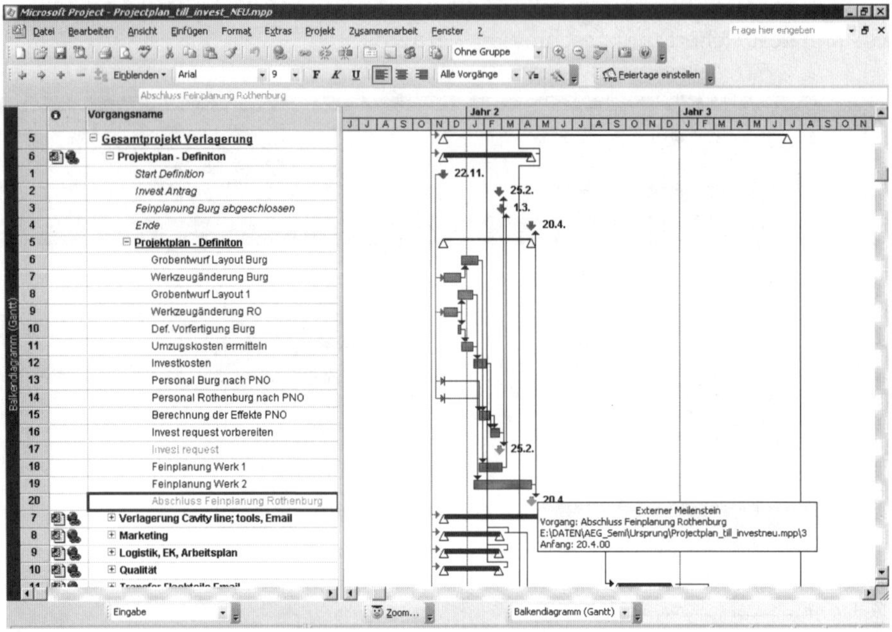

Abbildung 12.12: Multiprojekt mit zur weiteren Bearbeitung geöffnetem Teilprojekt

12.2.5 Überprüfung der Logik

Verwendet man eine Ansichtskombination mit einem *Beziehungsdiagramm*, wie in *Abbildung 12.13* gezeigt, lassen sich die Verknüpfungen zwischen den einzelnen Projekten sehr gut darstellen. Auf diese Weise können die logischen Zusammenhänge zwischen diesen Projekten überprüft werden. Das ist besonders hilfreich, wenn es sich um Projekte handelt, die aufgrund ihrer Größe außerhalb des sichtbaren Bereichs des Bildschirms liegen.

Eine weitere Möglichkeit, die Verknüpfungen eingefügter Projekte zu überprüfen, bietet sich im Register *Spezial* der *Informationen zum eingefügten Projekt* an, das sich mit einem Doppelklick auf die Bezeichnung des Vorgangs öffnet oder das mithilfe der rechten Maustaste aus dem Kontextmenü des Vorgangs geöffnet wird. Hierin sind externe Verbindungen unter Angabe des gesamten Pfades enthalten und können so überprüft und bei Bedarf auch korrigiert werden. Dieses Verfahren ähnelt dem bei der Teilprojekttechnik verwendeten und lässt sich bei relativ niedrigem Aufwand auch bei der Arbeit mit Multiprojekten sehr gut verwenden.

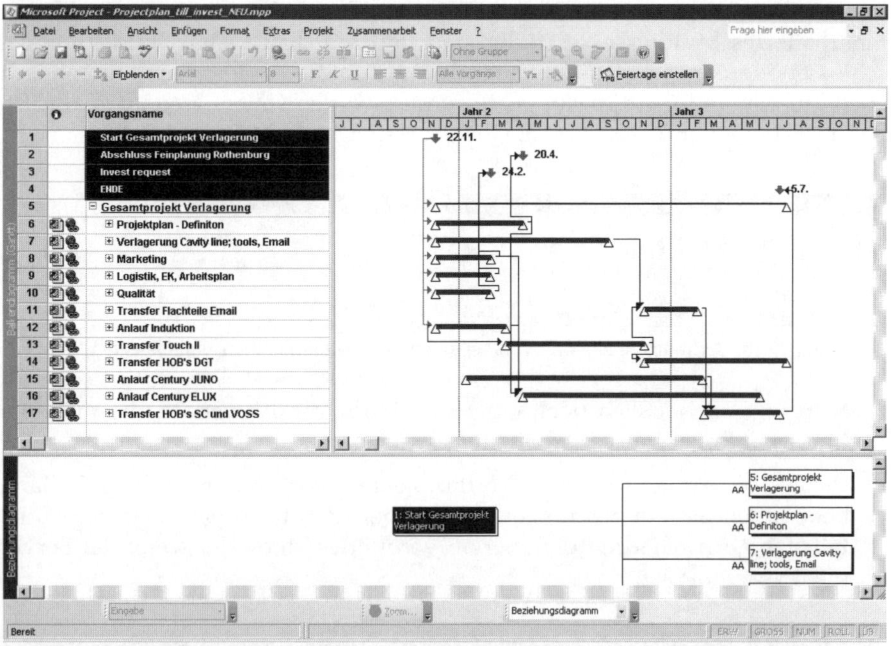

Abbildung 12.13: **Multiprojekt, kombiniert mit Beziehungsdiagramm im unteren Teil des Bildschirms bei geteiltem Fenster**

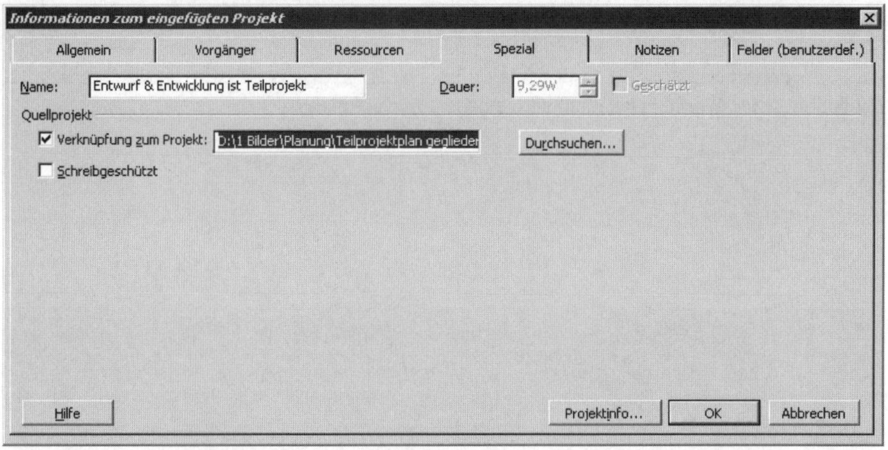

Abbildung 12.14: **Teilprojektpfad im Register Spezial der Informationen zum eingefügten Projekt**

Wenn alle Änderungen an einem einzelnen Plan oder an mehreren Plänen innerhalb des Multiprojektes fertig sind und mit dem Befehl *Speichern* abgeschlossen werden, erhalten Sie eine Anfrage, ob die Änderungen automatisch auch auf alle anderen Projekte angewendet werden sollen. Wenn das zutrifft, dann ist *Alle ja* der Befehl, um alle Pläne zu speichern und zu schließen.

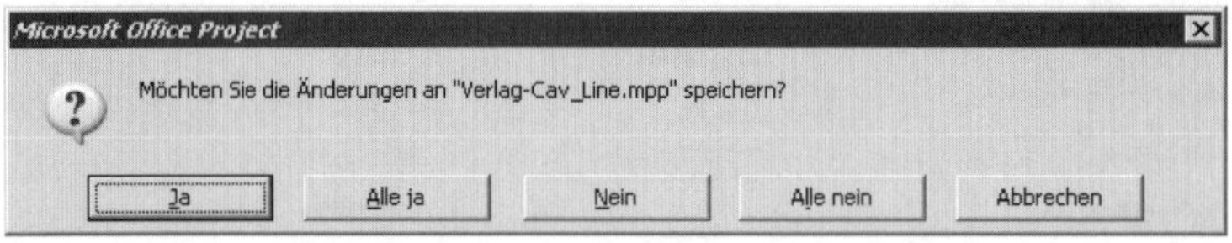

Abbildung 12.15: Anfrage, ob alle Änderungen automatisch übernommen werden sollen

Hinweis Schließlich noch ein Hinweis für die Anwender, die mit dem Microsoft Project Server arbeiten:

Wenn Sie Änderungen an Multiprojekten vorgenommen haben, dann bekommen Sie vor dem eigentlichen Speichern noch eine Warnmeldung, falls Sie noch nicht mit dem Server verbunden sind oder wenn der Server nicht verfügbar ist.

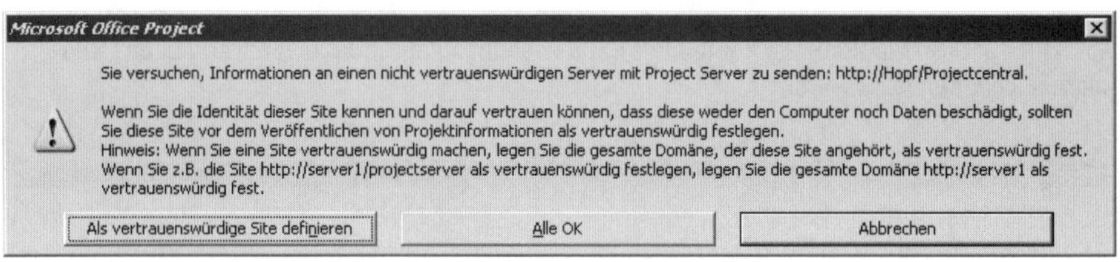

Abbildung 12.16: Warnung bei nicht vorhandenem Serverzugang

Teil 3

13 Ressourcenplanung

Eine umfassende Ressourcenplanung darf beim Projektmanagement und Projektcontrolling nicht vernachlässigt werden, weil erst eine sorgfältige Ressourcenplanung die bestehenden Schwachstellen in den Projekten aufdeckt – im Gegensatz zu normaler Terminplanung, wo die Einflüsse aus fehlenden oder überlasteten Ressourcen ja keinerlei Auswirkung auf die Abläufe haben. Ohne Ressourcenplanung sind eine Aufwandsermittlung und damit eine Kostenplanung nicht möglich.

Dieses Kapitel beschreibt das Anlegen von Ressourcentabellen für Ihre Projekte. Es wird detailliert dargestellt, wie Ressourcen in einem Pool angelegt und verwaltet werden können. Sie werden ebenfalls lernen, wie Ressourcen den Vorgängen zugeordnet, wie Auslastungsprobleme erkennbar werden und welche Möglichkeiten es gibt, um Aufwände besser abschätzen und steuern zu können.

Es wird hier aber noch nicht beschrieben, wie mit dem entstehenden Aufwand (in Stunden) und den Kosten (in Euro) weiter gearbeitet und welche Informationen daraus abgeleitet werden können. Das ist Thema einer detaillierten Planung auf Arbeitspaketebene und wird anhand des Beispielprojektes in *Kapitel 19* entsprechend beschrieben.

13.1 Dauer, Aufwand und Kosten

Vorab einige wichtige, klärende Begriffe für die Arbeit mit Ressourcen.

Die *Dauer* eines Vorgangs errechnet sich aus der zwischen dem Anfangsdatum (mit Uhrzeit) und dem Enddatum (mit Uhrzeit) liegenden Zeitspanne, wie sie anhand des geladenen *Projektkalenders* berechnet wird.

Die *Dauer* errechnet sich aus *aktueller Dauer* plus *verbleibender Dauer.*

Die *Arbeit* eines Vorgangs (das ist der Aufwand in Ressourcenstunden) errechnet sich aus der Dauer eines Vorgangs und der ihm zugeordneten Ressourceneinheiten.

Die *Arbeit* ist aber auch gleich *aktuelle Arbeit* plus *verbleibende Arbeit.*

Die *Kosten pro Vorgang* errechnen sich aus der Vorgangsdauer mal der Ressourcenzuordnung mal anzusetzendem Kostensatz (von A bis E) mal Eskalationsrate (falls gefordert).

Die *Kosten* eines Projekts sind gleich *Summe aller Vorgangskosten.*

Die *Kosten* eines Projekts sind aber auch gleich *aktuelle Kosten* plus *verbleibende Kosten.*

13.2 Ressourcenpool oder eigene Ressourcen

Es ist zu unterscheiden, ob die verwendeten Ressourcen ausschließlich in einem Ressourcenpool oder jeweils zusammen mit dem Projekt verwaltet werden sollen. Daraus ergeben sich für die Ressourcenplanung zwei unterschiedliche Vorgehensweisen.

Wenn die Ressourcen jeweils nur zusammen mit dem Projekt verwaltet werden, können Sie einfach die benötigten Ressourcen den Vorgängen nach Bedarf zuordnen. Es wird dadurch kein anderes Projekt beeinflusst, und Engpässe sind leichter zu beheben.

Anders ist es bei der Arbeit mit einem Ressourcenpool, hier werden alle Ressourcen, die für die Projektarbeit geeignet sind, zentral in einer eigenen Datei verwaltet. Alle Projekte greifen auf diesen Pool zu und müssen sich die benötigten Ressourcen mit anderen Projekten teilen. Das führt zu einer besseren Auslastungs- und Verfügbarkeitskontrolle, erfordert aber sehr viel mehr Aufwand, um bei Konflikten die optimale Lösung zu finden. Details hierzu finden Sie weiter unten in diesem Kapitel.

13.3 Ressourcenarten

Seit der Einführung von Microsoft Project 2007 gibt es drei verschiedene Ressourcenarten, die bei der Arbeit mit Ressourcen verwendet werden können und die bei der Zuordnung zu beachten sind.

Arbeitsressourcen sind alle Personen, Maschinen und Geräte, deren Einsatz zu einem zeitlichen Aufwand (in Stunden) und bei Verwendung der Stundensätze zu Kosten führt.

Materialressourcen sind, wie die Bezeichnung sagt, alle Materialien, Werkstoffe, Gase oder Flüssigkeiten, die über ihre Kosten pro Einheit (Stück, Gewicht, Liter) berechnet werden.

Kostenressourcen sind seit der Version 2007 neu und können verwendet werden, um einzelnen Vorgängen feste Kosten zuzuordnen.

Ebenfalls neu in Microsoft Project 2007 ist die Möglichkeit, **Budgetressourcen** zu erstellen, d. h., Budgets für Arbeit, Material bzw. Kosten festzulegen und Sammelvorgängen zuzuweisen.

Diese Ressourcen werden in einer Ressourcentabelle oder, wenn erforderlich, in jeweils einer eigenen Tabelle für jede Ressourcenart eingetragen und verwaltet.

13.4 Ressourcen im Projekt verwalten

Bei einem Projekt, das nicht auf Ressourcen aus einem Pool zurückgreift, können Ressourcen auch direkt in einer Ressourcentabelle angelegt werden. Sobald diese Tabelle angelegt ist, können die benötigten Ressourcen den Vorgängen zugeordnet werden. Auftretende Engpässe bei den einzusetzenden Ressourcen werden bereits bei der Zuordnung erkennbar, wenn eine dafür geeignete Darstellung eingestellt ist.

Auftretende Engpässe lassen sich durch entsprechende Maßnahmen beseitigen, zum Beispiel durch Änderung der logischen Abläufe, durch Verlängerung der Dauer bei nicht kritischen Vorgängen, durch Zuordnung weiterer Ressourcen oder durch Anordnung von Überstunden.

13.4.1 Anlegen der Ressourcentabelle

Öffnen Sie das Projekt und laden sich die Ressourcentabelle entweder mithilfe der bereits zu Beginn der Arbeit eingerichteten Symbolleiste für die schnelle Auswahl gewünschter Tabellen (siehe *Kapitel 6.3, Symbolleisten anpassen*) oder im Menü *Ansicht/Ressourcentabelle.*

Tragen Sie die Daten der Ressourcen in die Tabelle ein, wie das in *Abbildung 13.1* erkennbar ist.

Wie bereits gesagt: Im Gegensatz zu einer Poolbildung müssen Sie keine neue Datei erstellen, und es muss auch kein neuer Projektkalender angelegt werden. Die benötigten Daten sind in so einem Fall bereits im geöffneten Projekt vorhanden.

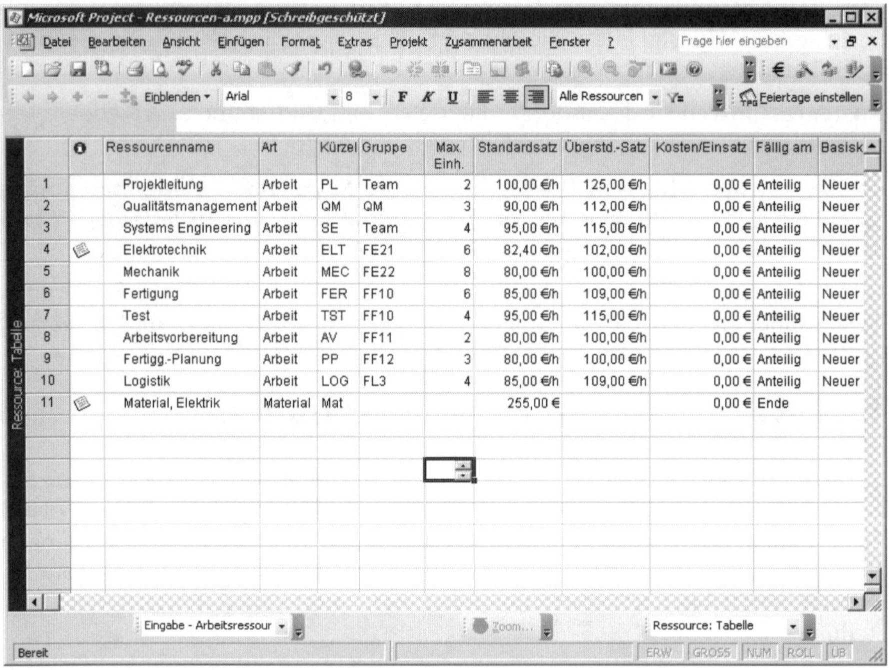

		Ressourcenname	Art	Kürzel	Gruppe	Max. Einh.	Standardsatz	Überstd.-Satz	Kosten/Einsatz	Fällig am	Basisk
1		Projektleitung	Arbeit	PL	Team	2	100,00 €/h	125,00 €/h	0,00 €	Anteilig	Neuer
2		Qualitätsmanagement	Arbeit	QM	QM	3	90,00 €/h	112,00 €/h	0,00 €	Anteilig	Neuer
3		Systems Engineering	Arbeit	SE	Team	4	95,00 €/h	115,00 €/h	0,00 €	Anteilig	Neuer
4		Elektrotechnik	Arbeit	ELT	FE21	6	82,40 €/h	102,00 €/h	0,00 €	Anteilig	Neuer
5		Mechanik	Arbeit	MEC	FE22	8	80,00 €/h	100,00 €/h	0,00 €	Anteilig	Neuer
6		Fertigung	Arbeit	FER	FF10	6	85,00 €/h	109,00 €/h	0,00 €	Anteilig	Neuer
7		Test	Arbeit	TST	FF10	4	95,00 €/h	115,00 €/h	0,00 €	Anteilig	Neuer
8		Arbeitsvorbereitung	Arbeit	AV	FF11	2	80,00 €/h	100,00 €/h	0,00 €	Anteilig	Neuer
9		Fertigg.-Planung	Arbeit	PP	FF12	3	80,00 €/h	100,00 €/h	0,00 €	Anteilig	Neuer
10		Logistik	Arbeit	LOG	FL3	4	85,00 €/h	109,00 €/h	0,00 €	Anteilig	Neuer
11		Material, Elektrik	Material	Mat			255,00 €		0,00 €	Ende	

Abbildung 13.1: Ressourcentabelle anlegen

Ressourcenname

Hier verwenden Sie am besten die Namen und Vornamen der Personen, weil Microsoft Project so ausgelegt ist, dass optimale Ergebnisse nur bei personenbezogener Zuordnung möglich sind. Es ist deshalb wichtig zu klären, ob die namentliche Nennung von Personen in Ihrem Betrieb überhaupt zulässig ist. Wenn das nicht möglich ist, dann müssen Sie sich einen anderen Ansatz ausdenken. Ich habe hier recht gute Ergebnisse erreicht mit der Zuordnung von Abteilungsbezeichnungen und der Anzahl von Personen.

Art

Einträge für die Festlegung von Ressourcenarten erfolgen in der dafür vorgesehenen Spalte Ressourcentabelle. Wenn *Material* eingetragen wird, ist festzulegen, ob es sich bei dem Standardsatz um Stückpreise oder Preis pro Quadratmeter oder Preis pro Liter etc. handelt.

Kürzel

Kürzel haben keinen direkten Einfluss auf die Planung, sind aber für Sortier- und Auswahlzwecke sehr hilfreich, wenn aktive Filter verwendet werden. Die Festlegung geeigneter Kürzel kann je nach Bedarf und willkürlich erfolgen.

Gruppe

Gruppen sind sehr gut geeignet, um einzelne Ressourcen in einer *Gruppe* zusammenzufassen. Die Kosten und Aufwände einer Gruppe werden als Sammelvorgang erfasst und angezeigt. Es bietet sich deshalb an, die Abteilungen als Gruppen zu definieren, um alle eingesetzten Ressourcen der Abteilung zusammenzufassen und entsprechend darzustellen.

In Microsoft Project 2007 können für Gruppen auch Budgets vorgegeben werden.

Maximale Einheiten

Unter *maximalen Einheiten* versteht man den verfügbaren Anteil einer Ressource in Prozent, der einem Vorgang maximal zugeordnet werden kann, oder die tatsächlich verfügbare Anzahl von Personen. Die besten Ergebnisse bei der Ressourcenplanung werden erreicht, wenn namentlich nennbare Personen als Ressourcen definiert werden.

Die durchschnittliche Verfügbarkeit einer Person ist, als *Erfahrungswert*, mit maximal 80 Prozent ihrer Arbeitszeit anzusetzen. Damit ergibt sich für Abteilungen als maximale Einheit ein Wert von 0,8 mal der Anzahl Personen dieser Abteilung.

Standardsätze

Durch Eingabe von tatsächlichen Standardsätzen für jede Ressource werden die ursprünglich für das Projekt in den Optionen eingetragenen pauschalen Standardsätze ersetzt. Die angepassten Standardsätze sind die Basis für die Berechnung der Kosten im Projekt. Es ist deshalb wichtig, schon zu Beginn der Planung festzulegen, wie und mit welchen Zuschlägen die endgültige Kalkulation erfolgen soll und welche Kostenformel zu verwenden ist.

Kosten pro Einsatz

Kosten pro Einsatz sind die Kosten, die bei jedem Einsatz einer Ressource anfallen. Damit können zum Beispiel regelmäßig anfallende Reisekosten erfasst werden. Die Formel zur Berechnung dieser Kosten kann nach Anpassung eines verfügbaren Kostenfeldes und Eintrag der Formel jederzeit verwendet werden. Siehe *Anpassung von Feldern* und *Editieren von Eskalationswerten* weiter unten in diesem Kapitel.

Fällig am ...

Diese Spalte enthält drei voreingestellte Werte, um die Fälligkeit der angefallenen Kosten pro Einsatz abzurechnen.

- *Anfang* – Fälligkeit zu Beginn zum Beispiel gegen Vorkasse
- *Anteilig* – Anfallende Kosten werden über die Zeit verteilt berechnet.
- *Ende* – Angefallene Kosten werden erst nach Abschluss abgerechnet.

Hinweis **Wichtige Informationen**

Sobald die Ressourcentabelle erstellt ist, sind noch ein paar wichtige Einstellungen erforderlich. Das betrifft die Daten in den fünf Registerkarten der *Informationen zur Ressource*, die mit einem Doppelklick auf den Ressourceneintrag der zu bearbeitenden Ressource in der Tabelle oder mit einem Klick auf das Symbol in der Symbolleiste geöffnet werden.

13.4.2 Informationen zur Ressource

Allgemein

In diesem Register sind folgende Einträge vorgesehen:

- E-Mail-Adresse Standardadresse eintragen
- Windows-Konto erforderlich, falls mit Project Server gearbeitet wird
- Buchungstyp zugesichert/vorgesehen
- Verfügbarkeit von – bis und Anzahl der Einheiten
- Kürzel beliebig
- Gruppe beliebig
- Code z.B. Kostenstelle
- Art Material/Arbeitsressource/Kosten
- Generisch ja/nein

Achtung Generische Ressourcen können zu Beginn der Ressourcenplanung eingesetzt werden, um die Aufwände von Ressourcen mit bestimmten Fähigkeiten zu ermitteln. Diese generischen Ressourcen müssen allerdings später in natürliche Ressourcen umgewandelt werden.

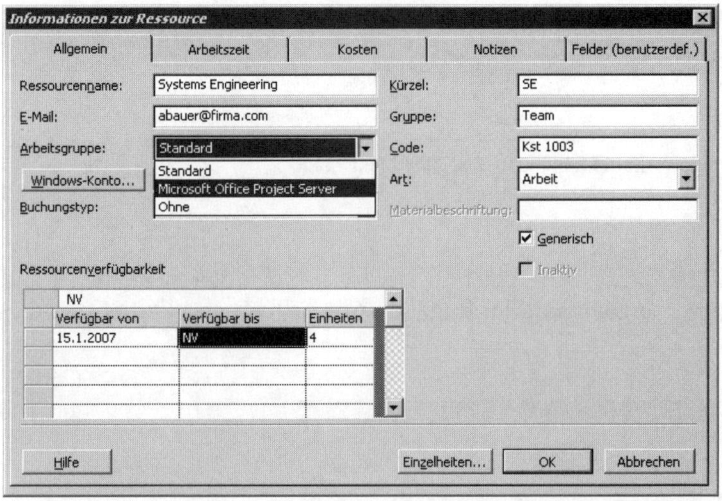

Abbildung 13.2: Einstellungen im Register Allgemein der Ressourcentabelle der Versionen 2000 bis 2003

Meldungen bei Einstellungsfehlern in Benutzerkonten

Hier wurde im Messaging-Dienst, meist in Outlook, kein Eintrag vorgefunden. Dieses Problem kann im Allgemeinen nur durch die IT-Administration behoben werden.

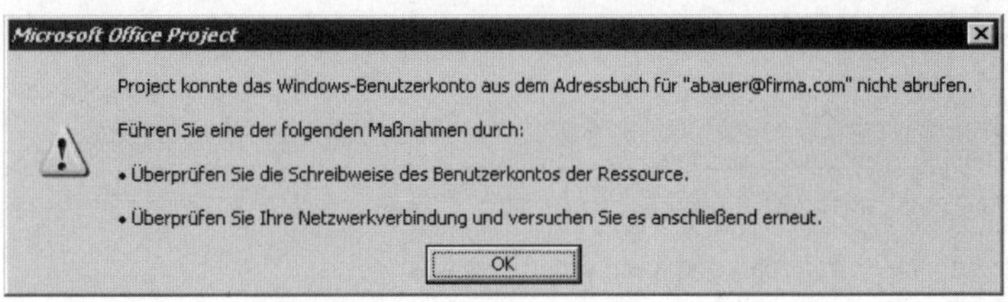

Abbildung 13.3: Im Outlook-Adressbuch wurde kein entsprechender Eintrag gefunden.

Ergänzende Einstellungen finden sich noch unter *Extras/Optionen/Zusammenarbeit* und hier bei den Einstellungen für die gewählte Art der Kommunikation, z.B. mit *E-Mail, Projekt-Server* oder *Ohne*. Bei Projekt 2007 gibt es nur noch zwei Alternativen, den *Project Server* oder *Ohne.*

Das ist insofern schade, als die Kommunikation via E-Mail in vielen Betrieben eine gute Alternative war, um Ressourcenabfragen mithilfe verfügbarer Formulare sehr einfach durchzuführen. Für normale Abfragen über die Ressourcenzuordnung, die Aufgabenverteilung und den Vorgangsstatus reichte diese Methode völlig aus.

Abbildung 13.4: Windows-Konto fehlt, kein Mail-Client festgelegt

Einzelheiten

Nach dem Anwählen der Schaltfläche *Einzelheiten* am unteren rechten Rand des Dialogs können ergänzende Einträge im Adressbuch von Outlook vorgenommen werden.

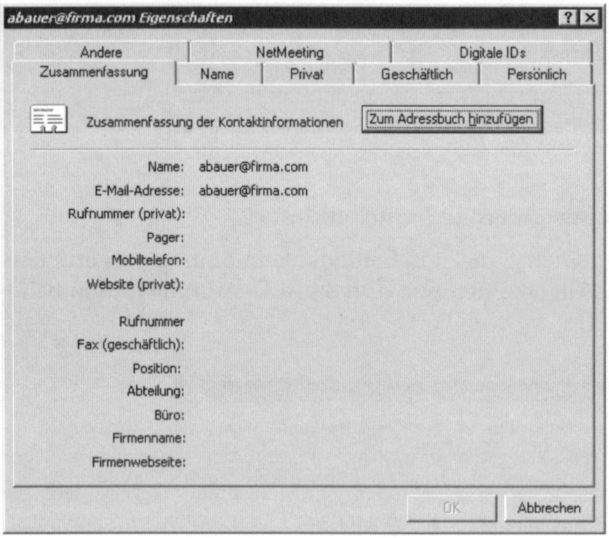

Abbildung 13.5: Adressbucheintrag fehlt und kann ergänzt werden.

Ressourcenkalender

Für jede in der Tabelle eingetragene Person muss der Kalender individuell angepasst werden, sodass die effektive Arbeitszeit sowie arbeitsfreie Zeiten wie Urlaub, Krankheit oder Gleitzeit bei der Berechnung von Aufwand und Kosten berücksichtigt werden. Die Ressourcengrafiken zeigen diese arbeitsfreien Tage oder Perioden entsprechend an.

Bei einer abteilungsbezogenen Ressourcenplanung ist es nicht möglich, den Kalender so einzustellen, dass einzelne Personen berücksichtigt werden.

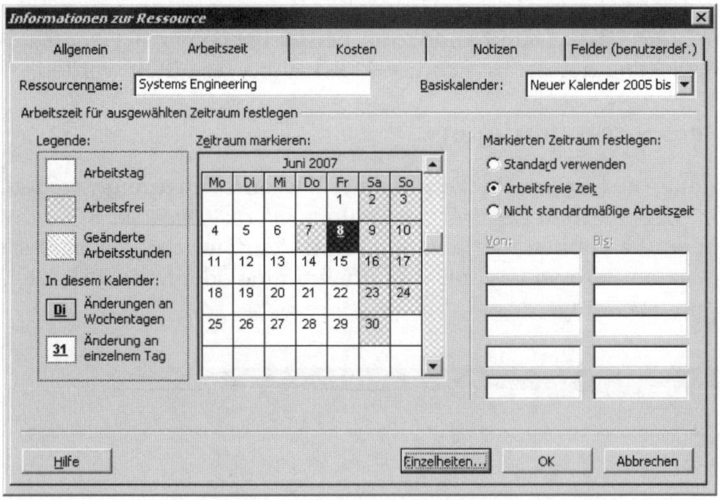

Abbildung 13.6: Der Kalender der Abteilung Systems Engineering

Kostensätze und Eskalationsraten

Für jede Ressource gibt es insgesamt fünf verschiedene Kostensätze, mit denen die Art der ausgeführten Arbeit durch einen angepassten Standardsatz berücksichtigt wird.

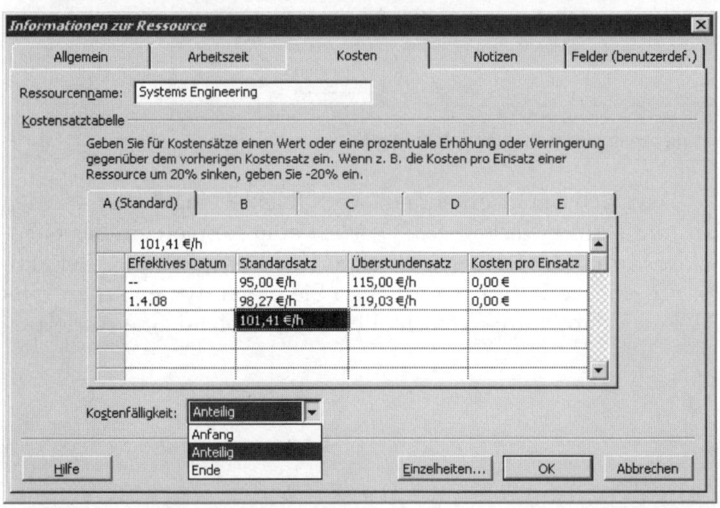

Abbildung 13.7: Die fünf Register der möglichen Kostensätze mit ihren Eskalationsraten

Jedem dieser fünf Kostensätze können Eskalationsfaktoren zugewiesen werden, auch für mehrere Jahre. Damit kann zum Beispiel bei einer Angebotskalkulation die Auswirkung der voraussichtlichen Eskalation ermittelt werden.

Notizen bei Ressourcen anfügen

In der Ressourcentabelle können Notizen zu einer Ressource angezeigt werden, die in dem dafür vorgesehenen Register des Dialogs *Informationen zur Ressource* eingetragen werden. Es können hier aber auch mit den Quelldaten *dynamisch verknüpfte Objekte*, zum Beispiel Organisationsdiagramme oder Soll-Ist-Vergleiche der Kosten, eingebettet werden.

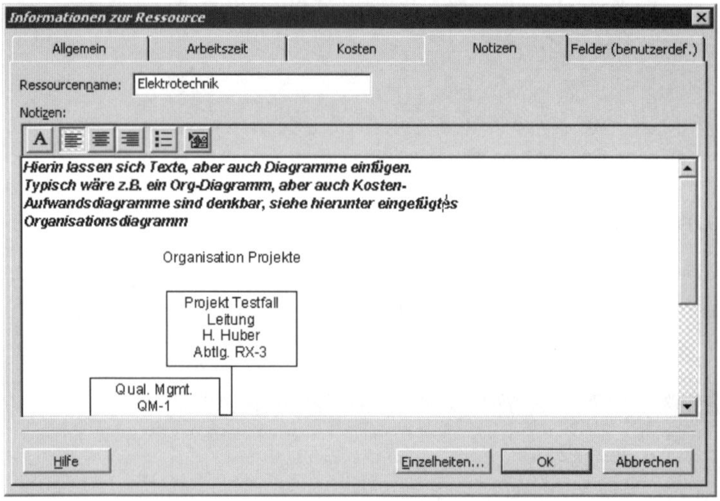

Abbildung 13.8: Ressourcennotiz mit eingebettetem Objekt

In *Abbildung 13.9* lässt sich leicht erkennen, wie Objekte eingebettet werden können. Sie haben die Wahl zwischen *Neu erstellen* oder können ein bestehendes Objekt aus einer vorhandenen Datei erstellen (*aus Datei erstellen*). Bei aktivierter Checkbox für eine Verknüpfung erhalten Sie einen dynamischen Link zu dem Objekt, das sich damit automatisch aktualisiert, sobald eine Änderung erfolgt.

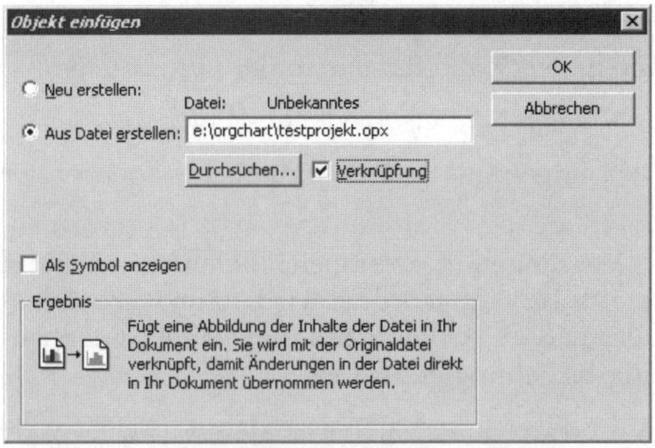

Abbildung 13.9: Einfügen eines Objekts in eine Notiz

Felder (benutzerdefiniert)

Diese Option ist nur dann relevant, wenn bei Verwendung von Microsoft Project Server Anpassungen vorgenommen wurden.

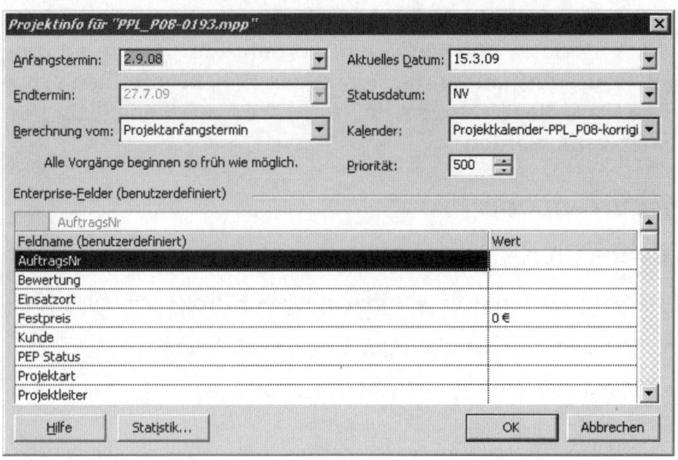

Abbildung 13.10: Angepasste Felder zur Verwendung mit Project Server

13.4.3 Zuordnung von Ressourcen

Sobald die Ressourcentabelle fertiggestellt ist, lassen sich Ressourcen auf verschiedene Art den Vorgängen zuordnen.

Folgende Verfahren bieten sich hier an:

- Über den Dialog *Ressourcen zuordnen*, der über das gleichnamige Symbol auf der Standardsymbolleiste oder über die Tastenkombination [Alt] + [F10] geöffnet wird.

- Eintrag im Register *Ressourcen* im Dialog *Informationen zum Vorgang*
- Eintrag von Ressourcennamen in der Spalte *Ressourcen* der *Eingabe-Tabelle*
- Eintrag in den entsprechenden Zeilen der verschiedenen *Vorgangsmasken*
- Eintrag in entsprechende, neu eingefügte Spalten individuell angepasster *Tabellen*

  Achtung Wenn mehreren Vorgängen, die zeitgleich ablaufen sollen, in einem Plan dieselbe Ressource zu 100% zugeordnet wird, dann werden diese Vorgänge in jedem Fall automatisch hintereinander gestaffelt, unabhängig davon, wie die Anordnungsbeziehung gesetzt ist.

Wie Ressourcen zuzuordnen sind und welche Ergebnisse damit erreicht werden, finden Sie weiter unten im Abschnitt *13.7.2* und bei der detaillierten *Planung des Beispielprojektes* dieses Buches.

13.5 Ressourcenpool nutzen

Ein Ressourcenpool ist per Definition eine eigenständige Projektdatei. Sie ist genauso aufgebaut wie jedes normale Projekt, mit dem Unterschied, dass darin ausschließlich Ressourcen erfasst und verwaltet werden. Für die Einrichtung eines Ressourcenpools muss deshalb immer ein neues Projekt mit allen erforderlichen Einstellungen angelegt werden, in dem aber ausschließlich Ressourcen erfasst und verwaltet werden.

Anlegen des Ressourcenpools

- Öffnen einer neuen Projektdatei
- Eingabe Projekt-Anfangstermin (frei wählbar, aber vor Projektstart)
- Eintrag des zu verwendenden Firmen- oder Projektkalenders
- Überprüfung und Korrektur der in den Kalenderoptionen enthaltenen Einträge
- Öffnen und bearbeiten aller betroffenen Einträge in den Registerkarten unter *Extras/Optionen*
- Besonders zu beachten ist die ***Projektwährung***, die bei allen Projekten identisch sein muss, um Konflikte zu vermeiden.
- Öffnen der Ressourcentabelle(n) und Eintrag aller benötigten Daten für alle verfügbaren Ressourcen
- Wenn der Ressourcenpool fertiggestellt ist, speichern Sie ihn als *Ressourcen.mpp* oder unter einem ähnlichen Namen, der eindeutig auf den Pool hinweist.

Als Nächstes folgen dieselben Einzelschritte, wie sie bereits weiter oben unter *13.4.1* beschrieben wurden. Auch die Registerkarten jeder einzelnen Ressource sind entsprechend zu bearbeiten, sodass wirklich alle benötigten Informationen verfügbar sind.

13.6 Ressourcenpool bearbeiten

Der Aufruf *Ansicht/Ressource: Tabelle* führt zu einer allgemeingültigen Tabelle. Diese Tabelle ist geeignet, um alle Ressourcenarten zu erfassen. Wenn schon bei der Eingabe zwischen Arbeits- und Materialressourcen unterschieden werden soll, kann eine der weiteren Ressourcentabellen geladen werden. Das geht am einfachsten mithilfe der für diesen Zweck angelegten Symbolleisten *Tabellen (Eingabe)* und *Ansichten (Ressource: Tabelle)* im unteren Teil der *Abbildung 13.11*; siehe auch *Kapitel 6.3, Symbolleisten anpassen*.

Wenn Informationen über einschlägige Erfahrungen und Fähigkeiten (*Skills*) von Ressourcen benötigt werden, dann ist eine neue Spalte einzufügen, die diese Informationen enthält. Damit wird es leichter, mithilfe von Filtern oder anderen Auswahlkriterien entsprechende Ressourcen im Pool zu suchen und zu finden, um sie bestimmten Aufgaben zuzuordnen.

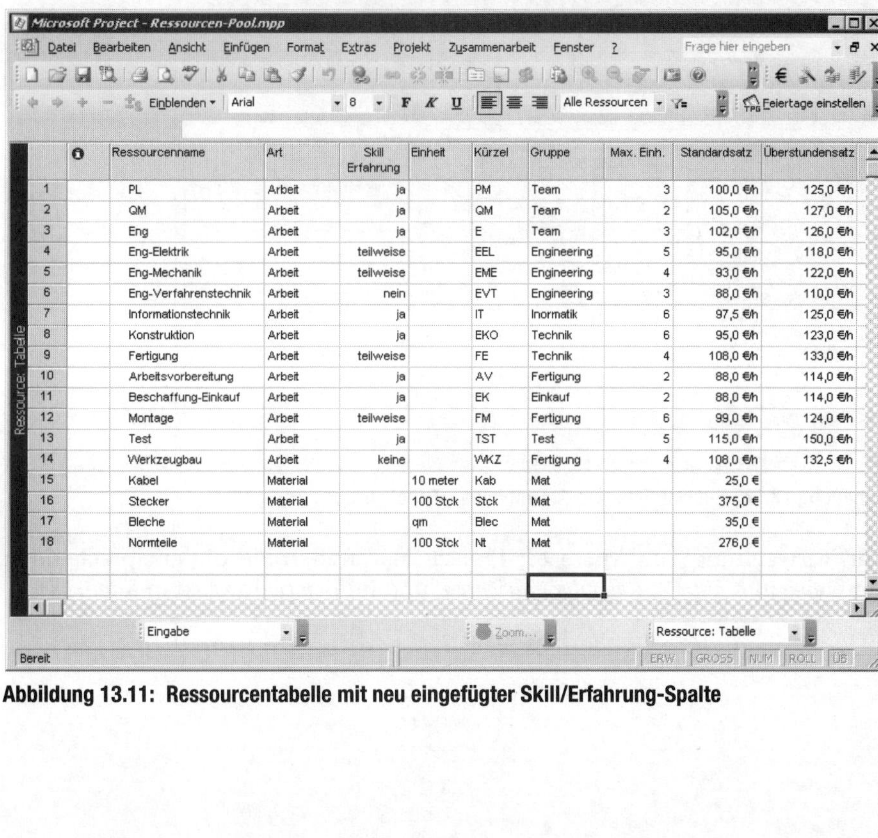

		Ressourcenname	Art	Skill Erfahrung	Einheit	Kürzel	Gruppe	Max. Einh.	Standardsatz	Überstundensatz
1		PL	Arbeit	ja		PM	Team	3	100,0 €/h	125,0 €/h
2		QM	Arbeit	ja		QM	Team	2	105,0 €/h	127,0 €/h
3		Eng	Arbeit	ja		E	Team	3	102,0 €/h	126,0 €/h
4		Eng-Elektrik	Arbeit	teilweise		EEL	Engineering	5	95,0 €/h	118,0 €/h
5		Eng-Mechanik	Arbeit	teilweise		EME	Engineering	4	93,0 €/h	122,0 €/h
6		Eng-Verfahrenstechnik	Arbeit	nein		EVT	Engineering	3	88,0 €/h	110,0 €/h
7		Informationstechnik	Arbeit	ja		IT	Inormatik	6	97,5 €/h	125,0 €/h
8		Konstruktion	Arbeit	ja		EKO	Technik	6	95,0 €/h	123,0 €/h
9		Fertigung	Arbeit	teilweise		FE	Technik	4	108,0 €/h	133,0 €/h
10		Arbeitsvorbereitung	Arbeit	ja		AV	Fertigung	2	88,0 €/h	114,0 €/h
11		Beschaffung-Einkauf	Arbeit	ja		EK	Einkauf	2	88,0 €/h	114,0 €/h
12		Montage	Arbeit	teilweise		FM	Fertigung	6	99,0 €/h	124,0 €/h
13		Test	Arbeit	ja		TST	Test	5	115,0 €/h	150,0 €/h
14		Werkzeugbau	Arbeit	keine		WKZ	Fertigung	4	108,0 €/h	132,5 €/h
15		Kabel	Material		10 meter	Kab	Mat		25,0 €	
16		Stecker	Material		100 Stck	Stck	Mat		375,0 €	
17		Bleche	Material		qm	Blec	Mat		35,0 €	
18		Normteile	Material		100 Stck	Nt	Mat		276,0 €	

Abbildung 13.11: Ressourcentabelle mit neu eingefügter Skill/Erfahrung-Spalte

Hinweis **Wichtige Informationen**

Wie bereits weiter vorn beschrieben, sind auch in einem Ressourcenpool für alle in den Tabellen enthaltenen Ressourcen zusätzliche Informationen erforderlich. Dafür benötigen Sie den Dialog *Informationen zur Ressource*, der mit einem Doppelklick auf den Ressourceneintrag geöffnet werden kann. Tragen Sie alle benötigten Informationen in die vorgesehenen Felder der Registerkarte *Allgemein* ein, soweit sie Ihnen bekannt sind.

Kalender anpassen

Wenn Personen in einem Ressourcenpool erfasst und verwaltet werden, dann sind die Kalender jeder einzelnen Ressource mindestens für die Dauer eines Jahres so weit anzupassen, dass alle Feiertage, Brückentage sowie geplanter Urlaub berücksichtigt werden. Ganz wichtig ist es, dass von der Norm abweichende Tages- und Wochenarbeitszeiten entsprechend angepasst werden.

Erst damit wird erreicht, dass eine Warnung ausgegeben wird, sobald die Zuordnung einer Ressource in einen arbeitsfreien Zeitraum fällt oder wenn die Ressource einem Vorgang in einer Periode mit gekürzter Arbeitszeit zugeordnet wird und damit eine Überlastung entstehen würde.

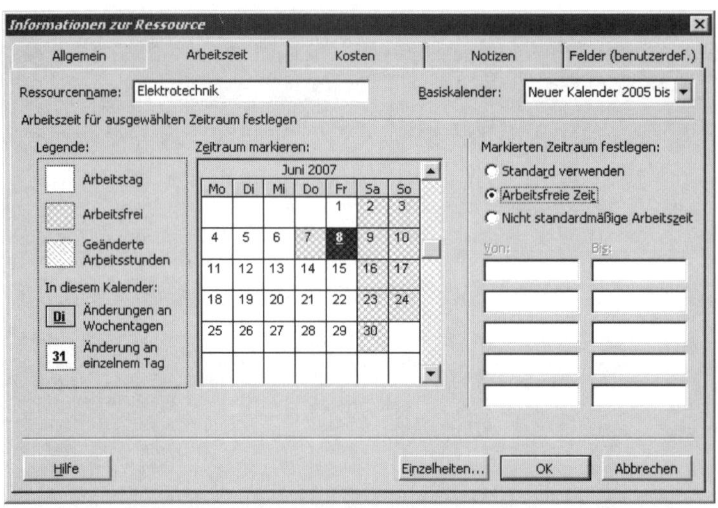

Abbildung 13.12: Ressourcenkalender anpassen, Brückentage eintragen

Zur Verwendung von Microsoft Project 2007 finden Sie die entsprechenden Hinweise in *Kapitel 4, Kalender einrichten*, und im Beispielprojekt in *Kapitel 19*.

Verfügbarkeit und Zeitraum

Bereits bei der Ressourcenerfassung ist anzugeben, von wann bis wann eine Ressource verfügbar ist und mit wie viel Prozent ihrer Arbeitszeit sie in einem angegebenen Zeitraum zuordenbar sein wird. Diese Informationen sind jeweils bei der Erfassung von Ressourcen bei den zuständigen Personen, meist den Vorgesetzten, abzufragen, siehe *Abbildung 13.2*. Das ist deshalb sehr wichtig, weil es sich hier um eine Art vertragliche Vereinbarung zwischen Projektleitung und Abteilung handelt, sie muss rechtzeitig festgelegt werden.

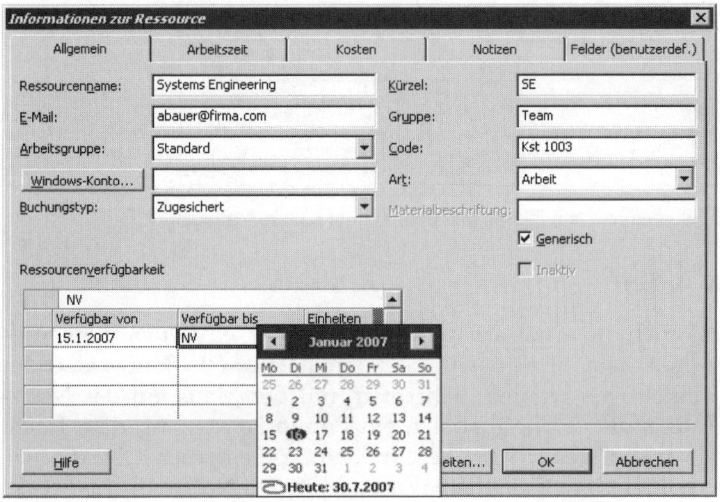

Abbildung 13.13: Ressourcen – Verfügbarkeit und Zeitraum festlegen

Kostensatz und Eskalation

Wie schon weiter oben beschrieben, können jeder Ressource maximal fünf verschiedene Kostensätze (Registerkarte A bis E) zugeordnet werden, mit denen unterschiedliche Aufgaben zu unterschiedlichen Sätzen berechnet werden können.

Die Berechnung eskalierter Standardsätze wird gesteuert, indem das Anfangsdatum und die Höhe der Eskalationsrate in Prozent eingetragen werden. Soll die Eskalation über mehrere Jahre immer für denselben Zeitpunkt berechnet werden, dann genügt es, nur die erwartete Änderung in Prozent einzutragen.

Wenn Sie mit Microsoft Project die Kosten berechnen lassen und dabei auch mit Eskalationsraten gerechnet wird, ist darauf zu achten, dass diese regelmäßig überprüft und aktualisiert werden. Das ist eine gemeinsame Aufgabe des Controllings und des Projektleiters.

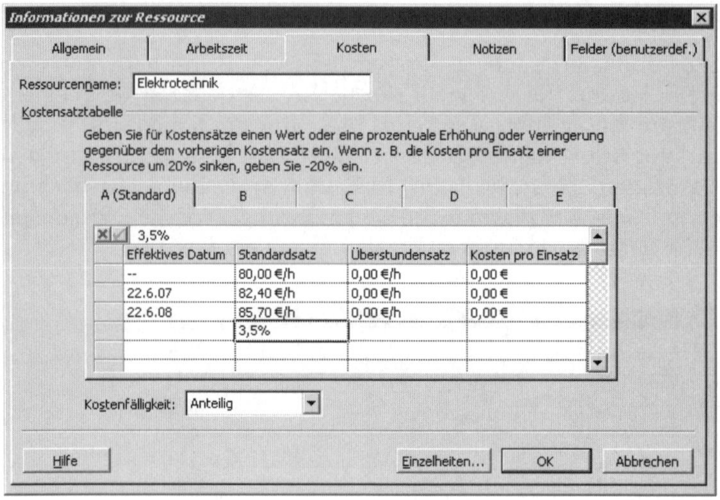

Abbildung 13.14: Eskalationswerte editieren und über mehrere Jahre festlegen

Notizen verwenden

Notizen werden auch im Pool verwendet, um einer einzelnen Ressource zusätzliche Informationen anzufügen. Es können spezielle Hinweise oder Anmerkungen eingetragen werden. Fährt man mit der Maus auf das Notizsymbol in der Indikatorspalte, öffnet sich ein Popup-Fenster mit dem Inhalt dieser Notiz. Wie schon weiter vorn beschrieben, können auch Objekte, wie Tabellen, Grafiken oder Organisationsdiagramme, in das Notizfeld eingebettet werden.

Hinweis Ein Ressourcenpool ist genau wie ein normales Projekt anzulegen, und es sind dieselben grundlegenden Schritte durchzuführen. Und jede in einem Projekt vorhandene Ressourcentabelle kann durch Kopieren und Einfügen in die entsprechende Tabelle eines Ressourcenpools übernommen werden.

Achtung Sehr wichtig ist noch, dass unter *Extras/Optionen* im Register *Allgemein* die Währung für den Pool und alle daraus versorgten Projekte einheitlich einzutragen ist, weil sonst Währungskonflikte auftreten, die dann in jedem Plan einzeln beseitigt werden müssten; siehe auch Abschnitt *Extras/Optionen/Allgemein* weiter vorn in diesem Buch.

13.7 Professionelle Ressourcenplanung

Der optimale Ansatz, mit Ressourcen zu arbeiten, ist eindeutig die Verwendung des Ressourcenpools, die gemeinsame Nutzung der dort enthaltenen Ressourcen mit ihren besonderen Fähigkeiten und Erfahrungen.

Hinweis Alle vorhandenen Projekte, die auf einen Ressourcenpool zugreifen, müssen geöffnet werden, um die gemeinsame Nutzung des Pools einrichten zu können. Dafür können bis zu 50 Projekte gleichzeitig geöffnet sein.

Erst wenn für alle betroffenen Projekte die gemeinsame Nutzung des Pools festgelegt ist, können den Vorgängen Ressourcen aus dem Pool zugeordnet werden.

Achtung Ressourcen aus einem Ressourcenpool können mehreren zeitgleich ablaufenden Vorgängen zugeordnet werden, auch wenn diese Vorgänge in verschiedenen Plänen enthalten sind. In diesem Fall tritt eine Überlastung auf, und die Vorgänge und Ressourcen sind entweder durch einen automatischen Abgleich oder besser manuell abzugleichen.

13.7.1 Gemeinsame Ressourcennutzung

Um einen existierenden Ressourcenpool nutzen zu können, sind einige wichtige Voraussetzungen zu erfüllen.

Es muss ein Ressourcenpool angelegt worden sein, der *alle* für die Projektarbeit benötigten Ressourcen enthält, auch Material, Einrichtungen und Anlagen. Und, bei Verwendung von Microsoft Project 2007, zusätzlich die *Budget- und Kostenressourcen*.

Folgende Daten müssen im Ressourcenpool vorhanden sein und stets aktuell gehalten werden:

- *Urlaubslisten* aller Personen, die für die Projektarbeit verfügbar sind
- *Personelle Veränderungen*, Zuwachs oder Fluktuation, sortiert nach Abteilungen
- *Anzahl* Mitarbeiterinnen und Mitarbeiter jeder Abteilung
- Eine Liste mit den Erfahrungen und dem *Spezialwissen* dieser Personen (Key-Personal-List, Schlüsselpersonalverzeichnis)
- Nicht nur bei internationalen Projekten: *Name, Vorname, aktuelles Foto, Geburtsdatum, Ausbildung* und weitere, erforderliche Informationen, wie sie sehr oft vom Auftraggeber/Kunden gefordert werden
- Ein Verzeichnis der aktuellen *Standardsätze* und der angenommenen Eskalationsraten über mindestens zwei Jahre ab Projektbeginn (ggf. zu erfragen beim Statistischen Bundesamt)

- Es ist rechtzeitig festzulegen, ob die gesamte Kommunikation der Projekte über den Microsoft Project Server abgewickelt werden soll oder nicht. Wenn Microsoft Project Server eingesetzt wird, dann sind alle hierfür erforderlichen Maßnahmen rechtzeitig zu planen, einzuleiten und umzusetzen, angefangen von der Installation über Rollenvergabe, Autorisierung aller Beteiligten und entsprechende Schulungen.

Die Prozedur im Detail

Wenn ein neues Projekt auf die Ressourcen eines Pools zugreifen soll, dann muss als Erstes die Berechtigung dafür eingerichtet werden. Dafür wird unter *Extras/Ressourcen gemeinsam nutzen.../Gemeinsame Ressourcennutzung...* das gleichnamige Dialogfeld (*Abbildung 13.16*) geöffnet, und die entsprechenden Einträge werden vorgenommen.

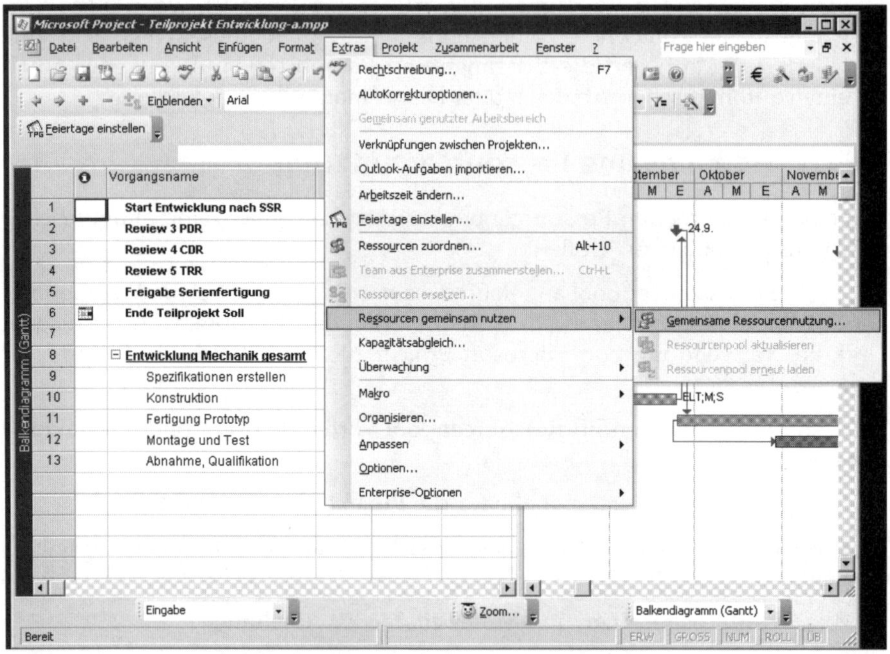

Abbildung 13.15: Öffnen des Dialogs für gemeinsame Ressourcennutzung

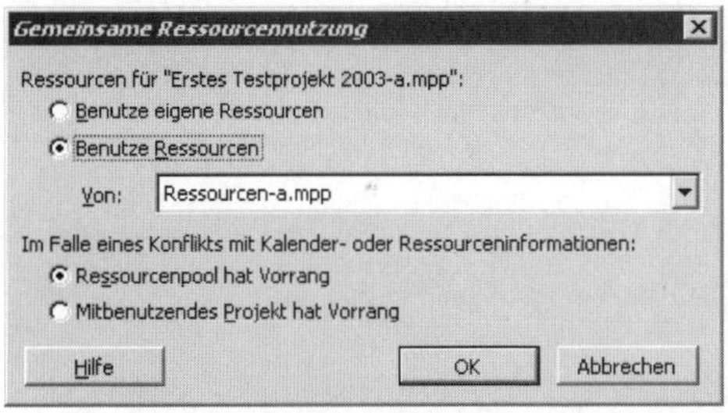

Abbildung 13.16: Gemeinsame Nutzung des Pools festlegen

Achtung Wenn sich bei dem Versuch, ein neues Projekt zu öffnen, ein Dialogfeld öffnet, das Sie fragt, wie der Ressourcenpool geöffnet werden soll (siehe *Abbildung 13.17*), dann kann schnell ein unerwartetes Problem entstehen:

Microsoft Project legt unter bestimmten Bedingungen ein komplettes, neues Hauptprojekt (= Multiprojekt) an, in dem alle auf den Ressourcenpool zugreifenden Projekte automatisch erfasst und eingebettet werden. Das führt oft dazu, dass so ein Hauptprojekt unbeabsichtigt erstellt wird und unter Umständen einige Tausend Vorgänge enthalten kann.

- Wählen Sie die erste Variante, so wird der Pool *schreibgeschützt* geöffnet, und Sie können damit arbeiten, nur Änderungen sind nicht möglich.
- Wählen Sie die zweite Variante, dann können Sie wie gewohnt arbeiten, nur andere Anwender kommen jetzt nicht an den Pool heran, müssen also warten, bis Sie mit der Bearbeitung fertig sind. (Das ist die Version, die ich Ihnen immer als Standard empfehle.)
- Wählen Sie die dritte Variante, dann legt Microsoft Project automatisch ein neues Multiprojekt an, in dem dann alle auf den Ressourcenpool zugreifenden Projekte und der Ressourcenpool geöffnet werden. Das kann ganz schnell zu riesigen Projekten führen, über deren wahre Größe Sie im Allgemeinen aber gar nicht informiert sind.

Hier ist also Vorsicht geboten; am besten vermeiden Sie diesen Dialog, indem Sie ihn mit *Abbrechen* beenden. Es ist aus meiner Sicht wesentlich sicherer, wenn Sie selbst die benötigten Projekte (Dateien) für Ihre Arbeit öffnen. Es gibt auch kein Problem, weitere Projekte nachträglich zu öffnen, wenn das nötig werden sollte.

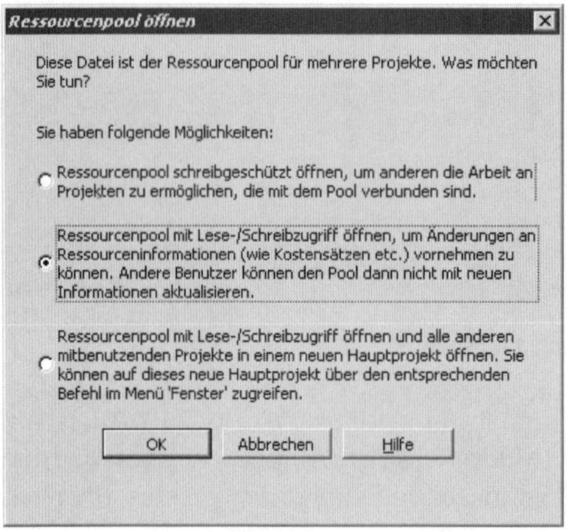

Abbildung 13.17: Bestehenden Pool öffnen, empfohlene Variante

Achtung **Änderung von Verknüpfungen**

Ressourcen, die einem Projekt nicht mehr zur Verfügung stehen, dem sie einmal als gemeinsam nutzbare Ressource durch eine damit automatisch entstandene Verknüpfung zugewiesen wurden, können nur in demselben Dialog der gemeinsamen Ressourcennutzung bei den betroffenen Projekten gelöscht werden, siehe *Abbildung 13.18.*

Dazu muss der Dialog zur gemeinsamen Ressourcennutzung wie weiter oben beschrieben erneut geöffnet werden, um hierin die entsprechenden Änderungen vorzunehmen, wie das auch anhand der Abbildung nachvollziehbar wird.

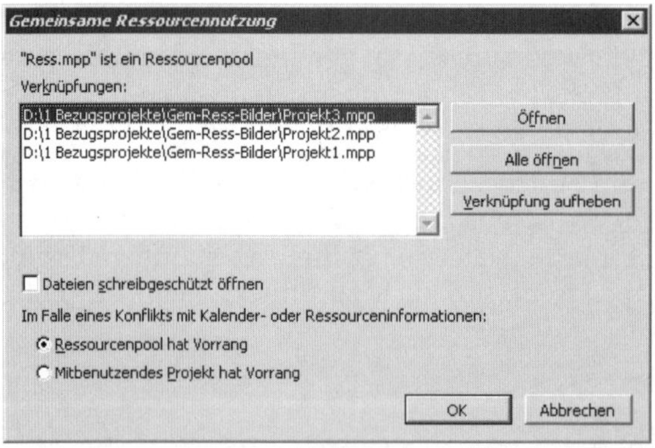

Abbildung 13.18: Gemeinsame Ressourcen, Verknüpfung zu Projekten lösen

Die einzelnen Schritte, um die Verknüpfung von Ressourcen zu Projekten wieder zu lösen, sind:

- Laden des Ressourcenpools
- Öffnen des Dialogs für gemeinsame Ressourcennutzung mit *Extras/Ressourcen gemeinsam nutzen/Gemeinsame Ressourcennutzung...*
- In dem jetzt geöffneten Dialogfeld die Projekte markieren, bei denen die Verknüpfung zum Ressourcenpool gelöscht werden soll (*Abbildung 13.18*)

Nachdem mit OK bestätigt wurde, sind die Verbindungen zu den betreffenden Projekten gelöscht.

Die hier beschriebene Methode werden Sie brauchen, wann immer Sie das Problem haben, dass zu viele Projekte auf den Ressourcenpool zugreifen und dadurch starke und nicht immer korrekte Überlastungen entstehen. Das kann leicht passieren, wenn Sie zum Beispiel ein Projekt zu Testzwecken mehrmals kopieren, ohne an die Löschung der Verknüpfung zum Ressourcenpool zu denken. Dann wird jede Ressource mehrfach und zeitgleich demselben Vorgang zugeordnet und dadurch überlastet, was in Wirklichkeit so nicht stimmt.

Kommunikation im Projekt

Wenn, wie es in vielen Firmen üblich ist, jeweils eine professionelle Version von Microsoft Project installiert ist, dann geht Microsoft Project davon aus, dass die gesamte Kommunikation im Projekt unter Verwendung des Project Servers abgewickelt wird, wobei die benötigten Einstellungen in dem Register *Extras/ Optionen/Zusammenarbeit* einzutragen sind. Die erforderlichen Einstellungen sind unter anderem die ausgewählte Art der Kommunikation (*keine – eMail – Server),* und die lässt sich mithilfe eines Pull-down-Listenfeldes einstellen.

Wenn kein Project Server installiert ist, erscheint in den *Extras/Optionen* trotzdem das Register *Zusammenarbeit*, das normalerweise auszufüllen wäre, und deshalb sind hier die erforderlichen Einstellungen in der Registerkarte *Zusammenarbeit* (*Abbildung 13.19*) erläutert, so weit es für das allgemeine Verständnis sinnvoll ist. Alle weiteren Informationen finden Sie in *Kapitel 5, Grundeinstellungen.*

Das Dialogfeld zeigt Ihnen die wesentlichen Einstellungen, wenn Sie mit Microsoft Project Server arbeiten möchten.

Das Drop-down-Listenfeld enthält die voreingestellten Werte für die gewünschte Art der Kommunikation *ohne, eMail, Server* (bei den älteren Versionen).

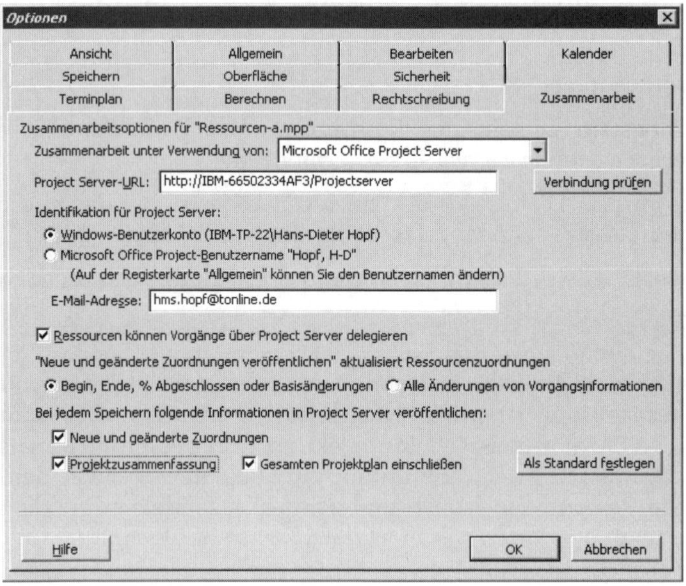

Abbildung 13.19: Beispiel möglicher Servereinstellungen für die Kommunikation

Ab Microsoft Project 2003 und 2007 gibt es nur noch die Alternative Server oder ohne.

Die Project Server-URL, das Windows-Benutzerkonto etc. sind Daten, die ausschließlich von der Systemadministration eingestellt werden können.

13.7.2 Zuordnung von Ressourcen

Der einfachste und schnellste Weg, um Ressourcen den Vorgängen zuzuordnen, ist die Verwendung des Dialogfelds *Ressourcen zuordnen* (*siehe Abbildung 13.20*). Es kann über das entsprechende Symbol in der Standard-Symbolleiste geöffnet werden und enthält alle Ressourcen des Ressourcenpools, sofern Sie einen Ressourcenpool für die gemeinsame Nutzung bereitgestellt haben.

Sie haben dabei die Möglichkeit, mit der Maus links neben den Ressourcennamen zu klicken und mit Drag&Drop die ausgewählte Ressource auf einen Vorgang in dem geöffneten Terminplan zu ziehen. Die Ressource wird jetzt zu 100% dem Vorgang zugeordnet. Wenn das nicht gewünscht wird, können Sie den Wert für die Ressourcenzuordnung in der Spalte *Einh.* des Dialogfelds entsprechend überschreiben.

Der bessere Weg, Ressourcen mit weniger als 100% zuzuordnen, ist, dass Sie zuerst den betreffenden Vorgang in der Tabelle des Terminplans markieren und dann in der Spalte *Einh.* des Dialogfelds den gewünschten Prozentwert bei der zuzuordnenden Ressource eingeben.

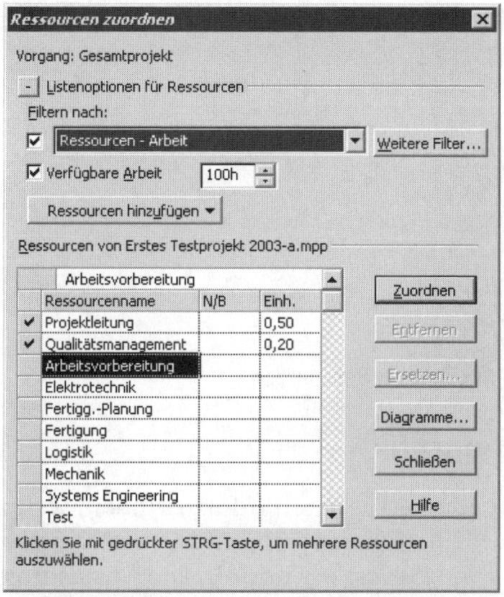

Abbildung 13.20: Dialogfeld Ressourcen zuordnen mit einstellbaren Filterungen

Wenn Sie das *+-Symbol* für die Listenoptionen anklicken, haben Sie die Möglichkeit, die Ressourcenliste zu filtern und nach verfügbarer Arbeit zu suchen, die einem eingetragenen Mindestwert entspricht (*Abbildung 13.20*).

- Die Schaltfläche *Diagramme* öffnet eine grafische Darstellung mit Informationen über Verfügbarkeit und Auslastung der ausgewählten Ressource. Ich ergänze diese Darstellung meist durch eigene Einstellungen, wie das weiter unten in diesem Text erläutert wird.
- Mithilfe der *N/B-Kennzeichnung* haben Sie die Möglichkeit zu bestimmen, ob eine Ressource als *Bedarf* oder als *Nachfrage* definiert wird. *Nachfrage* bedeutet, dass die Verfügbarkeit erfragt wurde. *Bedarf* bedeutet, dass für die gewählte Ressource ein Bedarf von x Einheiten besteht, aber die Verfügbarkeit noch nicht bestätigt ist.
- Mithilfe der Schaltfläche *Weitere Filter...* öffnen Sie das Dialogfeld für die erweiterte Auswahl verfügbarer Filter (*Abbildung 13.21*), mit denen Sie in der Lage sind, genauer nach bestimmten Kriterien zu filtern und zusätzlich zwischen Vorgangsfiltern und Ressourcenfiltern zu wählen.

  Achtung **Spezialansicht für die Zuordnung von Ressourcen**

  Sie können statt der aus dem Dialog zu öffnenden grafischen Darstellung der Ressourcenauslastung und Verfügbarkeit eine andere, besser überschaubare Grafik laden, indem Sie den Bildschirm teilen (*Fenster/Teilen*), dann den unteren Teil mit Mausklick aktivieren und sich mithilfe der Auswahl-Symbolleiste die Ansicht *Ressource: Grafik* laden.

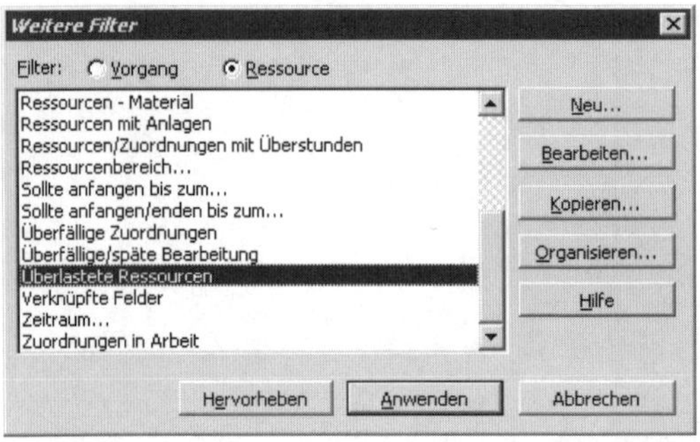

Abbildung 13.21: Einstellbare Filterungen für die Suche nach Ressourcen

Ressourcentabelle und Ressourcengrafik

Die Ansicht *Ressource: Grafik* zeigt Ihnen alle verfügbaren Informationen, wenn Sie im Kontextmenü die gewünschte Information auswählen. Die am meisten genutzten Darstellungen sind *Verfügbarkeit*, *Überlastung* und *Arbeit* (Auslastung in Stunden). Die Einstellung *Höchstwerte* zeigt oft schon eine Überlastung an, obwohl in der Darstellung *Arbeit* noch keine Überlastung erkennbar ist.

Die Zeitachse der Ressourcengrafik lässt sich mithilfe der Lupensymbole aus der Standard-Symbolleiste vergrößern (spreizen) oder verkleinern (stauchen).

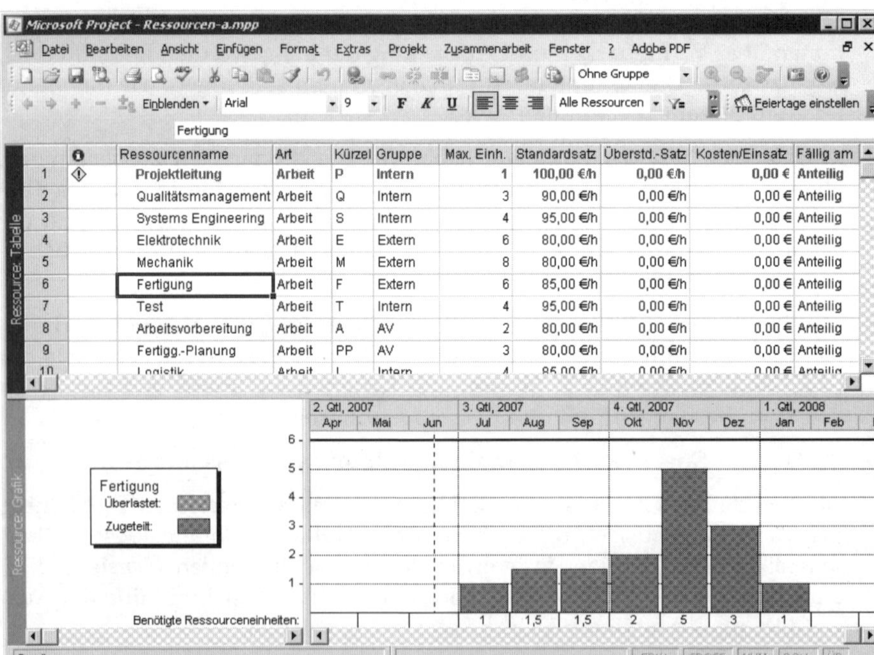

Abbildung 13.22: Bei dieser Zuordnung tritt keine Überlastung auf.

Wenn Sie bei der Arbeit mit Ressourcen und der Split-Screen-Darstellung, wie sie in *Abbildung 13.22* dargestellt ist, ein ähnliches Bild sehen, bei dem keine Überlastung angezeigt wird, dann haben Sie mit der hier erfassten Ressource keine Auslastungsprobleme zu erwarten. Sie können die Zuordnung unverändert lassen.

Überlastungen anzeigen

Sollte die Grafik jedoch Balkenabschnitte aufweisen, die als überlastet markiert sind, dann haben Sie ein Problem und sollten sich eine alternative Ressource für die anstehende Aufgabe suchen oder zumindest einen Teil der Aufgabe an eine zweite, eine Hilfsressource vergeben.

Abbildung 13.23 zeigt, dass die Ressource *Test* im November komplett und im Dezember noch teilweise überlastet ist. Der Maßstab ist hier relativ grob. Um mehr Details erkennen zu können, ziehen Sie die Grafik mithilfe der Lupensymbole weiter auf, oder nutzen Sie die rechte Maustaste und klicken auf die Zeitachse, um von da aus die Skala so anzupassen, dass die gewünschte Genauigkeit erreicht wird.

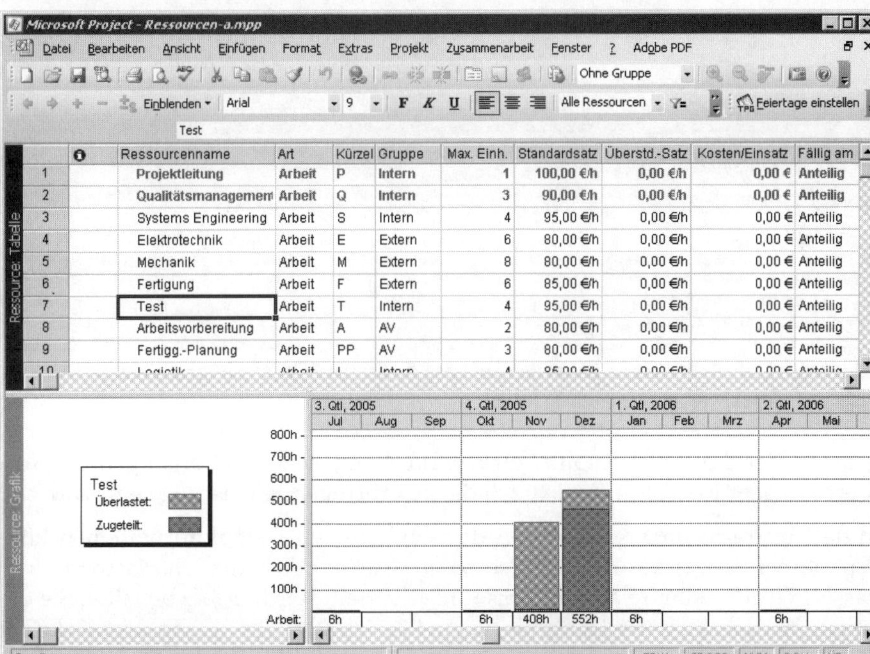

Abbildung 13.23: Anzeige von Überlastung (hell markierte Ressourcen)

Überlastungen abbauen

Müssen Sie Überlastungen abbauen und Hilfskräfte oder andere Ressourcen einem Vorgang zuordnen, dann bietet sich wieder im Split-Screen-Bildschirm in der unteren Hälfte die Möglichkeit, zunächst eine Maske zu laden, um dann über das Kontextmenü die gewünschten Informationen in der Maskenansicht einzutragen. Die nötigen Einstellungen hierfür können Sie in *Abbildung 13.24* sehen.

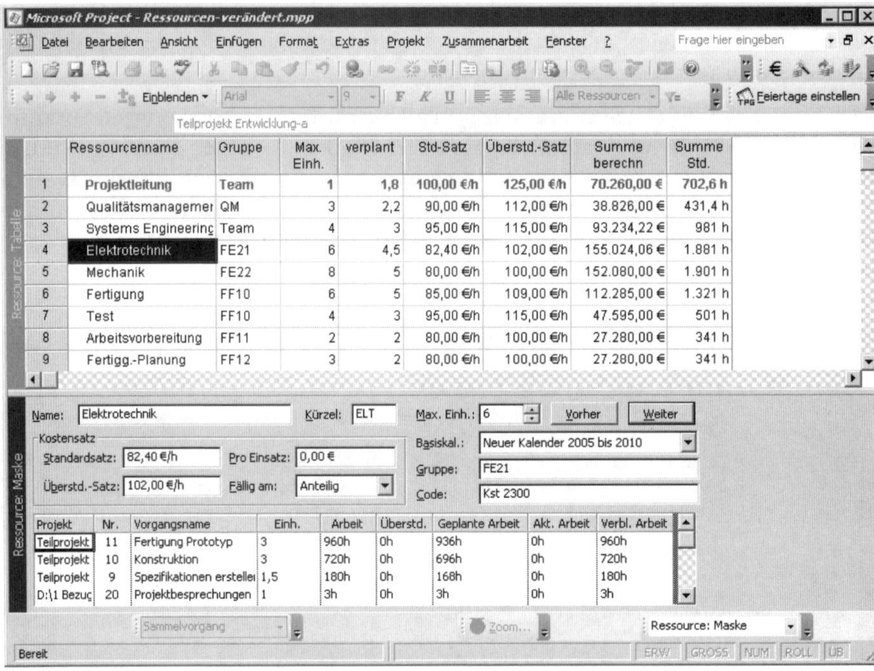

Abbildung 13.24: Split-Screen-Darstellung mit den Ansichten Ressource: Tabelle und Ressource: Maske mit der Einstellung Arbeit

Anhand der Ansichtskombination erkennen Sie, welchen Vorgängen die Ressource zugeordnet ist und wie hoch die zu erbringende Leistung sein wird.

In der Ressourcenmaske und den dort enthaltenen Detailinformationen können Sie bei Bedarf die Belastungen so abgleichen, dass die Überlastung einer Ressource auf mehrere andere Ressourcen verteilt wird. Dabei behalten Sie die Situation jederzeit unter Kontrolle, wenn Sie sich statt der Ressourcenmaske für die Ergebniskontrolle kurzfristig die Ressourcengrafik laden. Diese Symbolleisten haben Sie in *Kapitel 6, Weitere Anpassungen* kennengelernt und hoffentlich auch eingerichtet.

Beachten Sie in der Praxis auch die Drop-down-Liste in den Spalten *Nr.* und *Vorgangsnamen* der Informationen zum Vorgang und in den Listen der Vorgangs- und Ressourcenmasken. Hier können Sie aus verfügbaren Namen eine Auswahl treffen. Geben Sie in der Maskenansicht für den Ressourcennamen eine noch unbekannte Ressource ein, dann erscheint ein Hinweis mit der Frage, ob diese neue Ressource dem Pool zugefügt werden soll. Diese Abfrage erscheint nur dann, wenn dies unter *Extras/Optionen/Allgemein* so eingestellt ist.

Details anzeigen

Weitere, auch sehr gute Informationen, um die Auslastung zu beurteilen, bietet die Kombination der Ansichten *Ressource: Tabelle* im oberen Teil des Bildschirms und *Ressource: Einsatz* in der unteren Hälfte des Bildschirms.

Die in *Abbildung 13.25* gezeigte Darstellung zeigt im unteren Teil die Ansicht *Ressource: Einsatz*, die mithilfe des Kontextmenüs (rechte Maustaste) um die Zeile *Kosten* erweitert wurde.

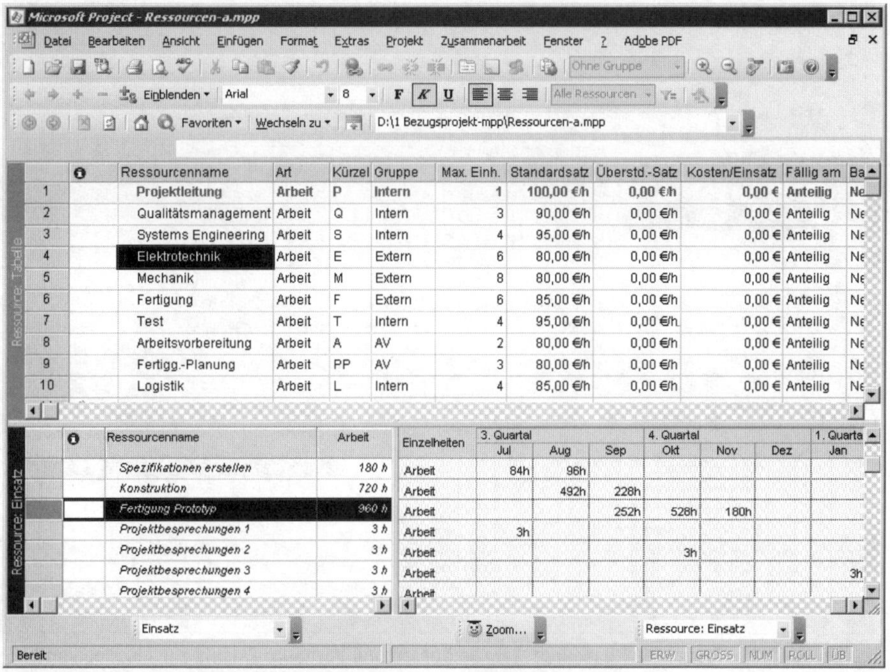

Abbildung 13.25: Erweiterte Ressourcentabelle und Ressource: Einsatz

Diese Einstellung ermöglicht Ihnen eine sehr feine Abstimmung der Zuordnung von Ressourcen, weil sich die Zeitachse bei Bedarf stark spreizen lässt. Sie könnten demnach den Aufwand und die Kosten z.B. tagesgenau ermitteln und abgleichen. Und wenn noch weitere Details benötigt werden, können alle Werte aus dem Kontextmenü gleichzeitig angezeigt werden.

Hinweis Wenn das noch immer nicht ausreicht oder es nicht die benötigten Details sind, dann können weitere Angaben mithilfe des Dialogfelds *Einzelheitenarten* nachgeladen werden, das sich nach einem Doppelklick auf einen beliebigen Eintrag öffnet.

Tagesgenaue Auslastung anzeigen

Ähnlich wie die vorher besprochene Ansichtskombination ist die hierunter abgebildete Variante *Abbildung 13.26* sehr gut geeignet, die benötigten Detailinformationen zu erstellen und z.B. tagesgenau zu bearbeiten.

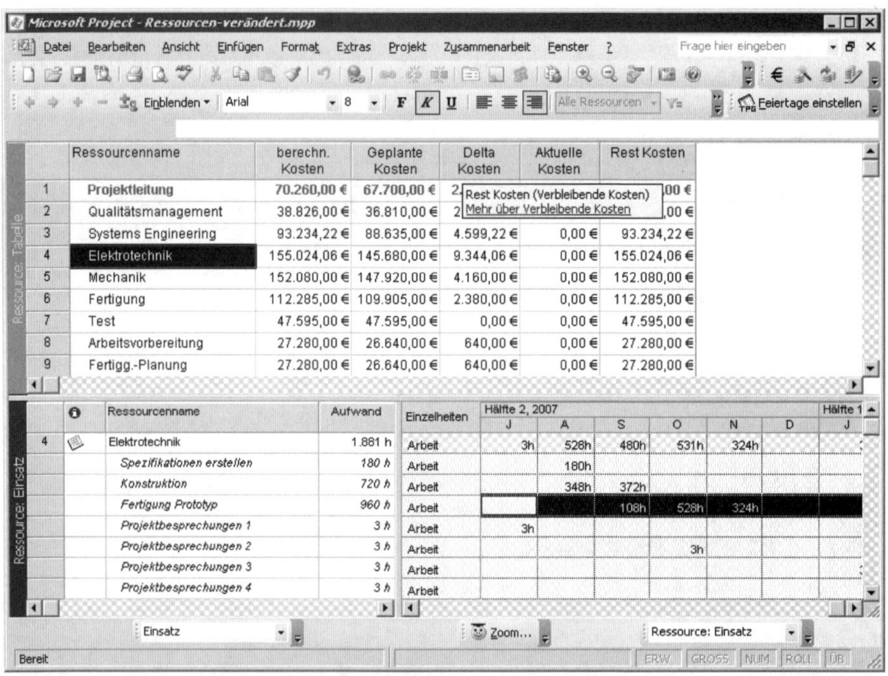

Abbildung 13.26: Ansichten Ressource: Tabelle Kosten und Vorgang: Einsatz zur Anzeige von Ressourcenstunden pro Zeiteinheit und Vorgang

Die Ansicht in *Abbildung 13.27* bietet für jede in der oben sichtbaren Ressourcentabelle markierte Ressource (hier wurden fast alle markiert) die genauen Daten für Aufwand (*Arbeit*) und weitere über das Kontextmenü auswählbare Informationen wie *Kosten*, *Überlastung* etc.

Um genau zu sein: Sie können sich im Dialogfeld *Einzelheitenarten* (Doppelklick auf einen Eintrag in der Tabelle oder Kontextmenü) aus allen verfügbaren Feldern die gewünschten Informationen beliebig zusammenstellen.

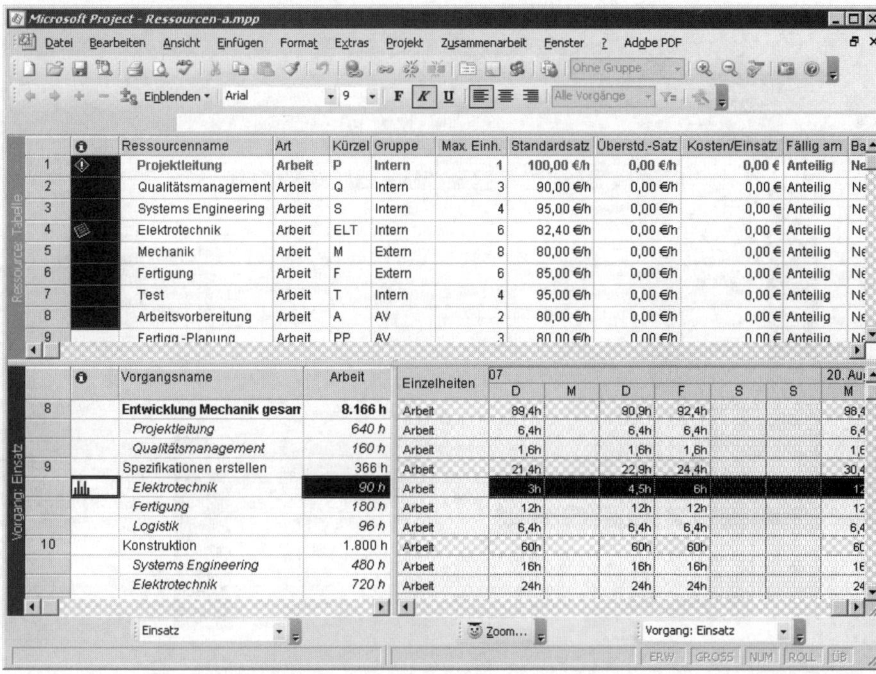

Abbildung 13.27: Anzeige von Ressourcenstunden pro Zeiteinheit für markierte Vorgänge

Hinweis Wenn Sie diese Möglichkeiten wirklich nutzen wollen, dann sollten Sie sich darüber im Klaren sein, dass das nicht ohne größeren Aufwand möglich ist, denn es geht nicht nur um die Zusammenstellung der benötigten Daten und der dazugehörenden Felder, sondern Sie müssen einige Tests durchführen, um sicherzustellen, dass alles so funktioniert, wie Sie sich das vorgestellt haben. Das bedeutet, dass alle gewünschten Daten in entsprechender Anordnung und mit gewünschtem, von Ihnen definiertem Inhalt wirklich verfügbar sein müssen.

13.7.3 Arbeiten mit Ressourcenprofilen

Mit der Anwendung von Ressourcenprofilen, das sind Verteilungskurven für den Ressourceneinsatz über einen bestimmten Zeitraum, können Aufwand und Kosten erheblich eingespart werden.

Das Problem, diese Profile nur sehr selten nutzen zu können, liegt in der Art, wie in den meisten Betrieben der Personaleinsatz bestimmt und geplant wird und welche Vorgaben vom Project-Controlling anzuwenden sind.

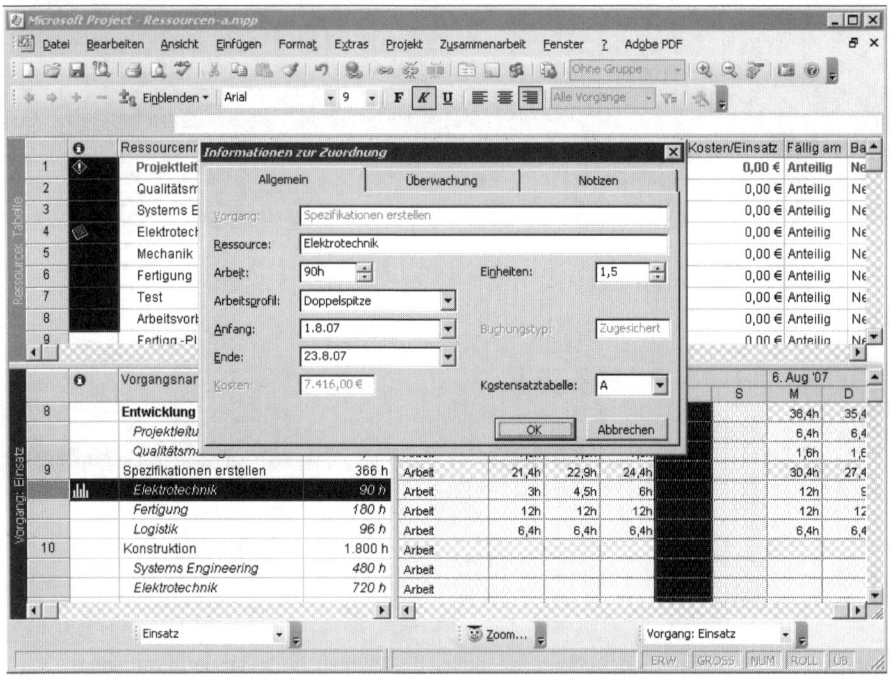

Abbildung 13.28: Ressourcentabelle, Vorgang: Einsatz und Profil „Doppelspitze"

Wenn es Ihnen möglich wäre, die Auslastung Ihrer Ressourcen nach den acht vordefinierten Arbeitsprofilen zu planen und zu steuern, könnten Sie oft bis zu maximal 50% der Kosten sparen.

Die Auswahl des anzuwendenden Profils erfolgt im Dialogfeld *Informationen zur Zuordnung*, das mit einem Doppelklick auf den Vorgangsnamen in der Ansicht *Vorgang: Einsatz* geöffnet wird. Hier stehen außer den Profilen noch weitere Anpassungsmöglichkeiten zur Verfügung, die weiter unten auch noch detaillierter beschrieben werden.

Abbildung 13.29: Die Auswahl der Doppelspitze ergab exakt die halben Kosten.

Arbeitsprofil kann aus dem Drop-down-Listenfeld des Dialogfeldes *Informationen zur Zuordnung* ausgewählt werden. Die bei den Profilen verwendeten Verteilungsalgorithmen sind dem Anwender nicht zugänglich, deshalb muss man sich mit ihrer Funktionsweise anhand geeigneter, nachvollziehbarer Tests vertraut machen, wie das in der hier enthaltenen Tabelle erkennbar ist.

Wollen Sie Ressourcen auch verschiedene *Kostensätze* zuweisen, damit der verwendete Stundensatz auch der ausgeführten Arbeit entspricht, dann bietet sich in demselben Dialogfeld die Möglichkeit, mithilfe der *Kostensatztabellen A bis E* zwischen maximal *fünf Kostensätzen* zu variieren.

Abbildung 13.30: Arbeitsprofile anzeigen und auswählen, Kostensatztabelle festlegen zwischen A und E

Verhalten der verschiedenen Profile

Wie aus der Tabelle deutlich wird, hat jedes Profil einen deutlichen Einfluss auf die zeitliche Verteilung der anfallenden Stunden und damit auch der Kosten für jeden ausgewählten Vorgang, wie das besonders klar aus dem Kurvenverlauf weiter unten in diesem Abschnitt erkennbar wird.

	Stunden pro Tag												berechnete Kosten	berechnete Stunden
PROFIL	M	D	M	D	F	S	S	M	D	M	D	F		
Flach	8h	8h	8h	8h	8h			8h	8h	8h	8h	8h	8.000,00 €	80
Endlastig	0,8h	1,2h	2h	4h	4h			6h	6h	8h	8h	8h	4.800,00 €	60
Anfangslastig	8h	8h	8h	6h	6h			4h	4h	2h	1,2h	0,8h	4.800,00 €	60
Doppelspitze	2h	4h	8h	4h	2h			2h	4h	8h	4h	2h	4.000,00 €	40
Frühe Spitze	2h	4h	8h	8h	6h			4h	4h	2h	1,2h	0,8h	4.000,00 €	40
Späte Spitze	0,8h	1,2h	2h	4h	4h			6h	8h	8h	4h	2h	4.000,00 €	40
Glocke	0,8h	1,6h	3,2h	6,4	8h			8h	6,4h	3,2h	1,6h	0,8h	4.000,00 €	40
Trapez	2h	4h	6h	8h	8h			8h	8h	6h	4h	2h	5.600,00 €	56

Abbildung 13.31: Auswirkung der Verwendung von einem der insgesamt acht verfügbaren Arbeitsprofile

Für diese Tabelle wurde einem Vorgang mit einer Dauer von zehn Tagen eine Ressource zu 100% zugeordnet, und als Kalender wurde der Standardkalender verwendet. Dieser Kalender stellt täglich acht Stunden und 40 Stunden pro Woche bereit und enthält keine Feiertage.

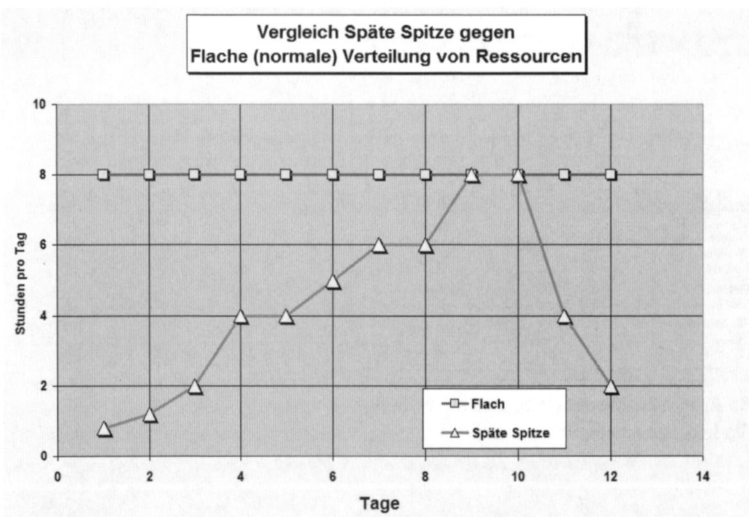

Abbildung 13.32: Unterschied zwischen normaler Verteilung und später Spitze

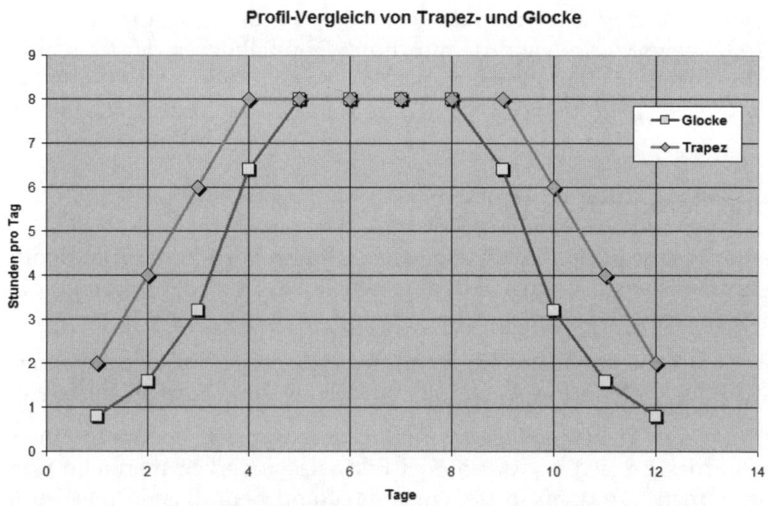

Abbildung 13.33: Zwei Profile, die bei Anwendung gute, realitätsnahe Werte liefern; Glockenkurve und speziell Trapez kämen einem optimalen Verlauf sehr nahe.

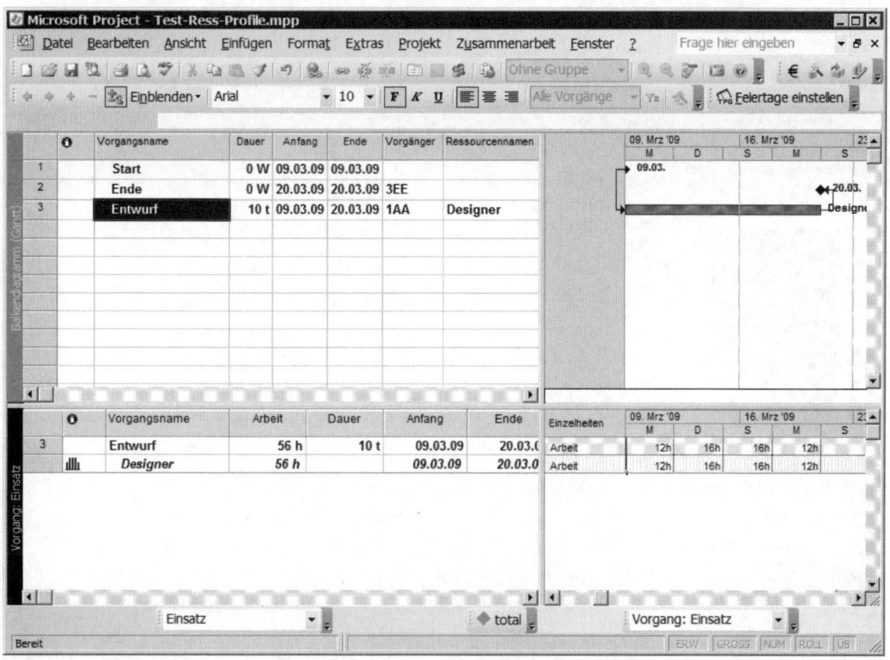

Abbildung 13.34: Der verwendete Testplan, um das Verhalten der Profile zu ermitteln

Bei dem Vorgang *Entwurf* blieb für alle acht Versuche die Ressource *Designer konstant zu 100% zugeordnet*. Es wurde nur durch Doppelklicken der Ressource in der im unteren Teil des Bildschirms geladenen Ansicht Vorgang: Einsatz der Dialog *Informationen zur Ressource* geöffnet, in dem sich die Profile auswählen lassen.

Kosten minimieren mit Profilen

Haben Sie einer Ressource ein Profil zugewiesen, dann wird in der Info-Spalte der im unteren Fenster geladenen Vorgangstabelle ein Symbol angezeigt, das dem gewählten Profil entspricht.

> **Hinweis** Ich habe bei Testrechnungen mit einem Großteil der angebotenen Profile eine Kosten- und Aufwandsminderung von bis zu 50% erreicht.

Bei Verwendung der Ansichten *Tabelle: Einsatz* und *Vorgang: Einsatz* in einem geteilten Fenster lassen sich in der unteren Bildhälfte jederzeit manuelle Korrekturen vornehmen, die dann in der links am Rand befindlichen *Info-Spalte* durch ein Symbol „Bleistift + Kurve" gekennzeichnet werden. Solche manuellen Korrekturen werden nicht dokumentiert und können auch nur schwer zurückgesetzt werden. Es ist deshalb über alle Änderungen genau Buch zu führen.

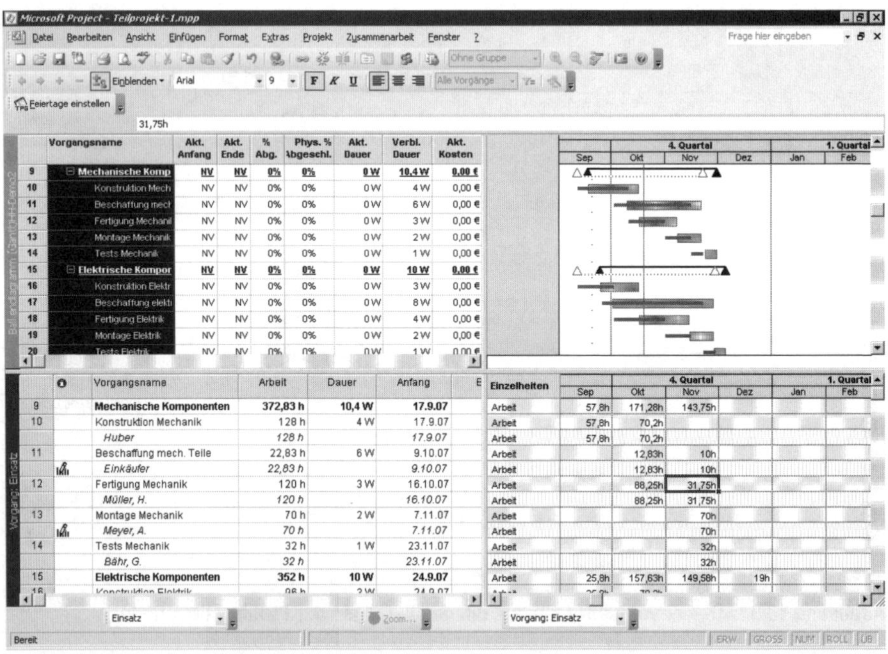

Abbildung 13.35: Manuelle Korrekturen des Personalaufwands bestimmter Ressourcen mit entsprechender Kennzeichnung durch Bleistift-Symbol

Der fertige Terminplan mit Ressourcenzuordnung

Wenn Sie alle Einstellungen vorgenommen haben, werden *zugeordnete Ressourcen* in dem Terminplan jeweils rechts von den Vorgängen aufgelistet. Als Zusatzinformation ist für jede Ressource auch die prozentuale Zuordnung in eckigen Klammern mit ausgewiesen. Wenn keine Klammerwerte ausgewiesen werden, haben Sie die Ressource zu 100% zugeordnet.

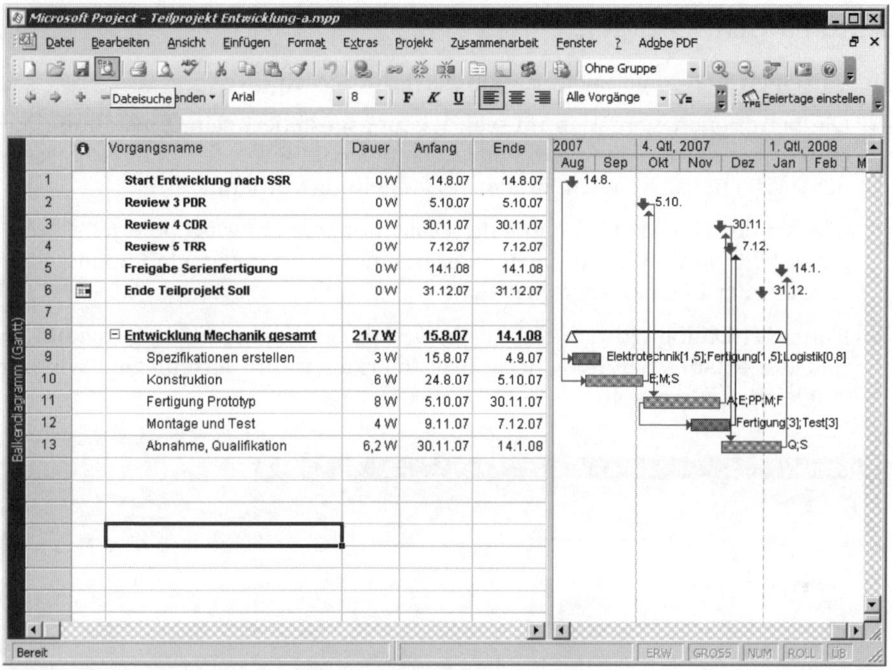

Abbildung 13.36: Terminplan mit mehreren Ressourcen pro Vorgang

Arbeiten Sie mit dem Microsoft Project Server, dann werden bei Änderungen an der Zuordnung von Ressourcen, oder an einzelnen Vorgängen, entsprechende Symbole (Briefumschläge) angezeigt, sobald Sie einen solchen Plan öffnen. Die Symbole weisen darauf hin, dass sich der Verantwortliche über die veränderte Situation informieren sollte. Die Symbole reagieren deshalb wie Notizen und zeigen die enthaltene Meldung, sobald Sie mit dem Mauszeiger darauf zeigen.

13.8 Überlastungen entfernen

Der automatische, programmgesteuerte Abgleich von Ressourcenüberlastungen ist eine sehr komfortable Variante, um Engpässe, die durch Überlastung von Ressourcen entstanden sind, zu beseitigen. Das geht relativ einfach, wenn es das Projekt zulässt; setzt aber voraus, dass einige Einstellungen an den Vorgängen vorgenommen werden, bevor ein Abgleich gestartet werden kann.

Automatischer Abgleich

Im Einzelnen sind folgende Einstellungen erforderlich:

- Die betroffenen Vorgänge müssen leistungsgesteuert sein, Einstellung am besten in einer neuen Spalte einer geeigneten Tabelle oder in einer passenden Maskenansicht bei Split-Screen-Darstellung vornehmen
- Die Art der Dauer muss von *fester Dauer* auf *feste Einheiten* oder *feste Arbeit* eingestellt werden, auch das wieder in einer dafür geeigneten Spalte einer Tabelle oder in einer Maskenansicht
- Dann das Dialogfeld *Kapazitätsabgleich* über *Extras/Kapazitätsabgleich* öffnen und die entsprechenden Checkboxen markieren, um festzulegen, wie der Abgleich erfolgen soll

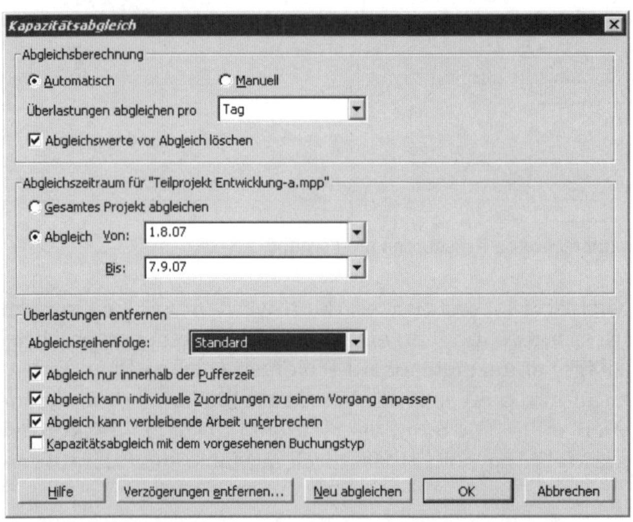

Abbildung 13.37: Automatischer Kapazitätsabgleich (Standard)

Wie aus dem Dialogfeld *Kapazitätsabgleich* zu entnehmen ist, können Sie eine Vielzahl von Varianten zur Berechnung des Abgleichs einstellen. Die normale Einstellung von tagesgenauem Abgleich kann aber unverändert übernommen werden.

Abgleichswerte vor Abgleich löschen bedeutet, dass Werte eines früheren Abgleichs entfernt werden, damit es keine Probleme geben kann.

Den Zeitraum für einen Abgleich auf eine bestimmte Periode einzustellen, ist meist zu bevorzugen, weil die erforderlichen Aktionen eigentlich nur kurzfristig umzusetzen sind.

Überlastungen zu entfernen ist zunächst nur innerhalb einer bestehenden Pufferzeit möglich, wenn vermieden werden soll, dass sich festgelegte Endtermine verschieben, auch wenn sie mit einer Einschränkung wie *nicht später als* oder *muss enden am...* versehen sind.

Wenn die durch automatische Verschiebung entstandenen Änderungen an den Verknüpfungen betroffener Vorgänge, rückgängig gemacht werden sollen, die Überlastungen also bestehen bleiben, dann ist das mit *Verzögerungen entfernen...* zu erreichen. Danach sind bei der Planung eingetragene Anordnungsbeziehungen wieder richtiggestellt und die Vorgänge an ihre ursprüngliche Position zurückgesetzt.

Manuell abgleichen

Bei manuellem Abgleich ist es eine gern verwendete Methode, dass einem Vorgang eine oder mehrere neue Ressourcen zugeordnet werden, um so die Arbeit auf mehrere Ressourcen aufzuteilen. Wenn dabei Ressourcennamen verwendet werden, die bis dahin noch nicht im Ressourcenpool enthalten sind, dann werden Sie gefragt, ob die noch unbekannte Ressource dem Ressourcenpool hinzugefügt werden soll. Voraussetzung ist, dass Sie dies unter *Extras/Optionen* im Register *Allgemein* so eingestellt haben.

Wenn Sie mit Ja bestätigen, müssen Sie daran denken, dass dann für diese neue Ressource alle individuellen Einstellungen vorzunehmen sind. Es beginnt mit den Einträgen in der Ressourcentabelle und geht weiter mit den Informationen zur Ressource und zu allen darin enthaltenen Daten.

Erst wenn diese ergänzenden Daten eingetragen wurden, sollten Sie die neue Ressource in Ihrem Plan verwenden.

Wenn bei manuellem Abgleich eine neue Ressource einem Vorgang zugeordnet werden soll, gehen Sie wie folgt vor:

Laden Sie in einem geteilten Fenster die Ansicht *Ressource: Tabelle* im oberen und die Ansicht *Vorgang: Maske* in den unteren Bereich. Damit erreichen Sie die zu bearbeitenden Vorgänge und können jetzt die Maskenansicht mit dem Kontextmenü so einstellen, dass Sie im linken Eingabefeld die entsprechende Zuordnung vornehmen können.

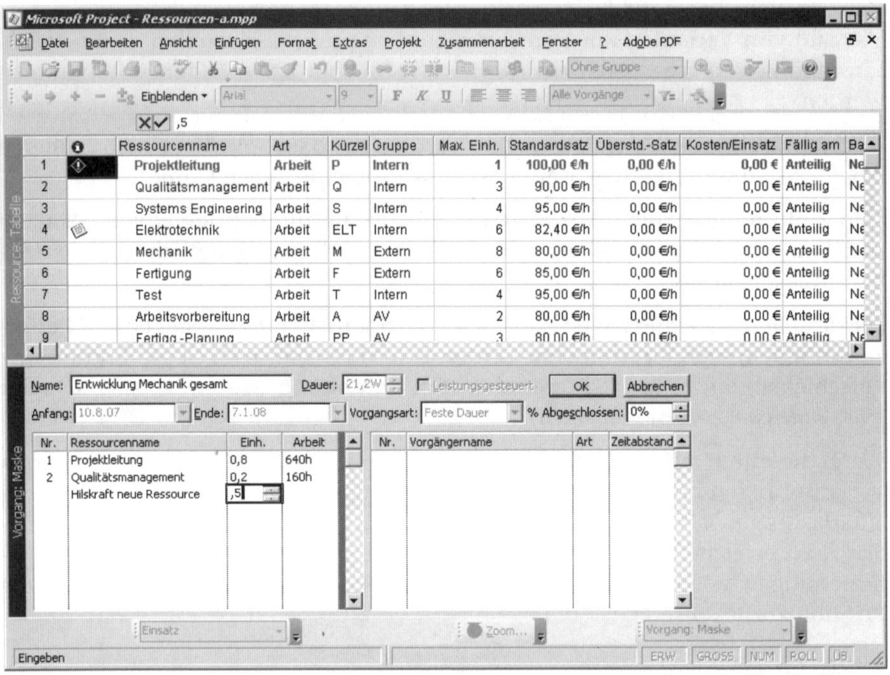

Abbildung 13.38: Ansicht Balkenplan und Vorgangsmaske bei manuellem Abgleich, Eintrag einer neuen Ressource

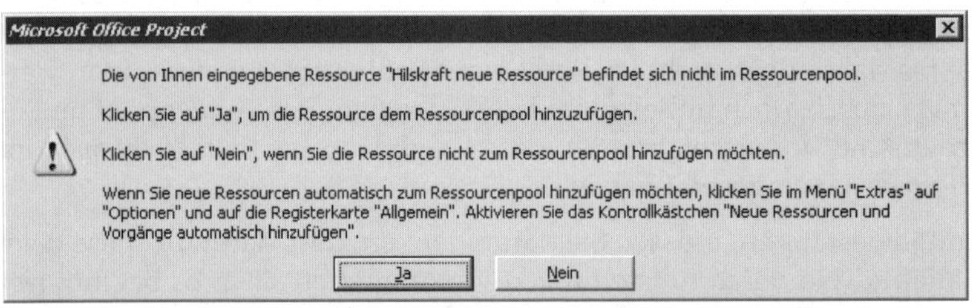

Abbildung 13.39: Meldung bei neuer Ressource und manuellem Abgleich

In dem Beispiel in *Abbildung 13.38* wurde zunächst nur die Hilfskraft als neue Ressource eingetragen und die Zuordnung auf 50 Prozent gesetzt.

Achtung Damit diese Änderung bei der Ressourcenzuordnung akzeptiert wird, müssen Sie zweimal mit OK bestätigen! Beim ersten OK werden nur die Daten übernommen, und erst beim zweiten OK wird die Änderung berechnet.

Wenn die Eingabe neuer Ressourcen in der Maskenansicht beendet ist, können Sie sich das Ergebnis in einem Balkendiagramm anzeigen lassen.

Nutzen Sie wieder die Symbolleisten am unteren Fensterrand für den schnellen Wechsel zu der von Ihnen gewünschten Ansicht, und denken Sie daran, dass bei einer Split-Screen-Darstellung der Teil des Bildschirms zu aktivieren ist, der die geänderte Ansicht enthalten soll, bevor der Wechsel zu der anderen Ansicht erfolgt.

Mehrere Ressourcen an einem Vorgang

Wenn mehrere Ressourcen einem Vorgang zugeordnet sind, dann ist ein manueller Abgleich nicht optimal möglich. Um deutlich bessere Möglichkeiten zu erhalten, müsste der markierte Vorgang noch weiter detailliert werden. Erst wenn Detailvorgänge entstehen, denen am besten nur eine Arbeitsressource zugeordnet wird, kann entsprechend fein abgeglichen werden. Das bedeutet aber, dass bei der Planung sehr weit in die Details gegangen werden muss, wodurch sich der manuelle Planungs- und Änderungsaufwand wieder sehr stark erhöhen wird.

Beispiele zur Arbeit mit Ressourcen finden Sie auf der Webseite zum Buch in vielen der dort enthaltenen Projektbeispiele.

Teil 4

14 Basisplan speichern, Seite einrichten und drucken

Bevor ein Projektplan für die Überwachung und Steuerung verwendet werden kann, muss dieser erst als Basisplan gespeichert werden. Das Gleiche gilt für alle damit zusammenhängenden Projektpläne. Erst dann sind in den Projekten Planwerte vorhanden, und erst dann können Soll-Ist-Vergleiche erstellt werden, die für die Projektsteuerung benötigt werden.

14.1 Basisplanung

Microsoft Project erlaubt bis zu zehn Varianten eines Basisplans zu speichern. Dieses Vorgehen eignet sich besonders für Risikobetrachtungen mithilfe von *Was-wäre-wenn-Analysen.* Sie können mithilfe der Basisplanung bis zu zehn Varianten eines Projekts und dessen chronologischen Fortschritt über eine längere Zeit erstellen. Auf diese Weise können Sie abgeschlossene Projekte analysieren und Ihre Erkenntnisse in die Verbesserung zukünftiger Abläufe einfließen lassen.

Sollen die Vorgangsbalken mehrerer Varianten gleichzeitig im Plan angezeigt werden, dann müssen Sie unter *Format/Balkenarten* für jede Version eines Zwischenplans oder eines Basisplans die erforderlichen Einstellungen vornehmen.

> **Hinweis** Microsoft Project stellt standardmäßig die fertig angepasste Ansicht *Mehrfachbasispläne-Balkendiagramm* für Balkenpläne mit mehreren übereinanderliegenden Balken pro Vorgang zur Verfügung.

14.1.1 Basisplan speichern und festlegen

Mit der Befehlsfolge *Extras/Überwachung/Basisplan speichern...* (bis Version 2003) oder *Basisplan festlegen...* (Version 2007) öffnen Sie das Menü für die Speicherung eines Projekts als Basis- oder Zwischenplan wie in *Abbildung 14.1* dargestellt.

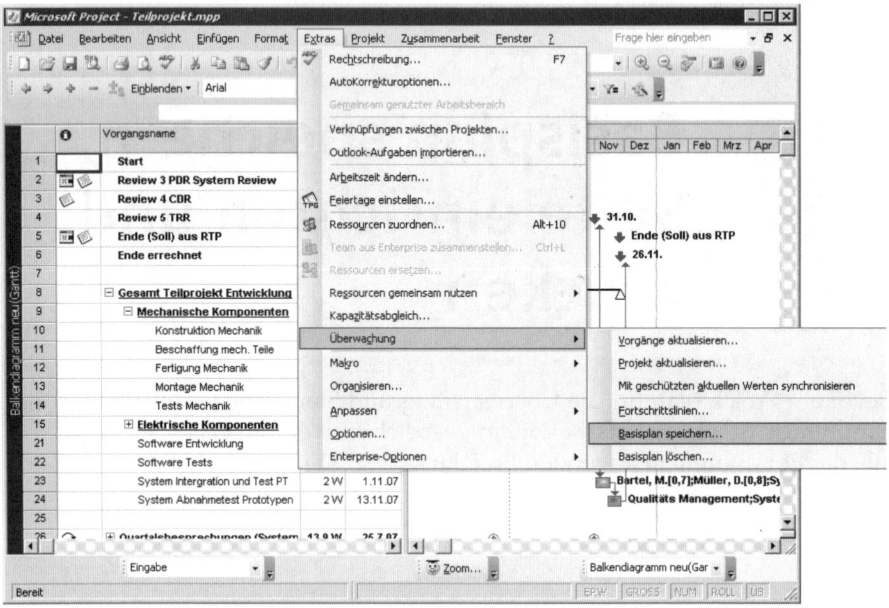

Abbildung 14.1: Das Menü, um einen Basisplan zu speichern

Wenn das Dialogfeld geöffnet ist, können Sie Ihren Plan über *Basisplan speichern/Gesamtes Projekt* als ganzes Projekt speichern, was die übliche Vorgehensweise ist.

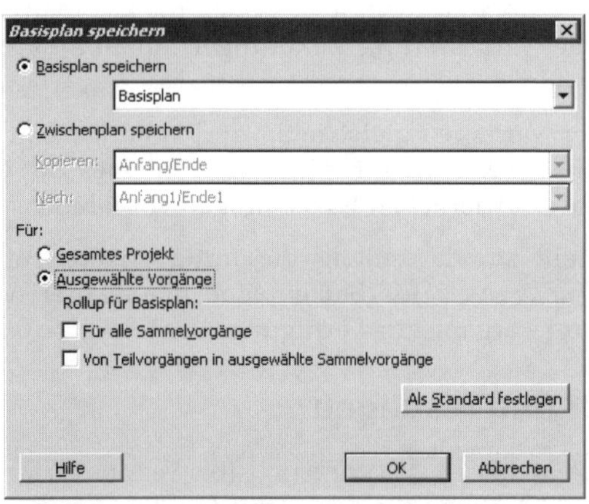

Abbildung 14.2: Basisplan speichern für Gesamtes Projekt oder Ausgewählte Vorgänge

Sie können aber auch einzelne, zumeist neu in den Plan aufgenommene Vorgänge markieren und in den schon bestehenden Basisplan übernehmen. Das wird immer dann erforderlich sein, wenn Änderungen an einem Plan unvermeidlich waren.

Bei der Auswahl von neuen, im Projektplan markierten Vorgängen bieten sich zwei Möglichkeiten zur Darstellung in den Sammelvorgängen an, deren Wirkung unbedingt ausprobiert werden sollte. Es gibt folgende Varianten:

- Ausgewählte Vorgänge und alle Sammelvorgänge
- Von Teilvorgängen in ausgewählte Sammelvorgänge

Unterschiede von Basisplan und Zwischenplan

Basispläne müssen erstellt werden, damit für ein Projekt die endgültig von Ihnen festgelegten Daten in Planwerte umgewandelt werden. Solange keine Basisplanung vorhanden ist, gibt es keine Sollwerte mit denen Sie aus den später durch Aktualisierung entstehenden Istwerten den für die Projektsteuerung so wichtigen SOLL-IST-VERGLEICH erhalten.

Zwischenpläne

Wie die Bezeichnung dieser Art von Plänen schon deutlich macht, handelt es sich hierbei im Allgemeinen um temporäre Projektdateien, mit deren Hilfe man einen Vergleich verschiedener Lösungsansätze erzeugen kann. Verwendung finden diese Zwischenpläne bevorzugt für sogenannte SCHEDULE TRADE-OFFS (Was-wäre-wenn-Analysen), um eine Optimierung der Planung durch Variantenvergleiche zu erreichen. Wenn Sie sicher sind, die optimale Lösung gefunden zu haben, kann ein beliebiger Zwischenplan mithilfe der Kopierfunktionen jederzeit in einen Basisplan umgewandelt werden. Deshalb sollten Sie mehrere Zwischenpläne erstellen, bevor der endgültige Basisplan festgelegt wird.

Zwischenplan speichern/festlegen

Hierunter sind die einzelnen Schritte beschrieben:

- Menü *Extras/Überwachung/Basisplan speichern…* öffnen
- Wählen Sie *Zwischenplan speichern…*
- Festlegen, welche Termine zu kopieren sind (*Anfang/Ende* bis *Anfang10/Ende10)* und wohin (*Anfang1/Ende1* bis *Anfang10/Ende10)*
- Oder, wenn bereits bestehende Basispläne kopiert werden sollen, auswählen, aus welcher Version (*Basisplan* bis *Basisplan-10)* und wohin *(Basisplan-1* bis *Basisplan-10)*

- Als weitere Auswahl, ob das *gesamte Projekt* oder nur *ausgewählte Vorgänge* zu kopieren sind
- Wenn Sie sicher sind, welche Variante endgültig als geplant festgelegt werden soll, dann kopieren Sie die berechneten Zwischenwerte nach *Anfang/Ende* und legen damit die geplanten Werte des Projektplans fest.

Die verschiedenen Möglichkeiten des Dialogs *Basisplan festlegen* erlauben beliebige Variationen von Plänen zu erzeugen. Dazu können bis zu elf berechnete Anfangs- und Endtermine einzelner Vorgänge sowie bis zu elf verschiedene Basispläne beliebig zusammengestellt werden.

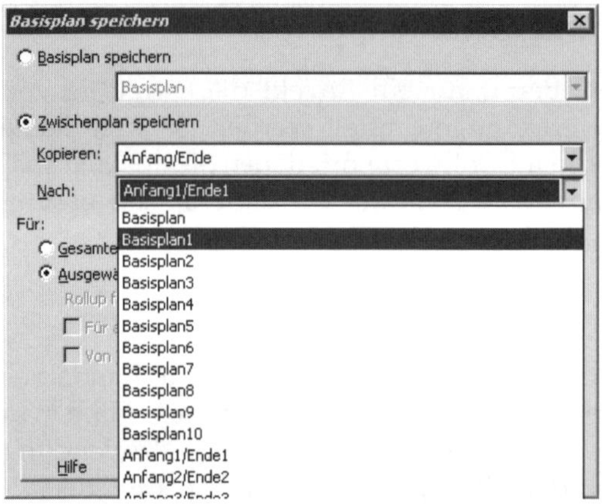

Abbildung 14.3: Auswahl von Termindaten und kopieren in den Basisplan1

Basisplan speichern/festlegen

In einem Listenfeld stehen als Erstes die Varianten der Basispläne 1 bis 10 und danach folgen die Angaben der Termine für die Zwischenpläne 1 bis 10. Durch Kopieren der gewünschten Termindaten (von Anfang1/Ende1 bis Anfang10/Ende10) in einen beliebigen auszuwählenden Basisplan werden dessen Anfang-/Endepositionen ersetzt und damit als Basisplan festgelegt werden.

Einen Basisplan erstellen Sie mit folgenden Schritten:

- Im geöffneten Dialog zum Speichern von Basisplänen…
- Auswählen *Basisplan speichern*, gegebenenfalls welche Version (von 1 bis 10)
- Festlegen wofür, *Gesamtes Projekt* oder nur *Ausgewählte Vorgänge*

- Bei *Ausgewählten Vorgängen* (das sind entweder neu hinzugekommene oder geänderte Vorgänge) kann noch entschieden werden, wie und ob die berechneten Werte in Sammelvorgängen dargestellt werden sollen:
  - *Für alle Sammelvorgänge* (das führt schnell zu einem Chaos) oder
  - *Von Teilvorgängen in ausgewählte Sammelvorgänge* (das ist meist die bessere Lösung)
  - Mit *OK* bestätigen führt zum Abschluss des Dialogs und legt jetzt das Projekt oder einzelne, ausgewählte Vorgänge in einem Basisplan als *geplant* fest.

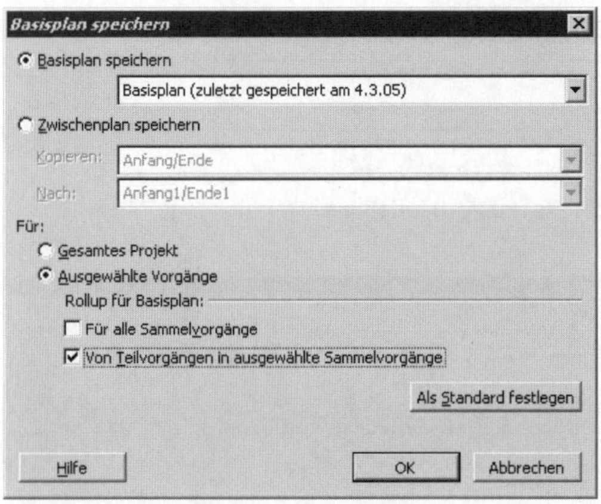

Abbildung 14.4: Auswahl, wie markierte Teilvorgänge in Sammelvorgängen darzustellen sind

Damit die gewünschte Darstellung erzeugt werden kann, sind noch einige kleine Einstellungen bei den markierten Vorgängen und bei den Balkenarten erforderlich. Dazu sollten Sie folgendermaßen vorgehen:

- Markierung des gewünschten Sammelvorgangs und der Teilvorgänge
- Bei den markierten Vorgängen und beim Sammelvorgang die *Einzelheiten zum Vorgang* öffnen, mit rechter Maustaste auf den Vorgangsnamen klicken und dann im Register *Allgemein* das Kontrollkästchen *Vorgangsbalkenrollup…* aktivieren; erst dann können die Teilvorgänge im Sammelvorgang angezeigt werden .
- Wenn jetzt noch kein Rollup angezeigt wird, müssen Sie unter *Format/Balkenarten* der Eintrag *Vorgang Rollup* Ihren Wünschen entsprechend formatieren.

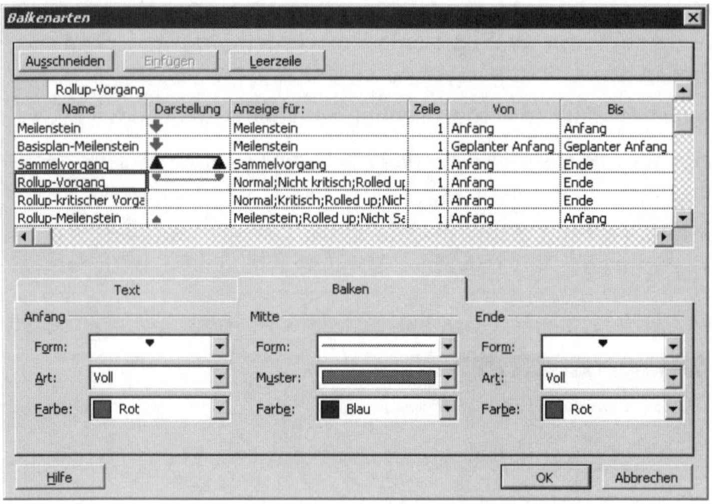

Abbildung 14.5: Formatierung der Balken für die Rollup-Darstellung

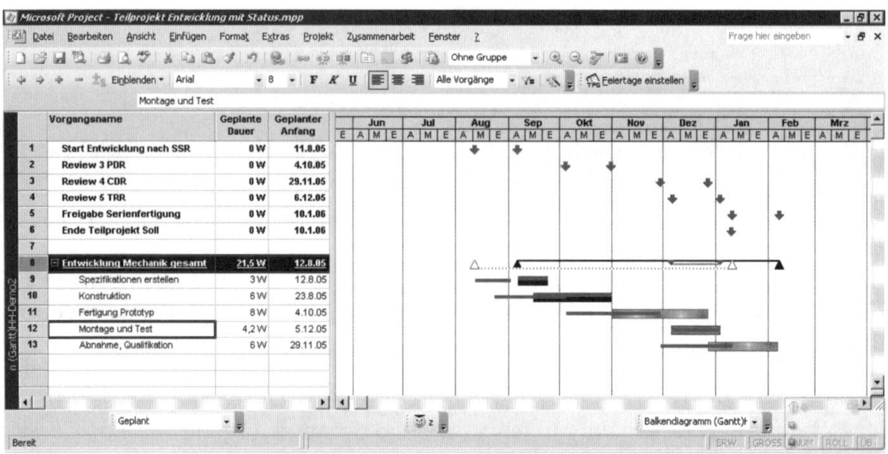

Abbildung 14.6: Ein bereits aktualisierter Plan mit korrigiertem Vorgang Montage…

Achtung Erst nachdem ein Projekt oder ein einzelner Vorgang als Basisplan gespeichert wurde, können die Statusinformationen in einer Soll-Ist-Darstellung angezeigt werden.

14.1.2 Was-wäre-wenn-Analysen

Wenn Sie anhand von Zwischenplänen Risikoanalysen oder so genannte *Was-wäre-wenn-Analysen (What-if-Analysen)* durchführen möchten, die Sie aus den Basisplänen erzeugen können, dann wählen Sie zunächst einen Basisplan aus und speichern ihn als Zwischenplan. Dafür stehen Ihnen insgesamt zehn Möglichkeiten zur Verfügung (*Anfang1/Ende1 bis Anfang10/Ende10*), wenn die Variante *Anfang/Ende* nicht in Betracht gezogen wird.

Sie können anhand eines Vergleichs der verschiedenen Varianten leicht herausfinden, welcher Ablauf der schnellste oder kostengünstigste ist. Und Sie können herausfinden, mit welcher Variante Sie Ihre Ressourcen am besten auslasten.

Um alle möglichen Varianten in einem Plan darzustellen, sind einige manuelle Anpassungen in den *Balkenarten* nötig, was etwas aufwendig ist.

Dazu nehmen Sie im Menü *Balkenarten* für jeden Vorgangsbalken folgende Einstellungen vor:

- Benennung des Vorgangs als *Name*
- *Anzeige für…* aus der Liste der Feldnamen
- *Darstellung* im Plan (*Strichstärke, Muster, Farbe, Symbole*)
- Lage des Balkens in *Zeile Nr.* (1 bis maximal 4!! statt 10)
- Beginn des Balkens von (*Geplanter Anfang 1* bis *Geplanter Anfang 10*)
- Ende des Balkens von (*Geplantes Ende 1* bis *Geplantes Ende 10*)
- Gegebenenfalls noch gewünschten *Text* zu den Balken hinzufügen

Abschließend speichern und organisieren Sie die modifizierte Ansicht noch unter einem passenden Namen.

Wenn Sie Ihre Ansicht anpassen, um auch die Varianten anzuzeigen, dann müssen Sie wissen, dass nicht mehr als vier Versionen von Zwischenplänen in einer Vorgangszeile der Tabelle gleichzeitig dargestellt werden können.

Wenn Sie sich entschieden haben, welcher der Zwischenpläne den optimalen Ablauf darstellt, legen Sie diesen endgültig als *Basisplan* fest, indem Sie die dessen *Anfang-X/Ende-X* nach *Anfang/Ende* kopieren.

Das bedeutet, dass die Version-X ab jetzt zum endgültigen Basisplan wird, gegen dessen Sollwerte der Arbeitsfortschritt ermittelt und dargestellt wird.

14.1.3 Basispläne löschen

Wenn aufgrund umfangreicher Änderungen in einem Projekt der Basisplan nicht mehr gültig ist und deshalb völlig neu festgelegt werden muss, haben Sie drei Möglichkeiten:

- Erstens, den erreichten Status einfach zur neuen Basis zu erheben, also den vorhandenen Plan komplett als neuen Basisplan zu speichern. Alle errechneten Termine, Kosten und Aufwände ersetzen damit die ursprünglichen Basisdaten, es gibt keine Abweichungen mehr; das ist relativ einfach.
- Zweitens, einzelne Vorgänge markieren, diese aus der *Basisplanung* löschen, dann die Vorgänge ändern, wieder markieren und dann als neue Basisplanung speichern (kann leicht zu Problemen führen).
- Drittens, den Basisplan komplett zu löschen, dann die gesamte Planung bearbeiten und anschließend wieder als Basisplan festlegen, das ist sehr sicher, kostet aber einigen Aufwand.

Welche der Möglichkeiten jeweils am günstigsten anzuwenden ist, hängt stark vom Änderungsumfang ab und wird deshalb immer eine sehr individuelle Entscheidung sein.

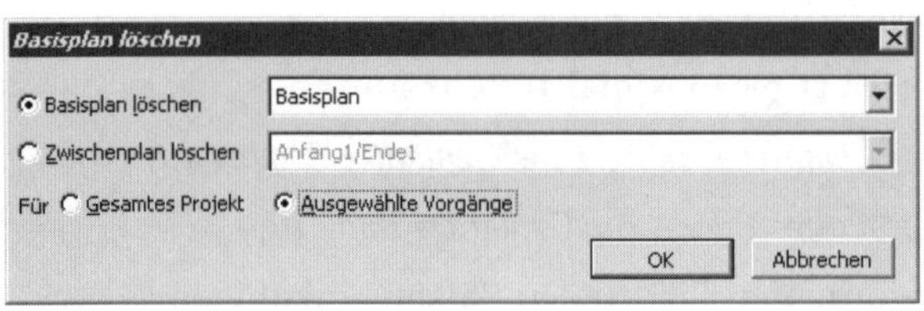

Abbildung 14.7: Löschen von nicht mehr gültigen Vorgängen eines Basisplans

14.1.4 Anpassung von Balkenarten

Einstellungen, um mehrere Varianten von Basisplänen überhaupt darstellen zu können, müssen im Menü *Format/Balkenarten* und auch in den betroffenen *Tabellen* und *Ansichten* vorgenommen werden, wenn es darum geht, die Daten der verschiedenen Varianten (*Anfang1/Ende1 bis Anfang10/Ende10*) anzuzeigen.

Für jede Variante eines Zwischenplans sind deshalb unter *Format/Balkenarten...* folgende Einstellungen vorzunehmen:

- Der gewünschte *Name,* der in der Legende verwendet werden soll
- Die *Anzeige für:* (normal oder kritisch oder eine andere Art) aus der angezeigten Feldliste

- Die Lage der Balken *von* (Anfang1 bis Anfang10) *bis* (Ende1 bis Ende10)
- Die *Zeile,* in der jeder Balken liegen soll, ebenfalls von 1 bis 4 (weil in einem Plan nicht mehr als vier Zeilen belegt werden können)
- *Darstellung,* Lage von Zusatzkennzeichnungen wie *Anfang, Mitte* und *Ende*
- *Balkenhöhen, Farbe, Muster* und *Lage* (*oben, Mitte, unten*)
- *Text* (Feldnamen) zu jedem *Balken* und nach *Position* (links, rechts, oben, unten, innen), insgesamt stehen bis zu 30 Textfelder zur Verfügung!
- Die Einstellung für den *Anfang1* bis *Anfang10* erfolgt immer in der Spalte *Von.*
- Die Einstellung für das *Ende1* bis *Ende10* erfolgt immer in der Spalte *Bis.*

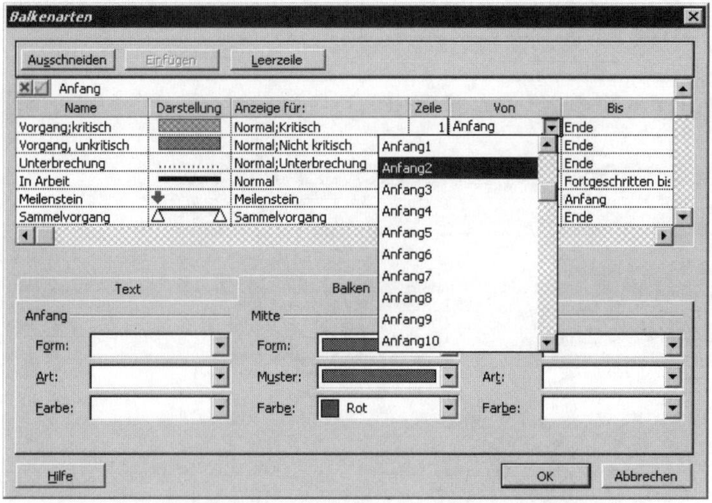

Abbildung 14.8: Mögliche Einstellungen, um Varianten anzuzeigen

Wenn mehrere übereinanderliegende Balken jeweils eine Variante eines Vorgangs darstellen sollen, dann muss für jede Variante in der Spalte *Zeile* eine Zeilennummer festgelegt werden, siehe *Abbildung 14.9* und *Abbildung 14.10* weiter unten in diesem Absatz.

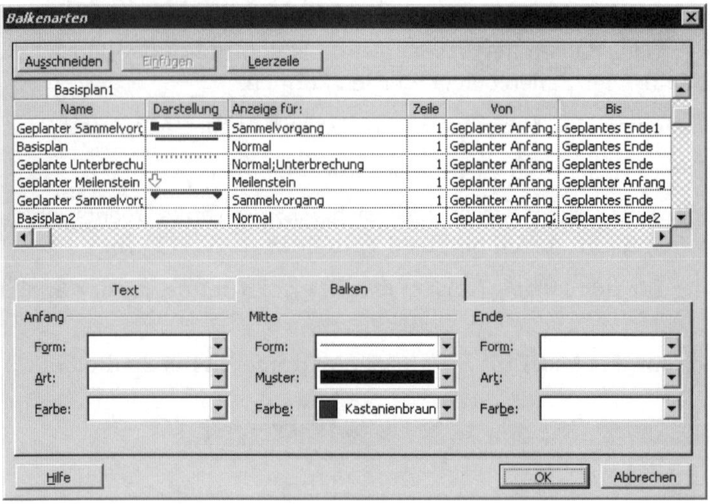

Abbildung 14.9: Balkenarten für einen Variantenvergleich, Teil 1

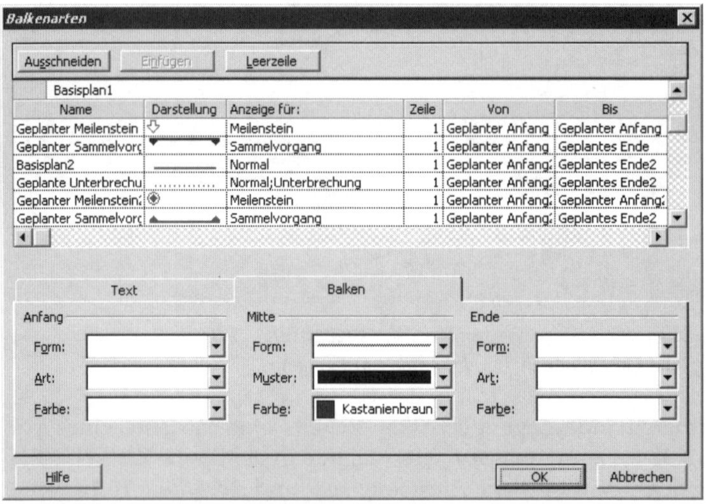

Abbildung 14.10: Balkenarten für Variantenvergleich, Teil 2

Mit den veränderten Einstellungen lassen sich die zu vergleichenden Varianten einer Planung darstellen, wenn bei der Speicherung als Basisplan folgende Schritte eingehalten werden.

Sollen auch in Tabellen und Ansichten die verschiedenen Varianten dargestellt werden, so sind in allen betroffenen Tabellen die nötigen Anpassungen vorzunehmen, wie das in *Kapitel 6.2, Tabellen anpassen* beschrieben ist.

Abbildung 14.11 zeigt jeweils zwei Varianten mit individuellen Anpassungen, um die wesentlichen Informationen besser abbilden zu können. Um die Logik leichter verfolgen zu können, wird im unteren Bildschirm ein Netzplan verwendet. Entweder als normaler Netzplan dargestellt oder noch einfacher als Beziehungsdiagramm.

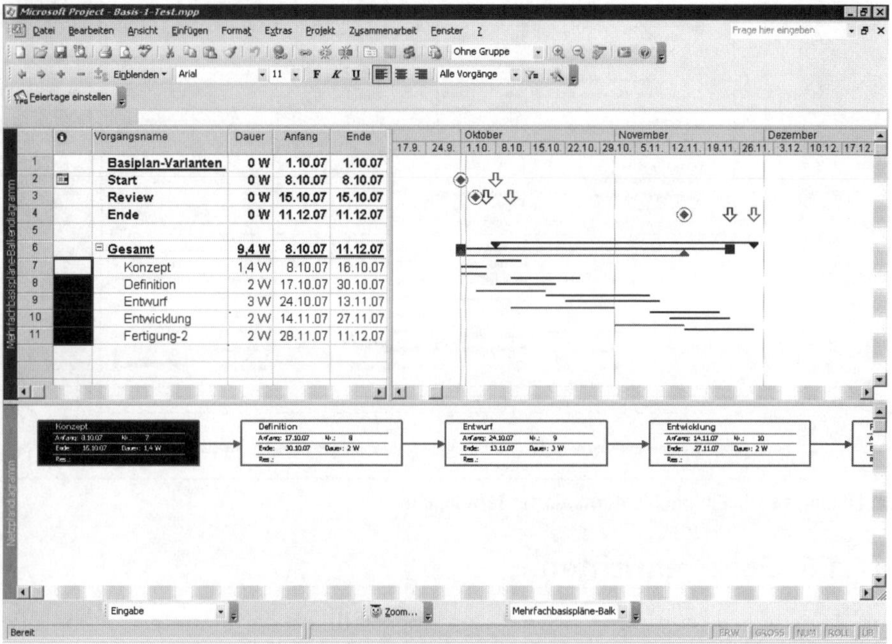

Abbildung 14.11: Mehrfachbalken und Netzplan einer Variantenplanung

14.1.5 Drucken von Ansichten und Plänen

Bevor ein Terminplan gedruckt wird, sollte er soweit formatiert werden, dass ein gewisser Stil (*Corporate Identity*) zu erkennen ist. Es geht auch hier nach dem Motto: „Hässlichkeit verkauft sich schlecht“, und das betrifft das Layout genauso wie den Inhalt, also die Anzahl von Vorgängen und Meilensteinen pro Seite, deren Formatierung und damit die Überschaubarkeit und Übersicht. Es lohnt sich deshalb, etwas mehr Aufwand in das Seiten- und Drucklayout zu investieren.

Jeder Terminplan ist ein Informationsdokument und wird nicht nur an einzelne Personen verteilt, sondern immer an mehrere Personen, Abteilungen, Firmen und auch an den Kunden. Deshalb ist ein gewisser Formalismus nicht zu vermeiden, sondern unbedingt erforderlich; und es ist sehr hilfreich, wenn auch für ein gedrucktes Dokument eine entsprechende Vorlage vorhanden ist und auch verwendet wird.

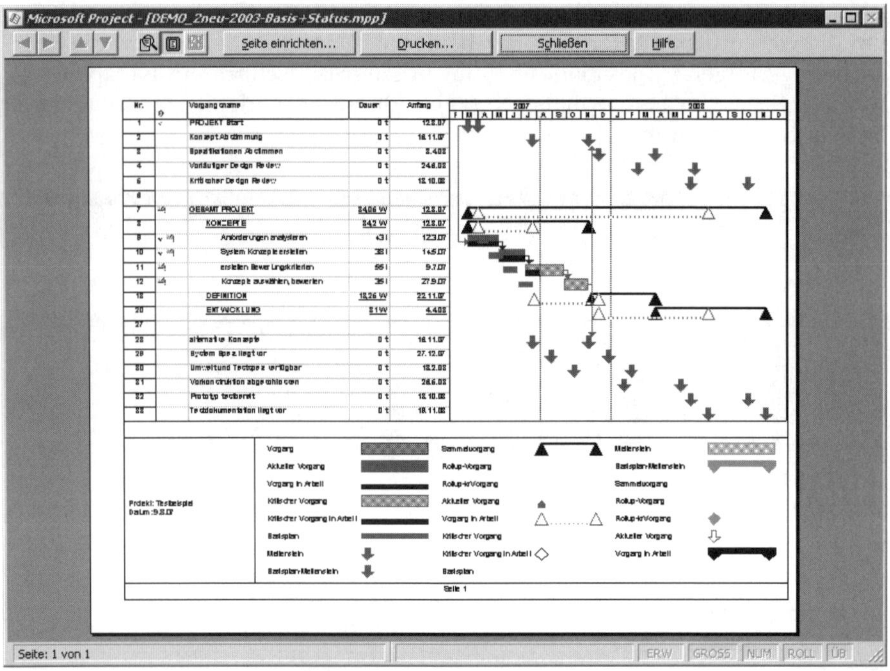

Abbildung 14.12: Ein noch unformatierter Terminplan

14.1.6 Seite einrichten...

Im Register *Seite einrichten.../Seite* wird eingestellt, ob der Plan der Seitengröße angepasst werden soll, was durch Spreizung der Zeilen und Spalten erfolgt, oder nur eine prozentuale Veränderung der Größe gewünscht wird.

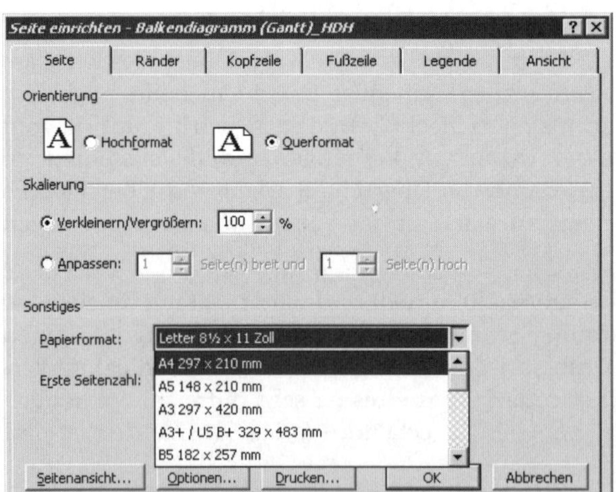

Abbildung 14.13: Seitenformat wählen

Ein Vorteil von *Anpassen* ist, dass die Seite gleichmäßiger bedruckt wird. Damit werden weniger Leerzeilen den unteren Teil des Dokumentes füllen, weil die Zeilenhöhe und die Spaltenbreite automatisch so angepasst werden, dass die Seite deshalb besser aussieht und auch besser lesbar wird.

> **Achtung** Das Papierformat wird ebenfalls in diesem Dialog eingestellt. Es reicht von DIN-A6-Karten bis zu DIN A2 als fest vordefinierte Größen. Darüber hinaus können auch noch benutzerdefinierte Formate, zum Beispiel für die Ausgabe auf Plottern, eingestellt werden.

Nach diesen Einstellungen folgt die Bearbeitung der Ränder. Es ist sinnvoll, einen *Heftrand* von etwa 2,5 cm vorzusehen für Pläne, die als gedruckte Unterlagen verteilt werden. Damit wird vermieden, dass Lochungen nicht mitten durch die Titel und Überschriften gehen und diese zerstören.

Mit der Schaltfläche *Seitenansicht* kann jederzeit überprüft werden, wie sich die veränderten Einstellungen im Ausdruck auswirken, ohne die Seiteneinstellung verlassen zu müssen.

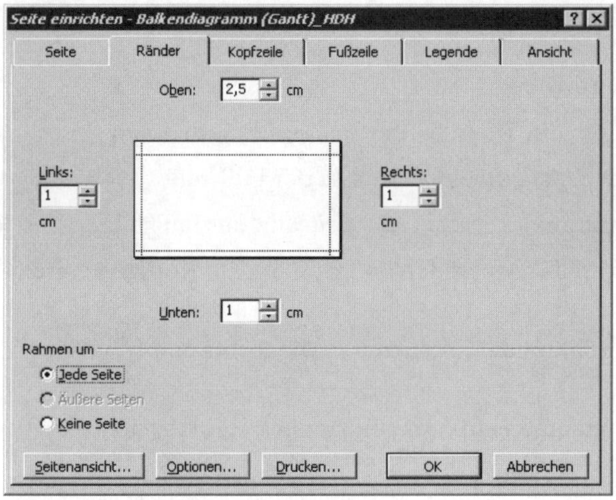

Abbildung 14.14: Einstellung der Ränder

Als Nächstes folgt die Einstellung der Kopf und Fußzeilen, am besten unter Verwendung der bei Beginn der Planung unter *Datei/Eigenschaften* erstellten Einträge in den ersten fünf Feldern des Registers *Zusammenfassung*. Diese Einträge können mithilfe von Listenfeldern ausgewählt und dadurch sehr einfach übernommen werden. Damit wird vermieden, dass Titel und andere beschreibende Texte immer wieder manuell eingetragen werden müssen und bei den Plänen eines Projektes nie einheitlich sind. Auch Texte können durch Verwendung der Feldnamen übernommen werden, um sie als Vorgabe für den Eintrag in die Kopf- oder Fußzeilen zu verwenden.

14.1.7 Symbolleisten für Kopf- und Fußzeilen

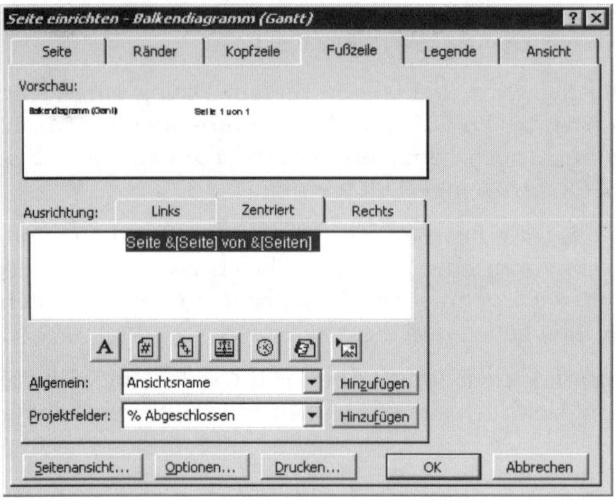

Abbildung 14.15: Symbolleiste für die Einrichtung der Kopf- und Fußzeilen

Bedeutung der Symbole im Einzelnen:

- *A* für die Textformatierung von Titeln, Untertiteln und Pfadnamen
- *Raute* für den Eintrag der *Seitenzahl* einer Seite in der Fußzeile
- *Doppeltes Plus* für den Eintrag der *Anzahl aller Seiten* in der Fußzeile
- *Kalenderblatt*, um das aktuelle Systemdatum in die rechte Kopfzeile einzutragen
- *Uhrzeit*, um auch noch die aktuelle Systemzeit in die rechte Kopfzeile einzutragen
- *Dateisymbol*, um den Dateinamen einzutragen, am besten unter dem Titel
- *Symbol* für das Einfügen von Objekten und Grafiken aus Dateien

14.1.8 Kopfzeile

Firmenlogos, die als Bitmap vorliegen, können mithilfe des hierfür vorgesehenen letzten Icons der Symbolleiste jederzeit in der gewünschten, linken Position der Kopfzeile (Reiter *Links*) eingebettet und anschließend noch formatiert werden.

Im mittleren Bereich (Reiter *Zentriert*) werden im Allgemeinen der Projektname und einige Zusatzinformationen eingefügt, wie das weiter unten in diesem Kapitel beschrieben wird, wobei hierfür insgesamt drei formatierbare Zeilen verwendbar sind.

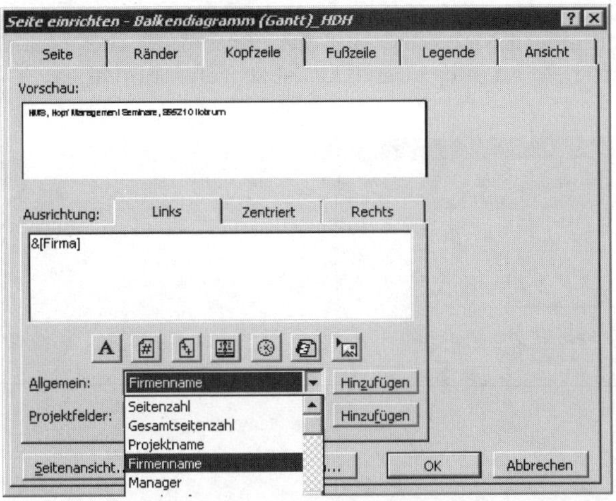

Abbildung 14.16: Einträge für die Kopfzeilen, hier Firmennamen

Eine Formatierung von Kopfzeilentiteln erfolgt mithilfe der Zeichenformatierung, die Sie über die linke Schaltfläche („*A*") erreichen. Sie können Schriftgröße, Schriftschnitt, Ausrichtung und Schriftart anpassen.

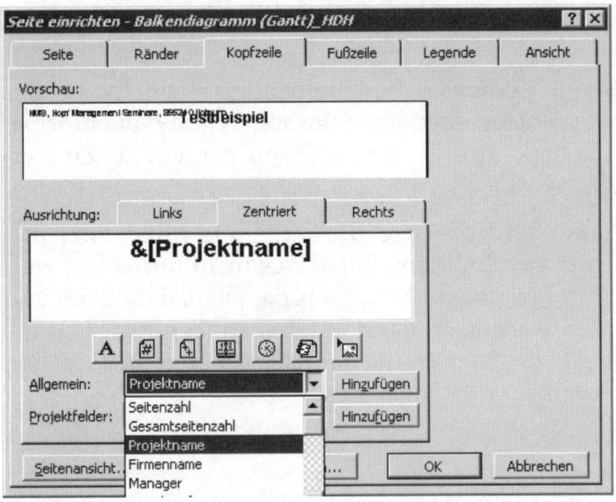

Abbildung 14.17: Kopfzeile mit auf 16 Punkt formatiertem Titel

14.1.9 Fußzeilen

Fußzeilen eignen sich ganz besonders, um links unten auf einer Druckseite den Ansichtsnamen einzutragen. Im mittleren Teil sind die Seitenzahlen bereits vorgesehen, müssen aber noch erweitert werden, damit die Anzeige auf *Seite xx von zz Seiten* umgestellt wird. Das ist einfach, weil Sie hierfür nur in dem Dialogfeld hinter der ersten Klammer *[Seite]* den Text *von* und Leertaste manuell eintragen. Dann ist noch mit einem Mausklick auf das Symbol für die *Anzahl aller Seiten* das entsprechende Feld zu aktivieren. Das ist soweit schon alles.

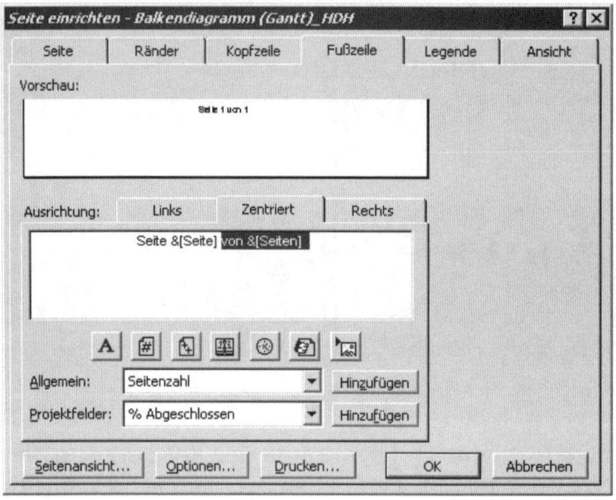

Abbildung 14.18: Fußzeilen bearbeiten und die Seitenzahlen ergänzen

Soweit erforderlich, kann in einem weiteren Schritt auch die Legende formatiert werden.

Beschreibende Texte sind dazu in der ersten, beschreibenden Spalte (*Name*) des genannten Menüs zu editieren. Entsprechende Änderungen von Balkenformaten und Symbolen können ebenfalls nur in diesem Menü vorgenommen werden (siehe *Anpassung/Format*).

Achtung Die Bezeichnung der Vorgänge, die Farbe und Muster der Balken in den Plänen können in diesem Menü allerdings nicht formatiert werden, diese Änderungen sind nur in dem Menü der *Balkenarten* möglich und müssen dort vorgenommen werden. Zu ändern sind in so einem Fall die Einträge in der rechten Spalte des Menüs, die dann als Legendentitel zu den jeweiligen Symbolen und Balkenarten angezeigt werden.

14.1.10 Legende

Soweit erforderlich, kann in einem weiteren Schritt auch die Schrift der Legende formatiert werden.

Achtung Die beschreibenden Texte zu den Vorgangsbalken in der Legende sowie deren Farbe und Muster können in diesem Menü allerdings nicht formatiert werden. Diese Änderungen sind nur im Menü *Format/Balkenarten* möglich. Die Legendentitel zu den jeweiligen Symbolen und Balkenarten lassen sich nur dort in der Spalte *Name* editieren.

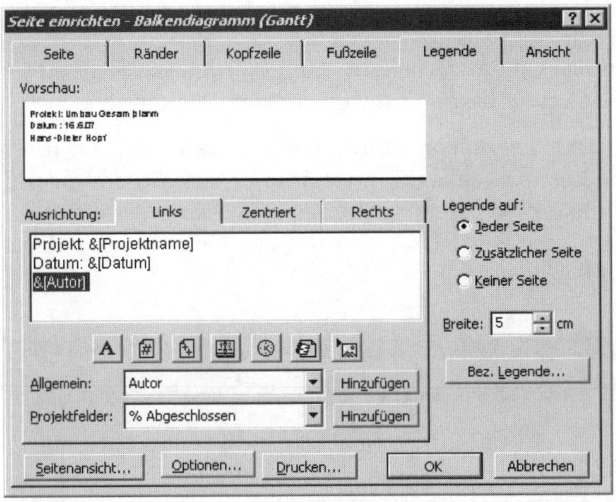

Abbildung 14.19: Einstellungen der Legende

Soweit sind das die wesentlichen Einstellungen, damit der Terminplan druckreif ist.

14.1.11 Druckerspezifische Einstellungen

Damit entstandene Leerseiten nicht gedruckt werden, deaktivieren Sie einfach die Markierung in der Checkbox *Leere Seiten drucken.*

Wenn alle Notizen von Vorgängen ausgedruckt werden sollen, aktivieren Sie auf der Registerkarte *Ansicht* die Checkbox *Notizen drucken.*

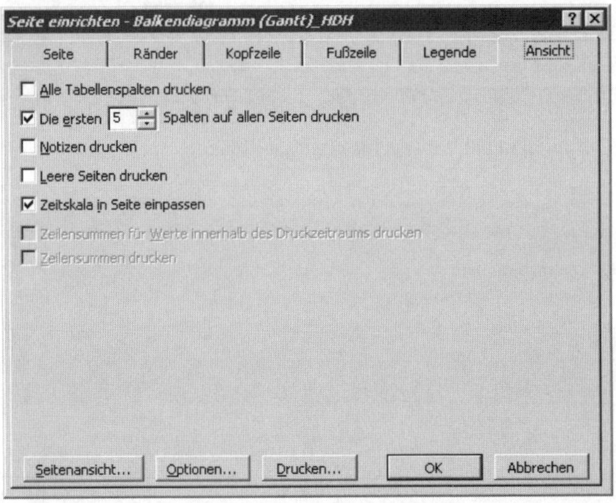

Abbildung 14.20: Anzahl an Tabellenspalten, Leerseiten und Notizen festlegen

Druckoptionen verwenden

Über die Schaltfläche *Optionen* wird das Druckermenü geöffnet, wo Sie weitere Einstellungen für den jeweils verwendeten Drucker vornehmen können.

Die sich öffnenden Menüs sind direkt von dem jeweils installierten Drucker oder Plotter oder einem anderen Ausgabegerät abhängig. Aus diesem Grund werden jeweils nur die für das verwendete und angeschlossene Gerät zutreffenden Einstellmöglichkeiten angezeigt. Und aus diesem Grunde sind diese Einstellungen hier nicht abgebildet.

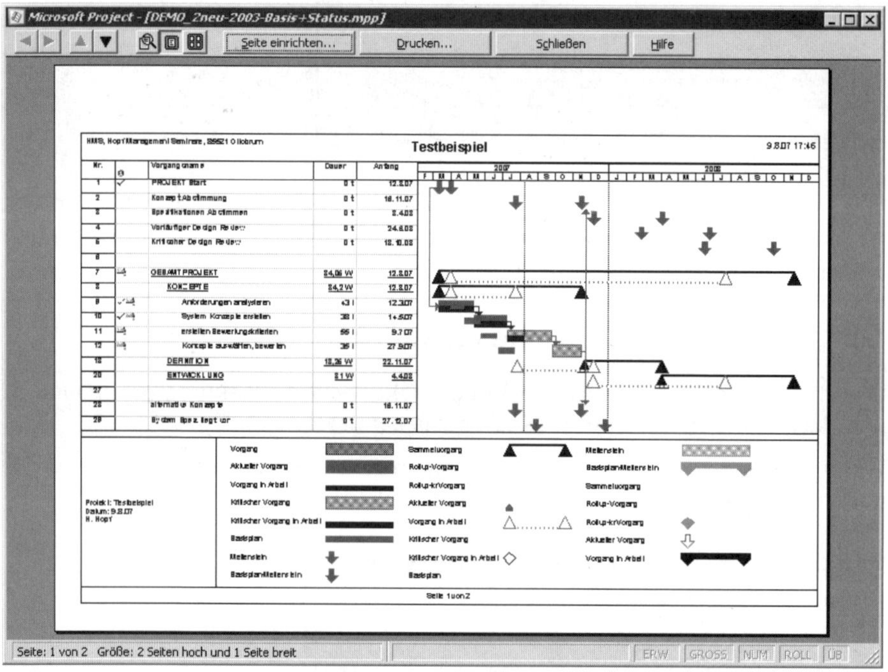

Abbildung 14.21: Der druckfertige Terminplan als Vorlage für künftige Pläne

15 Statusermittlung und Berichte

Statuserfassung ist eine Aufgabe, die erst durchgeführt werden kann, wenn ein Projekt als Basisplan und damit als *geplant* festgelegt wurde.

Teilprojekte, deren Starttermin deutlich nach einem *Statusdatum (Time-Now)* liegt, sind von der Aktualisierung in der Regel nicht betroffen. Ausnahmen sind aber möglich, wenn sich größere Änderungen im Gesamtprojekt auf diese Teilprojekte auswirken.

15.1 Status erfassen

Microsoft Project bietet für die Statuserfassung folgende Werkzeuge:

- Gut geeignet sind die Dialogfelder, die unter *Extras/Überwachung/Projekt aktualisieren…* und
- *Extras/überwachung/Vorgänge aktualisieren…* erreicht werden können.
- Sehr praxisnah und einfach zu handhaben ist die Ansicht *Balkenplan: Überwachung,* wenn diese durch Austausch der nicht geeigneten *Eingabetabelle* gegen die wesentlich bessere *Überwachungstabelle* verbessert wird.

15.1.1 Statusdatum festlegen

Ein Verfahren, um den Projektstatus zu erfassen, arbeitet mit einem für ein Projekt und seine Teilprojekte einheitlich festgelegten Statustermin, der jeweils in fest vereinbarten Zeitintervallen von z.B. vier Wochen auftritt. Die Zeitintervalle können vom Anwender beliebig geändert werden, sodass auch engere Intervalle möglich sind. Das ist dann hilfreich, wenn ein Projekt in Schwierigkeiten ist und die Überwachungstermine deshalb häufiger stattfinden müssen.

In Microsoft Project wird das *Statusdatum* unter *Projekt/Projektinfo* festgelegt. Es muss manuell für jedes Intervall neu eingetragen werden (*Abbildung 15.1*).

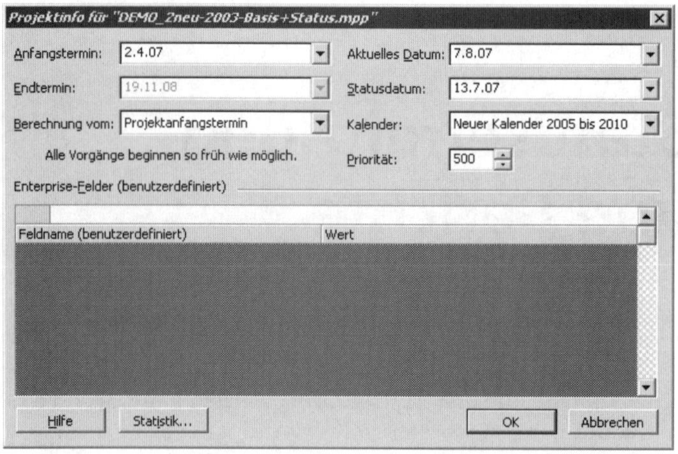

Abbildung 15.1: Einstellen des Statusdatums im Dialog *Projektinfo*

Bezogen auf das *Statusdatum* werden alle Vorgänge eines Projektes und seiner Teilprojekte, deren geplanter Anfang vor dem Statustermin liegt, immer nach demselben Schema abgefragt:

- Begonnen – Ja/Nein – wann – Datum
- Wenn begonnen, wie viele Zeiteinheiten wurden tatsächlich verbraucht?
- Wie viele Zeiteinheiten werden bis zur voraussichtlichen Fertigstellung noch gebraucht?
- Wenn zu 100% abgeschlossen – wann – Datum
- Die *Restzeit* bzw. die *verbleibende Dauer* bis zum voraussichtlichen Abschluss des betrachteten Vorgangs (*Time To Complete, TTC*)

Wenn es darum geht, den tatsächlich erreichten Status eines Vorgangs festzulegen, sind Meldungen, wie viel Prozent abgeschlossen wurden, nicht aussagekräftig genug. (Dennoch lassen die entsprechenden Dialogfelder in Microsoft Project nur die Eingabe von %-Werten zu.) Eindeutig lässt sich der Status nur ermitteln, wenn die *Restzeit* bzw. *verbleibende Dauer* abgefragt wird. In einer entsprechend angepassten *Überwachungstabelle* können genau diese Werte der zu aktualisierenden Vorgänge eindeutig erfasst werden.

Zeigt die Statusanalyse Abweichungen vom Soll, dann muss eine Lösung gefunden werden. Das erfolgt unter Verwendung geeigneter Statusauswertungen im Rahmen von regelmäßigen Statusbesprechungen zwischen der Projektleitung und allen am Projekt Beteiligten.

Es hat sich in der Praxis gezeigt, dass grafische oder tabellarische Auswertungen besonders gut verstanden werden. Zu diesen Grafiken gehören Terminpläne mit Soll-Ist-Darstellung, Kosten-Soll-Ist-Vergleiche als Säulendiagramme,

Ertragswertanalysen als Kurvendiagramm und Säulendiagramm sowie die Meilenstein-Trendanalysen. Diese grafischen Auswertungen sind die Standardwerkzeuge einer funktionierenden Projektsteuerung und sollten vom Anwender (Projektcontroller) regelmäßig bereitgestellt und im Projekt verteilt werden.

Damit solche Verfahren in den Firmen und ihren Projekten wirklich gut funktionieren, ist davon auszugehen, dass eine Prozedur zur Projektsteuerung vorhanden ist. Darin wird exakt festgelegt, wie im Einzelnen vorzugehen ist, welche Daten bei Statusbesprechungen vorzuliegen haben.

> **Achtung** Das *Statusdatum* muss, weil es einen sehr wichtigen Termin darstellt, in der Überwachungsansicht deutlich gekennzeichnet sein. Es empfiehlt sich deshalb, unter *Format/Gitternetzlinien* das Format des Statusdatums als rote, durchgehende Linie festzulegen. Wenn andere Pläne ebenfalls das Statusdatum anzeigen sollen, dann ist dort diese Formatierung als Änderung der Ansicht vorzunehmen und durch Organisieren in die Vorlagendatei zu übernehmen. Wenn das vergessen wird, muss die Formatierung jedes Mal wieder neu durchgeführt werden!

15.1.2 Vorgänge aktualisieren

Eine Möglichkeit, um den Status eines Vorgangs zu aktualisieren, bietet der Dialog *Vorgänge aktualisieren* unter *Extras/Überwachung/Vorgänge aktualisieren...* (*Abbildung 15.3*).

Abbildung 15.2: Der Menüpunkt Extras/Überwachung/Vorgänge aktualisieren...

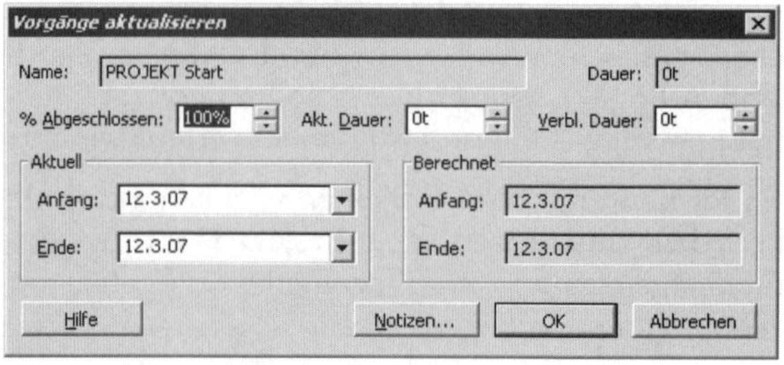

Abbildung 15.3: Den Status einzelner Vorgänge eingeben

Da der Dialog keine Schaltfläche enthält, um nach erfolgter Eingabe zum nächsten Vorgang zu springen, eignet er sich vor allem für solche Fälle, in denen nur einzelne Vorgänge zu aktualisieren sind. Allerdings lassen sich hier nur Werte für den Status eingeben, wie viel Prozent des Vorgangs abgeschlossen sind. Um eine größere Anzahl von Vorgängen zu aktualisieren, ist es empfehlenswert, mit einer Überwachungstabelle zu arbeiten, wie das in Abschnitt *15.2* beschrieben ist.

15.1.3 Projekte aktualisieren

Über *Extras/Überwachung/Projekt aktualisieren…* gelangt man zu einem Dialogfeld, das drei Optionen für die Aktualisierung anbietet. Alle drei nutzen das *Statusdatum* für die Fortschrittsmessung und sind für die schnelle Aktualisierung von Projekten gut geeignet.

Die erste Option (*Abbildung 15.4*) geht davon aus, dass alle Vorgänge exakt nach Plan abgearbeitet wurden, diese also zu einem Prozentsatz erledigt sind, wie er sich rechnerisch zum *Statusdatum* ergibt. Entsprechend wird der Status auch berechnet. Erfahrungsgemäß trifft diese Situation allerdings nicht so oft zu.

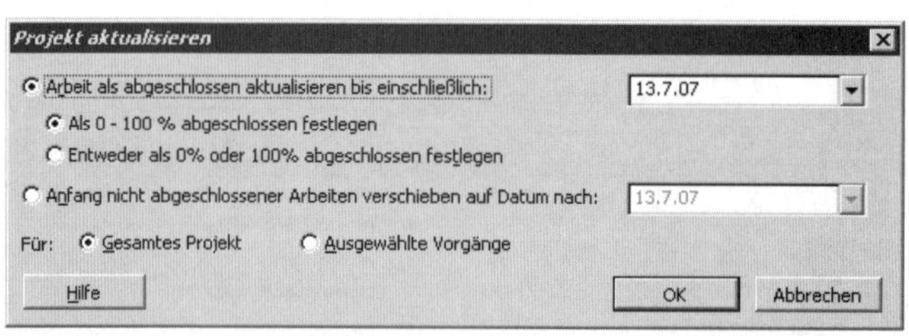

Abbildung 15.4: Projekt aktualisieren – Vorgänge sind nach Plan abgearbeitet.

Die zweite Option (*Abbildung 15.5*) schließt nur die Vorgänge zu 100% ab, deren *Anfang* und (!) *Ende* vor dem Statusdatum liegen. Alle anderen Vorgänge werden nicht bearbeitet.

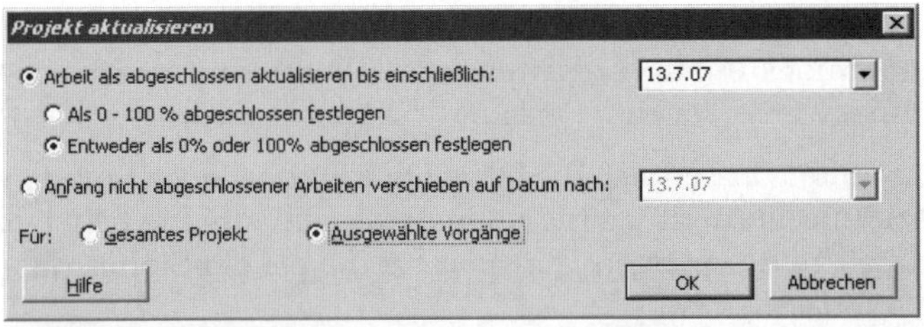

Abbildung 15.5: Projekt aktualisieren – alle Vorgänge gelten als abgeschlossen, deren Ende vor dem Statusdatum liegt.

Die dritte Option, den Anfang nicht abgeschlossener Vorgänge auf das Statusdatum oder sogar einen beliebigen, noch späteren Termin zu verschieben (*Abbildung 15.6*), ist sehr praxisnah und entspricht genau einem Verfahren, das ich selbst sehr oft in internationalen Projekten angewendet habe und das dort auch in der Prozedur für die Projektsteuerung festgeschrieben war. Damit kann auf einfache Weise mit einer einzigen Eingabe ein ganzes Projekt parallel verschoben werden, sofern alle Vorgänge ordnungsgemäß miteinander verknüpft sind.

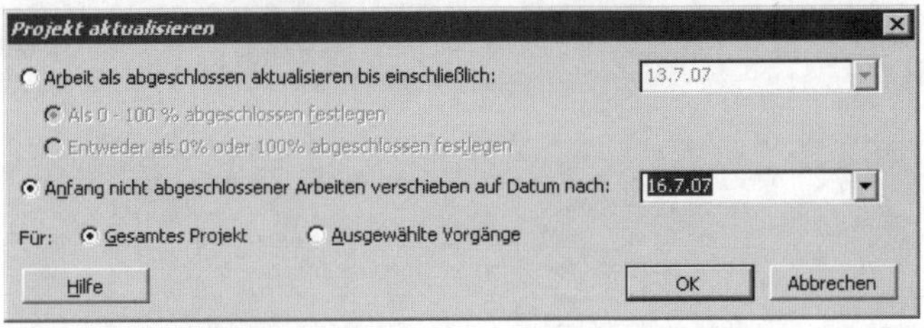

Abbildung 15.6: Projekt aktualisieren – Beginn nicht abgeschlossener Vorgänge auf festgelegtes Datum verschieben

Dieses Verfahren ist in vielen Projekten durchaus üblich und führt dazu, dass aufgrund der starken Verschiebungen des ganzen Projektes ein entsprechender Termindruck aufgebaut wird, sofern die Rückmeldungen zum Arbeitsfortschritt nicht ordnungsgemäß und innerhalb einer vorgegebenen Frist erfolgten.

15.2 Empfohlenes Vorgehen

Die beste und sicherste Möglichkeit, ein Projekt zu aktualisieren, ist die Verwendung der Ansicht *Balkendiagramm: Überwachung* mit dazu geladener *Überwachungstabelle*. Diese Ansicht ist standardmäßig nicht verfügbar, sondern muss mithilfe der Bearbeitungsfunktion zusammengestellt und mit einem passenden Namen bezeichnet werden (siehe *Abschnitt 7.5, Ansichten anpassen*).

Wird diese Ansicht verwendet, lassen sich die tatsächlich angefallenen Stunden und die effektiven Start- und Endtermine für jeden einzelnen Vorgang bequem erfassen. Das führt schnell zu der nötigen Transparenz, die bei der Statuserfassung und -bewertung unerlässlich ist.

Abbildung 15.7 zeigt die Überwachungstabelle und die dazu passende Darstellung des aktuell erreichten Status in Form der Ansicht *Balkendiagramm: Überwachung*, hier in einer angepassten Form.

Die in der Info-Spalte sichtbaren Briefsymbole signalisieren, dass sich der Einsatz und die Dauer zugeordneter Ressourcen verschoben haben und deshalb entsprechende Informationen weitergegeben werden müssen. Solche Hinweise stehen jedoch nur bei Verwendung des Project Servers mit den entsprechenden Einstellungen zur Verfügung.

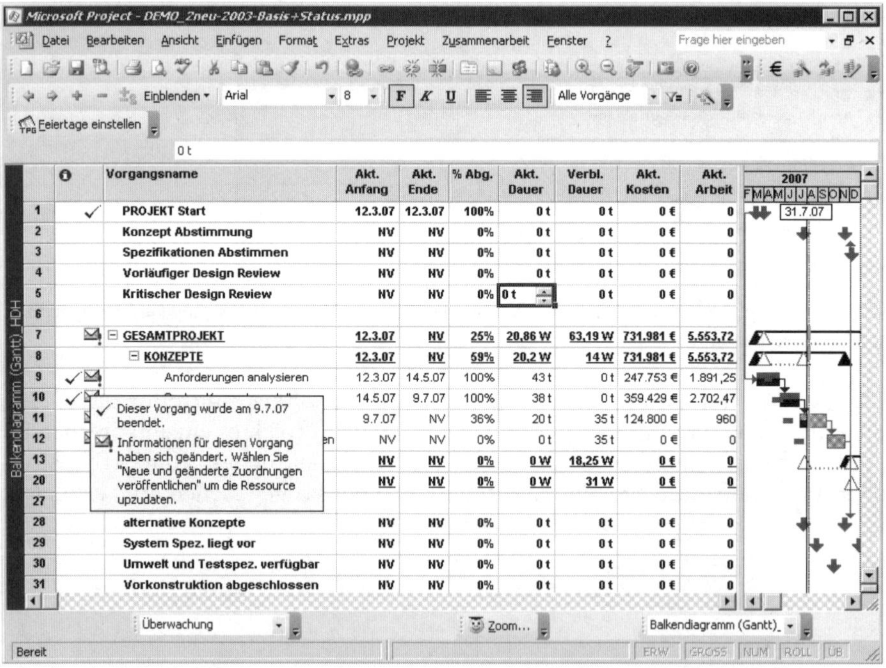

Abbildung 15.7: Die Tabelle *Überwachung* mit Hinweisen für Ressourcen (Project Server)

15.2.1 Detaillierte Statuserfassung

- Öffnen Sie die Ansicht *Balkendiagramm: Überwachung*.
- Laden Sie die Tabelle *Überwachung* dazu.
- Löschen Sie die Spalte *%-abgeschlossen*.
- Beginnen Sie mit den zu aktualisierenden Meilensteinen und Vorgängen, indem Sie die tatsächlichen Starttermine betroffener Vorgänge in die Spalte *Akt. Anfang* eintragen.
- Geben Sie als Nächstes die tatsächlichen Endtermine betroffener Meilensteine und Vorgänge in der Spalte *Akt. Ende* ein.
- Vermeiden Sie unter allen Umständen die manuelle Eingabe von Daten, die nur von Microsoft Project zu berechnen sind, wie z.B. *Kosten* und *Arbeit*.
- Bei Vorgängen, die tatsächlich begonnen haben, tragen Sie die *aktuelle Dauer* (zum Beispiel Ist-Stunden) ein, und ergänzen Sie die Eingabe mit der *verbleibenden Dauer* (Time to Complete) bis zum Abschluss des betreffenden Vorgangs.
- Alle bearbeiteten Vorgänge werden jetzt automatisch entsprechend Ihrer Eingaben aktualisiert, verschieben auch ihre Nachfolger entsprechend und verändern dabei unter bestimmten Umständen auch die Farbe ihrer Balken von Blau nach Rot, falls sie sich nach der Aktualisierung auf dem kritischen Weg befinden.
- Bei Problemen mit der Verfügbarkeit von Ressourcen kann es sein, dass die Balken durch gepunktete Linien unterbrochen werden, das ist als Warnung gedacht und kann leicht korrigiert werden, indem man den verschobenen Teil des Vorgangs mit der Maus wieder an die Schnittstelle heranzieht.

  Hinweis Wenn Sie den Effekt der Unterbrechung und Verschiebung angefangener Vorgänge unterdrücken wollen, können Sie das unter *Extras/Optionen* in der Registerkarte *Terminplan* tun, indem Sie den Haken beim Kontrollkästchen *Angefangene Vorgänge automatisch unterbrechen* entfernen.

Die Zeiteinheiten für die *aktuelle Dauer* können beliebig eingetragen werden. Sie können von Minuten bis zu Monaten alle zulässigen Einheiten verwenden. Die *verbleibende Dauer* errechnet Microsoft Project dann jeweils in derselben Einheit, die Sie bei der Eingabe der *aktuellen Dauer (Ist-Dauer)* verwendet haben.

Wenn Sie den von Microsoft Project errechneten Wert für die verbleibende Dauer korrigieren und die zu verwendende Einheit (min, h, t, w oder m) nicht mit angeben, verwendet Microsoft Project die als Standardart der Dauer festgelegte Zeiteinheit, wie sie unter den *Extras/Optionen/Terminplan* eingegeben wurde.

15.2.2 Fortschrittslinien

Die Arbeit mit Fortschrittslinien, die den Arbeitsfortschritt grafisch anzeigen, gehört in manchen Firmen bereits seit Längerem zum Standard. Die Fortschrittslinie bezieht sich auf die festgelegte Datumslinie des Statusdatums oder des aktuellen Datums (Heute) und verbindet angefangene Vorgänge miteinander. Dabei zeigt die Linie bei Vorgängen, die in Terminverzug sind, nach links, bei solchen, die einen zeitlichen Vorsprung haben, nach rechts. Mit *Extras/Überwachung/Fortschrittslinien...* öffnen Sie das Dialogfeld, um die Einstellungen für die Fortschrittslinien festzulegen (*Abbildung 15.8*).

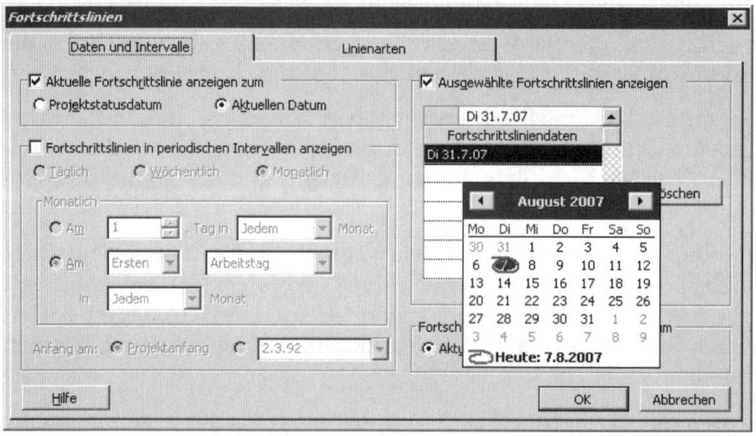

Abbildung 15.8: Fortschrittslinien zur Darstellung des Arbeitsfortschritts festlegen

Fortschrittslinien können, wie aus *Abbildung 15.9* zu ersehen ist, auch periodisch gesetzt werden. Damit kann zum Beispiel eine Fortschrittslinie für jedes Quartal definiert werden.

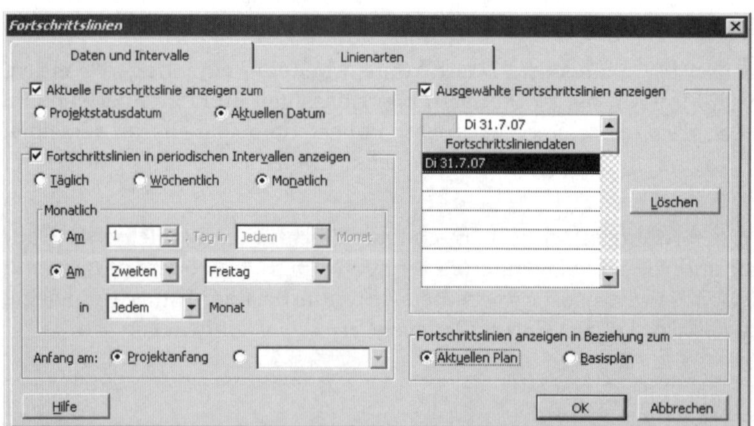

Abbildung 15.9: Fortschrittslinien in periodischen Intervallen anzeigen

Die Zeitabstände selbst können außerdem noch beliebig mit vordefinierten Einheiten wie Tagen, Wochen oder Monaten individuell eingestellt werden. Linienart und Farbe der Fortschrittslinien lassen sich individuell anpassen, wie das aus dem Dialogfeld *Abbildung 15.10* leicht zu ersehen ist.

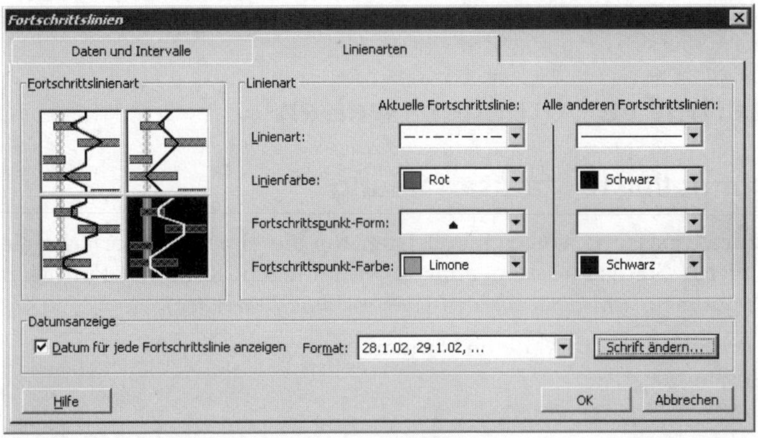

Abbildung 15.10: Formatierung der Fortschrittslinien

Einen Terminplan mit Fortschrittslinien sehen Sie in *Abbildung 15.11*. Die Fortschrittslinien zeigen den simulierten Status für einen Plan, bei dem zum Statusdatum noch kein Vorgang planmäßig bearbeitet wurde.

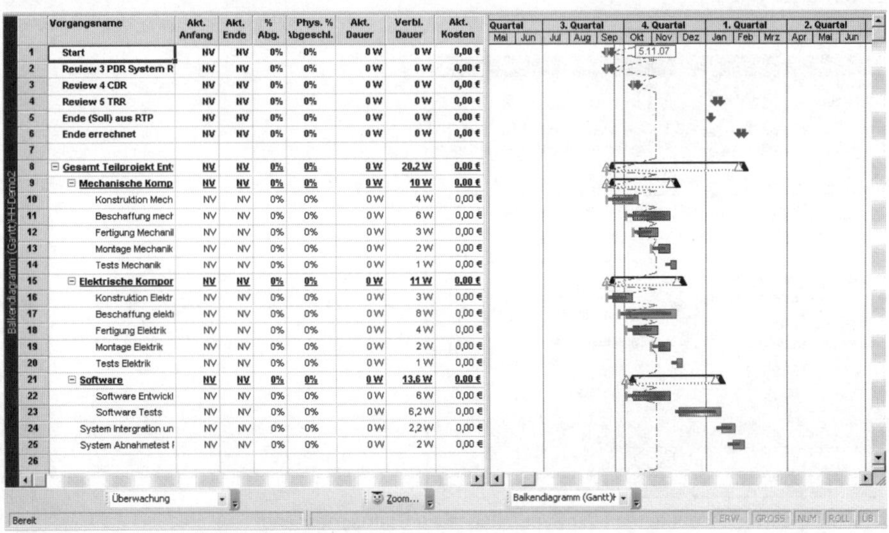

	Vorgangsname	Akt. Anfang	Akt. Ende	% Abg.	Phys. % Abgeschl.	Akt. Dauer	Verbl. Dauer	Akt. Kosten
1	Start	NV	NV	0%	0%	0 W	0 W	0,00 €
2	Review 3 PDR System R	NV	NV	0%	0%	0 W	0 W	0,00 €
3	Review 4 CDR	NV	NV	0%	0%	0 W	0 W	0,00 €
4	Review 5 TRR	NV	NV	0%	0%	0 W	0 W	0,00 €
5	Ende (Soll) aus RTP	NV	NV	0%	0%	0 W	0 W	0,00 €
6	Ende errechnet	NV	NV	0%	0%	0 W	0 W	0,00 €
7								
8	Gesamt Teilprojekt Ent	NV	NV	0%	0%	0 W	20,2 W	0,00 €
9	Mechanische Komp	NV	NV	0%	0%	0 W	10 W	0,00 €
10	Konstruktion Mech	NV	NV	0%	0%	0 W	4 W	0,00 €
11	Beschaffung mech	NV	NV	0%	0%	0 W	6 W	0,00 €
12	Fertigung Mechanil	NV	NV	0%	0%	0 W	3 W	0,00 €
13	Montage Mechanik	NV	NV	0%	0%	0 W	2 W	0,00 €
14	Tests Mechanik	NV	NV	0%	0%	0 W	1 W	0,00 €
15	Elektrische Kompor	NV	NV	0%	0%	0 W	11 W	0,00 €
16	Konstruktion Elektr	NV	NV	0%	0%	0 W	3 W	0,00 €
17	Beschaffung elekt	NV	NV	0%	0%	0 W	8 W	0,00 €
18	Fertigung Elektrik	NV	NV	0%	0%	0 W	4 W	0,00 €
19	Montage Elektrik	NV	NV	0%	0%	0 W	2 W	0,00 €
20	Tests Elektrik	NV	NV	0%	0%	0 W	1 W	0,00 €
21	Software	NV	NV	0%	0%	0 W	13,6 W	0,00 €
22	Software Entwickl	NV	NV	0%	0%	0 W	6 W	0,00 €
23	Software Tests	NV	NV	0%	0%	0 W	6,2 W	0,00 €
24	System Intergration un	NV	NV	0%	0%	0 W	2,2 W	0,00 €
25	System Abnahmetest I	NV	NV	0%	0%	0 W	2 W	0,00 €
26								

Abbildung 15.11: Terminplan mit Status und Fortschrittslinien zum 5.11.07

Weitere Details zur Verwendung von Fortschrittslinien finden Sie auf der Webseite zum Buch.

Wenn Sie die Absicht haben, mit Fortschrittslinien zu arbeiten, dann nehmen Sie sich etwas Zeit, um herauszufinden, welche Art dieser Statusdarstellung in Ihrer Firma oder in Ihrem Projekt verwendet werden kann und wie die Akzeptanz ist.

15.3 Alternative Vorgehensweisen

15.3.1 Symbolleiste Statuserfassung

Das Menü zur Anpassung von Symbolleisten für die einfache, aber schnelle (***quick and dirty***) Statuserfassung anhand von Prozent-Komplett-Einträgen befindet sich unter *Ansicht/Symbolleisten/Überwachung/Bearbeiten.*

Dort stehen unter *Befehle* die weiteren Standardeinträge zur Verfügung.

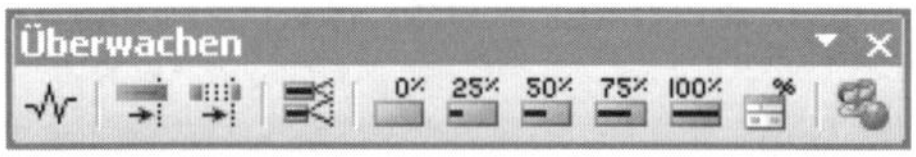

Abbildung 15.12: Die Symbolleiste Überwachung

Die hier abgebildete Symbolleiste lässt sich durch Hinzufügen oder Entfernen von Befehlen an Ihren Bedarf anpassen, wie das im nächsten Bild deutlich erkennbar wird.

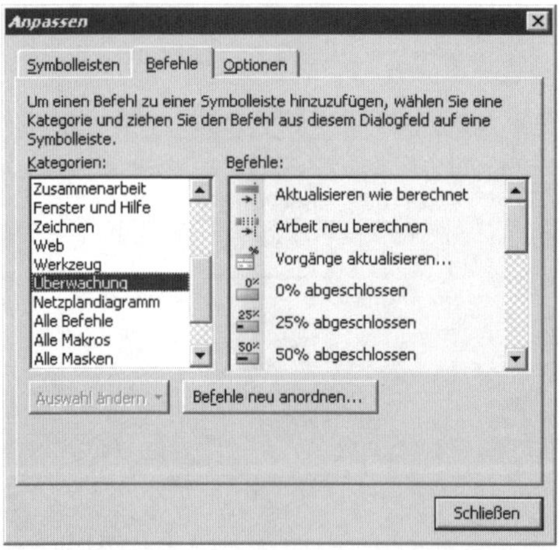

Abbildung 15.13: Einstellungen der Symbolleiste zur Statuserfassung

Die in der Symbolleiste vorhandenen Einträge zur Statuserfassung sind in sehr großen Schritten von jeweils 25% vorgesehen, was für ein exaktes Arbeiten ganz eindeutig zu grob ist. Deshalb wird der Einsatz dieser Symbolleiste wohl nur sehr beschränkt bis gar nicht möglich sein.

15.3.2 Statuseintrag bei den Informationen zum Vorgang

Wenn Sie Statusinformationen zu einem einzelnen Vorgang eingeben wollen, können Sie das im Register *Allgemein* des Dialogs *Informationen zum Vorgang* erledigen. Der Dialog lässt sich in der Eingabetabelle entweder durch Doppelklick auf den Vorgang, über den entsprechenden Befehl im Kontextmenü (rechter Mausklick auf den Vorgang) oder durch einen Klick auf das entsprechende Symbol in der Standard-Symbolleiste öffnen.

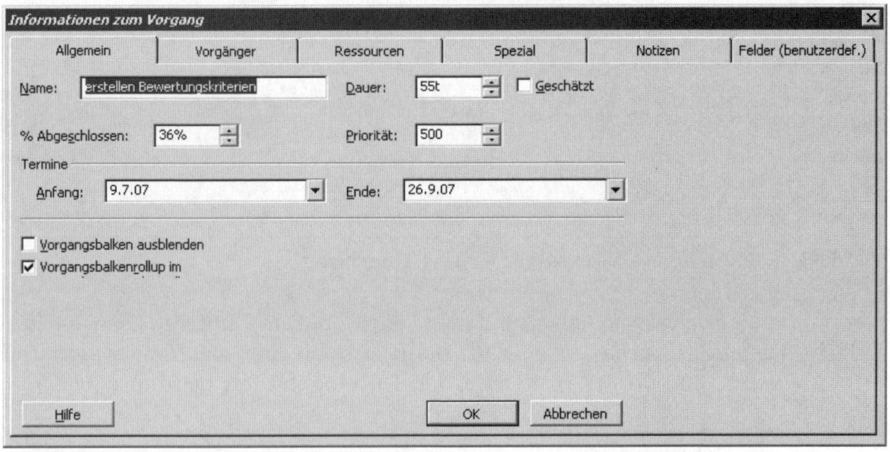

Abbildung 15.14: Informationen zum Vorgang, Eintrag des Status in % abgeschlossen

Der Eintrag des Status ist auch hier leider wieder nur als Prozentwert möglich. Deshalb ist sobald als möglich der tatsächlich erreichte Arbeitsfortschritt in der *Überwachungstabelle* als Wertepaar für die aktuelle und die verbleibende Dauer nachzutragen.

15.3.3 Statuseintrag in Maskenansichten

Wenn Sie die Arbeit im Splitt-Screen-Modus bevorzugen, eignen sich die im unteren Fenster ladbaren Masken besonders gut für die Erfassung des Arbeitsfortschritts.

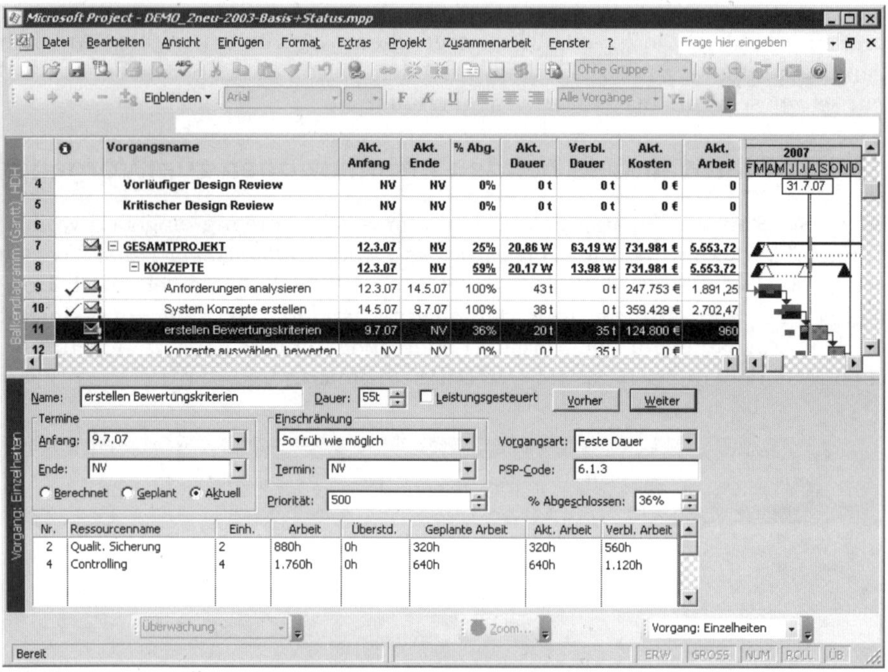

Abbildung 15.15: Status in Maskenansicht Vorgang: Einzelheiten

Wenn eine *Ansichtskombination* geladen wird, die im unteren Fenster die Ansicht *Vorgang: Einzelheiten* enthält, dann können hier *aktuelle Termine* und (leider wieder nur) der Wert *% abgeschlossen* eingetragen werden (*Abbildung 15.15*).

Die einzelnen Schritte sind:

- Klicken Sie zur Kontrolle das Optionsfeld *Geplant* an, damit die Planwerte angezeigt werden. Wenn stattdessen nur *NV* angezeigt wird, dann wurde dieser Vorgang noch nicht als *geplant* festgelegt und muss deshalb zunächst als Basisplan gespeichert werden (siehe *Kapitel 14, Basisplan speichern, Seite einrichten und drucken*).
- Markieren des Optionsfelds *Aktuell*
- Eintrag von aktuellem *Anfang*, wenn der Vorgang tatsächlich begonnen hat
- Eintrag von aktuellem *Ende*, wenn der Vorgang tatsächlich beendet wurde
- Wenn der Vorgang noch nicht beendet ist, dann *% abgeschlossen* eintragen

Eine Eingabemöglichkeit für die Werte *aktuelle Dauer* und *verbleibende Dauer* ist in den Maskenansichten nicht vorgesehen. Aus diesem Grund kann die oben beschriebene Methode nur bedingt empfohlen werden, und es ist ausdrücklich und ausschließlich die exaktere Methode mithilfe der angepassten Überwachungstabelle vorzuziehen.

Achtung Auch bei Anwendung der oben beschriebenen Methode ist es unbedingt erforderlich, dass alle aktuellen Daten sobald als möglich in die *Überwachungstabelle* übertragen werden.

15.3.4 Ressourcen verzögert einsetzen

Wenn mehrere Ressourcen einem Vorgang zugeordnet sind, kann es möglich sein, dass einige dieser Ressourcen erst zu einem späteren Zeitpunkt, also zeitlich versetzt, zum Einsatz kommen sollen.

Wenn das der Fall ist, dann eignet sich dafür die in *Abbildung 15.16* gezeigte Ansichtskombination ganz besonders. Hier ist im unteren Teil des geteilten Fensters die Ansicht *Vorgang: Einsatz* geladen. Darin können für jede zugeordnete Ressource die Anfangs- und Endtermine manuell eingetragen werden, weil alle an einem Vorgang arbeitenden Ressourcen einzeln aufgelistet sind, und zwar jeweils mit dem berechneten Aufwand (in Stunden) und den Anfangs- und Endterminen für den Einsatz jeder einzelnen Ressource.

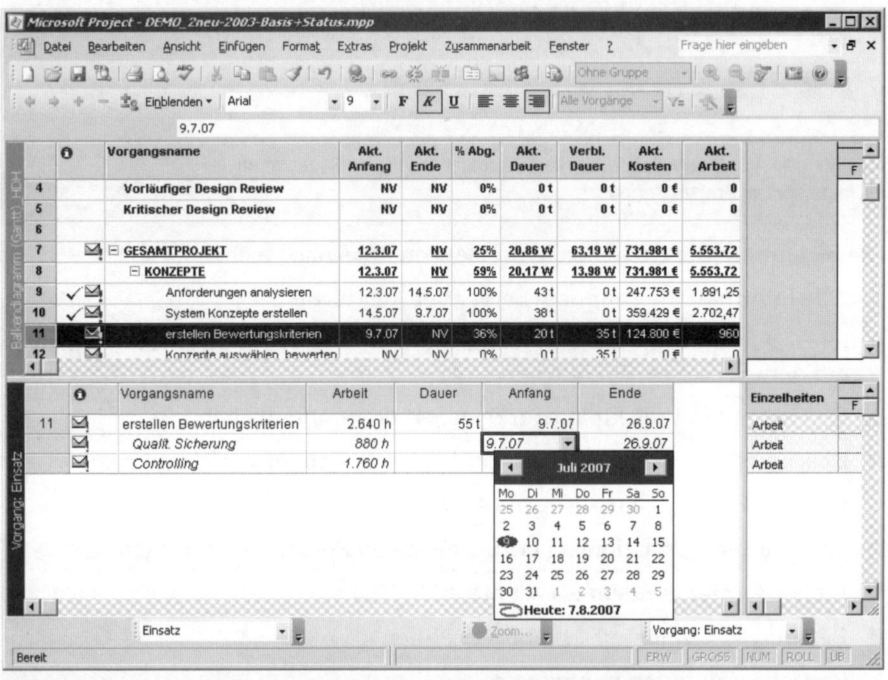

Abbildung 15.16: Zugeordnete Ressourcen in der Ansicht Vorgang: Einsatz

Durch Eintrag von Anfangs- und Endterminen mithilfe des Popup-Kalenders kann der Aufwand jeder Ressource, die an dem betreffenden Vorgang arbeitet, entsprechend verändert werden.

15.4 Zusammenarbeit von Ressourcen

Wenn mit der Überwachungs-Symbolleiste gearbeitet wird, kann per Mausklick auf das dafür vorgesehene Symbol jederzeit zu der *Symbolleiste Zusammenarbeit* gewechselt werden. Diese Symbolleiste ermöglicht Ihnen die Veröffentlichung wichtiger, ressourcenbezogener Informationen und aller an den Ressourcen vorgenommenen Änderungen unter Verwendung von Project Server, sofern dieser installiert und für Sie verfügbar ist.

15.4.1 Servernutzung

Es können bei Verwendung des Project Servers alle einem Projekt zugeordneten Ressourcen angesprochen werden, um direkt von ihnen die benötigten Informationen zu ihrer Zuordnung zu bekommen. Oder um den erreichten Projektstatus abzufragen und zu aktualisieren. Für eine einfache Bedienung der bei Verwendung des Servers verfügbaren Möglichkeiten findet sich unter *Ansicht/Symbolleisten/Zusammenarbeit* eine speziell dafür angelegte Symbolleiste, die hierunter abgebildet und beschrieben ist.

Abbildung 15.17: Symbolleiste für die Zusammenarbeit von Ressourcen bei installiertem Project Server

Die Bedeutung der einzelnen Symbole, von links nach rechts:

- Alle Informationen auf dem Server veröffentlichen
- Nur neue und aktualisierte Zuordnungen von Ressourcen zu Vorgängen auf dem Server veröffentlichen
- Den gesamten Projektplan auf dem Server veröffentlichen
- Zuordnungen von Ressourcen zu Vorgängen erneut veröffentlichen
- Projektfortschritt aktualisieren (Achtung, %-Werte!!)
- Fortschrittsinformationen bei zugeordneten Ressourcen anfragen
- Project-Center auf dem Server öffnen
- Ressourcen-Center auf dem Server öffnen
- Portfolio-Analysierer aktivieren
- Portfolio-Modellierer aktivieren
- Abruf von Dokumenten vom Server
- Meldung von Problemen
- Risiko-Analyse aufrufen

Diese Funktionen können nur angewendet werden, wenn der Microsoft Project Server installiert ist und bei dem aktuellen Projekt auch verwendet werden soll.

Deshalb muss hier noch einmal darauf hingewiesen werden, dass für die Nutzung des Servers alle Berechtigungen und Rollen der Mitarbeiter eines Projektes und aller Ressourcen eingerichtet sein müssen.

15.5 Geeignete Ansichten, Masken und Tabellen

Microsoft Project enthält standardmäßig eine umfangreiche Auswahl geeigneter Ansichten, Masken und Tabellen für die Statusermittlung. Sie können mithilfe der benutzerdefinierten Symbolleisten sehr schnell geladen und außerdem auch beliebig kombiniert werden.

15.5.1 Ansichten

- *Balkendiagramm: Überwachung* als angepasste Version
- *Balkendiagramm: Abgleich*, mit kleineren Ergänzungen
- *Balkendiagramm: Einzelheiten*, mit kleineren Ergänzungen
- *Beschreibender Netzplan* mit Überwachungsknoten
- *Netzplan* mit Knoteneinstellung *Überwachung*
- *Ressource: Einsatz* zuzüglich Tabellenwerten für *Arbeit* und/oder *Kosten*
- *Vorgang: Name* zuzüglich Einzelheiten für die *Arbeit*(alle Werte)
- *Vorgang: Name* zuzüglich Einzelheiten für die *Kosten*(nur geplante Kosten)

Welche der hier aufgelisteten Ansichten sich für Ihre Arbeit besonders gut eignen, wird am besten bei einem entsprechenden Test herauszufinden sein. Eine direkte Empfehlung kann es deshalb hier nicht geben.

15.5.2 Tabellen

- *Überwachungstabelle*
- *Abweichungen*
- *Berechnete Termine* (nur eingeschränkt verwendbar)
- *Einsatz* von Ressourcen (erst nach Ergänzung der Werte für Arbeit und Kosten)
- *Ertragswert, KLI* (Kosten-Leistungs-Index) für die Kostensituation
- *Ertragswert, PLI* (Projekt-Leistungs-Index) für die Terminsituation

- *Kosten* (mit allen fünf für die Überwachung besonders wichtigen Werten)
  - Berechnete Kosten
  - Geplante Kosten
  - Abweichung vom Plan
  - Aktuelle Kosten (Istkosten)
  - Verbleibende Kosten (Restkosten, *CTC, Cost to Complete*)
- *Kostenanalyse* (siehe auch Ertragswert)
- *Terminsituation* mit allen für die Überwachung besonders wichtigen Daten
  - *Berechneter* Anfang/Ende
  - *Geplanter* Anfang/Ende
  - *Abweichung* Anfang/Ende
  - *Berechnete Dauer* (nach Aktualisierung)
  - *Abweichung Dauer*
  - *Verleibende Dauer* (Restzeit, TTC Time To Complete)
- *Verzögerungen* (verursacht durch Verschiebungen bei Ressourcenabgleich)

Bei den Tabellen sind nur die wichtigsten aufgelistet. Es können demnach bei Bedarf weitere speziell angepasste Tabellen verwendet werden, oder es werden vom Anwender entworfene Tabellen völlig neu zusammengestellt.

15.5.3 Masken

- *Ressource: Maske* mit den Einzelheiten für Arbeit und Kosten (enthält nur Planwerte)
- *Vorgang: Einsatz* ergänzt mit der *Tabelle Einsatz*
- *Vorgang: Einzelheiten* ergänzt mit den Feldern *Arbeit* und *Kosten* (enthält nur Planwerte)
- *Vorgang: Maske* mit Feldern für Arbeit und Überstunden (gut bei der Aufwandserfassung)

15.6 Berichte in Microsoft Project

Microsoft Project stellt dem Anwender eine sehr große Zahl von fertig vorbereiteten Standardberichten zur Verfügung. Die Auswahl von Berichten erfolgt bis Version 2003 von Microsoft Project über *Ansicht/Berichte...* ab Version 2007 über den eigenen Menüpunkt *Bericht*. Zusätzlich ist in Version 2007 eine Vielzahl grafischer Berichte verfügbar.

15.6.1 Grafische Berichte

Um die Grafiken dieser neu eingeführten Berichte verwenden zu können, ist Microsoft Office Excel 2003 erforderlich. Einige der Berichte sind nur verfügbar, wenn Microsoft Office Visio Professional 2007 installiert ist. Nähere Informationen zu den grafischen Berichten finden Sie weiter hinten in diesem Buch unter dem Thema *Status Auswertungen*.

15.6.2 Standardberichte

Mit *Ansicht/Berichte...* gelangen Sie in das Dialogfeld (*Abbildung 15.18*) zur Auswahl von Berichten einer verfügbaren Berichtskategorie. Danach öffnet sich das nächste Dialogfeld mit den verfügbaren Detailberichten. Diese sind so weit vorbereitet, dass die wichtigsten Informationen sofort verfügbar sind. Spezielle Wünsche lassen sich umsetzen, erfordern jedoch entsprechenden Aufwand, wie das weiter unten im Abschnitt *Anpassung* genauer beschrieben wird.

Abbildung 15.18: Auswahlfeld für die verfügbaren Berichtskategorien

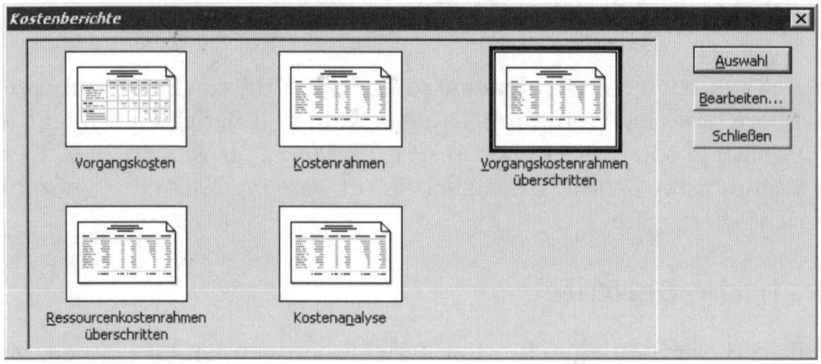

Abbildung 15.19: Dialog zur Auswahl der verfügbaren Kostenberichte

Alle verfügbaren Berichte sind als druckbare Dokumente vorbereitet und öffnen sich deshalb bei Auswahl immer in der Seitenansicht, siehe weiter unten in diesem Abschnitt.

Für das in *Abbildung 15.20* gezeigte Beispiel wurde der Bericht *Kostenrahmen* gewählt, der im Original nicht optimal eingerichtet war und erst nach Anpassung des Textformats für Titel und Standardtext gut lesbar wurde.

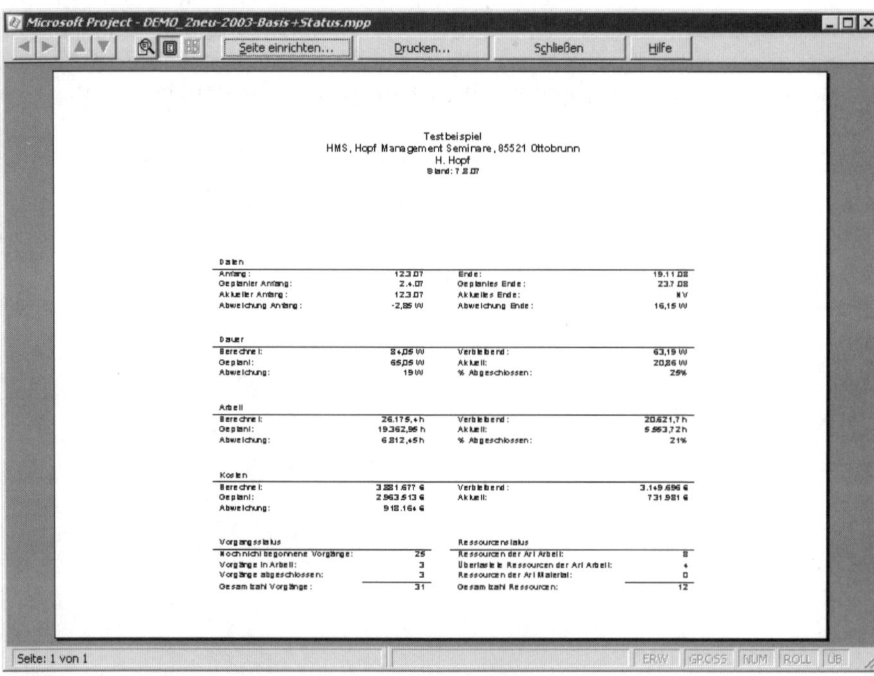

Abbildung 15.20: Manuell angepasster Bericht Kostenrahmen

15.6.3 Standardberichte anpassen

Wenn spezielle Informationen in einem Bericht erfasst werden sollen, den es in dieser Form noch nicht gibt, kann die gewünschte Information meistens durch Anpassung erhalten werden. Den erforderlichen Dialog mit den Registern *Definition, Einzelheiten* und *Sortieren* erreicht man, indem man zunächst unter *Bericht/Berichte...* die gewünschte Kategorie auswählt und anschließend die Schaltfläche *Bearbeiten* anklickt.

Abbildung 15.21 zeigt als Beispiel das Register *Definition* des Dialogs *Vorgangsbericht*. Dort sind alle erforderlichen Felder und Feldnamen enthalten, die Sie brauchen, wenn Sie einen vorhandenen Bericht anpassen oder einen völlig neuen Bericht zusammenstellen müssen. Wie leicht zu erkennen ist, gibt es, in Abhängigkeit der ausgewählten Berichtsart, eine Vielzahl von Feldern, die beliebig zu Berichten zusammengestellt werden können.

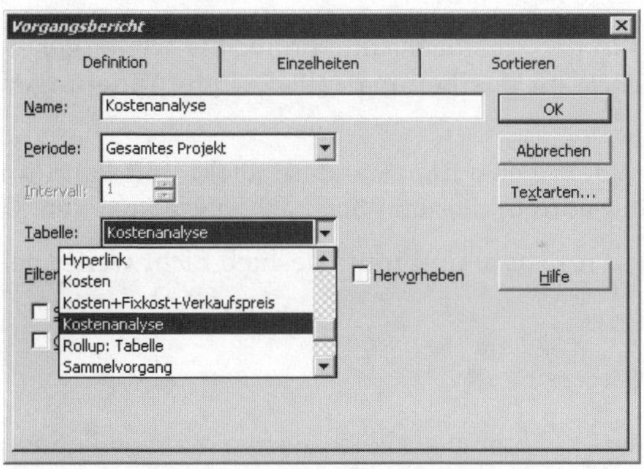

Abbildung 15.21: Auswahl des Berichts für eine Kostenanalyse (Ertragswertanalyse)

Der Dialog *Benutzerdefinierte Berichte* enthält ein Verzeichnis für die Auswahl vorhandener Berichte und Schaltflächen für die *Neuerstellung*, *Bearbeitung*, das *Kopieren* und *Organisieren...* und die *Vorschau* eines ausgewählten Berichts.

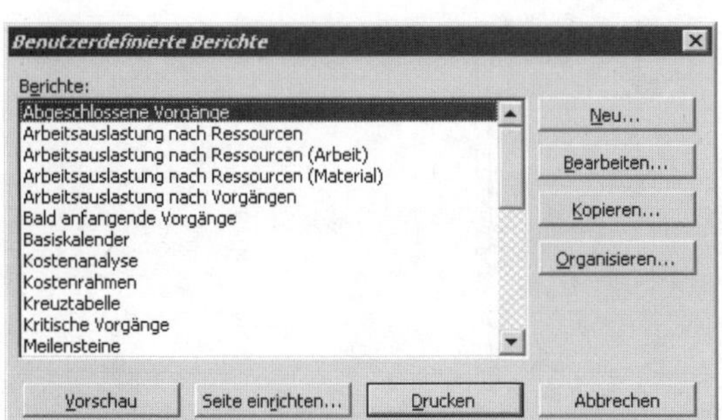

Abbildung 15.22: Listenfeld der verfügbaren Berichte mit Befehlsschaltflächen

Wenn vorhandene Berichte zur weiteren Verarbeitung geladen werden sollen, können Sie hier wählen, was Sie tun wollen:

- *Neu...* Es öffnet sich das Dialogfeld, um einen völlig neuen Bericht zusammenzustellen.
- *Bearbeiten...* Es öffnen sich das Dialogfeld, das für die Änderungen benötigt wird.
- *Kopieren...* Damit legen Sie zunächst eine Kopie des Berichts an, bevor Sie ihn ändern; das ist sinnvoll, wenn Sie vermeiden möchten, dass ein Originalbericht überschrieben wird und nur mit Aufwand zu reparieren ist. Sie sollten bei dieser Gelegenheit auch gleich einen neuen Namen für diesen Bericht festlegen.
- *Organisieren...* führt Sie in das Menü, um Ihre angepassten Berichte für andere und zukünftige Projekte verfügbar zu haben, indem sie in der Vorlagendatei *Global.mpt* gespeichert werden.
- *Vorschau...* zeigt den Bericht in der Seitenansicht, von wo Sie weiter gehen können zum Druck oder zurück zur Bearbeitung, falls weitere Änderungen nötig werden.
- *Seite einrichten...* ist ein allgemein bekannter Standardbefehl und kann im entsprechenden Kapitel weiter vorn in diesem Buch nachgelesen werden.
- *Drucken* ist ebenfalls ein Standardbefehl und muss deshalb nicht weiter beschrieben werden.

15.6.4 Feineinstellungen

Sobald der neue Bericht festgelegt ist, können als Nächstes die darzustellenden *Einzelheiten* gewählt werden, siehe *Abbildung 15.23*. Es wird unterschieden zwischen Informationen, die nur *Vorgänge* oder die *Zuordnung* und die darunter aufgelisteten Details betreffen. Das bedeutet, dass mithilfe von Checkboxen weitere Detailinformationen erreichbar sind.

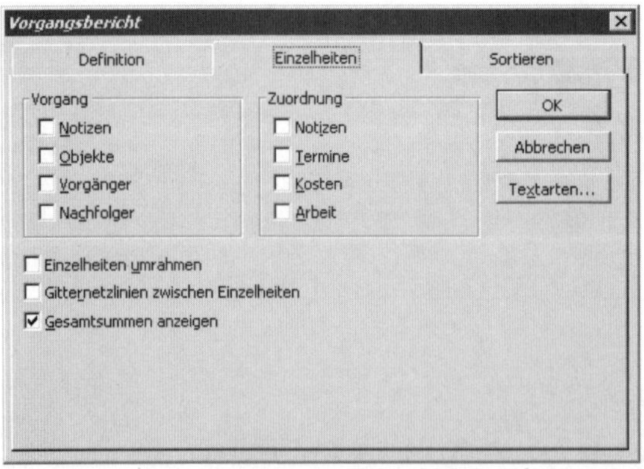

Abbildung 15.23: Anpassung der angezeigten Einzelheiten

- Wenn zu Vorgängen *Notizen* vorhanden sind, werden diese für jeden einzelnen Vorgang angezeigt.
- Wenn *Objekte* zu einem Vorgang gehören, werden auch diese angezeigt.
- Wenn *Vorgänger* markiert ist, werden alle Vorgänger links über dem Vorgang aufgelistet, wahlweise in einem *Gitternetz* und durch *Rahmen* abgegrenzt.
- Wenn *Nachfolger* markiert ist, werden alle Nachfolger eines Vorgangs rechts unter dem Vorgang aufgelistet, wahlweise in einem *Gitternetz* und durch *Rahmen* abgegrenzt.
- Wenn *Gesamtsummen anzeigen* aktiviert ist, dann werden diese Werte rechts am Rand dargestellt.

  Hinweis Sie sollten mithilfe der Seitenansichten die Ergebnisse Ihrer Einstellungen anzeigen lassen, um zu beurteilen, ob und wie die gewünschten Informationen dargestellt werden.

Die Einträge des Registers *Sortieren* geben Ihnen die Möglichkeit, innerhalb von Berichten die interessanten Informationen nach drei Kriterien und hier jeweils nach auf- oder absteigender Reihenfolge zu sortieren (*Abbildung 15.24*).

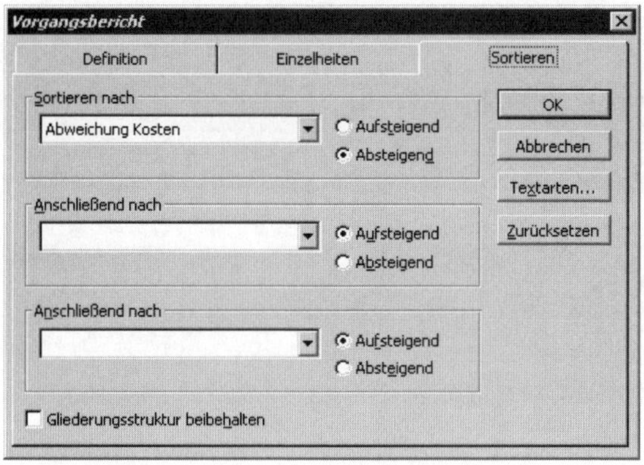

Abbildung 15.24: Einstellung von Sortierkriterien für angepasste Berichte

15.6.5 Ertragswertanalyse

Ertragswertanalysen gehören als wichtiger Bestandteil ebenfalls zu den Themen Statusermittlung und Statusberichterstattung. Die genaue Beschreibung finden Sie bei den grafischen Auswertungen mit Excel. Dort finden Sie auch ein Beispiel, in dem die Veränderungen der Ertragswerte in Abhängigkeit von dem erreichten Status gut zu erkennen sind.

16 Statusauswertungen

Es hat sich schon 1985 (damals unter Verwendung der Programme Tell-A-Plan und Tell-A-Graph) sehr bewährt, den Projektstatus grafisch darzustellen. Damit konnten wichtige Informationen wie Kosten-Soll-Ist-Vergleiche, Meilenstein-Trendanalysen und andere speziell auf die Belange der Projektleiter abgestimmte Grafiken erstellt werden. Diese Grafiken wurden als Entscheidungshilfe bei Projektstatusbesprechungen verwendet und deshalb regelmäßig an die zuständigen Stellen verteilt.

Eine seit dem Erscheinen der Version 2000 (Mitte 1999) von Microsoft Project standardmäßig angebotene, sehr interessante, aber leider nicht einfach zu interpretierende Auswertung ist die *Ertragswertanalyse*. Sie ist für das Projekt-Controlling eine außerordentlich wichtige und hilfreiche Unterlage, weil hiermit eine Art Leistungsbewertung möglich ist, die es in dieser Form bisher nicht gab. Ein Zeichen, wie wichtig und hilfreich die Ertragswertanalyse geworden ist ergibt sich aus der Tatsache, dass immer mehr Firmen nach dieser Auswertung ihrer Projekte verlangen.

16.1 Die Ertragswertanalyse

Um die Funktion einer *Ertragswertanalyse* deutlich zu machen, sind die einzelnen Parameter und ihre typische Lage auf den Kurven der Soll- und Istwerte in *Abbildung 16.1* entsprechend eingetragen worden.

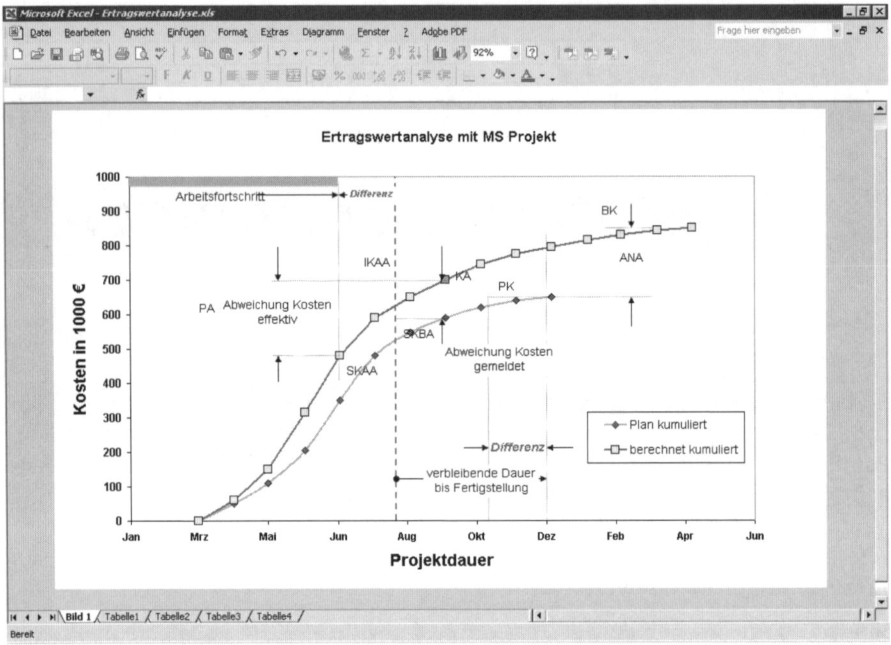

Abbildung 16.1: Ertragswertanalyse und die Bedeutung der verwendeten Werte

Die Ertragswertanalyse besteht bei normaler Verwendung aus einer Tabelle von errechneten Daten. Diese Daten geben Auskunft über das Verhältnis von erreichtem zu geplantem Arbeitsfortschritt. Durch Extrapolation der Werte kann eine Prognose erstellt werden, die auch eine, voraussichtlich, zu erwartende Abweichung am Ende des Projektes anbietet. Die grafische Darstellung in Form von Kurven ist nicht die normale Ausgabe von Microsoft Project, sondern muss mithilfe von Excel nachträglich erstellt werden.

> **Achtung** Ertragswertanalysen liefern nur dann berechnete Werte, wenn der Termin für den Projektstatus, definiert als *Statusdatum* (*Heute* oder *TimeNow*), mindestens einen Vorgang des Terminplans berührt oder besser durchschneidet. Erst jetzt kann davon ausgegangen werden, dass der betreffende Vorgang hätte beginnen müssen. Das ist der Ausgangspunkt für die Berechnung aller weiteren Daten.

Wer die Funktion überprüfen möchte, sollte sich einen kleinen Plan von zwei bis drei Vorgängen erstellen, der Werte liefert, die nachvollziehbar sind. Siehe weiter unten in diesem Kapitel.

Wer eine Ertragswertanalyse nutzen möchte, kann die Bedeutung der berechneten Daten und die verwendeten Bezeichnungen in der Microsoft Projekt-Hilfe nachlesen. Bei der Suche nach dem Hilfetext für solche Bezeichnungen bringt Sie die Eingabe von z.B. *SKAA* (*Sollkosten bereits abgeschlossener Arbeit*) im Suchfenster der Hilfe schnell ans Ziel.

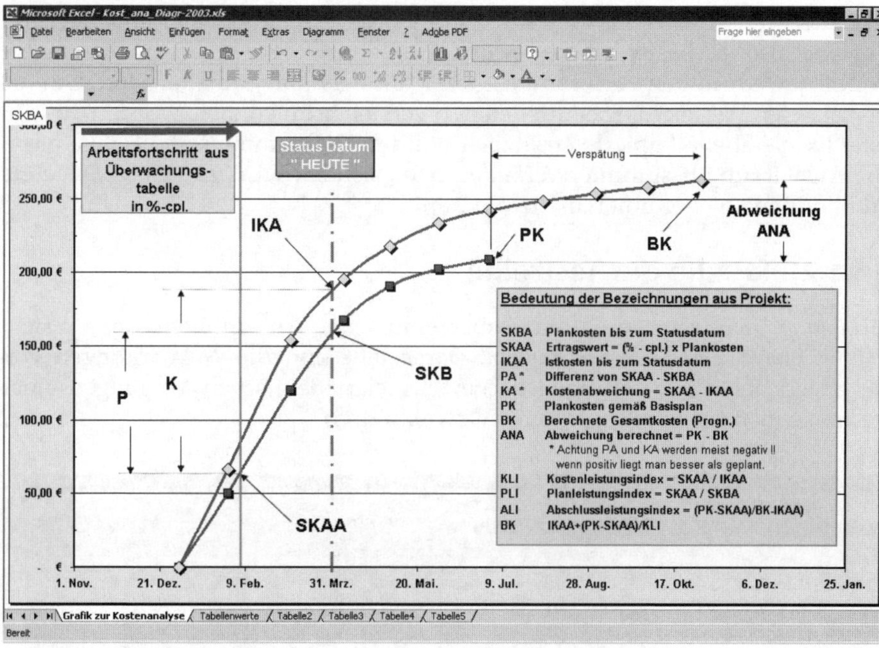

Abbildung 16.2: Ertragswertanalyse in der neuen Version ab Project 2003

Mit der Version 2003 von Microsoft Project wurden einige neue Berechnungen eingefügt, die jetzt auch Leistungsindizes liefern, wie in *Abbildung 16.2* zu erkennen ist.

> **Hinweis** Wie bereits weiter oben erwähnt, berechnet auch die neue Version der Ertragswertanalyse keine Werte, solange das aktuelle Datum nicht mindestens einen Vorgang eines Planes berührt. Bis dahin sind alle auf den Arbeitsfortschritt bezogenen Werte null, und nur die aus der Basisplanung vorhandenen Werte werden in der Tabelle eingetragen. Auswirkungen bei der Anwendung einer Ertragswertanalyse gibt es immer erst, wenn sich mindestens ein Vorgang verändert hat.

16.1.1 Testreihe

Die nachfolgend dargestellten Auswirkungen von Planänderungen wurden in einer Testreihe mit neun Variationen ermittelt, allerdings noch ohne Verwendung der drei Leistungsindizes.

Für die Testreihe in *Abbildung 16.3* wurden ein Sammelvorgang „Gesamt" und darunter drei Vorgänge „V1" bis „V3" als Projekt definiert und entsprechend geplant, also als Basisplan gespeichert. Erst dann folgten die Veränderungen, wie sie jeweils in den verwendeten Bezeichnungen mit enthalten sind. Um die berechneten Werte besser beurteilen und verstehen zu können, wurden diese in eine Excel-Tabelle kopiert. Zusätzlich wurden Diagramme erstellt, aus denen die Auswirkung bestimmter Veränderungen sichtbar wird (siehe nachfolgende Abbildungen weiter unten in diesem Kapitel).

16.1.2 Tabelle der Testreihe

Abbildung 16.3 zeigt die Excel-Tabelle mit den Ausschnitten der Ansicht *Tabelle: Ertragswert-Kostenindikatoren*. Dargestellt sind die Auswirkungen von verschiedenen Veränderungen bei jeweils vier identischen Vorgängen einer Testreihe (Sammelvorgang, V-eins, V-zwei, V-drei).

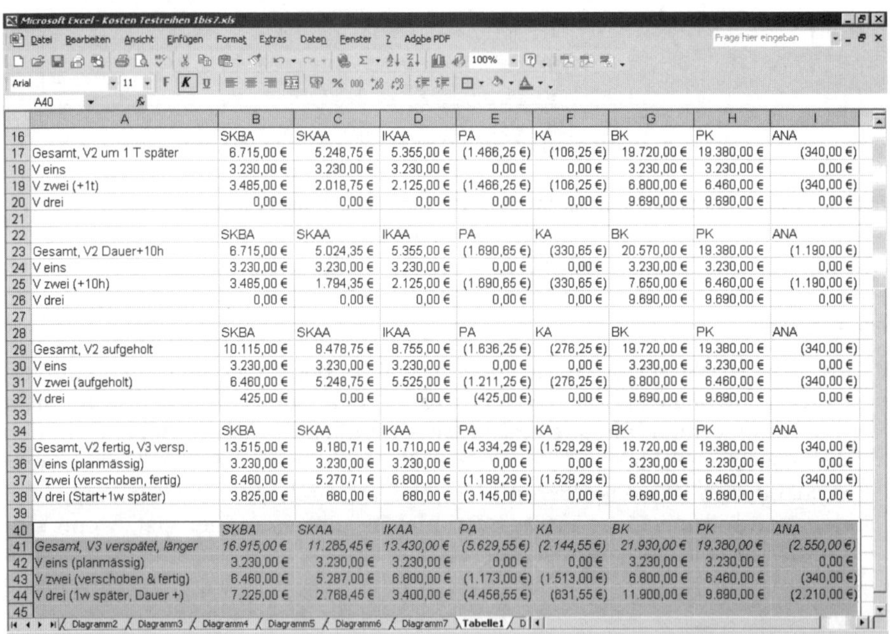

	A	B	C	D	E	F	G	H	I
16		SKBA	SKAA	IKAA	PA	KA	BK	PK	ANA
17	Gesamt, V2 um 1 T später	6.715,00 €	5.248,75 €	5.355,00 €	(1.466,25 €)	(106,25 €)	19.720,00 €	19.380,00 €	(340,00 €)
18	V eins	3.230,00 €	3.230,00 €	3.230,00 €	0,00 €	0,00 €	3.230,00 €	3.230,00 €	0,00 €
19	V zwei (+1t)	3.485,00 €	2.018,75 €	2.125,00 €	(1.466,25 €)	(106,25 €)	6.800,00 €	6.460,00 €	(340,00 €)
20	V drei	0,00 €	0,00 €	0,00 €	0,00 €	0,00 €	9.690,00 €	9.690,00 €	0,00 €
21									
22		SKBA	SKAA	IKAA	PA	KA	BK	PK	ANA
23	Gesamt, V2 Dauer+10h	6.715,00 €	5.024,35 €	5.355,00 €	(1.690,65 €)	(330,65 €)	20.570,00 €	19.380,00 €	(1.190,00 €)
24	V eins	3.230,00 €	3.230,00 €	3.230,00 €	0,00 €	0,00 €	3.230,00 €	3.230,00 €	0,00 €
25	V zwei (+10h)	3.485,00 €	1.794,35 €	2.125,00 €	(1.690,65 €)	(330,65 €)	7.650,00 €	6.460,00 €	(1.190,00 €)
26	V drei	0,00 €	0,00 €	0,00 €	0,00 €	0,00 €	9.690,00 €	9.690,00 €	0,00 €
27									
28		SKBA	SKAA	IKAA	PA	KA	BK	PK	ANA
29	Gesamt, V2 aufgeholt	10.115,00 €	8.478,75 €	8.755,00 €	(1.636,25 €)	(276,25 €)	19.720,00 €	19.380,00 €	(340,00 €)
30	V eins	3.230,00 €	3.230,00 €	3.230,00 €	0,00 €	0,00 €	3.230,00 €	3.230,00 €	0,00 €
31	V zwei (aufgeholt)	6.460,00 €	5.248,75 €	5.525,00 €	(1.211,25 €)	(276,25 €)	6.800,00 €	6.460,00 €	(340,00 €)
32	V drei	425,00 €	0,00 €	0,00 €	(425,00 €)	0,00 €	9.690,00 €	9.690,00 €	0,00 €
33									
34		SKBA	SKAA	IKAA	PA	KA	BK	PK	ANA
35	Gesamt, V2 fertig, V3 versp.	13.515,00 €	9.180,71 €	10.710,00 €	(4.334,29 €)	(1.529,29 €)	19.720,00 €	19.380,00 €	(340,00 €)
36	V eins (planmässig)	3.230,00 €	3.230,00 €	3.230,00 €	0,00 €	0,00 €	3.230,00 €	3.230,00 €	0,00 €
37	V zwei (verschoben, fertig)	6.460,00 €	5.270,71 €	6.800,00 €	(1.189,29 €)	(1.529,29 €)	6.800,00 €	6.460,00 €	(340,00 €)
38	V drei (Start+1w später)	3.825,00 €	680,00 €	680,00 €	(3.145,00 €)	0,00 €	9.690,00 €	9.690,00 €	0,00 €
39									
40		*SKBA*	*SKAA*	*IKAA*	*PA*	*KA*	*BK*	*PK*	*ANA*
41	*Gesamt, V3 verspätet, länger*	*16.915,00 €*	*11.285,45 €*	*13.430,00 €*	*(5.629,55 €)*	*(2.144,55 €)*	*21.930,00 €*	*19.380,00 €*	*(2.550,00 €)*
42	V eins (planmässig)	3.230,00 €	3.230,00 €	3.230,00 €	0,00 €	0,00 €	3.230,00 €	3.230,00 €	0,00 €
43	V zwei (verschoben & fertig)	6.460,00 €	5.287,00 €	6.800,00 €	(1.173,00 €)	(1.513,00 €)	6.800,00 €	6.460,00 €	(340,00 €)
44	V drei (1w später, Dauer +)	7.225,00 €	2.768,45 €	3.400,00 €	(4.456,55 €)	(631,55 €)	11.900,00 €	9.690,00 €	(2.210,00 €)
45									

Abbildung 16.3: Ergebnisse der Testreihe zu Ertragswerten

Aus den Werten dieser Tabelle sind die hierunter enthaltenen Diagramme entstanden.

Die Säulen sind von links nach rechts, entsprechend der vier Vorgänge gegliedert.

Sammelvorgang „Gesamtprojekt" bestehend aus V1 bis V3
Vorgang V1
Vorgang V2
Vorgang V3

Für jeden dieser vier Vorgänge werden bis zu acht berechnete Werte angezeigt, je nachdem, welche Veränderung bei der Aktualisierung eines Vorgangs eingetreten ist.

Damit werden für jeden Vorgang die folgenden Werte als eine entsprechende Säule abgebildet: *SKBA (Sollkosten berechnete Arbeit), SKAA (Sollkosten abgeschlossene Arbeit), IKAA (Istkosten abgeschlossene Arbeit), PA (Planabweichung), KA (Kostenabweichung), BK (berechnete Kosten), PK (geplante Kosten), ANA (Abweichung nach Abschluss)*

Damit nachvollziehbar ist, welche Änderung an einem Vorgang bestimmte Ergebnisse verursacht hat, steht das im Titel und zusätzlich bei jedem Vorgang.

16.1.3 Verschiebung eines Vorgangs

Bei diesem Test wurde nur ein Vorgang um einen Tag verschoben, um herauszufinden, wie sich diese Verschiebung, die sonst keine Veränderung bedeutet, in der grafischen Auswertung darstellt.

Das Diagramm in *Abbildung 16.4* zeigt danach folgende Details:

- Der Sammelvorgang hat eine Planabweichung (PA), eine Kostenabweichung (KA) und eine Abweichung nach Abschluss (ANA). Diese Werte entsprechen exakt denen des zweiten, um einen Tag verschobenen Vorgangs zwei und werden von dort als Summe aller Änderungen der Einzelvorgänge übernommen.
- Vorgang eins hat begonnen, wurde nicht verändert und liegt also exakt im Plan, deshalb fünf identische Werte und keine Abweichungen (PA, KA und ANA sind null).
- Vorgang zwei hat nicht begonnen, sondern wurde um einen Tag verschoben.
- Vorgang drei wurde ebenfalls nicht verändert, hat noch nicht begonnen und liegt deshalb im Plan, es gibt nur die Werte für berechnete Kosten (BK) und geplante Kosten (PK), alle anderen Werte entstehen erst, wenn der Vorgang gestartet ist, oder bereits jetzt, zu einem theoretisch viel zu frühen Zeitpunkt, geändert würde.

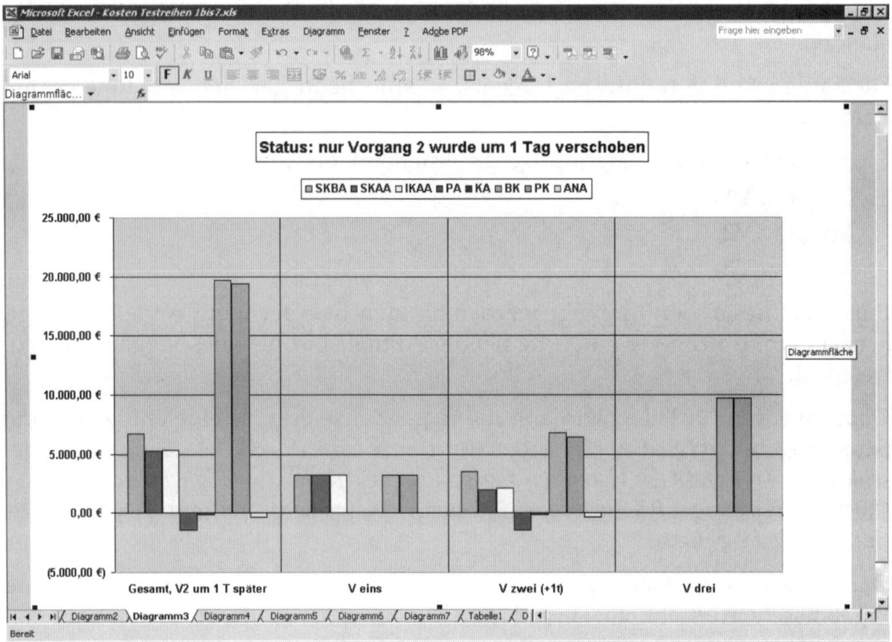

Abbildung 16.4: Test 3: Auswirkungen einer einfachen Verschiebung um einen Tag

16.1.4 Auswirkung von drei Änderungen

Diese Grafik in *Abbildung 16.5* zeigt die Auswirkung von insgesamt drei Änderungen, die weiter unten auch im Detail kommentiert werden.

- *Vorgang eins* ist planmäßig gelaufen und abgeschlossen, es gibt keine Änderungen.
- *Vorgang zwei* begann einen Tag später als geplant, lief dann aber ohne weitere Änderungen ab und wurde einen Tag später als geplant abgeschlossen.
- *Vorgang drei* wird um eine Woche später beginnen und um 26 Stunden länger dauern als geplant.
- Der Sammelvorgang *„Gesamt"* zeigt die Summe aller Abweichungen der drei Vorgänge durch bereits deutlich sichtbare Unterschiede der einzelnen Säulen, weil per Definition ein Sammelvorgang immer die Summe aller darunter zusammengefassten Vorgänge berechnet und anzeigt.

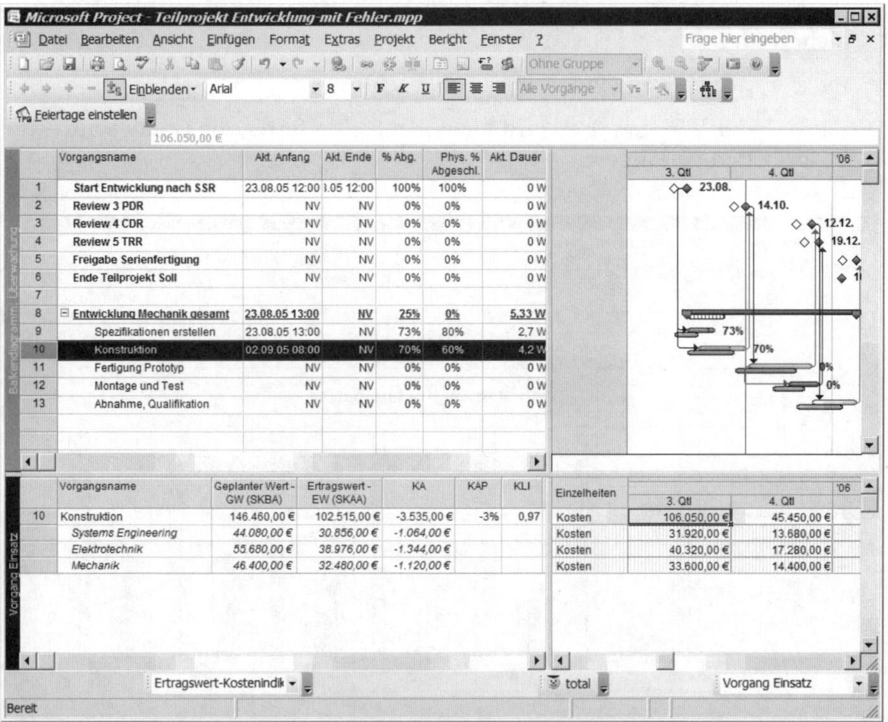

Abbildung 16.5: Test 7: Auswirkungen einer Statussimulation über drei Vorgänge

16.1.5 Auswertung weiterer Tests

Ergebnisse der Testreihe zur Ertragswertanalyse bei insgesamt sechs Änderungen einer simulierten Statuserfassung, wie sie in der nachfolgenden *Abbildung 16.6* dargestellt sind, verdeutlichen nochmals, wie sich Ertragswerte eines Projektes mit seinem Arbeitsfortschritt verändern.

Sechs verschiedene Status nach der Arbeitsfortschrittssimulation:

- *Punkt-1*, es gibt nur berechnete und geplante Werte, es hat noch nichts begonnen.
- *Punkt-2*, der Vorgang eins verläuft exakt nach Plan, keine weiteren Änderungen.
- *Punkt-3*, der Vorgang zwei wird um einen Tag später beginnen, sonst keine weiteren Änderungen.
- *Punkt-4*, Vorgang zwei dauert zehn Stunden länger.

- *Punkt-5*, der Vorgang zwei hat einen halben Tag aufgeholt, ist aber noch nicht fertig.
- *Punkt-6*, der Vorgang zwei ist nun abgeschlossen.
- *Punkt-7*, der Vorgang drei wird nicht rechtzeitig fertig, die Dauer wurde um 26 Einheiten verlängert.

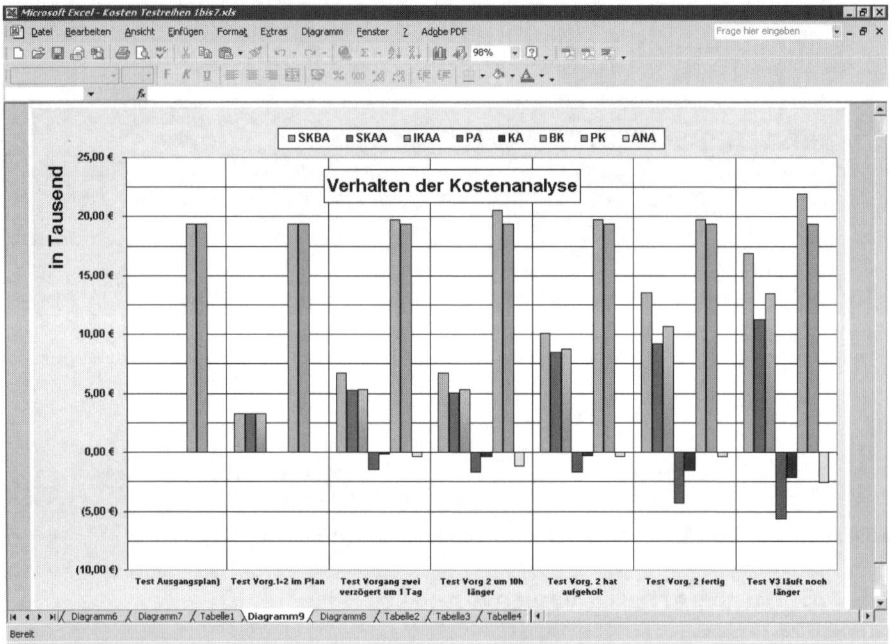

Abbildung 16.6: Auswirkungen von insgesamt sechs Veränderungen an einem Plan

16.2 Microsoft Excel, ideal für grafische Darstellungen

Excel ist bei der Projektarbeit ein unentbehrliches Hilfsmittel, um die sehr wichtigen, grafischen Darstellungen zum Projektstatus, aber auch zu der jeweiligen Planung erstellen und nutzen zu können.

Es ist ideal, wenn Sie die Grafiken selbst so zusammenzustellen können, wie sie für den jeweiligen Zweck benötigt werden. Zum Beispiel Meilenstein-Trendanalysen so zu gestalten, dass die Information deutlich vermittelt wird und deshalb auch im Projekt etwas bewegt werden kann.

Nachfolgend finden Sie eine Übersicht von häufig verwendeten Unterlagen inklusive der Beschreibungen, wie diese Grafiken entstehen, welche Daten jeweils erforderlich sind und wie diese Daten aus Microsoft Project zu exportieren sind.

Zunächst eine Ansicht, die Ihnen den Aufwand (*Arbeit*) von markierten Ressourcen pro Zeiteinheit (hier Monat) bereitstellt, siehe *Abbildung 16.7*. Aus den Daten lassen sich die gewünschten Diagramme erstellen. Dazu kopieren Sie die Daten in eine neue Excel-Mappe und formatieren sie anschließend so, dass sich mithilfe des Diagramm-Assistenten in Excel 2003 die benötigten Grafiken erstellen lassen.

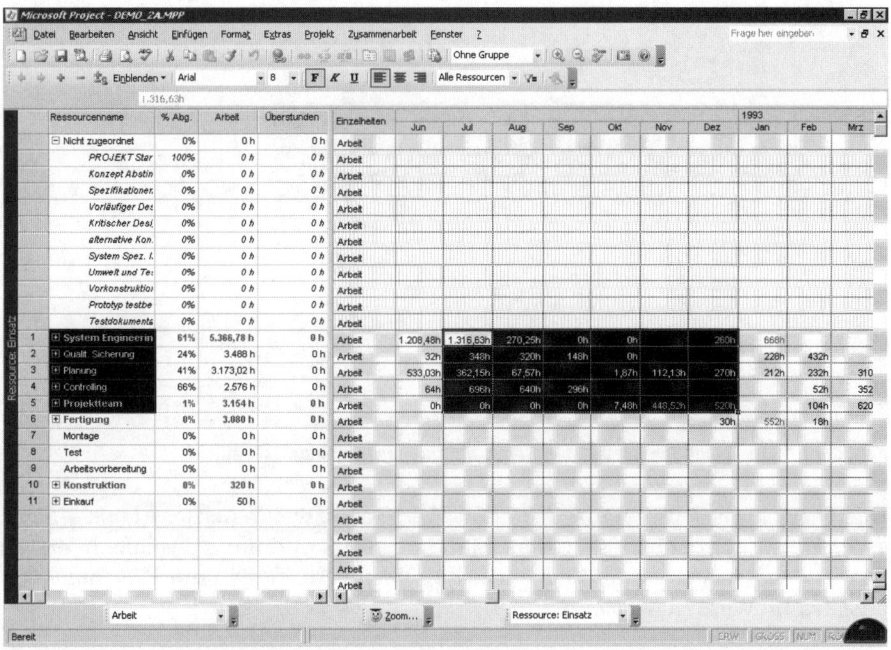

Abbildung 16.7: Die Ausgangsdaten aus Microsoft Project in der Ansicht Ressource: Einsatz

Die in der Excel-Tabelle eingefügten Daten und die passende Formatierung können Sie in der folgenden *Abbildung 16.8* erkennen. Es ist absolut kein Problem, die Daten so weit vorzubereiten und daraus eine ansprechende Grafik zu erstellen.

16.2.1 Personaleinsatz

Die Tabelle in *Abbildung 16.8* enthält nach der Bearbeitung die Zeilen mit den summierten Personalstunden für die in der Microsoft Project-Ansicht eingestellte Zeiteinheit (Monat). Diese Werte sollen als Säulen dargestellt werden. Die Werte der kumulierten Personalstunden sollen jedoch als Kurve angezeigt werden.

In Excel 2003 erstellen Sie das gewünschte Diagramm am einfachsten mithilfe des *Diagramm-Assistenten*. Markieren Sie in der Tabelle zunächst keine Wertereihen. Arbeiten Sie also zunächst mit einem noch leeren Datenbereich!

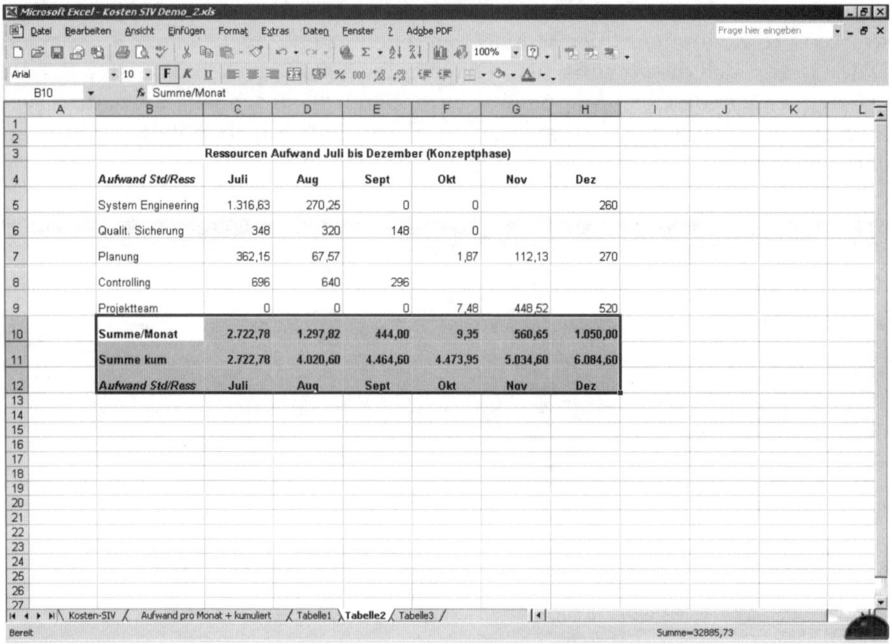

Aufwand Std/Ress	Juli	Aug	Sept	Okt	Nov	Dez
System Engineering	1.316,63	270,25	0	0		260
Qualit. Sicherung	348	320	148	0		
Planung	362,15	67,57		1,87	112,13	270
Controlling	696	640	296			
Projektteam	0	0	0	7,48	448,52	520
Summe/Monat	2.722,78	1.297,82	444,00	9,35	560,65	1.050,00
Summe kum	2.722,78	4.020,60	4.464,60	4.473,95	5.034,60	6.084,60
Aufwand Std/Ress	Juli	Aug	Sept	Okt	Nov	Dez

Abbildung 16.8: Excel-Tabelle mit den Daten für die Personaleinsatz-Grafik

Das Diagramm soll die ausgewählten Werte auf zwei Y-Achsen (*Linie – Säule auf zwei Achsen*) zeigen. Es ist keine Standardgrafik und muss deshalb im ersten Schritt des Assistenten im Register *Benutzerdefinierte Typen* unter *Diagrammtyp:* ausgewählt werden (*Abbildung 16.9*).

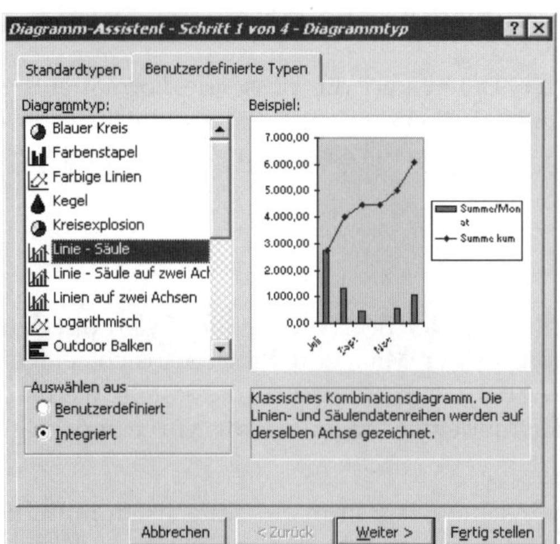

Abbildung 16.9: Schritt 1 im Diagramm-Assistenten – Auswahl Diagrammtyp

Danach geht es weiter mit dem Hinzufügen der Datenreihen in entsprechender Reihenfolge, wie es in *Abbildung 16.10* zu erkennen ist.

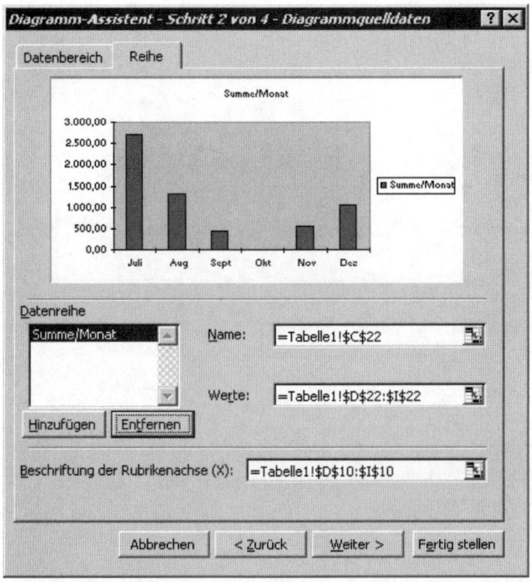

Abbildung 16.10: Schritt 2 im Assistenten, Eingabe der Werte für Std./Monat

Die Einzelschritte, um die noch ausstehenden Datenbereiche einzugeben:

- *Hinzufügen* (die neue Datenreihe)
- Eintrag *Name* der Datenreihe durch Mausklick auf die entsprechende Zelle der Tabelle
- Eintrag *Werte* durch Markieren des Zellbereichs für die *Y-Achse*
- Eintrag *Beschriftung der Rubrikenachse (X)* durch Markieren des Zellbereichs für die *X-Achse*

Sobald diese Werte im Diagramm sichtbar sind, werden im nächsten Schritt *die Werte der zweiten Datenreihe (kumulierte Personalstunden)*, die als Kurve angezeigt werden sollen, genau so eingetragen wie die der ersten Datenreihe durch:

- *Hinzufügen* (neue Datenreihe)
- Eintrag *Name* durch Markieren der entsprechenden Zelle, die den Namen enthält
- Eintrag *Werte* durch Markieren der entsprechenden Zellen für die *Y-Achse*
- Eintrag *Beschriftung der Rubrikenachse (X)* durch Markieren der entsprechenden Zellen für die *X-Achse*

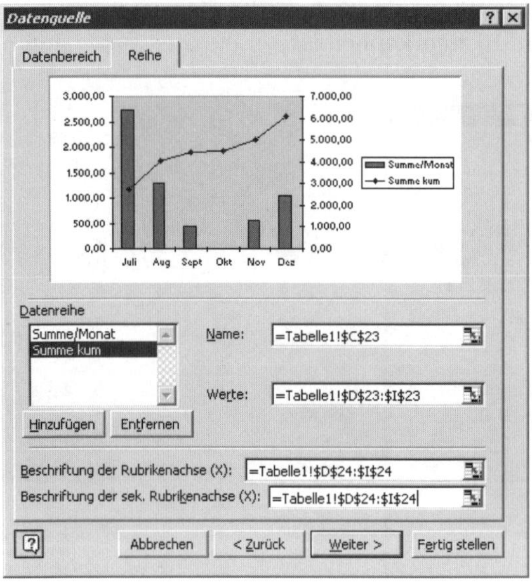

Abbildung 16.11: Werte für die kumulierte Kurve eintragen

Wenn das Diagramm in der Vorschau des Assistenten dem entspricht, was gewünscht war, folgen noch die Einträge für den *Titel*, die Formatierung der *Achsen* und *Gitternetzlinien*, die *Legende*. Die Formatierung von *Datenbeschriftungen* und Anzeige einer *Datentabelle* sind bei diesem Diagrammtyp nicht zu empfehlen.

Abschließend können das Diagramm und die Datenreihen noch weiter formatiert werden, um dann entweder in der *Tabelle* oder besser als eigenes *Diagramm* gespeichert zu werden.

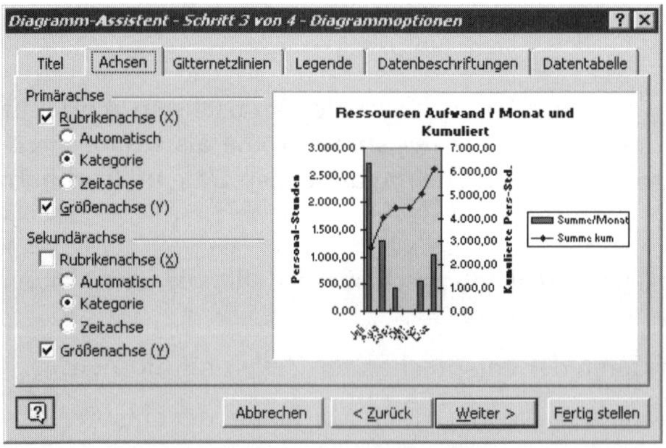

Abbildung 16.12: Formatierung der Achsen

Wenn Sie alle Formatierungen beendet haben, speichern Sie das Diagramm in dem Verzeichnis, in dem alle zu dem Projekt und seinen Auswertungen gehörenden Dateien gespeichert werden.

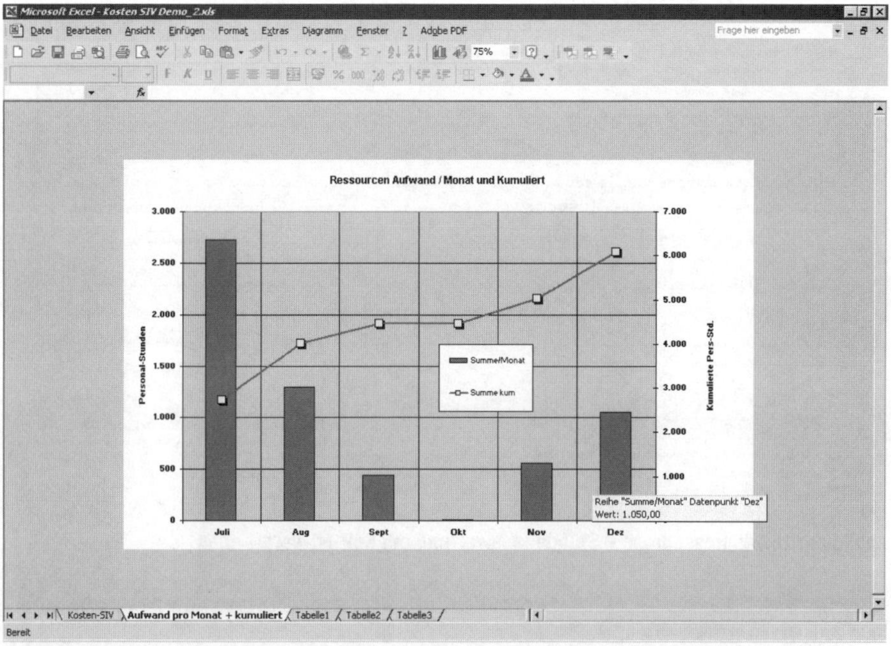

Abbildung 16.13: Das fertige Diagramm zum Personaleinsatz/Monat und kumuliert

16.2.2 Personaleinsatz pro Zeiteinheit und kumuliert

Durch Markieren und Kopieren der benötigten Daten aus der Tabelle der in Microsoft Project geöffneten Ansicht *Ressource: Einsatz* (siehe weiter oben) werden die Daten so aufbereitet, dass sie nach Excel übernommen und in einer neuen Tabelle weiterverarbeitet werden können; siehe *Abbildung 16.14*.

Sobald die Formatierung in der Excel-Tabelle entsprechend angepasst ist, siehe *Abbildung 16.14*, können die gewünschten Grafiken für den *kumulierten Personalaufwand* und den *Personalaufwand pro Zeiteinheit* erstellt werden.

Dazu markieren Sie die benötigten Tabellenwerte und verwenden wiederum den Diagramm-Assistenten, um das gewünschte Diagramm genau so zu erstellen, wie das für ein ähnliches Diagramm bereits weiter oben detailliert beschrieben wurde, siehe *Abbildung 16.15*.

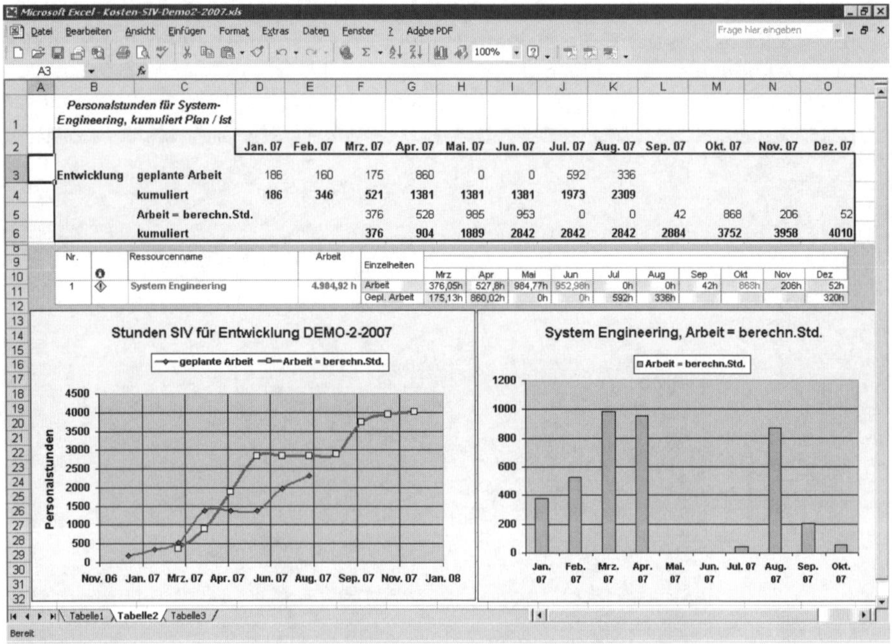

Abbildung 16.14: Ressourcen – Stundenauswertung mit Soll-Ist-Vergleichen

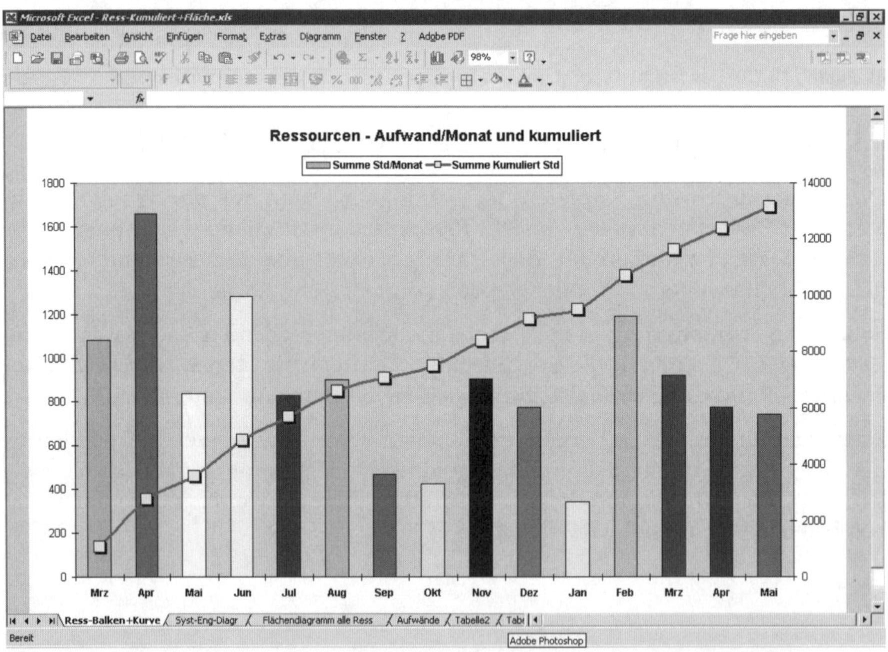

Abbildung 16.15: Ressourcen – Personalstunden/Monat und kumuliert über der Zeitachse

16.2.3 Personalauslastung Flächendiagramme

Wenn die Daten aus den Tabellen von Microsoft Project bereits in einer Excel-Tabelle aufbereitet wurden, können Sie den Personaleinsatz für eine einzelne Ressource oder auch für alle Ressourcen erfassen, um sie in Form von Flächendiagrammen grafisch darzustellen.

Datenbereich auswählen

Um den benötigten Datenbereich auszuwählen, öffnen Sie als Erstes die Tabelle mit den aktuellen Werten in Microsoft Project (*Abbildung 16.16*).

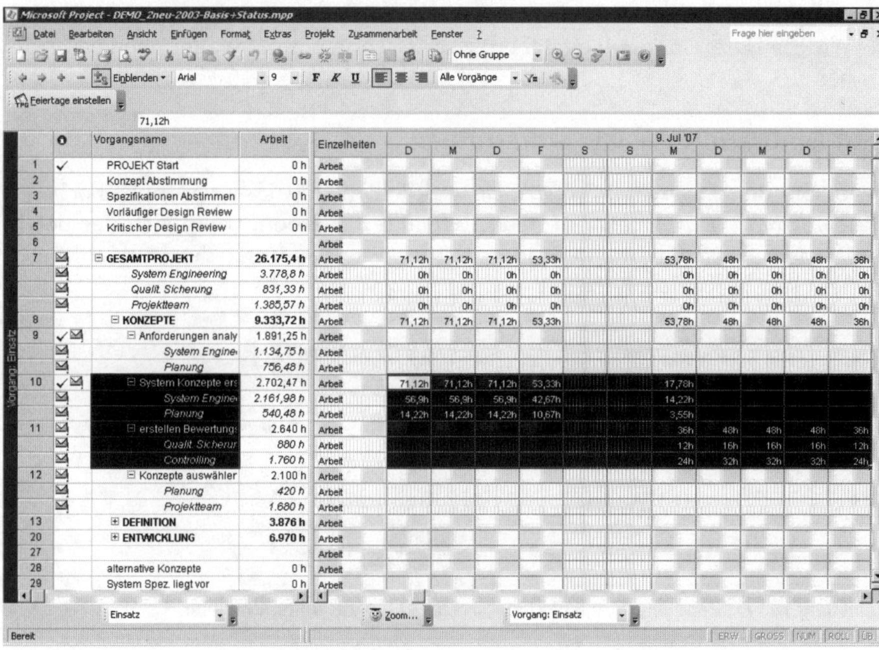

Abbildung 16.16: Markierter Datenbereich Ressource: Einsatz pro Tag in Microsoft Project

Dann folgen Sie den Einzelschritten, wie sie hierunter beschrieben werden:

- Daten markieren und zunächst nur links die Daten der Tabelle *Einsatz kopieren* und in eine neue, noch leere Excel-Tabelle *einfügen*
- Dann die Werte für die *Arbeit* aus dem rechten Teil der Microsoft Project-Tabelle *kopieren* und in der Excel-Tabelle genau neben den schon vorhandenen Werten *einfügen*
- In der *Excel-Tabelle* den Bereich mit den Werten für den Aufwand (*Arbeit*) markieren und die Zeiteinheit *h* (für Stunden) entfernen, mit *Bearbeiten/Ersetzen* fortfahren und weiter mit *Ersetzen durch…* (keine Eingabe im entsprechenden Feld), siehe *Abbildung 16.17*

- Den Diagramm-Assistenten starten und das Flächendiagramm auswählen, siehe *Abbildung 16.18*
- Wenn der Datenbereich markiert ist, können Sie durch Anklicken und Halten der dafür vorgesehenen Schaltfläche eine Vorschau öffnen, um das Diagramm kurz zu beurteilen, siehe *Abbildung 16.19.*
- Wenn Sie zufrieden sind, stellen Sie das Diagramm mit dem Assistenten komplett fertig.
- Entspricht das Diagramm jedoch nicht Ihren Vorstellungen, dann können Sie mit manuellen Eingaben die gewünschten Werte aus der Tabelle auswählen und haben damit die Kontrolle, wie das Diagramm schließlich aussehen wird.
- Wie Sie Daten manuell eingeben, wurde schon einmal weiter oben beschrieben.

Den Diagramm-Assistenten nutzen

Bevor Sie den *Diagramm-Assistenten* wirklich nutzen können, muss noch das Datenformat von *Stunden* auf neutral geändert werden, wozu sich der Befehl *Suchen und Ersetzen* ganz besonders eignet, wie das unter den Aufzählungen weiter oben beschrieben ist.

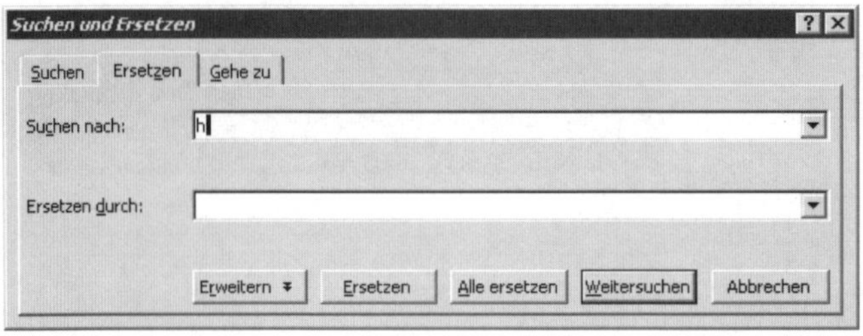

Abbildung 16.17: Stundenformat ändern durch Ersetzen ohne weitere Angabe

Flächendiagramm erstellen

Den Diagramm-Assistenten zur Auswahl verfügbarer Standard-Flächendiagramme für das gewünschte Diagramm sehen Sie in der folgenden Abbildung.

Wenn Sie vorher die zu verwendenden Daten schon markiert haben, können Sie sich jetzt durch Anklicken von *Schaltfläche gedrückt halten für Beispiel* eine Vorschau anzeigen lassen, anhand der Sie das Diagramm als Vorschau beurteilen können, wie das weiter unten gezeigt wird.

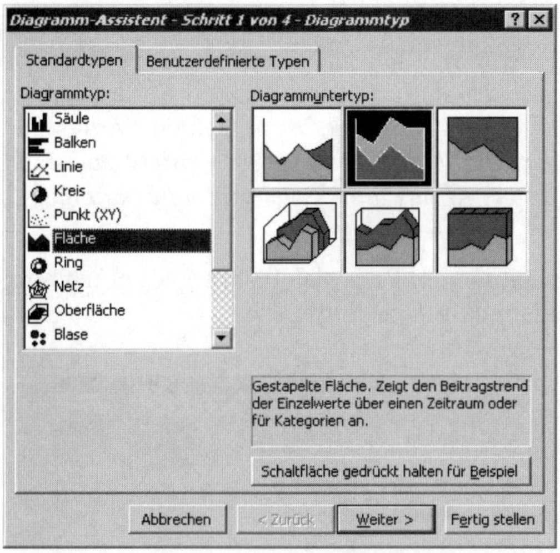

Abbildung 16.18: Assistent für gestapeltes Flächendiagramm starten

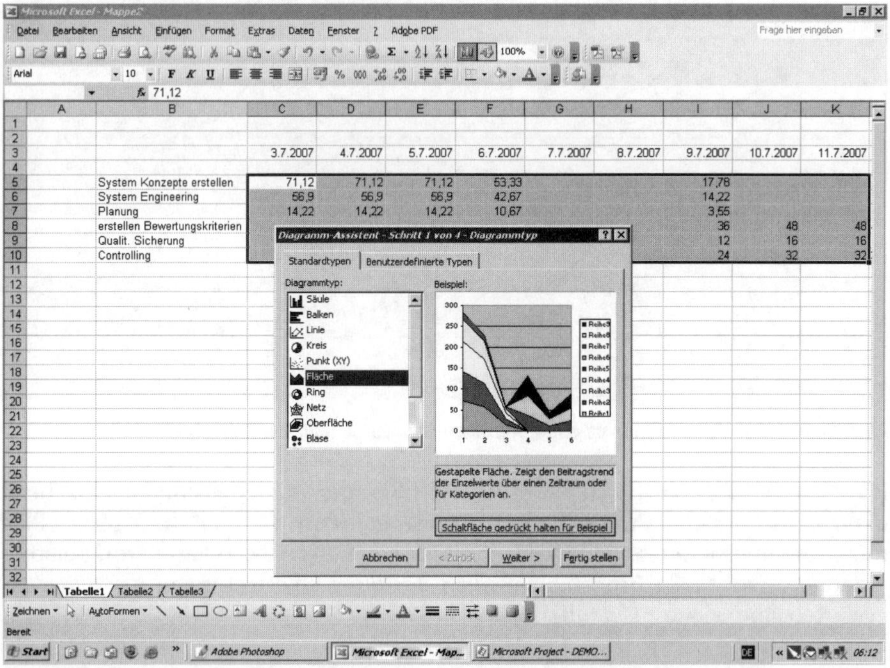

Abbildung 16.19: Markierte Wertetabelle und die Vorschau im Diagramm-Assistenten

Ist das Diagramm so weit in Ordnung, gehen Sie weiter, um das Diagramm entsprechend zu formatieren.

Entspricht das Diagramm nicht Ihrer Vorstellung, dann haben Sie auch hier noch die Möglichkeit, durch manuelles *Hinzufügen* jedes einzelnen Wertes das Diagramm entsprechend zu gestalten. Die Vorgehensweise entspricht ebenfalls der bereits weiter oben unter *„Personaleinsatz pro Zeiteinheit und kumuliert"* beschriebenen.

Abbildung 16.20 zeigt den aktuellen Status zum Personaleinsatz einer einzelnen, ausgewählten Ressource, hier als Beispiel *Systems Engineering*.

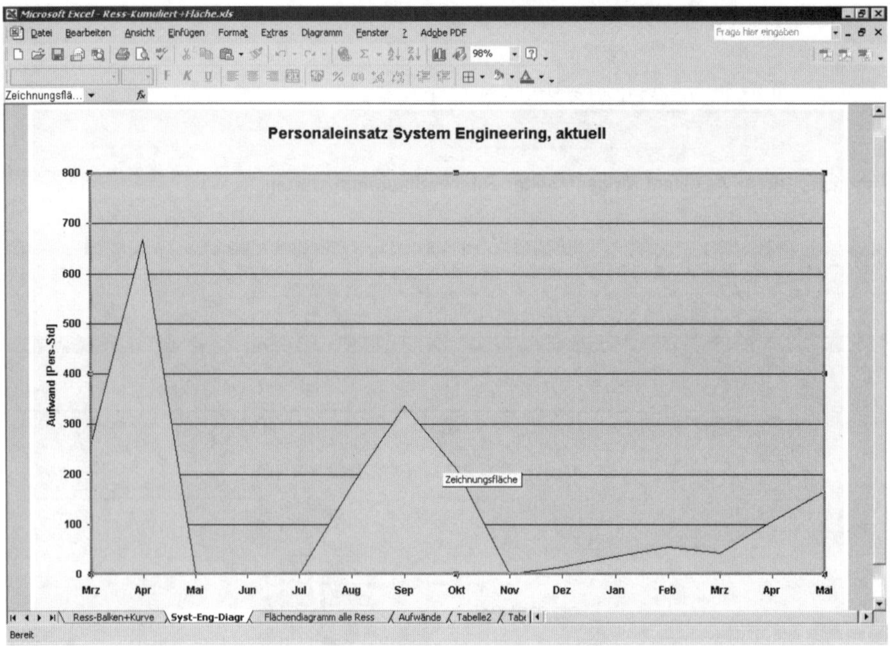

Abbildung 16.20: Personaleinsatz einer einzelnen Ressource über der Zeitachse

Dieselbe Grafik, aber für alle eingesetzten Ressourcen als gestapeltes Flächendiagramm über der Projektdauer aufgetragen, kann für die strategische Planung im Unternehmen wichtige Informationen liefern. Man kann zum Beispiel erkennen, wo Auslastungslücken als *Täler* oder Überlastungen als *Berge* zu erwarten sind; siehe *Abbildung 16.21*.

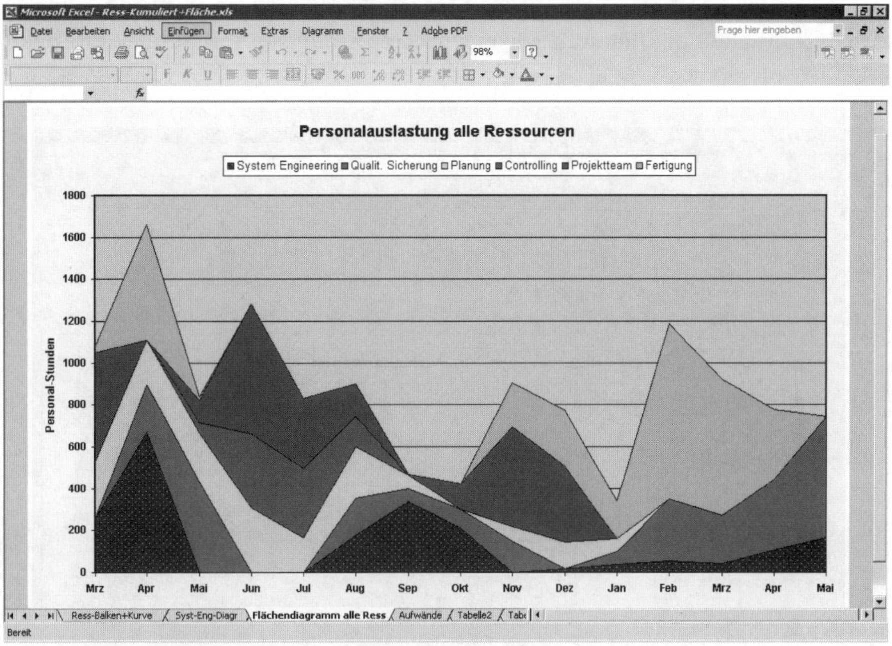

Abbildung 16.21: Personaleinsatz aller Ressourcen als Flächendiagramm

16.3 Meilenstein-Trendanalysen

Die *Meilenstein-Trendanalyse (MTA),* ist schon seit Jahren eines der besten und wichtigsten Werkzeuge des Projekt-Controllings. Eine *MTA* zeigt in sehr anschaulicher Form die zeitliche Entwicklung bestimmter Meilensteine als Fieberkurve der betrachteten Termine. Sie ist relativ einfach zu verstehen und liefert in der hier gezeigten Form auch noch eine *Prognose-Linie,* die es ermöglicht, den voraussichtlichen Endtermin des betrachteten Meilensteins vorherzusagen; nicht sehr genau, aber doch äußerst wirkungsvoll.

> **Achtung** Eine Meilenstein-Trendanalyse entsteht aus den Werten für den Berichtszeitpunkt (Time-Now oder Statusdatum) als Teilung der X-Achse, den Datenreihen für die Referenzgerade und den effektiven Werten für den jeweils zu erwartenden Endtermin des betreffenden Meilensteins.

Mit dem Diagramm-Assistenten fangen Sie einfach mit einem leeren Dialogfeld an. Dann werden nach und nach die erforderlichen Daten eingetragen. Das Vorgehen können Sie anhand der folgenden Abbildungen leicht verfolgen und nachvollziehen.

Die erforderlichen Daten sind immer in einer Tabelle enthalten, *Abbildung 16.22* und 16.23 dienen als Referenz für eigene Trendanalysen mit ähnlichem Inhalt und Layout.

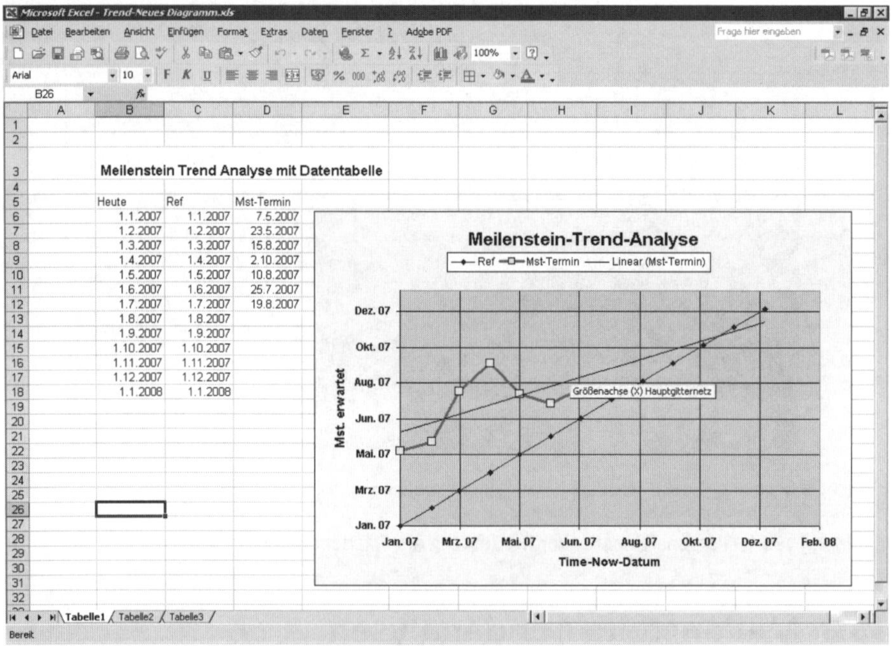

Abbildung 16.22: Meilenstein-Trendanalyse, Entstehung und benötigte Werte

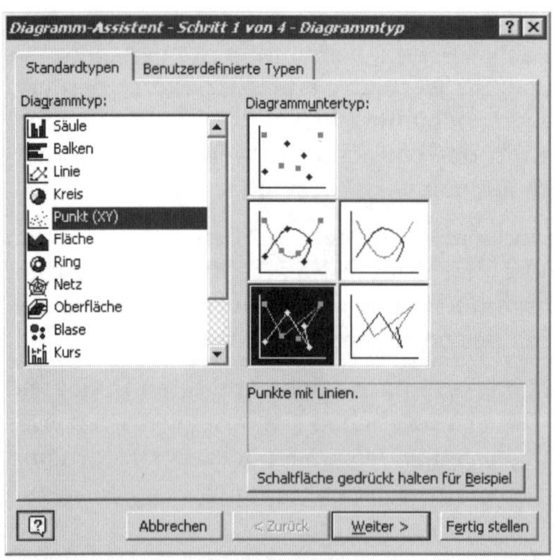

Abbildung 16.23: Schritt 1 zur MTA

MTA mit dem Diagramm-Assistenten erstellen

Ähnlich wie bei den Ressourcendiagrammen beginnt man mit der Auswahl des Diagrammtyps, der wegen der Datumsrelevanz am besten als *Punktdiagramm* gewählt wird. Ein *Liniendiagramm* wäre als zweitbeste Lösung aber auch möglich.

Die einzelnen Schritte sind:

- Öffnen des Diagramm-Assistenten mit dem entsprechenden Symbol der Symbolleiste
- Auswahl *Punktdiagramm* (*Abbildung 16.24*)
- *Hinzufügen* neue Datenreihen für:
  - *Referenzlinie, Name, X-Werte (heute)* und *Y-Werte (Termine)*, siehe *Abbildung 16.26.*
  - *Statusdatum, Name, X-Werte* sind periodisch, und *Y-Werte* werden jeweils manuell oder mit einem speziell angepassten Makro übertragen.
  - *Trendlinie, Name,* nur die *Y-Werte,* die *X-Werte* sind schon vorhanden.

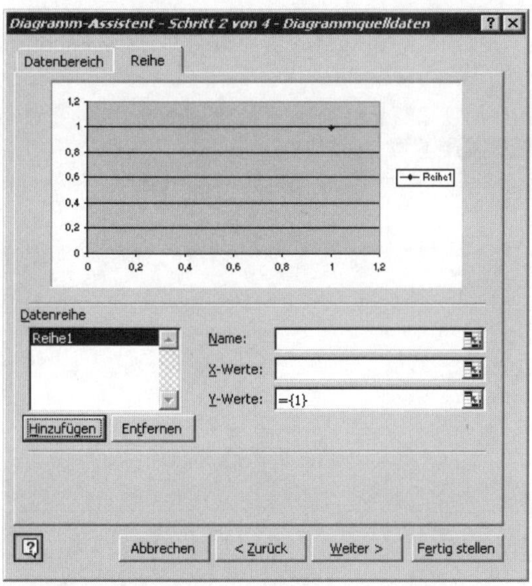

Abbildung 16.24: Schritt 2 zur MTA

Wenn die Referenzgerade festliegt, *Abbildung 16.25,* folgen als Nächstes die Daten der *Trendlinie,* was zunächst dazu führt, dass die Linie im Diagramm als Horizontale im oberen Teil der Vorschau erscheint. Das ändert sich aber, sobald die *X-Werte* für die X-Achse eingetragen wurden.

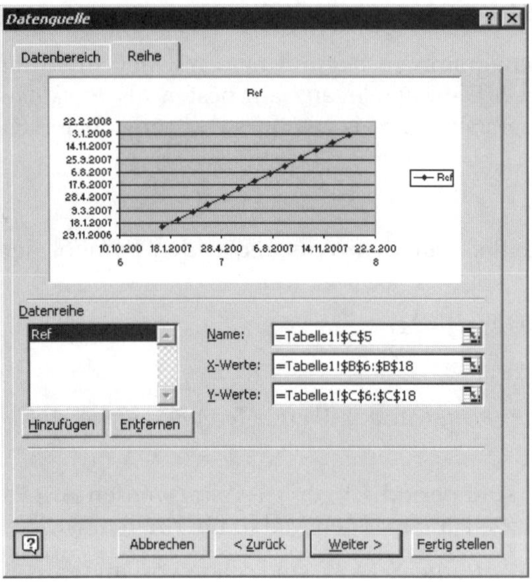

Abbildung 16.25: Schritt 3 zur MTA, Referenzgeraden anlegen

Sind die aktuellen Werte für die Trendlinie eingetragen, zeigt die Vorschau, *Abbildung 16.26*, das erwartete Ergebnis korrekt an.

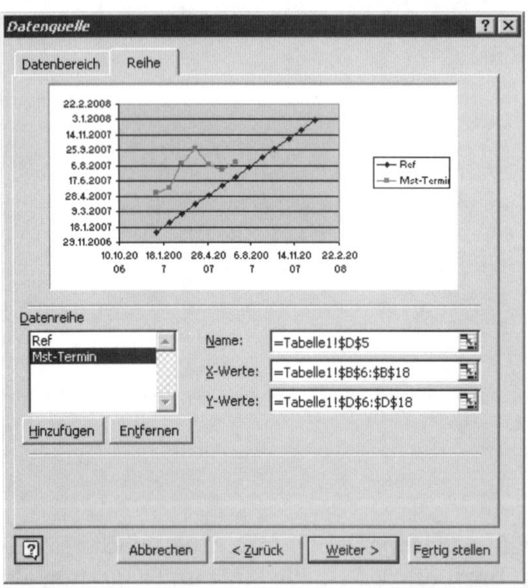

Abbildung 16.26: Schritt 4 zur MTA, Trendkurve anlegen

Abschließende Formatierung

Zur Vervollständigung des Diagramms sind noch ein paar weitere Schritte nötig, wie hierunter beschrieben. Man folgt dem Assistenten und editiert nun der Reihe nach:

- den *Titel* für das Diagramm und das gewünschte *Format*
- die *Achsentitel* der beiden *Achsen* und deren *Format*
- *Gitternetzlinien* ja/nein, *Format*
- *Legende* ja/nein und deren *Lage* und *Format*
- *Datenbeschriftungen* sind in einer Meilenstein-Trendanalyse nicht nötig.
- *Datentabellen* könnten interessant sein, also zunächst *anzeigen* lassen.

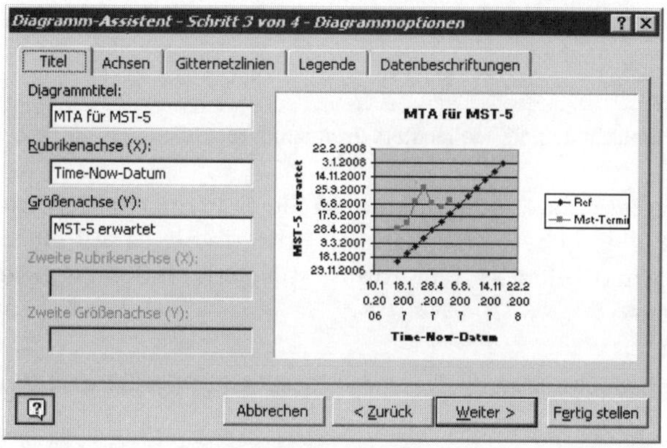

Abbildung 16.27: Schritt 5 und 6 zur MTA, Formatierung des Rohdiagramms

Die weiteren Schritte betreffen jetzt noch die endgültige Formatierung und Skalierung der beiden Datumsachsen und eine eventuelle Formatierung der Diagrammfläche in dem soweit fertigen Diagramm:

- Markieren der Y-Achse mit Doppelklick und *Skalierung* für:
  - *Minimum* = Kalenderdatum Anfangstermin als *DDMMJJ*
  - *Maximum* = Kalenderdatum Endtermin als *DDMMJJ*
  - *Hauptintervall* auf *60 Tage*
  - *Hilfsintervall* auf *30 Tage*
  - *Schriftgröße* und *Schriftschnitt, 9 Punkt, Arial fett*
  - *Zahlendarstellung MJJ*
- Markieren der X-Achse und wiederholen der Eingaben wie für die Y-Achse

- *Legende* markieren und *Formatierung* wählen
- Markieren *Diagrammfläche* und *formatieren*
- *Diagramm* endgültig *positionieren* auf eigenem Tabellenblatt

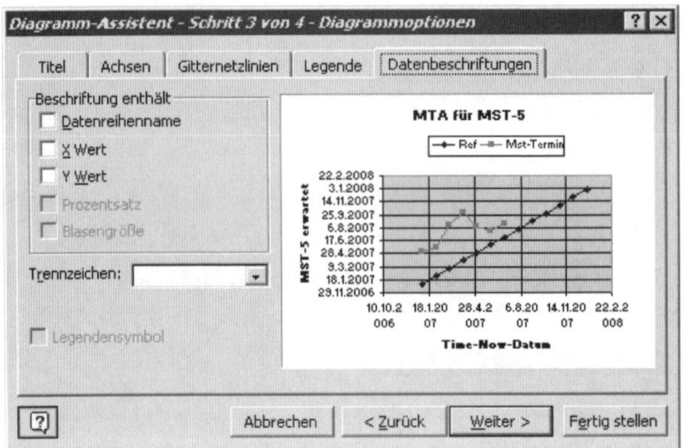

Abbildung 16.28: Das fast fertige Diagramm einer Meilenstein-Trendanalyse

Wenn Sie alle Formatierungen beendet haben, können Sie sich entscheiden, ob das Diagramm in der Tabelle eingebettet bleiben soll oder ob Sie es auf einer eigenen Seite als großes, formatfüllendes Diagramm speichern möchten, wie das in *Abbildung 16.29* zu sehen ist.

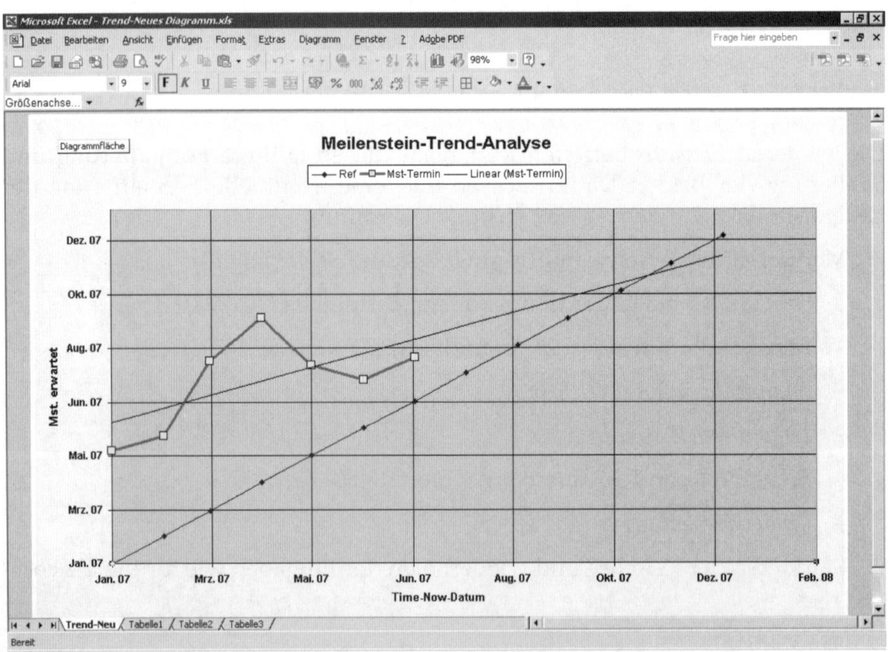

Abbildung 16.29: Meilenstein-Trendanalyse mit Referenzgerade und Prognoselinie

16.4 Auswertungen mit Pivot-Tabellen

Microsoft Project kann Daten von Terminplänen als Pivot-Tabelle speichern. Hierfür gibt es den entsprechenden Dialog bei *Speichern unter...*, wo eine entsprechende Auswahl dafür sorgt, dass automatisch eine Pivot-Tabelle erzeugt wird. Entweder mit voreingestellten Werten oder, mithilfe geeigneter Dialoge, benutzerdefiniert.

An dieser Stelle noch ein kurzer Hinweis: Pivot-Tabellen sind geschaffen worden, damit Daten dynamisch ausgewertet werden können. Und das ist ein Vorteil, der auch für die grafische Auswertung von Projektdaten genutzt werden kann.

Sie können mit Pivot-Tabellen Ihre Daten in einer Tabelle nach Bedarf beliebig anordnen, was mithilfe des Layout-Assistenten möglich wird. Sie sollten sich bei Anwendung von Pivot-Tabellen aber etwas Zeit nehmen, um sich mit den gebotenen Funktionen vertraut zu machen.

16.4.1 Pivot-Tabellen anwenden

Mithilfe des Befehls *Speichern unter...* und Auswahl als *Microsoft Excel Pivot-Tabelle (*.xls)* erstellt Microsoft Project automatisch eine Pivot-Tabelle nach den wählbaren Kriterien *Vorgangsbezogene Tabelle* oder *Ressourcenbezogene Tabelle*. Danach richtet sich, was in der *Pivot-Tabelle* gespeichert wird.

Mit den erhaltenen Daten können unter anderem sehr interessante und informative Auswertungen gemacht werden, die sich auch wieder als Grafiken anzeigen lassen.

> **Hinweis** Wer bereits mit der Version Microsoft Project 2007 arbeitet, findet fertig vorbereitete grafische Berichte, die zum größten Teil auf Pivot-Tabellen und deren Auswertung basieren. Es ist aber nicht immer einfach, mit Pivot-Tabellen zu arbeiten, wenn man nicht die dafür nötige Übung hat.

Vorteilhaft ist, dass es sich bei den erzeugten Grafiken um aktive, also auch dynamische Daten handelt. Das ist für Zusammenstellung und Inhalt der einzelnen Grafiken sehr nützlich. Dynamische Auswertungen erlauben ein willkürliches Verschieben von Datenreihen in beliebige Bereiche der Grafik, sodass die erreichte Wirkung sofort beurteilt werden kann.

16.4.2 Beispiel

Wenn der Terminplan des ausgewählten Projektes geladen ist und die entsprechenden Einstellungen vorgenommen wurden, kann die Datei mit *Speichern unter...* als *Excel-Pivot-Tabelle* gespeichert werden.

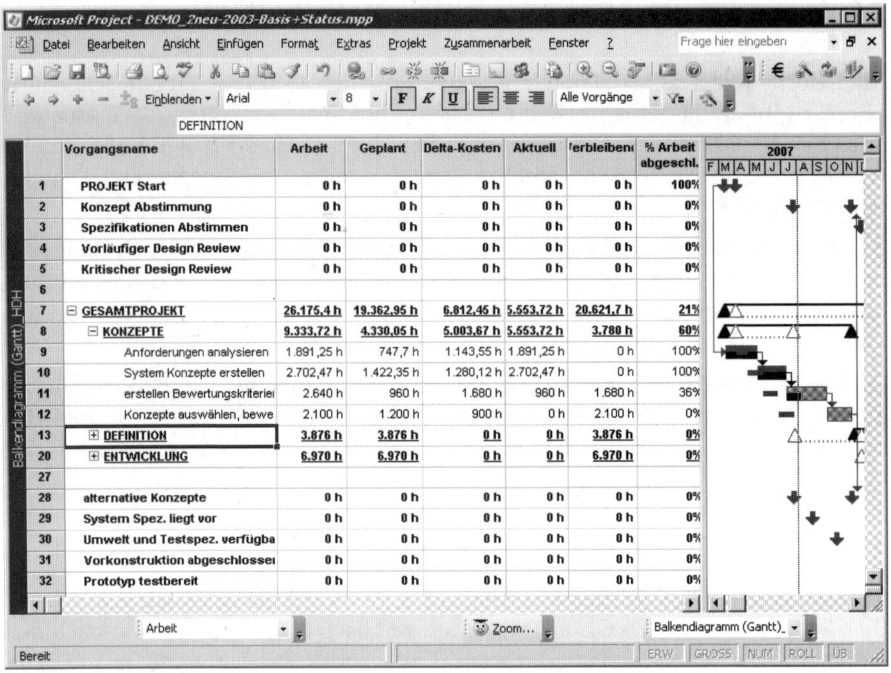

Abbildung 16.30: Das ausgewählte Beispiel für die Ausgabe als Pivot-Tabelle

Speichern als Pivot-Tabelle

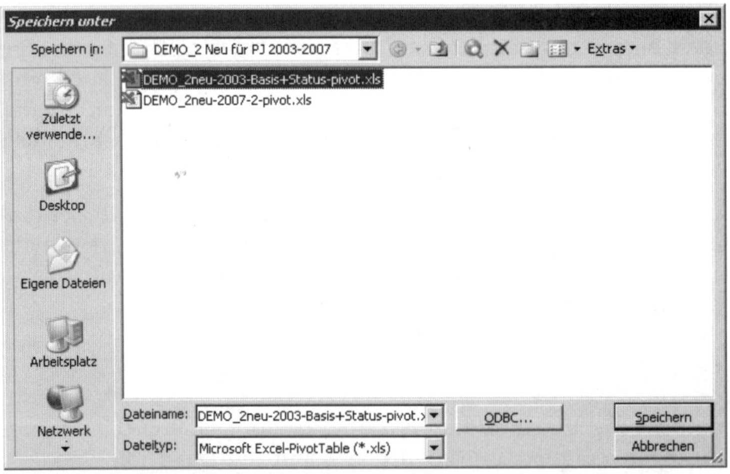

Abbildung 16.31: Datei speichern als Microsoft Excel-Pivot-Tabelle (*.xls)

Mit *Speichern* öffnet sich ein Willkommensbildschirm, der die nächsten Schritte ankündigt und auf die folgenden Möglichkeiten hinweist.

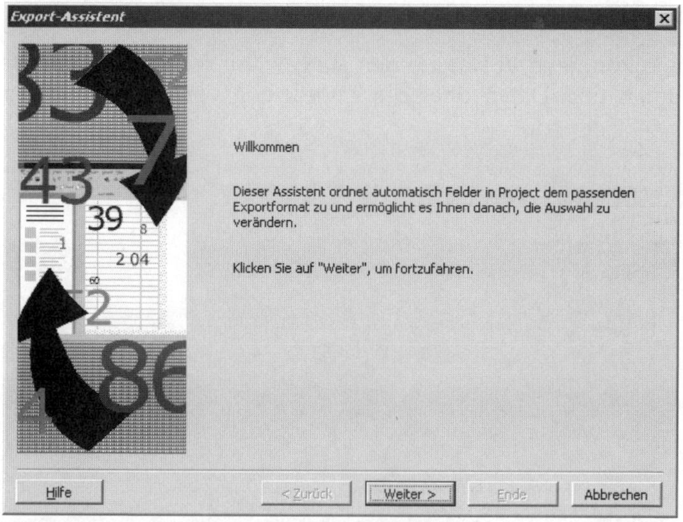

Abbildung 16.32: Willkommen zur Pivot-Tabelle

Mit Bestätigung der Schaltfläche *Weiter* öffnet sich der nächste Bildschirm, in dem die benötigten und möglicherweise auch schon einmal angelegten Schemen ausgewählt werden können.

Mithilfe eines Schemas wird festgelegt, welche Informationen aus den verfügbaren Daten eines Projektes als Pivot-Tabelle zu importieren sind.

Auswahl eines Exportschemas

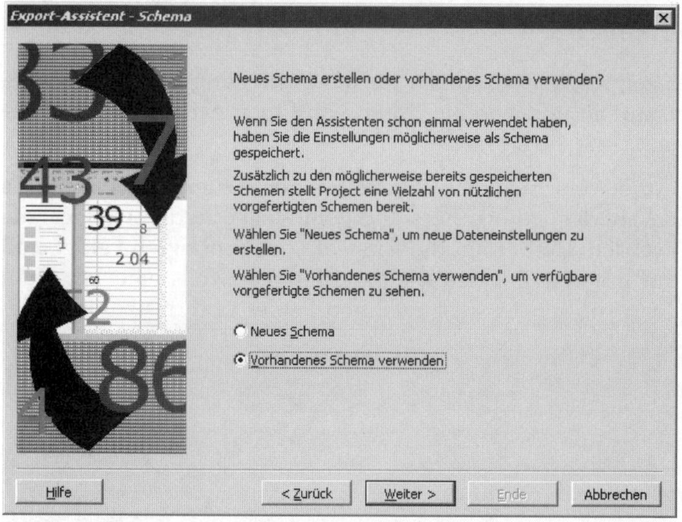

Abbildung 16.33: Verwendung eines bereits vorhandenen Auswahlschemas

Datentypen auswählen

Mithilfe von Schemen können drei Datentypen ausgewählt werden: Vorgangsdaten, Ressourcendaten und Daten über die Zuordnung von Ressourcen zu Vorgängen.

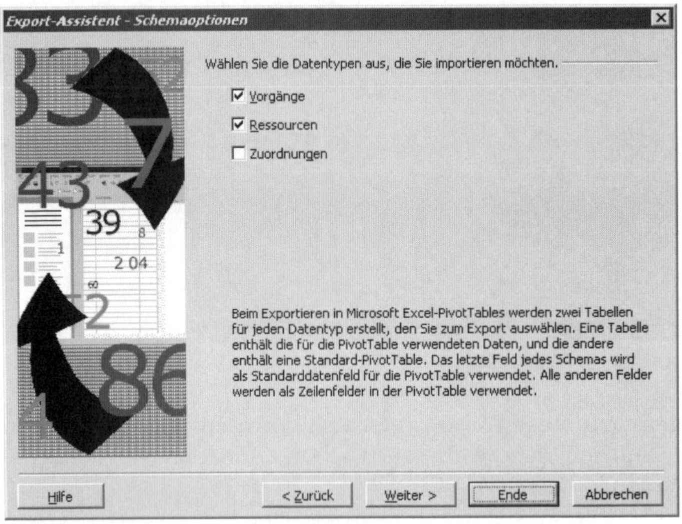

Abbildung 16.34: Gewünschte/benötigte Datentypen wählen

Nach Bestätigung der ausgewählten Datentypen mit einem Klick auf *Ende* wird die Excel-Mappe mit den exportierten Daten geöffnet.

Exportschema erstellen

Die *Abbildung 16.35* zeigt, wie ein Schema für die Festlegung der zu exportierenden Daten aufgebaut ist und wie die Daten von Ihnen nach Bedarf organisiert werden können.

Das Schema zeigt die verschiedenen Einstellmöglichkeiten im Detail. Es beginnt mit der Auswahl des Exportfilters und geht weiter zu den Feldern, die in Project angelegt werden. Dann folgt die Auswahl der benötigten Felder und ihrer Reihenfolge. Im unteren Teil des Dialogfeldes ist jeweils eine Vorschau sichtbar, die eine Überprüfung der ausgewählten Felder und der zu exportierenden Daten ermöglicht.

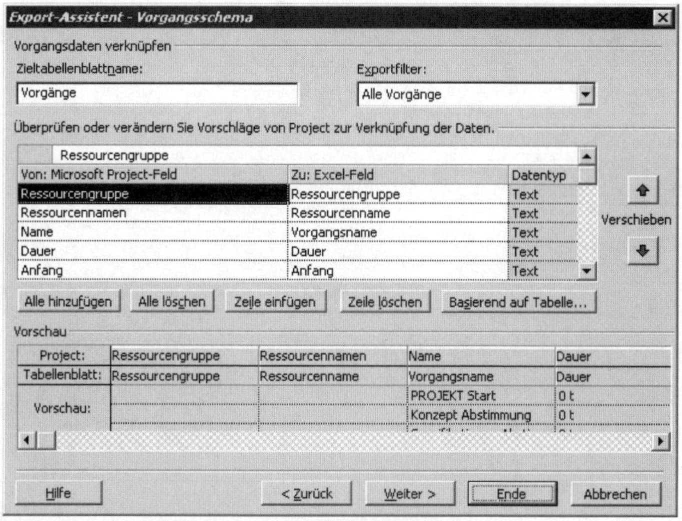

Abbildung 16.35: Die ausgewählten Datentypen

Die nach Bestätigung mit *Ende* geöffnete Pivot-Tabelle ist eine von vier Tabellen einer Excel-Mappe, in denen die benötigten Daten enthalten sind:

1. die *Tabelle der Vorgänge*
2. die *Vorgangs-Pivot-Tabelle*
3. die *Ressourcen-Tabelle*
4. die *Ressourcen-Pivot-Tabelle.*

Pivot-Tabelle der Ressourcen

Die Ansicht einer Ressourcen-Pivot-Tabelle finden Sie in *Abbildung 16.36.* Aus den Daten der Pivot-Tabelle lässt sich leicht eine Grafik erzeugen, indem eine beliebige Zelle im Datenbereich der Tabelle markiert wird. Dann wird mithilfe des Diagramm-Assistenten das gewünschte Säulendiagramm erzeugt, wie das in *Abbildung 16.37* zu sehen ist.

Dynamisches Säulendiagramm

Sobald Sie ein Diagramm erstellt haben, können Sie mit wiederholter Anwendung des Diagramm-Assistenten noch weitere Diagramme erzeugen.

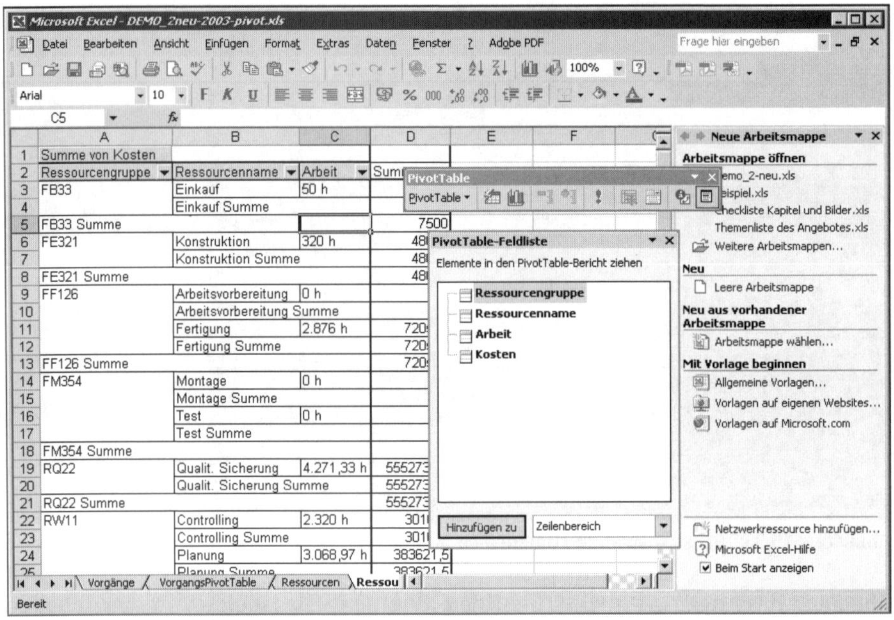

Abbildung 16.36: Die fertige Ressourcen-Pivot-Tabelle

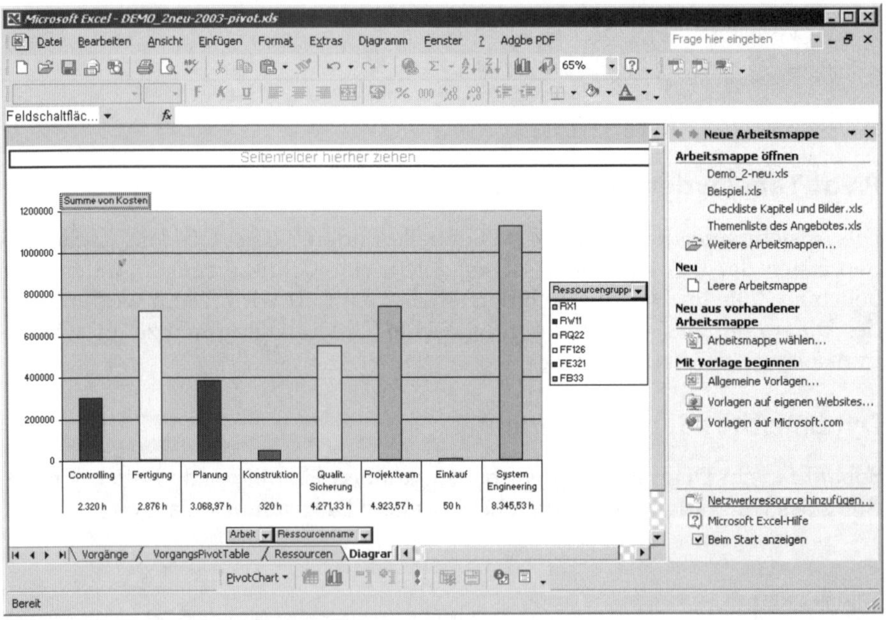

Abbildung 16.37: Säulendiagramm der Aufwände

Kreisdiagramme

Die *Abbildung 16.38* zeigt als Beispiel, wie sich aus den vorhandenen Daten und mithilfe des Diagramm-Assistenten relativ einfach ein Kreisdiagramm erstellen lässt.

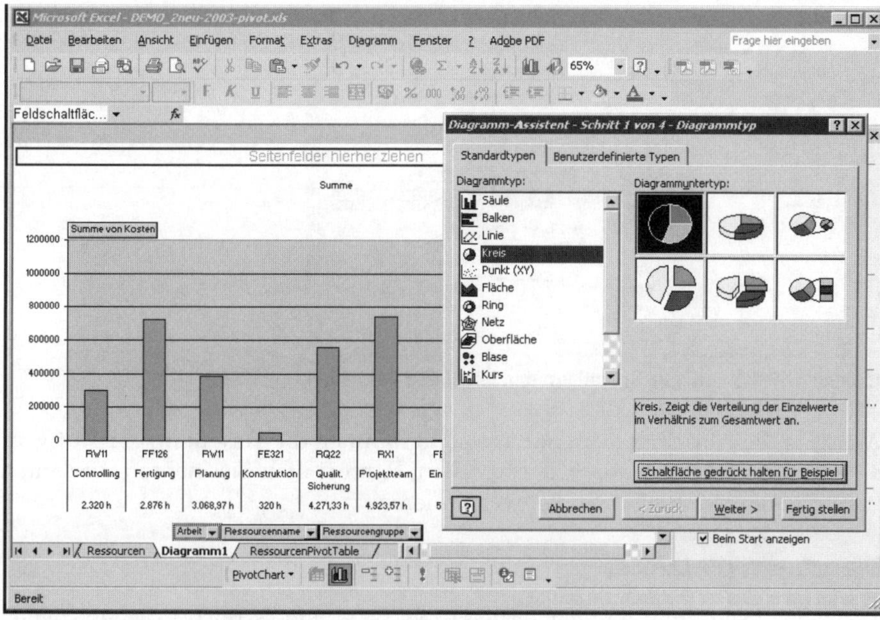

Abbildung 16.38: Auswahl Kreisdiagramm der Personalstunden

Wenn aus einem Säulendiagramm ein Kreisdiagramm erstellt werden soll, dann ist zunächst der Diagramm-Assistent zu öffnen und die gewünschte Form des Kreisdiagramms zu markieren. Das ausgewählte Diagramm kann mithilfe von *Schaltfläche gedrückt halten für Beispiel* im unteren Teil des Dialogfeldes überprüft werden, bevor es endgültig erstellt wird.

Formatierung von Kreisdiagrammen

Mit insgesamt drei Registern bietet Ihnen der Diagramm-Assistent die Möglichkeit, das gewünschte Diagramm zu formatieren.

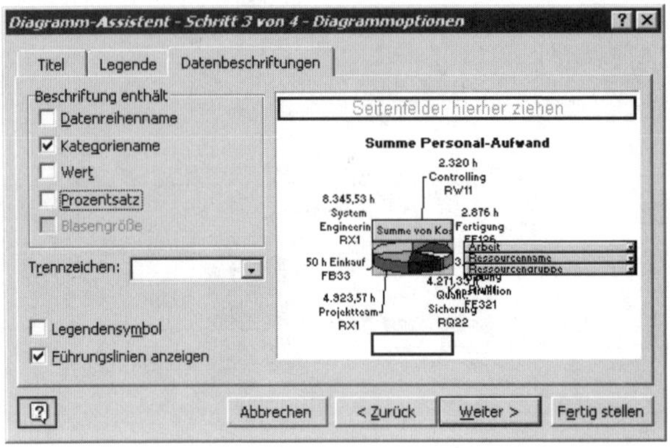

Abbildung 16.39: Auswahl Kreisdiagramm Inhalt und Darstellung

Wenn Sie die Absicht haben, mit Kreisdiagrammen die Verteilung der Aufwände oder der Kosten grafisch darzustellen, dann sollten Sie mehrere Varianten ausprobieren, um die Wirkung zu optimieren.

Diagramm platzieren

Wenn das Diagramm so weit fertiggestellt ist, sollte es noch in einem neuen Tabellenblatt gespeichert werden.

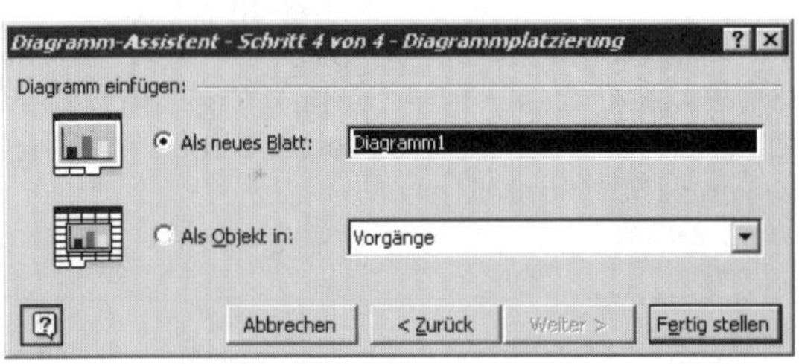

Abbildung 16.40: Speichern als Objekt oder als neues Blatt

Tabellenblätter können umbenannt werden, um sie dem Inhalt anzupassen. Das erfolgt, indem das Tabellenblatt mit einem Doppelklick auswählt und die gewünschte Bezeichnung in dem jetzt aktiven Register eingetragen wird.

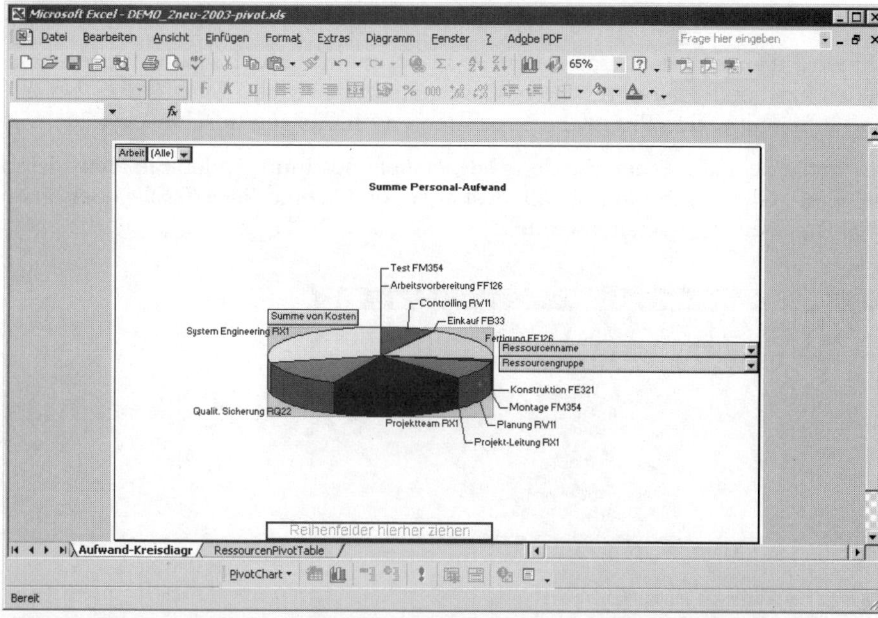

Abbildung 16.41: Das fertige und formatierte Kreisdiagramm als eigenes Tabellenblatt

Wenn die Datei schließlich geschlossen und gespeichert wird, kann eine Warnung erscheinen, die darauf hinweist, dass die Pivot-Tabelle in einer älteren Version erzeugt wurde. Speichern im aktuellen Format verursacht jedoch keine Probleme.

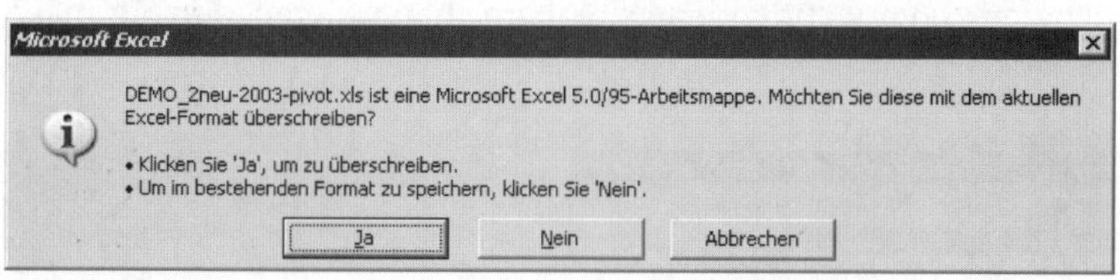

Abbildung 16.42: Anfrage zur Speicherung im aktuellen Format

16.5 Pivot-Tabellen in Excel erzeugen

Wenn Sie eine Pivot-Tabelle direkt aus Excel 2003 erstellen möchten, ohne von Microsoft Project heraus zu starten, dann können Sie das mit den nachfolgend beschriebenen Schritten erreichen.

Öffnen Sie eine Datei, deren Daten Sie in Form einer Pivot-Tabelle weiterverarbeiten bzw. analysieren möchten. Gehen Sie in das Menü *Daten/Pivot-Tabelle...* und öffnen dort den Pivot-Chart-Assistenten für das gewünschte Layout.

Im ersten Schritt können Sie den *Datenbestand* bestimmen, den Sie analysieren möchten. Gleichzeitig können Sie festlegen, ob Sie eine *Pivot-Tabelle* oder einen *PivotGrafik-Bericht* erstellen wollen.

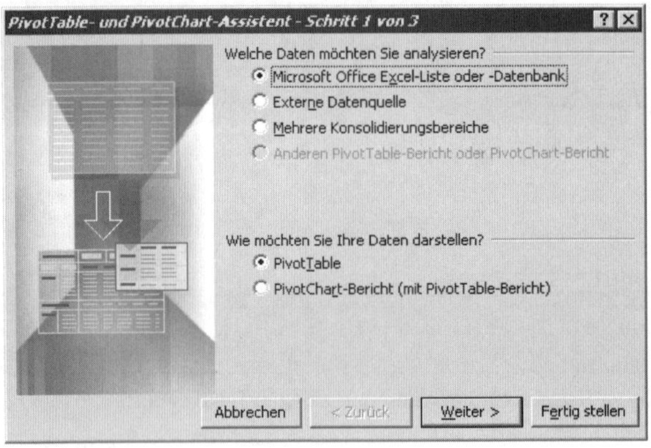

Abbildung 16.43: Assistent zur Erzeugung einer Pivot-Tabelle, Teil 1

Datenbereich festlegen

Wenn Sie jetzt mit *Weiter* zu dem zweiten Schritt des Assistenten wechseln, müssen Sie noch den zu verwendenden Datenbereich markieren, den Sie analysieren wollen.

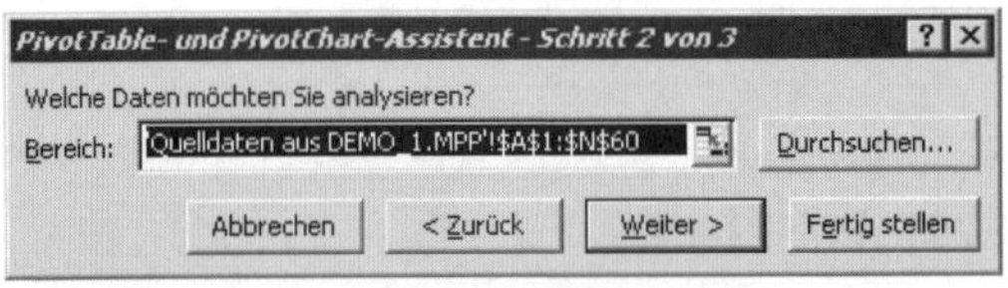

Abbildung 16.44: Schritt 2, Auswahl Datenbereich

Mit der Schaltfläche *Weiter* gelangen Sie zu *Schritt 3* des Assistenten, siehe *Abbildung 16.45*, wo Sie festlegen, ob die Pivot-Tabelle in dem gleichen oder in einem neuen Arbeitsblatt erstellt werden soll.

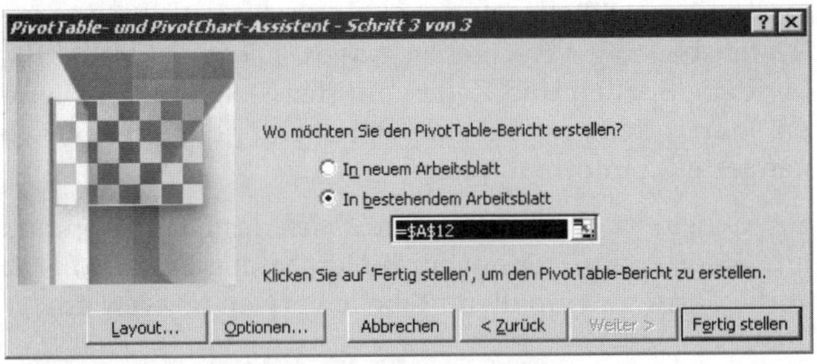

Abbildung 16.45: Pivot-Tabelle, Assistent Schritt 3

Pivot-Tabellen-Layout verwenden

Einige sehr wichtige Einstellungen können Sie vornehmen, wenn Sie im Schritt 3 des Assistenten die Schaltfläche *Layout...* betätigen und damit ein Dialogfeld öffnen, in dem Sie die zu analysierenden Daten beliebig platzieren können, um damit ganz bestimmte Daten in entsprechender Form zu analysieren; siehe *Abbildung 16.46*.

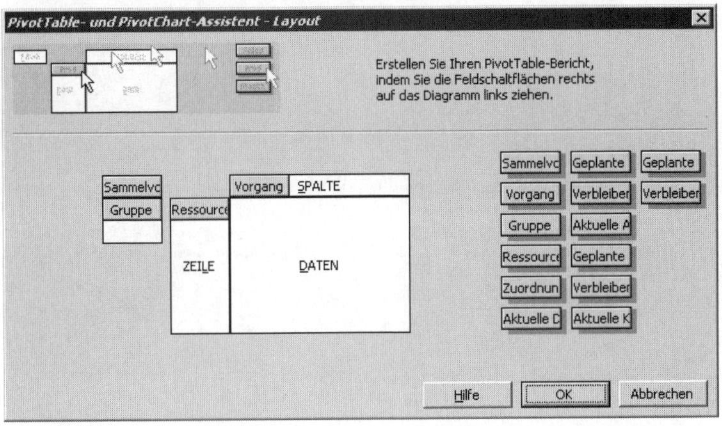

Abbildung 16.46: Beliebige Anordnung von Daten für die Analyse durch Platzieren der Felder

Die weiteren Schritte für die Arbeit und Analyse Ihrer jetzt in einer Pivot-Tabelle enthaltenen Daten können Sie aus dem weiter oben beschriebenen Vorgehen ersehen; siehe *Abschnitt 16.4, Auswertungen mit Pivot-Tabellen*.

> **Tipp** Um die Funktion von Pivot-Tabellen wirklich nutzen zu können, sollten Sie sich etwas Zeit nehmen und die verschiedenen Möglichkeiten ausgiebig testen, besonders wenn Sie noch nie mit dieser Art von Datenanalyse gearbeitet haben sollten.

Die wichtigste Funktion der Pivot-Tabelle ist, dass sich die *Feldschaltflächen* für die Auswertung von Daten beliebig verschieben lassen. Diese Feldschaltflächen steuern dadurch, wie die Spalten und Zeilen mit den Daten in der Pivot-Tabelle platziert werden. Je nachdem, wo sich die Datenfelder befinden, erhalten Sie anders zusammengestellte Informationen.

Was noch im Layout zu beachten ist: Der mittlere Teil *Daten* des Dialogs enthält immer die *Summen* der links oder darüber angeordneten Felder. Das Feld *Seite* kann als Überschrift für die darunter enthaltene Tabelle verwendet werden.

Teil 5

17 Neuerungen in Microsoft Project 2007

In diesem Kapitel finden Sie eine Zusammenfassung der wichtigsten Neuerungen von Microsoft Project 2007.

17.1 Überblick

- Multi-Undo – das lange erwartete, mehrfache und beliebig einstellbare Zurücksetzen
- Kosten – neue Ressourcenart
- Budget – neue Ressourcenart für das Gesamtprojekt
- Neues Design für die Gesamtdarstellung aller Terminpläne
- Anzeige der Auswirkung von Änderungen auf berechnete Daten
- Anzeige von Ursprung und Ursache bei Terminproblemen

17.1.1 Das neue Balkenplanformat

Das neue Balkenplanformat bietet die Möglichkeit der dreidimensionalen Darstellung von Balken- und Meilenstein-Symbolen. Auch die Linienführung der Verknüpfungen ist ansprechender geworden. Hinsichtlich der Darstellung von Balkenplänen ist das neue Format in jedem Fall eine klare Verbesserung (*Abbildung 17.1*).

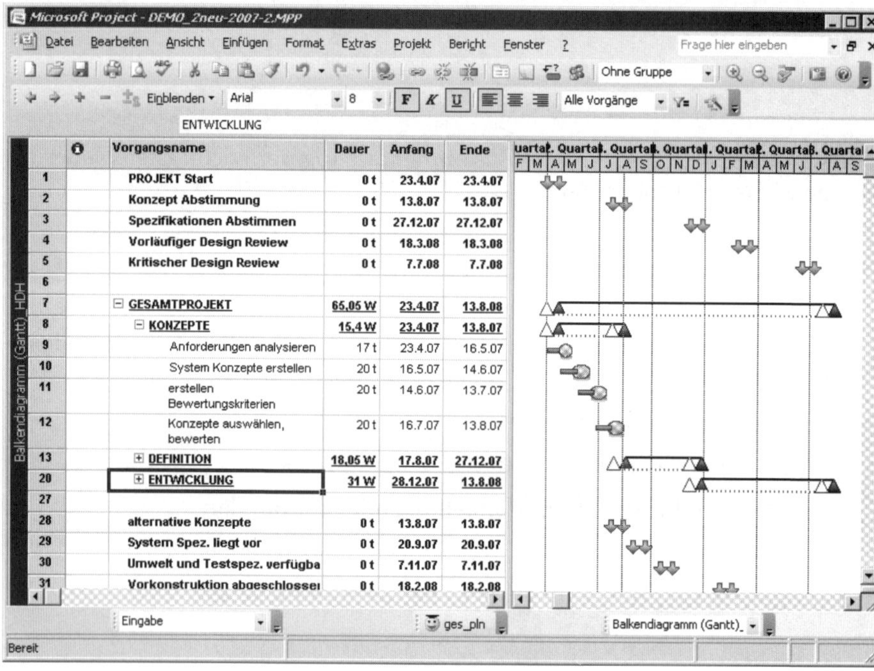

Abbildung 17.1: Das neue Balkenplanformat, individuell angepasst

17.1.2 Der verbesserte Projektberater

Der Projektberater wurde in Version 2007 verbessert und ist so aufgebaut, dass zu den auswählbaren Begriffen weiterführende Informationen angeboten werden. Dabei erhält man sehr gut zusammengestellte, aktuelle Hinweise wie das weiter unten genauer beschrieben wird.

Im Menü *Ansicht* können Sie den *Projektberater* aktivieren oder deaktivieren. Dort haben Sie auch die Möglichkeit, die neu hinzugekommene Funktion *Hervorhebung von Änderungen* ein- oder auszuschalten (*Abbildung 17.2*).

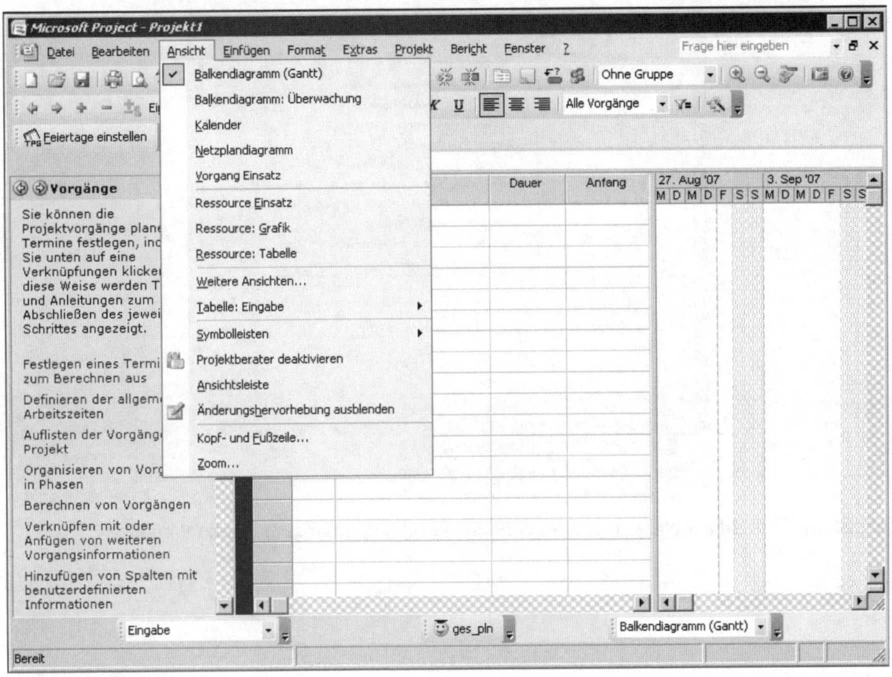

Abbildung 17.2: Im Menü Ansicht können Sie den Projektberater und die Änderungshervorhebung ein- oder ausschalten.

Bei Aktivierung des Projektberaters öffnet sich automatisch die zugehörige Symbolleiste, um die angebotenen Informationen aus den vier verschiedenen verfügbaren Themenbereichen aufzurufen (*Abbildung 17.3*).

Abbildung 17.3: Die Symbolleiste des Projektberaters

Es öffnen sich durch Auswahl des gewünschten Themas die entsprechenden Fenster mit themenbezogenen Anweisungen und Hilfestellungen durch spezielle Assistenten für die Arbeit mit Vorgängen, Ressourcen, zur Überwachung und Berichterstattung.

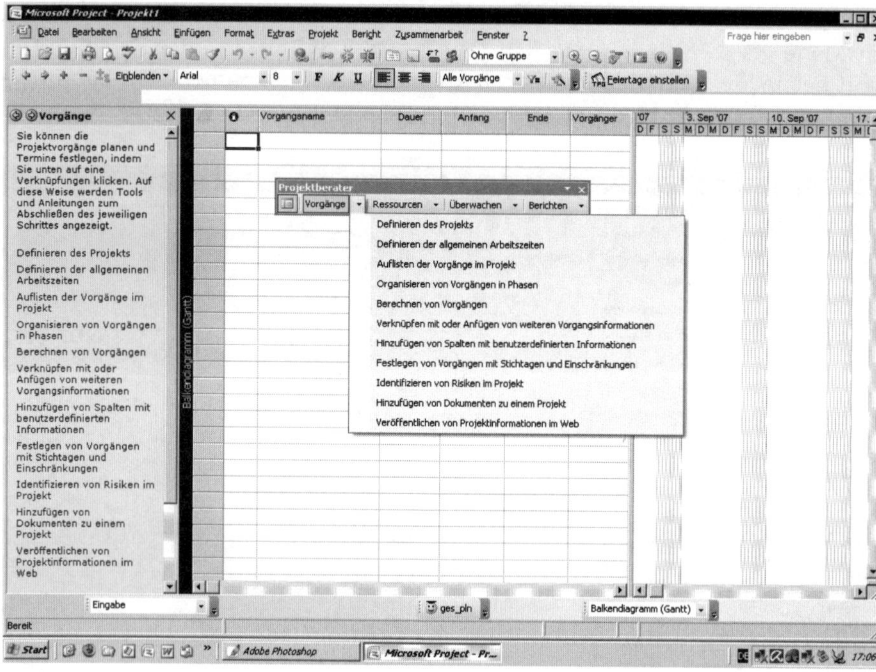

Abbildung 17.4: Das Menü Extras mit geöffnetem Projektberater zum Thema Vorgänge

17.1.3 Markierung von Änderungen

Sobald ein Vorgang geändert wird, erscheinen farbige, hellblaue Markierungen in den Tabellen. So sieht man auf welche weiteren Vorgänge sich die Änderung auswirkt, siehe *Abbildung 17.5*.

Die Markierungen werden wieder ausgeblendet, sobald eine Korrektur mit OK abgeschlossen wird.

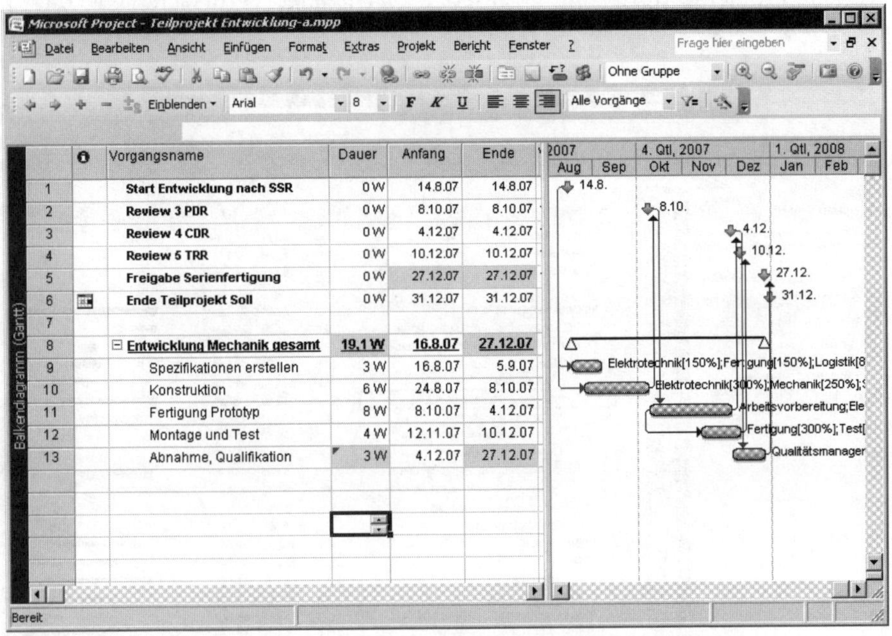

Abbildung 17.5: Veränderungen an berechneten Daten nach Eingabe einer Korrektur

17.1.4 Suche nach Vorgangstreibern

Die Suche nach den Verursachern von Terminproblemen ist jetzt mithilfe der Funktion *Vorgangstreiber* möglich. Klickt man auf das gleichnamige Symbol in der oberen Leiste, öffnet sich ein gesonderter Bereich, in dem angezeigt wird, welche Faktoren Einfluss auf den Anfangstermin des ausgewählten Vorgangs haben. Die neue Funktion ist hilfreich, wenn es darum geht, schnell herauszufinden, wo ein Problem beginnt und wo es sich überall auswirkt. Sehr oft werden Probleme durch falsch gesetzte *Starttermine* verursacht, wie das in *Abbildung 17.6* zu sehen ist.

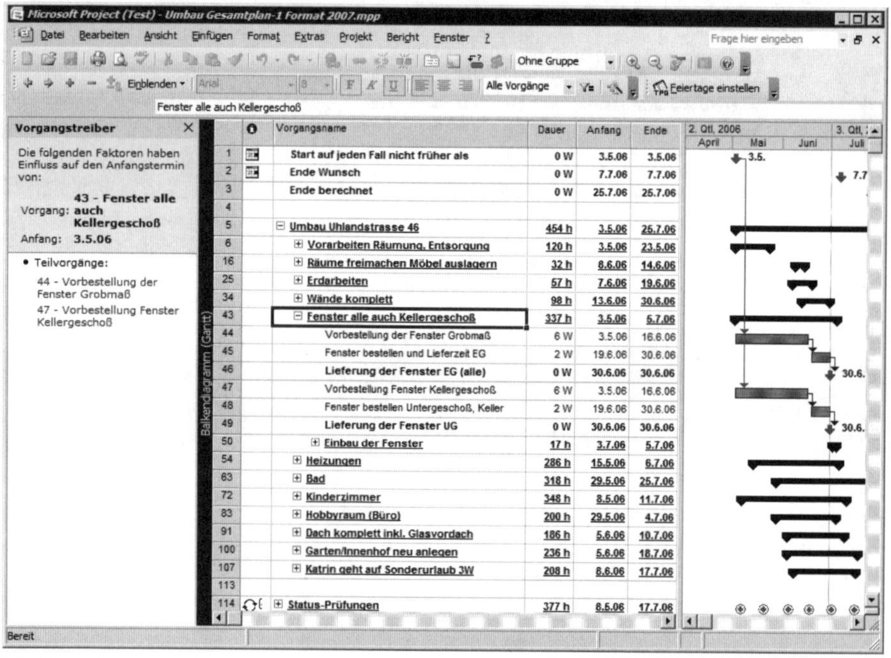

Abbildung 17.6: Anzeige von Vorgangstreibern, z.B. Starttermin und Lieferzeit von Vorgang Nr. 43

17.1.5 Die neuen Berichte in Microsoft Project 2007

In Project 2007 sind die Berichte stark erweitert worden und haben einen eigenen Menüpunkt *Bericht* in der Hauptnavigationsleiste bekommen (*Abbildung 17.7*).

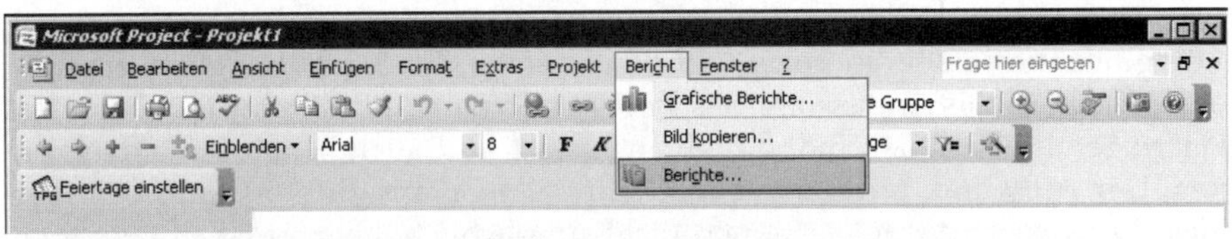

Abbildung 17.7: Der Menüpunkt Berichte mit den neuen Grafischen Berichten

Sie haben hier die Möglichkeit eine Vielzahl von grafischen Berichten zu exportieren, was standardmäßig in dieser Form bisher nicht möglich war (*Abbildung 17.8*).

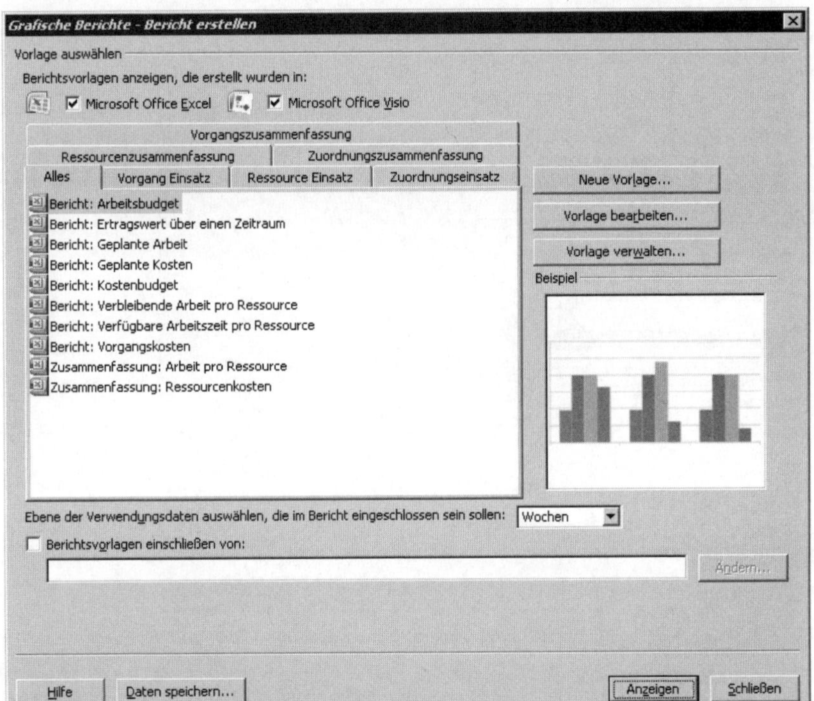

Abbildung 17.8: Auswahl von grafischen Berichten, die automatisch erstellt werden

Microsoft Project 2007 bietet sehr viele, interessante grafische Auswertungsmöglichkeiten an, die weitgehend automatisch erstellt werden. Auf diese Weise können Sie teilweise sehr gute Standardgrafiken für die Projektstatusauswertung und Statusberichte verwenden. Als Voraussetzung sollten mindestens *Microsoft Office 2003* und möglichst auch *Microsoft Visio 2003* auf Ihrem PC installiert sein. Und Sie sollten unbedingt im Umgang mit *Excel-Pivot-Tabellen* vertraut sein.

17.1.6 Kalendereinstellungen

Völlig neu, besonders in Bezug auf den Umfang der Einstellmöglichkeiten, ist das Menü für die Anpassung des Projektkalenders. Es ist jetzt möglich, dass Feiertage und Perioden individuell angepasst und auch benannt werden können. Der Aufwand, um für mehrere Jahre alle Details zu erfassen, ist im Vergleich zu den früheren Versionen nicht unerheblich, aber es ist trotzdem ein wichtiges Feature, das schon längst überfällig war.

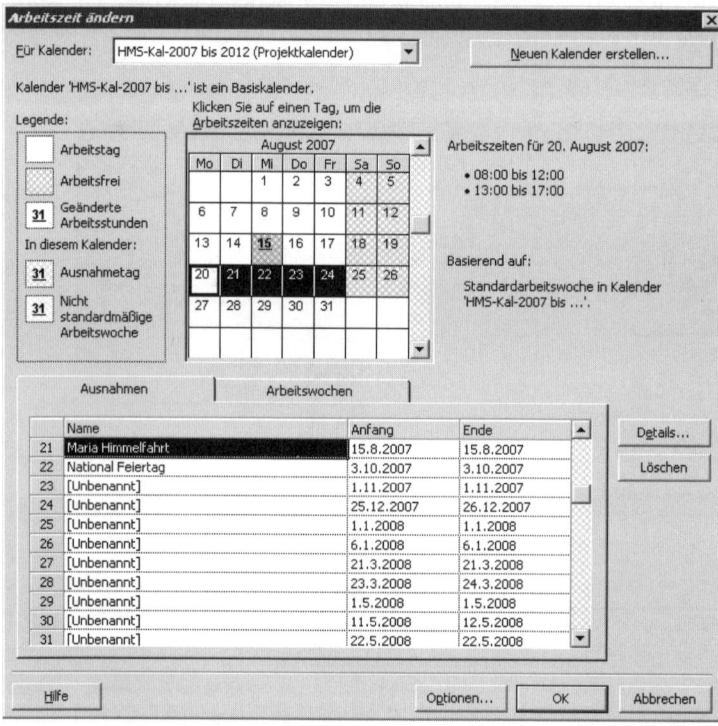

Abbildung 17.9: Markierung eines Feiertages oder einer zu ändernden Zeitspanne

Darüber hinaus hat sich auch die Anpassung von veränderten Tagesarbeitszeiten grundlegend geändert. Besonders zu erwähnen sind die Optionsfelder für das *Auftreten* und damit kombiniert die Anzahl von *Vorkommnissen*, siehe *Abbildung 17.10*.

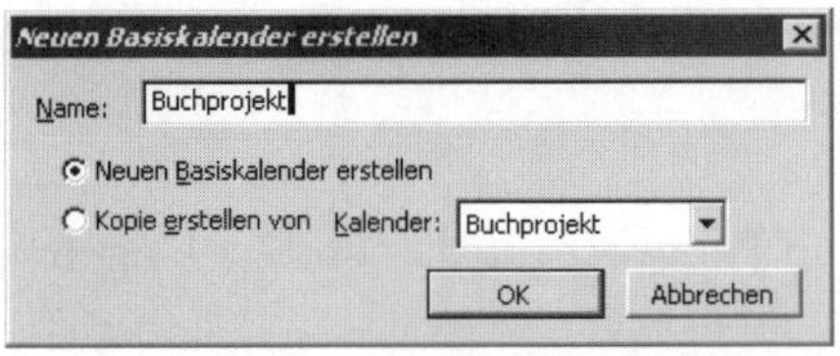

Abbildung 17.10: Anpassung veränderter Tagesarbeitszeiten

17.1.7 Budget- und Kostenressourcen

Die Verwendung der neuen Ressourcenarten Budget- und Kostenressource erfordert einige Änderungen und ergänzende Einträge an den in vielen Fällen schon vorhandenen Ressourcentabellen und Ansichten.

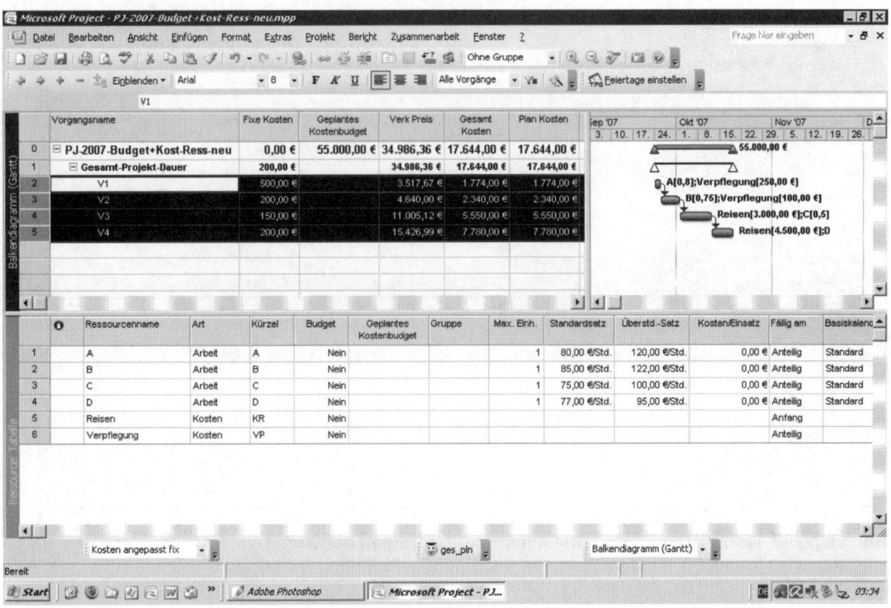

Abbildung 17.11: Budgetressource, normale Ressourcen und Kostenressourcen

Wenn Sie die neuen Kostenarten verwenden möchten, gehen Sie folgendermaßen vor:

- Öffnen Sie den betreffenden Terminplan.
- Öffnen Sie unter *Extras/Optionen* die Registerkarte *Ansicht.*
- Markieren Sie die Checkbox *Projektsammelvorgang anzeigen, Abbildung 17.12.*
- Schließen Sie die Einstellung mit *OK* ab.

- Öffnen Sie die zu verwendende Ressourcentabelle und ergänzen die zwei erforderlichen Spalten.
- Budget (das ist ein Ja-/Nein-Feld)
- Geplantes Kostenbudget (dort kann ein Planwert für das Budget eingetragen werden)

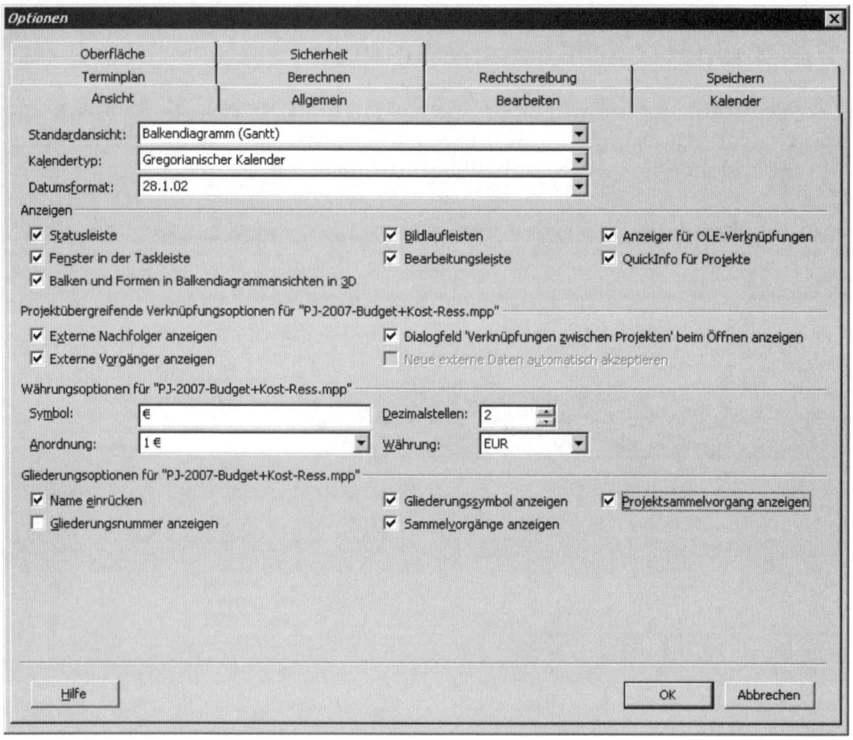

Abbildung 17.12: Eintrag Projektsammelvorgang anzeigen aktivieren

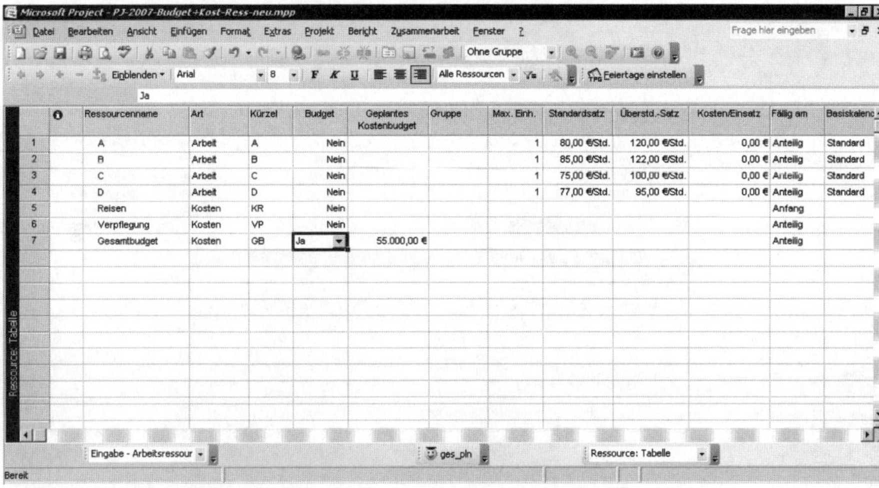

Abbildung 17.13: Die Eingabetabelle für die Budget- und Kostenressourcen

- Ergänzen Sie die *Kostenressourcen* um die Einträge *Reisen* und *Verpflegung*, die als erweiterte Festkosten pro Vorgang verwendet werden sollen, und stellen in der Spalte *Art* den Wert *Kosten* ein.
- Tragen Sie die *Budgetressource Gesamtbudget* in der Tabelle an beliebiger Stelle ein, stellen in der Spalte Budget *ja* ein und tragen in der Spalte *Geplantes Kostenbudget* einen entsprechenden Wert ein.
- Wechseln Sie in die Ansicht *Balkendiagramm Gantt* und ergänzen in der Eingabetabelle die Spalte Geplantes-Kostenbudget.

  Achtung Vorsicht! Ein *Budget* kann in der Eingabetabelle nur dem *Projektsammelvorgang* zugewiesen werden.

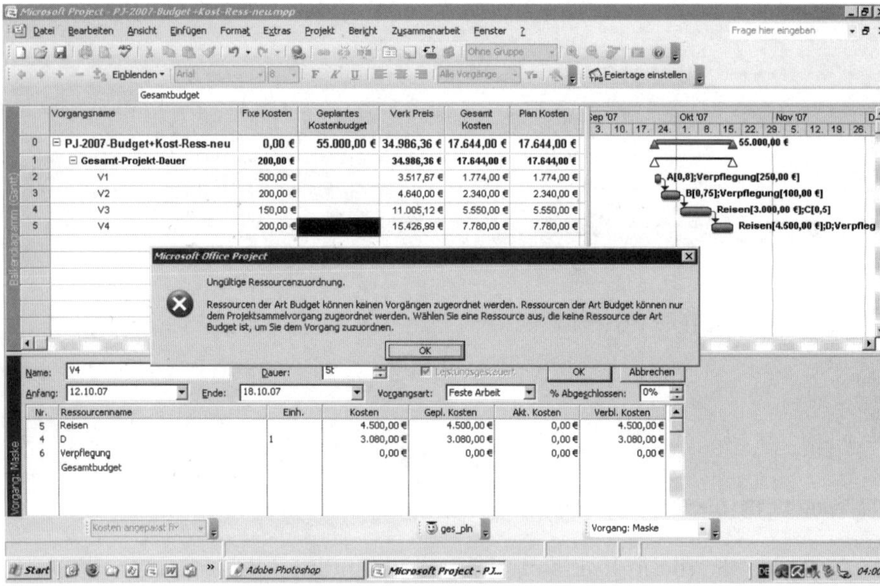

Abbildung 17.14: Meldung in diesem Beispiel: Budgetzuordnung ist hier nicht zulässig.

Kostenressourcen können jedoch wie normale Ressourcen einem einzelnen oder mehreren Vorgängen zugeordnet werden. Für die Eingabe der Kostenressourcen eignet sich besonders gut das Register *Ressourcen* in den *Informationen zum Vorgang*, weil hier die Eingabe direkt in einem Kostenfeld erfolgen kann.

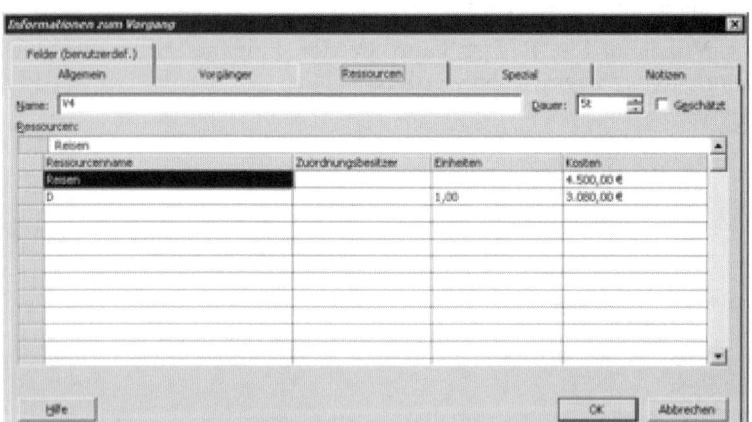

Abbildung 17.15: Eintrag von Kostenressourcen für Vorgänge

Eine weitere sehr gut geeignete Ansicht für die Verwaltung von Kostenressourcen, jedoch nicht für Budgetressourcen, ist die Kombination von Balkenplan und Vorgangsmaske mit der Einstellung *Ressourcen Kosten*, wie das hierunter gezeigt wird.

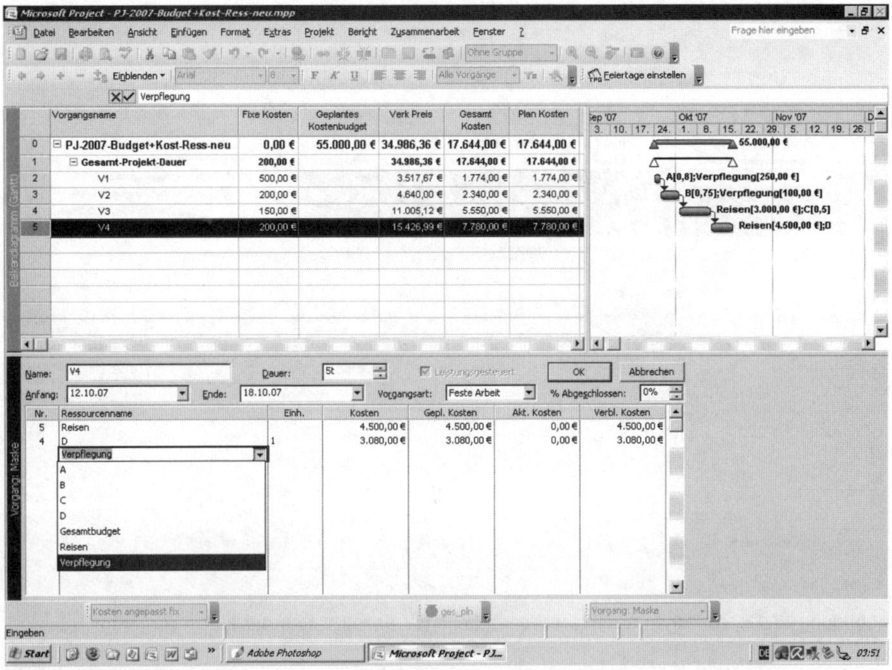

Abbildung 17.16: Verwendung der Maskenansicht zur Eingabe von Kostenressourcen

Wenn Sie die Zuordnung der Ressourcen oder Kostenressourcen überprüfen wollen, markieren Sie im oberen Teil der Ansicht einen oder mehrere Vorgänge. Dann erhalten Sie im unteren Teil der Ansicht einen Ausschnitt aus der Ressourcentabelle mit den Namen der jedem Vorgang zugeordneten Ressource.

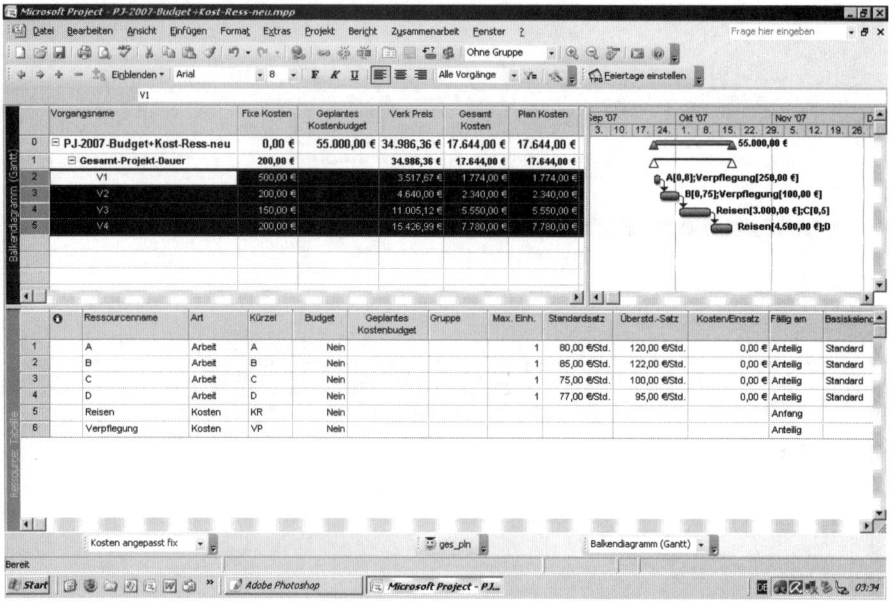

Abbildung 17.17: Anzeigen der Ressourcentabelle für einzelne oder markierte Vorgänge

Änderungen an Ressourcen können sehr gut in einer Split-Screen-Ansicht in der ausgewählten Vorgangsmaske vorgenommen werden. Die Auswirkungen der Änderungen werden durch die hellblaue Markierung der betroffenen Felder angezeigt (siehe *Abbildung 17.18*).

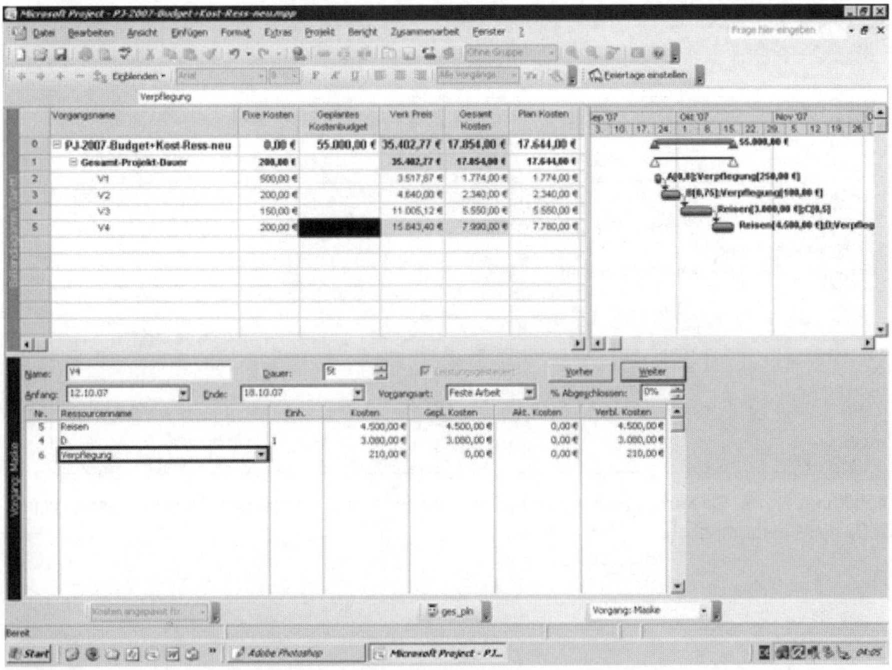

Abbildung 17.18: Anzeige von Änderungen an einer Kostenressource

17.1.8 Weitere kleinere Änderungen

Geringfügige Änderungen findet man auch beim Design der Masken und Dialogfelder. Es scheint so, als ob diese generell etwas gestreckt wurden, um bessere Lesbarkeit und Übersicht zu erreichen. An der Aufteilung der Felder hat sich im Vergleich zu Microsoft Project 2003 allerdings nichts geändert, was z.B. an den Registerkarten der *Informationen zum Vorgang* zu erkennen ist. Nachteilig wirkt sich dort aus, dass in den Kalenderfeldern Monat oder Jahreszahl nicht mehr so schnell geändert werden können wie bisher (siehe *Abbildung 17.19*)

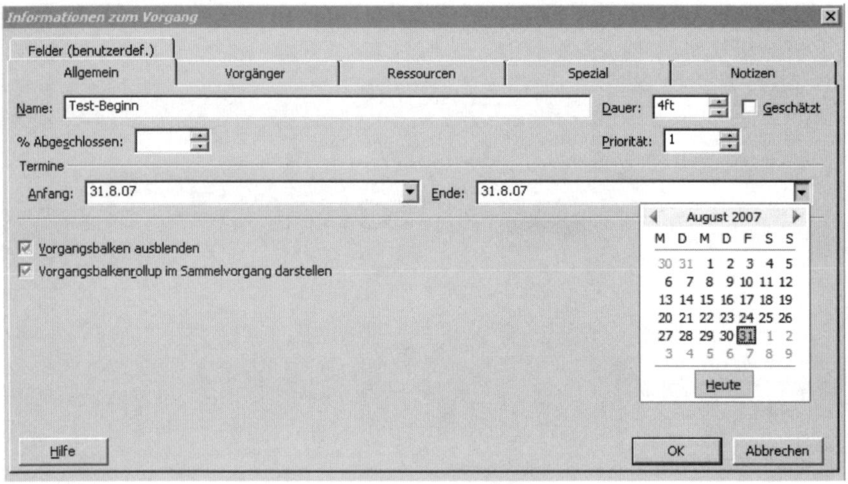

Abbildung 17.19: Eine schnelle Anpassung von Jahr und Monat im Kalender ist in Microsoft Project 2007 nicht mehr möglich.

18 Beispielprojekt

Für die Darstellung eines Projektes in diesem Buch wird hier ein fiktives Projekt festgelegt, um damit alle zu vermittelnden Einstellungen und Vorgehensweisen abzuleiten.

18.1 Projektdefinition

Mit diesem Beispiel wird versucht, ein möglichst realitätsnahes Projekt festzulegen, wobei die nachfolgenden Auflistungen im weitesten Sinne einem *Lastenheft* (Vorgaben des Kunden) entsprechen.

Aufgabenstellung

- Es ist ein elektromechanisches Bauteil mit integrierter Steuersoftware für die Verwendung in einem Pkw des Herstellers XY zu konzipieren und bis zur Serienreife zu entwickeln.
- Die technische Machbarkeit ist durch eine Nachweisführung mit insgesamt drei Prototypen und durch mindestens einen Qualifikationstest nachzuweisen.
- Der vom Hersteller verbindlich vorgegebene Abschlusstermin ist auf den Start der Produktion (SOP) so abzustimmen, dass eventuell auftretende Terminverzögerungen abgefangen werden können.
- Es ist für die Serienteile der Vorschlag für eine losweise Lieferung anzubieten.

Meilensteine

Als Meilensteine wurden folgende Design-Reviews sowie Start und Ende als Vorgabe des Kunden formuliert:

- Start am 2. April 2007
- Ende soll am 2. Februar 2009 als SOP (Start der Produktion) sein.
- Review 1 SKR (Systemkonzept-Review) nahe dem Ende der Konzeptphase
- Review 2 SSR (Systemspezifikations-Review) vor dem Ende der Definitionsphase
- Review 3 PDR (Preliminary-Design-Review) vor dem Ende der Entwurfsphase
- Review 4 CDR (Critical-Design-Review) nach Beginn der Entwicklungsphase
- Review 5 TRR (Test-Readiness-Review) vor Beginn der Tests der Prototypen

Projektphasen

Beschreibung der Phase	Dauer der Phase
A Konzepte	8 Wochen
B Definition	12 Wochen
C Entwurf	6 Wochen
D Entwicklung ist als Teilprojekt zu planen	20 Wochen
E Serienvorbereitung	3 Monate
F Seriengeräte Montage und Test	11 Monate
G Auslieferung der Seriengeräte	44 Wochen

Besprechungen

Es sind Quartalsbesprechungen vorzusehen, die jeweils am ersten Montag des dritten Monats stattfinden, beginnend ab dem 2. Juli 2007.

Kalender

- Der für das Projekt zugrunde liegende Kalender soll für Oberbayern gelten und alle beweglichen Feste des Landes berücksichtigen.
- Brückentage sollen nicht als arbeitsfreie Tage berücksichtigt werden.
- Betriebsurlaub ist nicht vorzusehen.

Alle an diesem Projekt mitarbeitenden Stellen und Firmen orientieren sich an dem Projektkalender, können jedoch ihre Arbeitszeiten getrennt einplanen, sofern sie diese Kalender der Projektleitung zugänglich machen.

Arbeitszeiten

- Die Tagesarbeitszeit beginnt an allen Tagen um 8:00 und endet um 16:45 Uhr.
- Die Mittagspause beginnt um 12:00 und endet nach 45 Minuten um 12:45 Uhr.
- Die Wochenstunden sind mit 40 Stunden anzusetzen.
- Die Ressourcen verwalten ihre Kalender selbst unter Beachtung der geplanten Abwesenheiten wie Urlaub und geplanter Freizeit, um Überstunden abzugelten.

Zu erstellende Dokumente

- Rahmenterminplan des gesamten Projektes
- Projektstrukturplan (PSP bzw. WBS) des Projektes bis zur vierten Ebene
- Eine Deliverable-Items-Liste
- Arbeitspaketbeschreibungen festgelegter Arbeitspakete
- Detailplanungen aller Arbeitspakete entsprechend ihrer Beschreibungen
- Diese Detailplanungen sind strukturiert aufzubauen und mithilfe von klar definierten Schnittstellen miteinander logisch zu verknüpfen, sodass es möglich wird, den gesamten Projektstatus zu jeder Zeit darzustellen.
- Die Kostenplanung ist mithilfe von detaillierter Ressourcenplanung und unter Berücksichtigung von variablen Eskalationsraten bei noch festzulegenden Ressourcen durchzuführen.
- Die Eskalationsraten betragen ab dem 31.12.2007 2,8% und steigen jährlich um 1,2%.
- Der Verkaufspreis ist zu kalkulieren unter Verwendung einer noch festzulegenden Formel.
- Für die Verknüpfung dieser Pläne zu einem Gesamtprojekt ist der Rahmenterminplan mit eingebetteten Teilprojekten zu verwenden.
- Als Kontrollinstrumente sind eine Meilenstein-Trendanalyse für ausgesuchte Meilensteine, Kosten-Soll-Ist-Vergleiche und eine Ertragswertanalyse zu erstellen. Die Kostensituation ist durch geeignete Grafiken darzustellen und zu kommentieren.
- Zu den Quartalsbesprechungen sind jeweils aktuelle Informationen bereitzustellen und Problemlösungsansätze vorzuschlagen.
- Bei den Besprechungen ist eine Aktionsliste anzulegen und jeweils zu aktualisieren.

18.2 Vorbereitende Maßnahmen

Als Erstes folgen die vorbereitenden Maßnahmen, die im Allgemeinen für jedes Projekt anfallen werden, wenn es sich nicht gerade um ein internes Thema handelt, dessen Umfang deutlich unter dem normaler Projekte liegt.

18.2.1 Projektkalender anlegen

Neuen Basiskalender erstellen

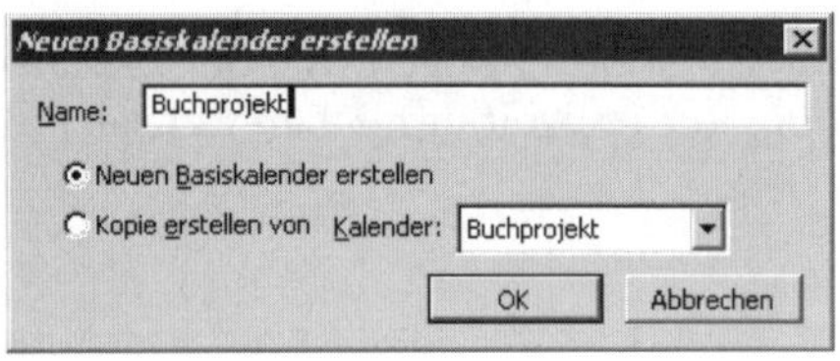

Abbildung 18.1: Anlegen des neuen Kalenders

Feiertage einstellen

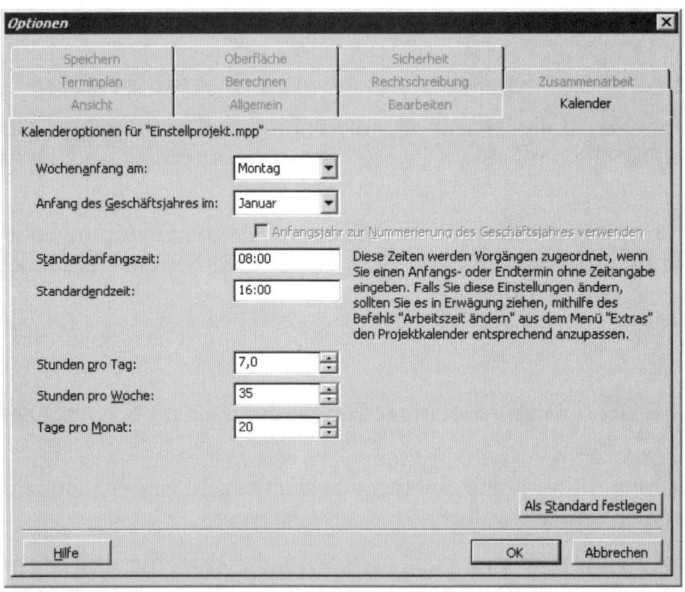

Abbildung 18.2: Bewegliche Feste einfügen für vier Jahre (Add-In „SetHolidays")

Tagesarbeitszeit einstellen

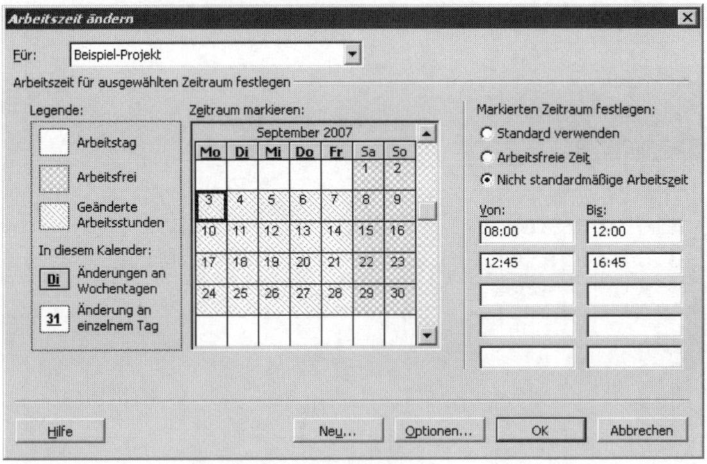

Abbildung 18.3: Tagesarbeitszeiten festlegen

Wochenarbeitszeit einstellen

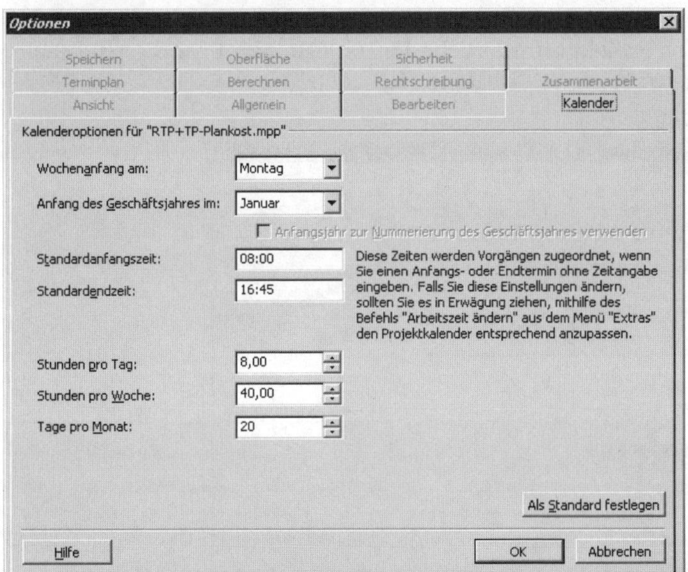

Abbildung 18.4: Wochen- und Tageszeiten einstellen

Kalender organisieren

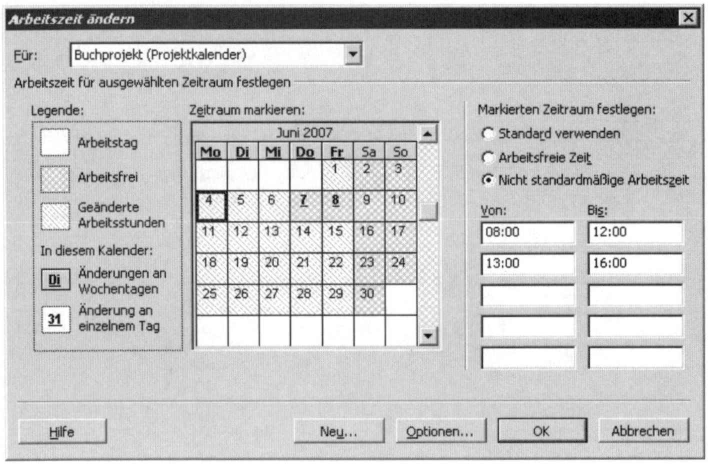

Abbildung 18.5: Kalender für die weitere Verwendung speichern

18.2.2 Extras – Optionen

Wenn der Kalender eingerichtet ist, sind noch unter *Extras/Optionen* die wichtigen, speziell für das Projekt erforderliche Einträge, konkret für die pauschalen *Standardsätze* zu machen, siehe *Abbildung 18.6*.

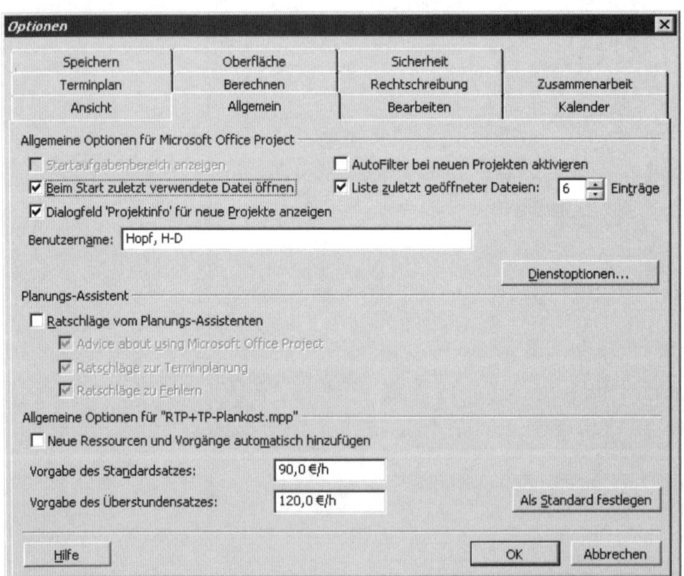

Abbildung 18.6: Einstellung der pauschalen Standardsätze für alle Ressourcen

18.2.3 Ressourcenpool einrichten

Wenn der Kalender fertig angelegt ist, können Sie den Ressourcenpool wie in *Abbildung 18.7* einrichten; falls schon früher ein Pool angelegt wurde, dann ist jetzt vielleicht eine Anpassung erforderlich.

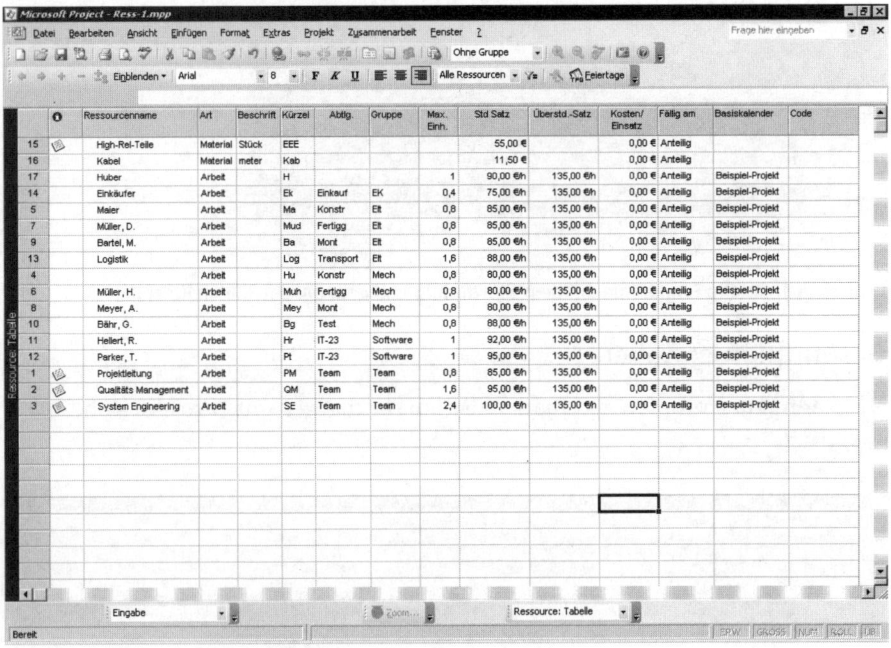

		Ressourcenname	Art	Beschrift	Kürzel	Abtlg.	Gruppe	Max. Einh.	Std Satz	Überstd.-Satz	Kosten/ Einsatz	Fällig am	Basiskalender	Code
15		High-Rel-Teile	Material	Stück	EEE				55,00 €		0,00 €	Anteilig		
16		Kabel	Material	meter	Kab				11,50 €		0,00 €	Anteilig		
17		Huber	Arbeit		H			1	90,00 €/h	135,00 €/h	0,00 €	Anteilig	Beispiel-Projekt	
14		Einkäufer	Arbeit		Ek	Einkauf	EK	0,4	75,00 €/h	135,00 €/h	0,00 €	Anteilig	Beispiel-Projekt	
5		Maier	Arbeit		Ma	Konstr	Elt	0,8	85,00 €/h	135,00 €/h	0,00 €	Anteilig	Beispiel-Projekt	
7		Müller, D.	Arbeit		Mud	Fertigg	Elt	0,8	85,00 €/h	135,00 €/h	0,00 €	Anteilig	Beispiel-Projekt	
9		Bartel, M.	Arbeit		Ba	Mont	Elt	0,8	85,00 €/h	135,00 €/h	0,00 €	Anteilig	Beispiel-Projekt	
13		Logistik	Arbeit		Log	Transport	Elt	1,6	88,00 €/h	135,00 €/h	0,00 €	Anteilig	Beispiel-Projekt	
4			Arbeit		Hu	Konstr	Mech	0,8	80,00 €/h	135,00 €/h	0,00 €	Anteilig	Beispiel-Projekt	
6		Müller, H.	Arbeit		Muh	Fertigg	Mech	0,8	80,00 €/h	135,00 €/h	0,00 €	Anteilig	Beispiel-Projekt	
8		Meyer, A.	Arbeit		Mey	Mont	Mech	0,8	80,00 €/h	135,00 €/h	0,00 €	Anteilig	Beispiel-Projekt	
10		Bähr, G.	Arbeit		Bg	Test	Mech	0,8	88,00 €/h	135,00 €/h	0,00 €	Anteilig	Beispiel-Projekt	
11		Hellert, R.	Arbeit		Hr	IT-23	Software	1	92,00 €/h	135,00 €/h	0,00 €	Anteilig	Beispiel-Projekt	
12		Parker, T.	Arbeit		Pt	IT-23	Software	1	95,00 €/h	135,00 €/h	0,00 €	Anteilig	Beispiel-Projekt	
1		Projektleitung	Arbeit		PM	Team	Team	0,8	85,00 €/h	135,00 €/h	0,00 €	Anteilig	Beispiel-Projekt	
2		Qualitäts Management	Arbeit		QM	Team	Team	1,6	95,00 €/h	135,00 €/h	0,00 €	Anteilig	Beispiel-Projekt	
3		System Engineering	Arbeit		SE	Team	Team	2,4	100,00 €/h	135,00 €/h	0,00 €	Anteilig	Beispiel-Projekt	

Abbildung 18.7: Tabelle des Ressourcenpools

> **Achtung** Wenn die einzelnen Ressourcen des Pools noch mit einem alten Kalender arbeiten, dann ist es jetzt Zeit, die entsprechenden Anpassungen bei den betroffenen Ressourcen und deren Kalendern vorzunehmen.

18.3 Rahmenterminplan

Bereits mit dem Angebot für ein Projekt sollte der Rahmenterminplan vorliegen, zumindest als vorläufiger Gesamtplan.

Projektbeginn festlegen

Mit dem Dialogfeld *Projektinfo* stellen Sie den *Anfangstermin* und den gültigen *Kalender* ein. Für die Statusermittlung wird später das *Statusdatum* verwendet.

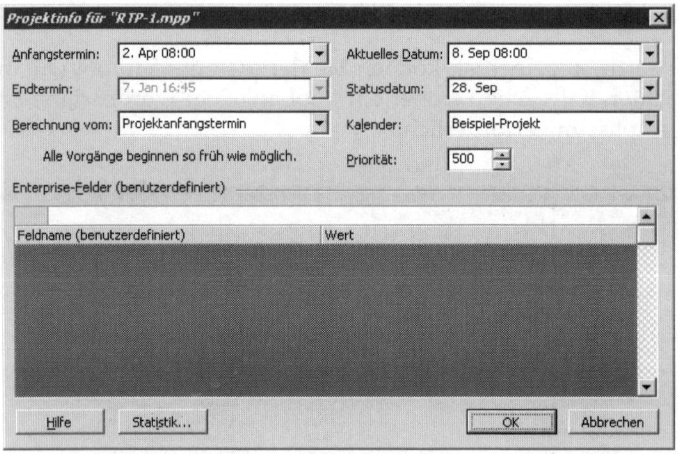

Abbildung 18.8: Die Projektinfo mit dem Starttermin und dem ausgewählten Kalender

Gesamtplan erstellen

Der Rahmenterminplan als Übersichtsplan für das gesamte Projekt, siehe *Abbildung 18.9*.

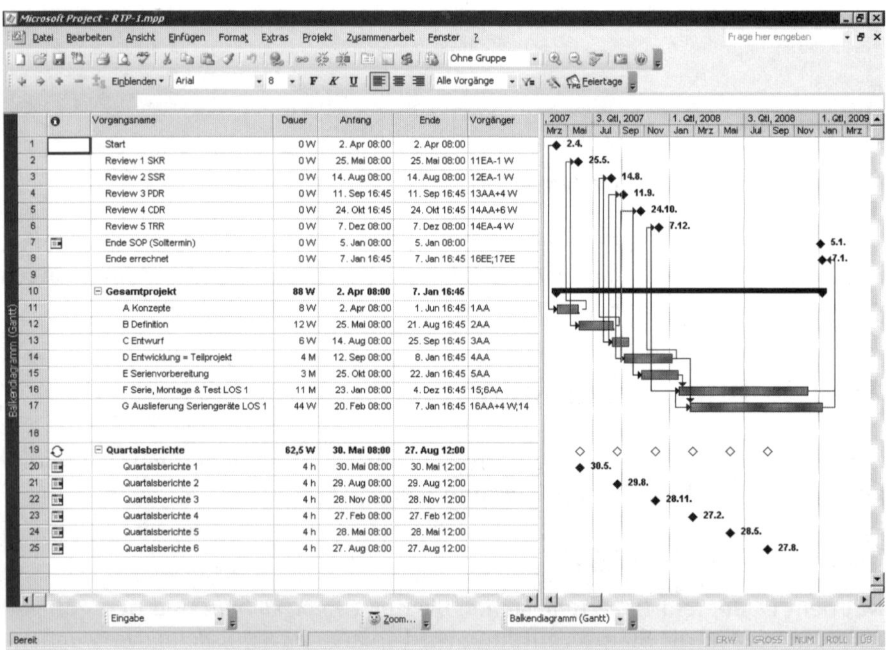

Abbildung 18.9: Der erste Rahmenterminplan im „Rohformat"

Wenn der Rahmenterminplan so weit fertiggestellt ist, folgt im nächsten Schritt die Strukturierung des Gesamtprojektes mithilfe geeigneter Programme, wie zum Beispiel mit dem *Organigramm-Add-In* von Microsoft Office 2007 (in Office 2003: *Organisation Chart*) oder mit *WBS Chart Pro* von Critical Tools Inc. (*www.criticaltools.com*).

18.4 Projektstrukturplan

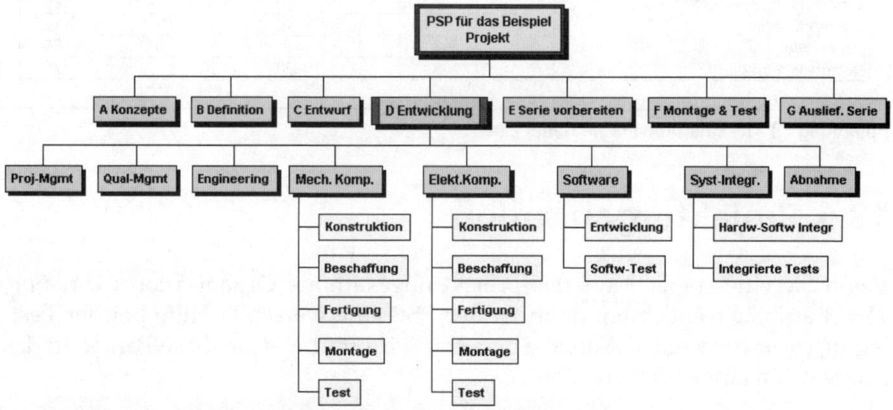

Abbildung 18.10: Der Projektstrukturplan des Beispielprojektes

Der PSP wurde unter Beachtung der aus vielen Projekten der Raumfahrt abgeleiteten Regelnaufgestellt. Er ist deshalb in der ersten hierarchischen Ebene nach den Phasen des Projekts gegliedert. Jede Phase enthält wiederum die Standardelemente Projektmanagement, Qualitätsmanagement, Systems Engineering, die Hardware, die Software und mindestens noch Systemintegration und diverse Tests, wie es sich seit Jahren bewährt hat.

18.4.1 Deliverable Items List (DIL)

Ein ebenfalls sehr bewährtes Dokument, das für die Kalkulation wertvolle Informationen enthält, ist das Verzeichnis des Lieferumfangs, ein im Fachjargon unter dem Kürzel *DIL* im Allgemeinen ziemlich gut bekannter Begriff, siehe *Abbildung 18.11*.

"Deliverable Items List"

Komponenten	Ing-Modell	Proto-Typ	Qual. Modell	Vor-Serie	Null-Serie	Serie Los1	Summe
Gehäuse komplett							
Gehäuse links	1	3	1	10	30	100	**145**
Gehäuse rechts	1	3	1	10	30	100	**145**
Deckel vorn	Dummy	3	2	10	50	100	**165**
Deckel hinten	Dummy	3	2	10	50	100	**165**
Trieblingswelle	Dummy	3	1	10	50	100	**164**
Abtriebswelle	1	3	1	10	50	100	**165**
Zahnradsatz, komplett	1	3	1	10	50	100	**165**
Steuersoftware	Dummy	1	1	20	50	100	**172**
Lager, alle	1	3	1	10	50	100	**165**
Normteile, komplett	1	3	1	20	50	100	**175**

Abbildung 18.11: Eine Deliverable Items List

18.5 Projektorganisation

Wenn Sie eine speziell auf das Projekt abgestimmte Organisation (*Abbildung 18.12*) aufbauen möchten, dann ist der PSP eine wertvolle Hilfe bei der Festlegung, wer für welche Aufgabe benötigt wird und wie Sie diese Person in das Projektteam eingliedern wollen.

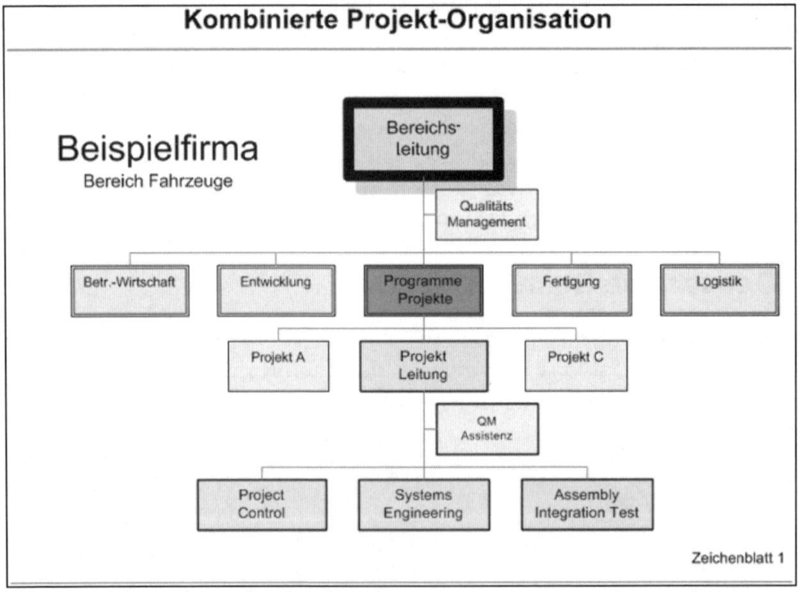

Abbildung 18.12: Eine Organisationsform, die sich in Projekten sehr gut bewährt hat

18.5.1 Arbeitspaketbeschreibung

Arbeitspakete und Arbeitspaketbeschreibungen sind Standarddokumente bei der Projektarbeit und müssen von Projektsteuerung zusammen mit den Fachbereichen erarbeitet werden. Diese Arbeitspakete sind die Grundlage der detaillierten Planung, und deshalb müssen sie in Anlehnung an den PSP klar gegliedert sein und klar umrissene Aufgaben enthalten, die von den AP-Verantwortlichen zu planen und abzuwickeln sind, siehe *Abbildung 18.13*.

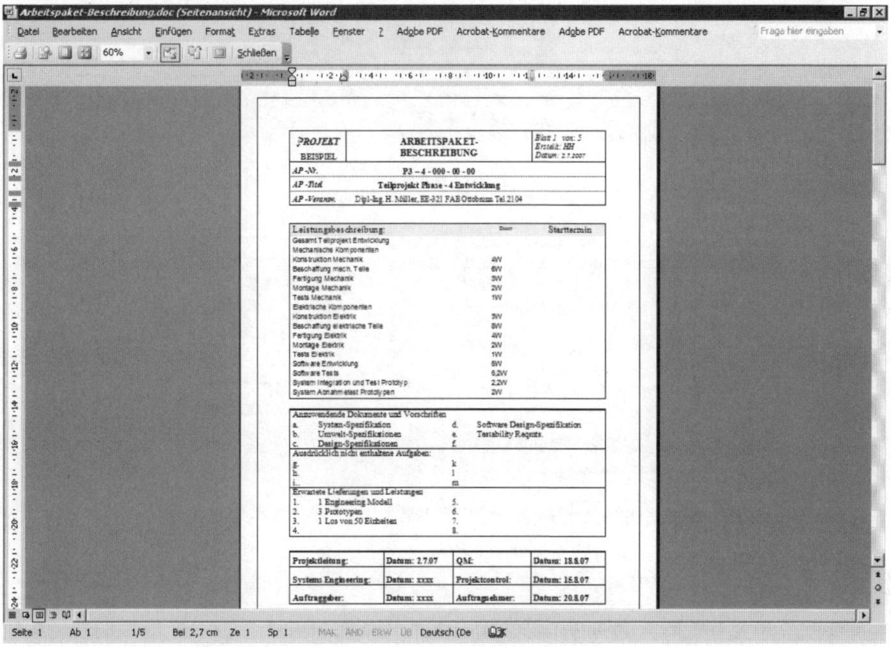

Abbildung 18.13: AP-Beschreibung für das spätere Teilprojekt

18.5.2 Arbeitspaketplan

Arbeitspakete können auf der Grundlage von Arbeitspaketbeschreibungen sehr genau und detailliert geplant werden. Dabei können viele Daten aus den AP-Beschreibungen übernommen werden, um diese Planungen zu erstellen, siehe *Abbildung 18.14*.

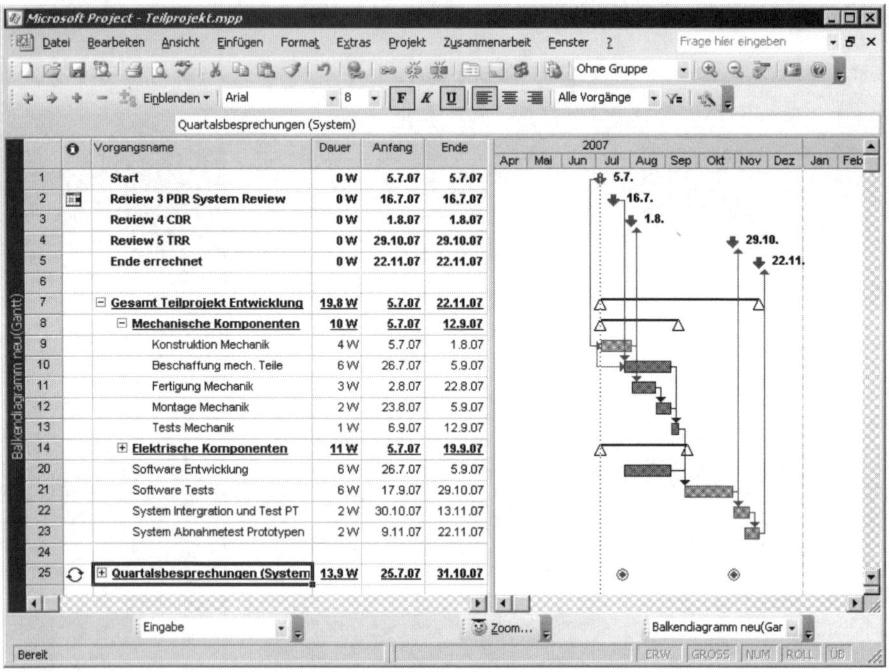

Abbildung 18.14: Der Terminplan des beschriebenen Arbeitspaketes

18.6 Ressourcen aus dem Pool zuordnen

Wenn der Detailplan so weit fertiggestellt ist und die Termine stimmen, kann als Nächstes damit begonnen werden, die Ressourcen aus dem Pool den Vorgängen des zukünftigen Teilprojektes zuzuordnen (*Abbildung 18.15*).

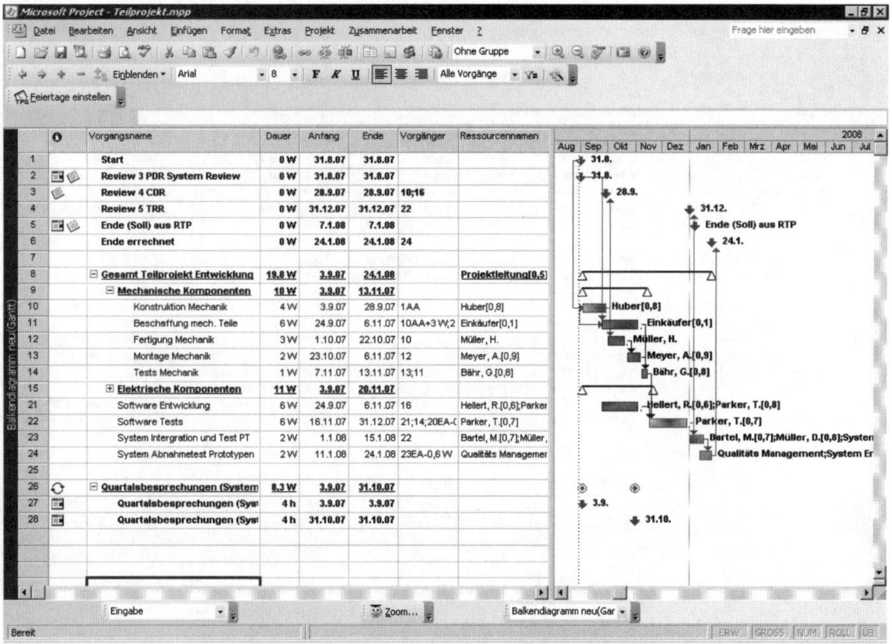

Abbildung 18.15: Das Teilprojekt, jetzt mit den zugeordneten Ressourcen

In dem Moment, wo Sie den Vorgängen eines Terminplans Ressourcen zuordnen, erhalten Sie automatisch die errechneten Kosten in Abhängigkeit von Standardsatz, Eskalationsrate und Zuordnung der Ressourcen. Wenn die Tabelle eine Spalte enthält mit dem Kostenfeld, in dem die Kalkulationsformel enthalten ist, erhalten Sie bereits den fertig kalkulierten Verkaufspreis für das Teilprojekt.

18.7 Kosten mit Verkaufspreis

Unter Anwendung der bereits weiter oben beschriebenen Vorgehensweise erhalten Sie einen Terminplan für ein Teilprojekt mit in der Kostentabelle enthaltenem Verkaufspreis, siehe *Abbildung 18.16*.

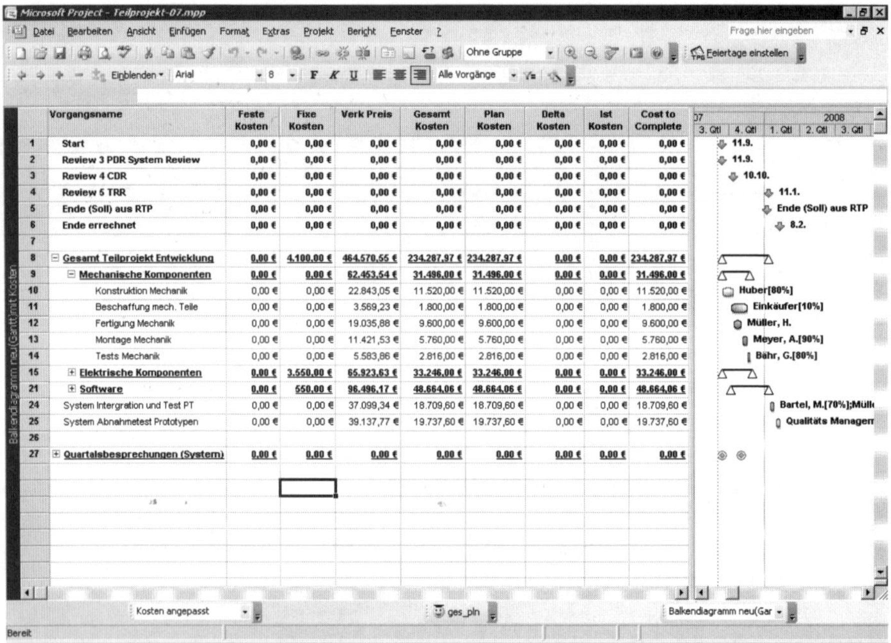

	Vorgangsname	Feste Kosten	Fixe Kosten	Verk Preis	Gesamt Kosten	Plan Kosten	Delta Kosten	Ist Kosten	Cost to Complete
1	Start	0,00 €	0,00 €	0,00 €	0,00 €	0,00 €	0,00 €	0,00 €	0,00 €
2	Review 3 PDR System Review	0,00 €	0,00 €	0,00 €	0,00 €	0,00 €	0,00 €	0,00 €	0,00 €
3	Review 4 CDR	0,00 €	0,00 €	0,00 €	0,00 €	0,00 €	0,00 €	0,00 €	0,00 €
4	Review 5 TRR	0,00 €	0,00 €	0,00 €	0,00 €	0,00 €	0,00 €	0,00 €	0,00 €
5	Ende (Soll) aus RTP	0,00 €	0,00 €	0,00 €	0,00 €	0,00 €	0,00 €	0,00 €	0,00 €
6	Ende errechnet	0,00 €	0,00 €	0,00 €	0,00 €	0,00 €	0,00 €	0,00 €	0,00 €
7									
8	Gesamt Teilprojekt Entwicklung	0,00 €	4.100,00 €	464.570,55 €	234.287,97 €	234.287,97 €	0,00 €	0,00 €	234.287,97 €
9	Mechanische Komponenten	0,00 €	0,00 €	62.453,54 €	31.496,00 €	31.496,00 €	0,00 €	0,00 €	31.496,00 €
10	Konstruktion Mechanik	0,00 €	0,00 €	22.843,05 €	11.520,00 €	11.520,00 €	0,00 €	0,00 €	11.520,00 €
11	Beschaffung mech. Teile	0,00 €	0,00 €	3.569,23 €	1.800,00 €	1.800,00 €	0,00 €	0,00 €	1.800,00 €
12	Fertigung Mechanik	0,00 €	0,00 €	19.035,88 €	9.600,00 €	9.600,00 €	0,00 €	0,00 €	9.600,00 €
13	Montage Mechanik	0,00 €	0,00 €	11.421,53 €	5.760,00 €	5.760,00 €	0,00 €	0,00 €	5.760,00 €
14	Tests Mechanik	0,00 €	0,00 €	5.583,86 €	2.816,00 €	2.816,00 €	0,00 €	0,00 €	2.816,00 €
15	Elektrische Komponenten	0,00 €	3.550,00 €	65.923,63 €	33.246,00 €	33.246,00 €	0,00 €	0,00 €	33.246,00 €
21	Software	0,00 €	550,00 €	96.496,17 €	48.664,06 €	48.664,06 €	0,00 €	0,00 €	48.664,06 €
24	System Intergration und Test PT	0,00 €	0,00 €	37.099,34 €	18.709,60 €	18.709,60 €	0,00 €	0,00 €	18.709,60 €
25	System Abnahmetest Prototypen	0,00 €	0,00 €	39.137,77 €	19.737,60 €	19.737,60 €	0,00 €	0,00 €	19.737,60 €
26									
27	Quartalsbesprechungen (System)	0,00 €	0,00 €	0,00 €	0,00 €	0,00 €	0,00 €	0,00 €	0,00 €

Abbildung 18.16: Das Teilprojekt mit Ressourcen und kalkuliertem Verkaufspreis

Sind Sie nach Abschluss der Planungsarbeiten mit allen Teilprojekten so weit gekommen, können Sie die gesamte Planung als *Basisplan speichern* (Versionen bis Microsoft Project 2003) bzw. *Festlegen* (ab Version Microsoft Project 2007).

18.8 Basisplan

Wenn es darum geht, die Basisplanung für ein ganzes Projekt festzulegen, siehe *Abbildung 18.17*, dann beginnen Sie am besten mit den Plänen der untersten Planungshierarchie und arbeiten dann systematisch die einzelnen Ebenen der Pläne ab. Diese Planungsebenen ergeben sich automatisch, wenn Sie Ihrer Planung die Gliederung des PSP konsequent zugrunde gelegt haben.

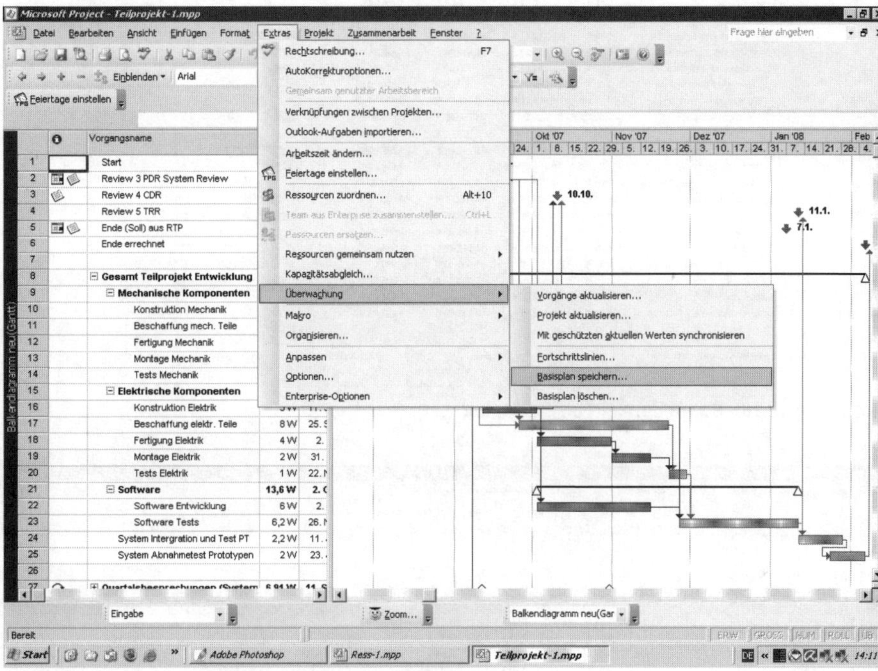

Abbildung 18.17: Terminplan als Basisplan speichern

Teilprojekt und Rahmenplan

Das Teilprojekt sehen Sie in *Abbildung 18.18* und den Rahmenterminplan in *Abbildung 18.19*, nachdem sie als Basispläne festgelegt bzw. gespeichert wurden.

Den Rahmenterminplan mit darin eingebettetem Teilprojekt in der Darstellung *Geplant* in einer speziellen, angepassten Ansicht für den späteren Soll-Ist-Vergleich sehen Sie in *Abbildung 18.19*.

Mit dem Erreichen dieses Status haben Sie die Planung als solche abgeschlossen und können jetzt noch mit der Erstellung grafischer Auswertungen die Informationen zu Ihrem Projekt ergänzen.

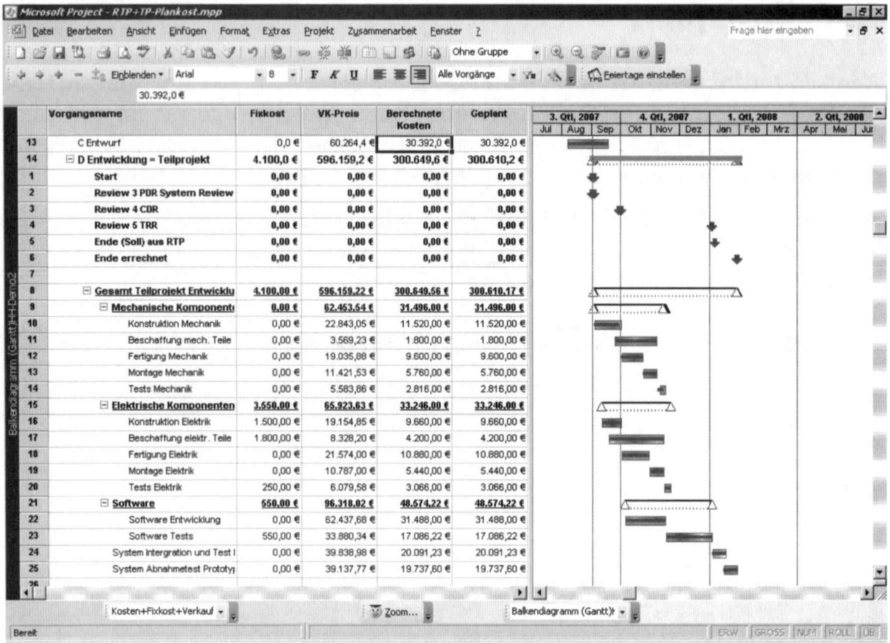

Abbildung 18.18: Das Teilprojekt als Basisplan

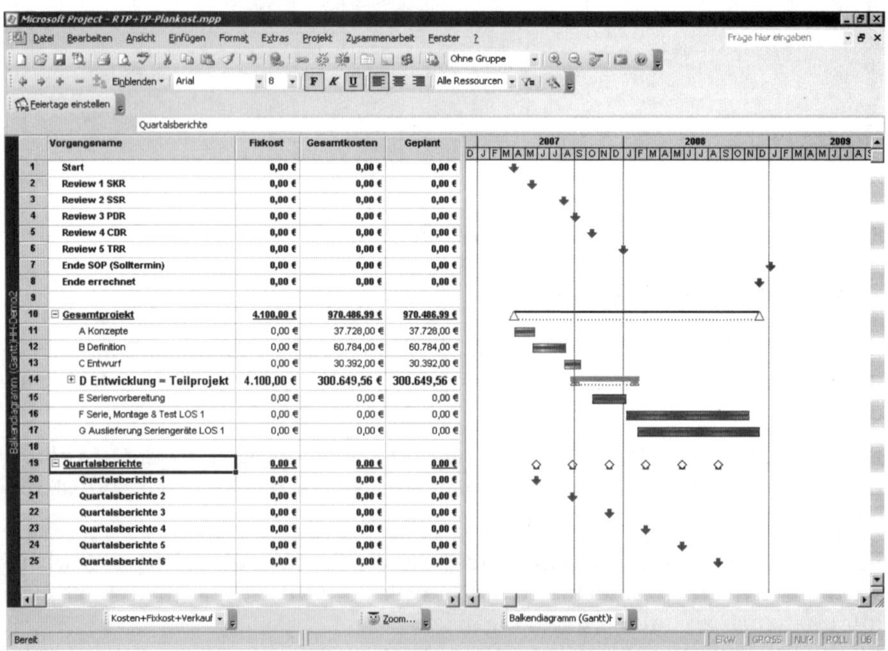

Abbildung 18.19: Der Rahmenterminplan mit eingebettetem Teilprojekt (geschlossen)

18.9 Grafische Darstellungen

Kosten als Grafik dargestellt sind für viele leichter zu interpretieren als Tabellen mit ihren unendlich vielen Zahlen. Deshalb empfehle ich jedem, sich damit zu beschäftigen, welche Art Grafik am besten geeignet ist, die Situation besonders gut zu verdeutlichen.

Als geeignetes Beispiel habe ich hier die Plankostensituation, siehe *Abbildung 18.20*, des Gesamtprojektes beigefügt. Die interessanten Diagramme folgen, wenn es um die Statuserfassung und Auswertung geht.

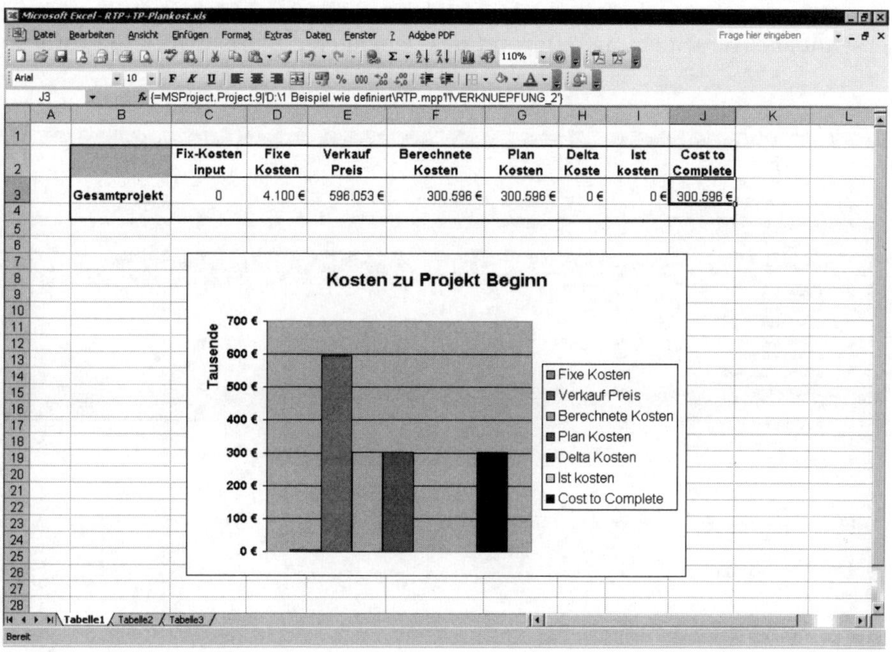

Abbildung 18.20: Kosten und Verkaufspreis nach Abschluss der Planung

18.10 Statuserfassung und Auswertung

Alle hier enthaltenen Abbildungen von Plänen und Grafiken gehören zu dem Thema der Statuserfassung und Auswertung in Projekten.

18.10.1 Rahmenterminplan

Zu Beginn der Statuserfassung werden alle Pläne in der speziell angepassten Ansicht *Balkenplan: Überwachung* geöffnet und anschließend bearbeitet.

Als Erstes zeigen wir den Rahmenterminplan in *Abbildung 18.21* und dann das jeweils zu bearbeitende Teilprojekt in *Abbildung 18.22* mit Statustabelle und gut erkennbarer Verschiebung aufgrund des verspäteten Starts des Gesamtprojektes.

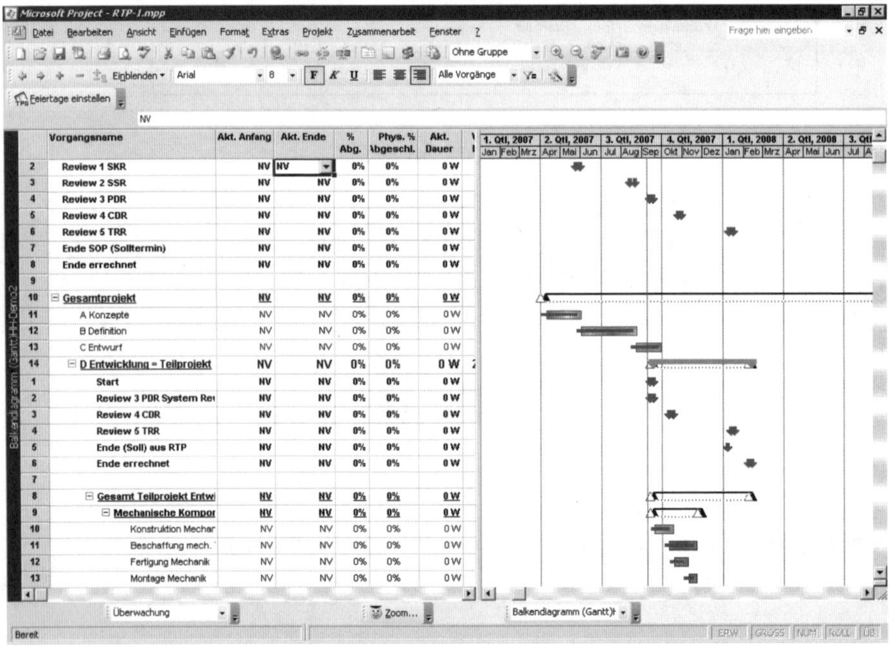

Abbildung 18.21: Der Rahmenterminplan mit Tabelle zur Statuserfassung

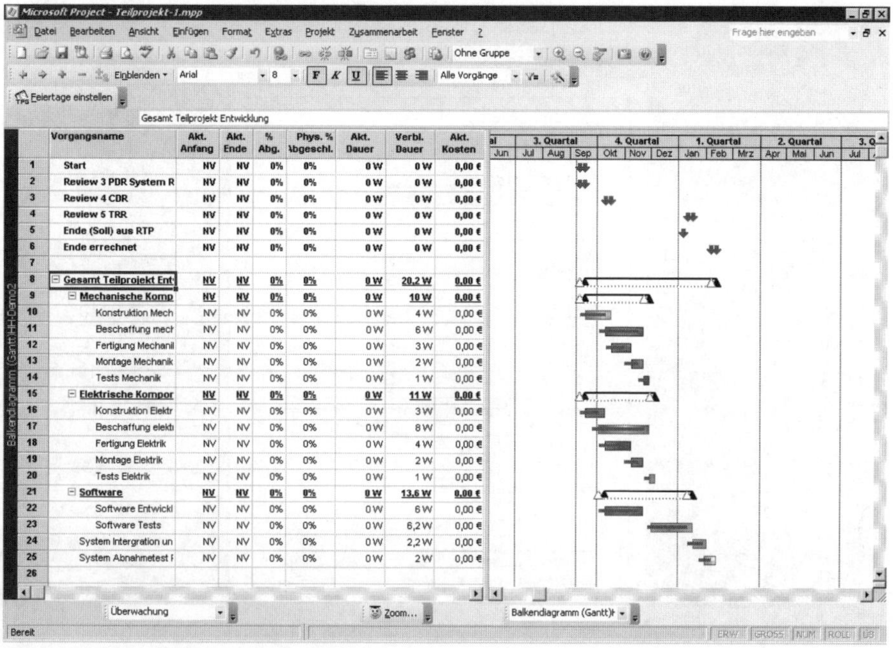

Abbildung 18.22: Status des Teilprojekts

18.10.2 Arbeitspaketstatus

Die Arbeitspaketbeschreibung als Formblatt lässt sich durch ergänzende Einträge sehr gut für die Statusinformation verwenden. Der Vorteil ist, dass hierin auch alle Ursprungsdaten und sonstigen Informationen verfügbar sind, siehe *Abbildung 18.23*.

Die Terminsituation, sowohl als Basisplanung als auch mit Statuseintrag, kann bei entsprechender Größe auf den Folgeseiten eingebettet werden, was dazu führt, dass sich diese Statusinformation bei Änderungen der Planung automatisch aktualisiert; siehe *Abbildung 18.24*.

Die Kostensituation lässt sich besonders gut in Form von grafischer Darstellung in die Seiten von Arbeitspaketbeschreibungen einbetten. Damit ergibt sich auch dafür eine automatische Aktualisierung, sobald an der Planung etwas geändert wird; siehe *Abbildung 18.25*.

Zu den wichtigsten Informationen in Projekten gehört der Meilensteintrend. Diese grafische Darstellung darf nicht fehlen und gehört deshalb unbedingt in die Arbeitspaketbeschreibung, auch wieder als eingebettetes Diagramm, wie alle anderen Objekte; siehe *Abbildung 18.26*.

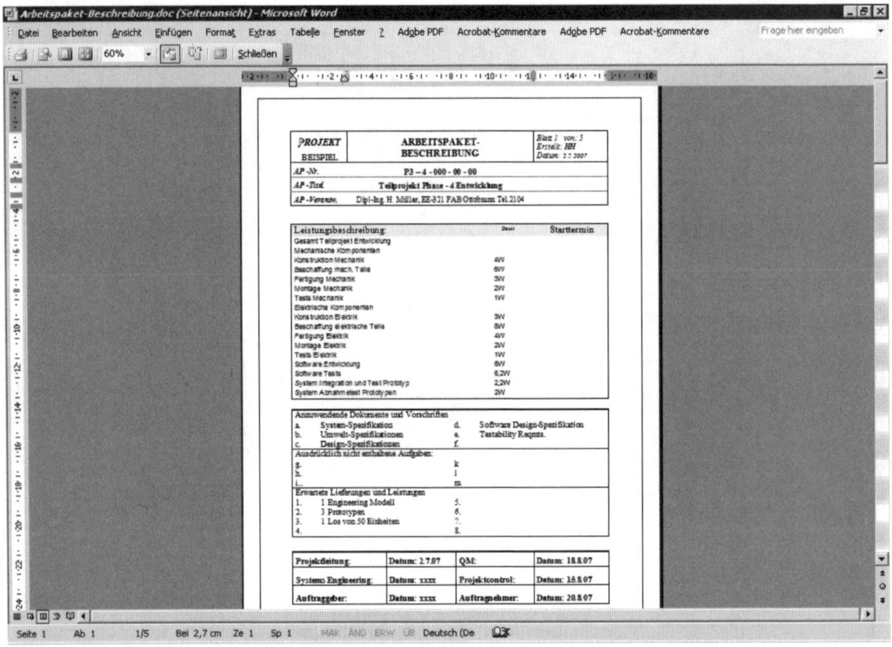

Abbildung 18.23: Die Arbeitspaketbeschreibung

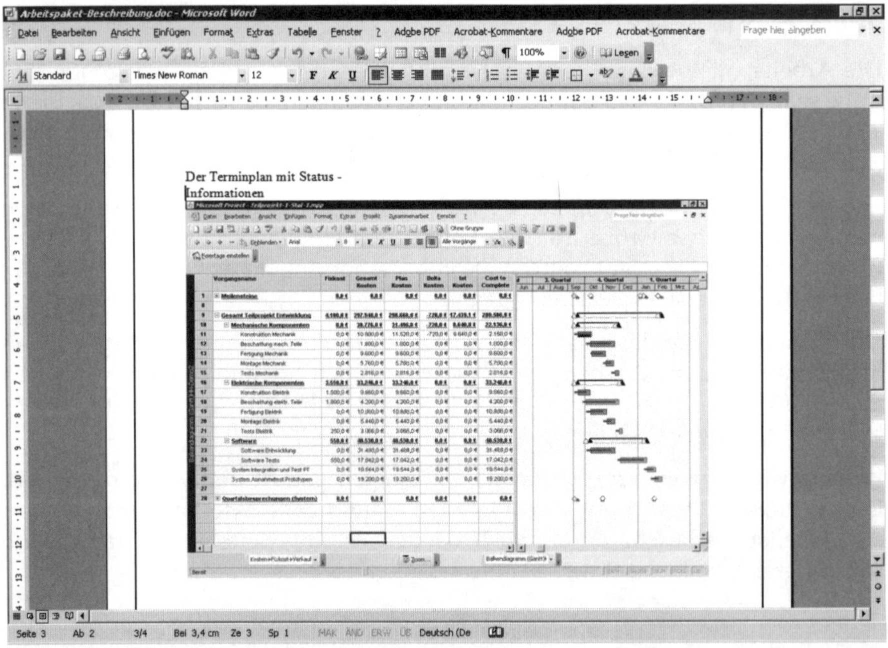

Abbildung 18.24: Terminplan des Arbeitspakets mit Status

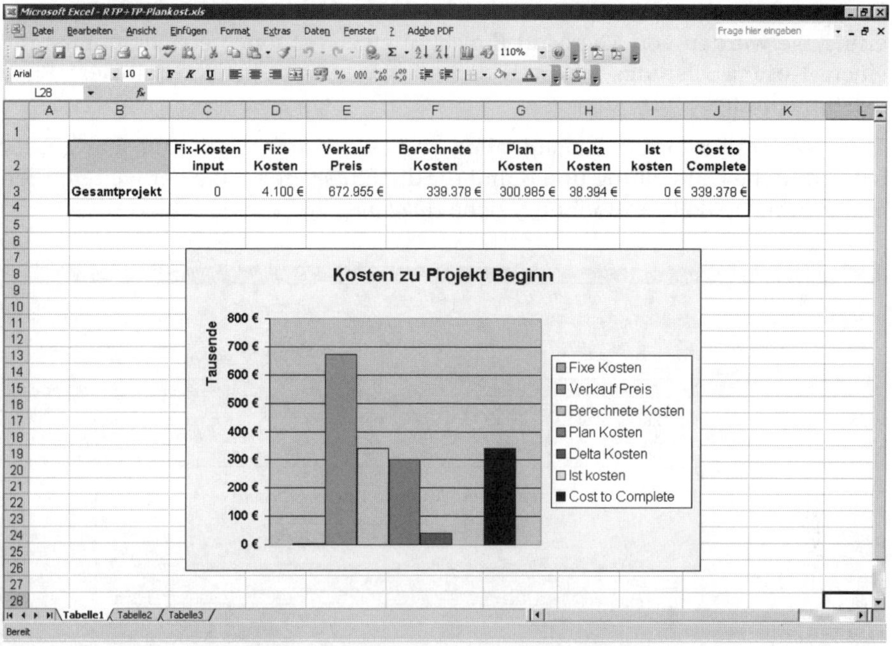

Abbildung 18.25: Kostenstatus mit Abweichung wegen Startverzögerung des Gesamtprojekts

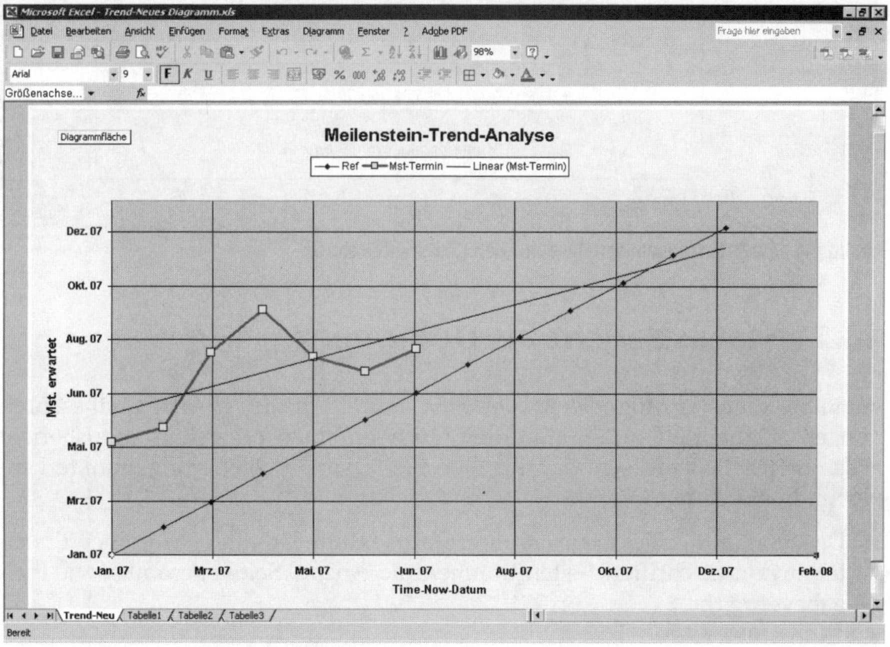

Abbildung 18.26: Meilenstein-Trendanalyse (Demo)

Ertragswertanalysen sind ein weiteres wichtiges Werkzeug bei der Projektsteuerung, sie werden von Microsoft Project in zwei Versionen erstellt: einmal mit einem Kosten-Leistungs-Index (KLI) und eine zweite Version mit dem Plan-Leistungs-Index (PLI).

Diese Werte sind in Tabellen enthalten und eignen sich wiederum sehr gut für eine grafische Darstellung und damit für die Einbettung auf einer weiteren Seite der Arbeitspaketbeschreibung; siehe *Abbildung 18.27*.

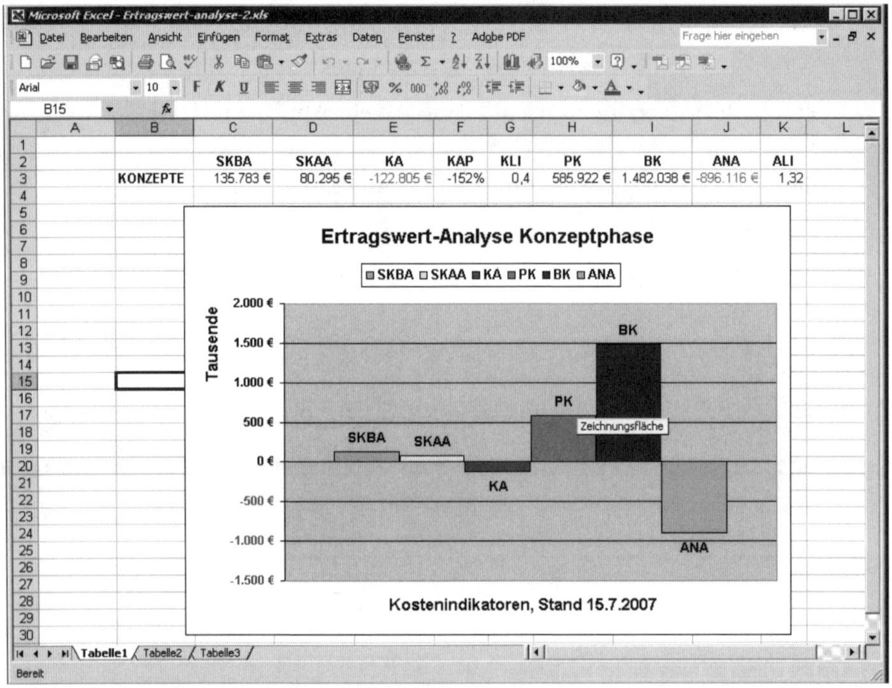

Abbildung 18.27: Ertragswertanalyse mit den Kostenindikatoren

18.11 Statusbericht als Dokument

Wenn Sie statt der Möglichkeit, den Status direkt in die Arbeitspaketbeschreibungen einzubetten, aus bestimmten Gründen einen offiziellen Statusbericht zusammenstellen müssen, dann sollten Sie folgende Gliederungspunkte kennen und verwenden.

- Deckblatt mit Projektbezeichnung, Statusdatum, Dokumentnummer, Ersteller mit Unterschriften, Seitennummer und Anzahl Seiten gesamt sowie Freigabevermerke

- Standardverteiler mit allen E-Mail-Adressen und wo nötig auch die normalen Postanschriften
- Inhaltsverzeichnis
- Projektstatuszusammenfassung
- Kritischer-Weg-Analysen begrenzt zwischen Minimum und plus zwei Wochen
- Probleme, Problembeschreibung und Lösungsansatz (wer, wie bis wann)
- Verzeichnis aller beiliegenden oder enthaltenen Dokumente
- Alle Terminpläne beginnend mit Gesamtprojekt und Statusdarstellung
- Kosten-Soll-Ist-Vergleich, Cost-To-Complete-Analysen, Ertragswertanalysen
- Meilenstein-Trendanalysen für ausgewählte Meilensteine
- Aktionslisten und Protokolle von Projektbesprechungen

Wenn Sie regelmäßig einen Statusbericht zu erstellen haben, dann sollten Sie sich dafür eine Formatvorlage erstellen.

Statusbericht Beispiel

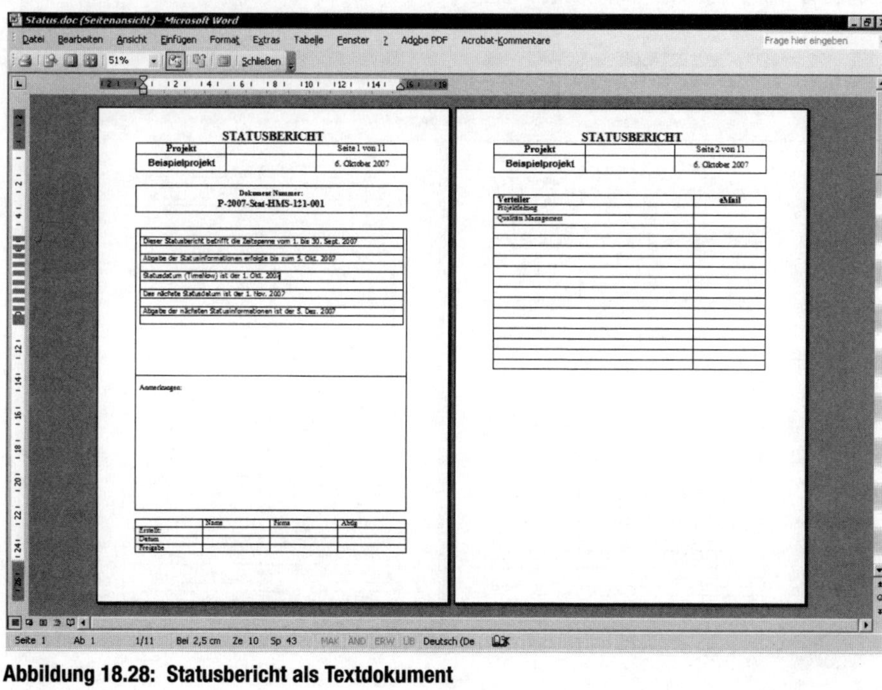

Abbildung 18.28: Statusbericht als Textdokument

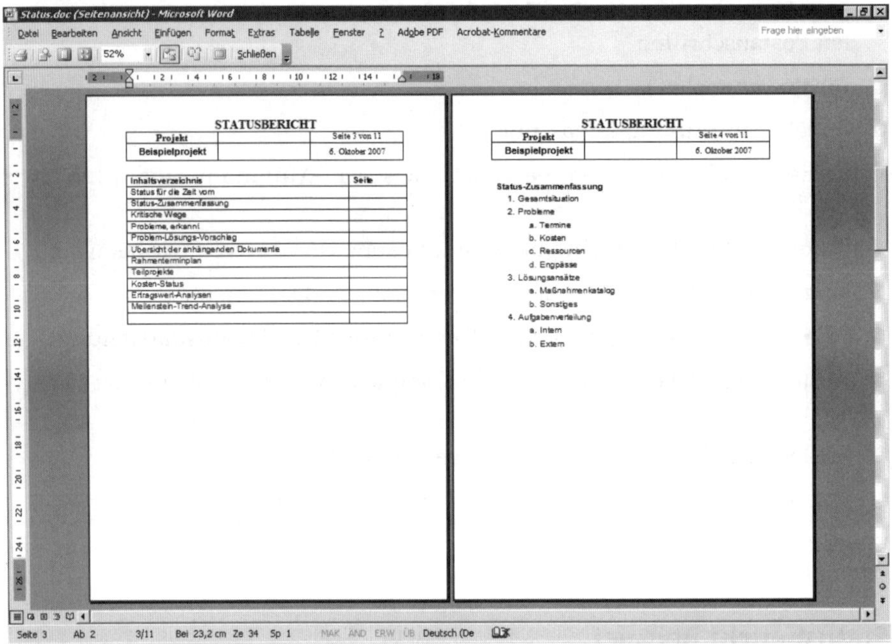

Abbildung 18.29: Statusbericht – Seite 2 und 3

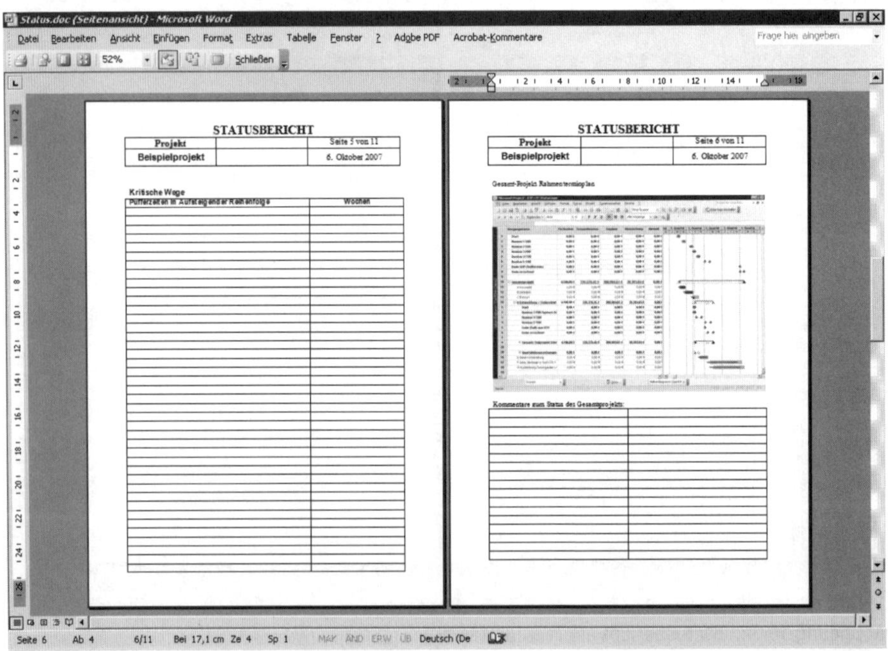

Abbildung 18.30: Statusbericht – Seite 4 und 5

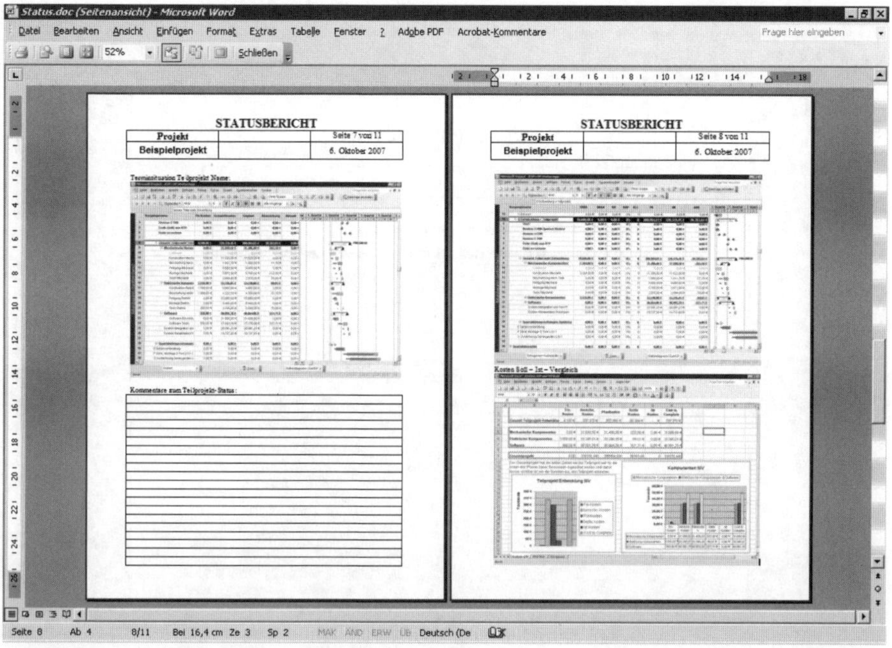

Abbildung 18.31: Statusbericht – Seite 6 und 7

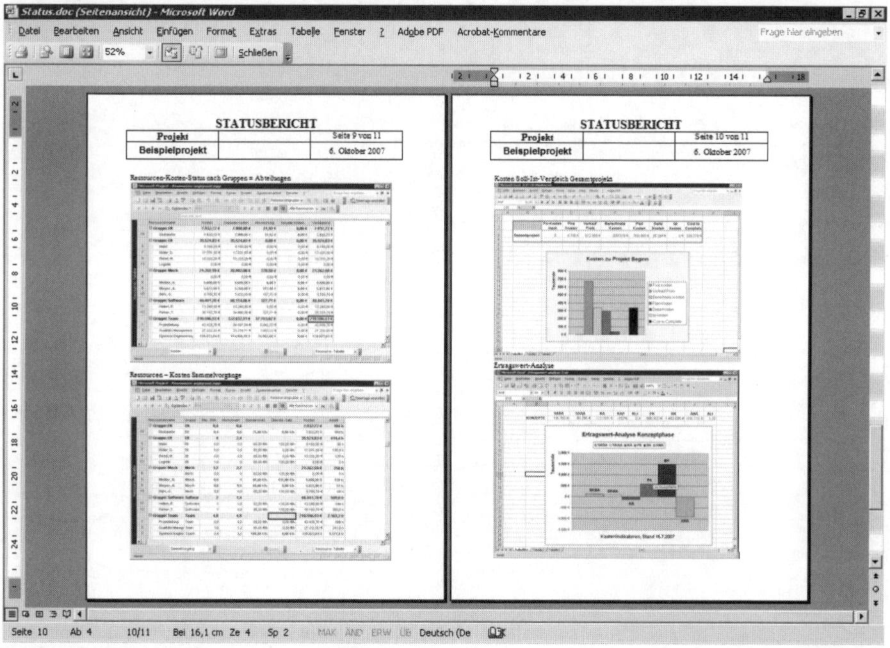

Abbildung 18.32: Statusbericht – Seite 8 und 9

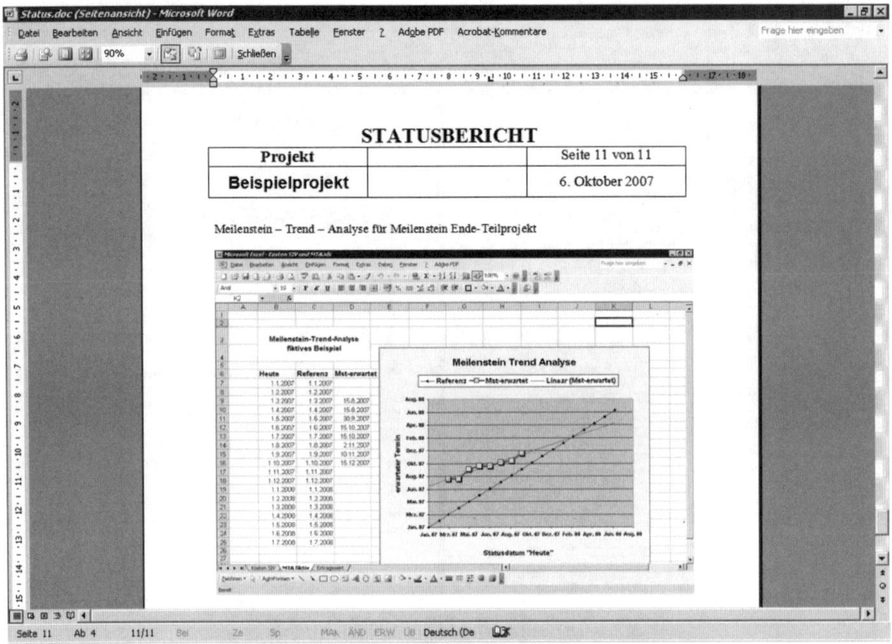

Abbildung 18.33: Statusbericht – Seite 10, MTA für ausgewählten Meilenstein

Stichwortverzeichnis

W

Z

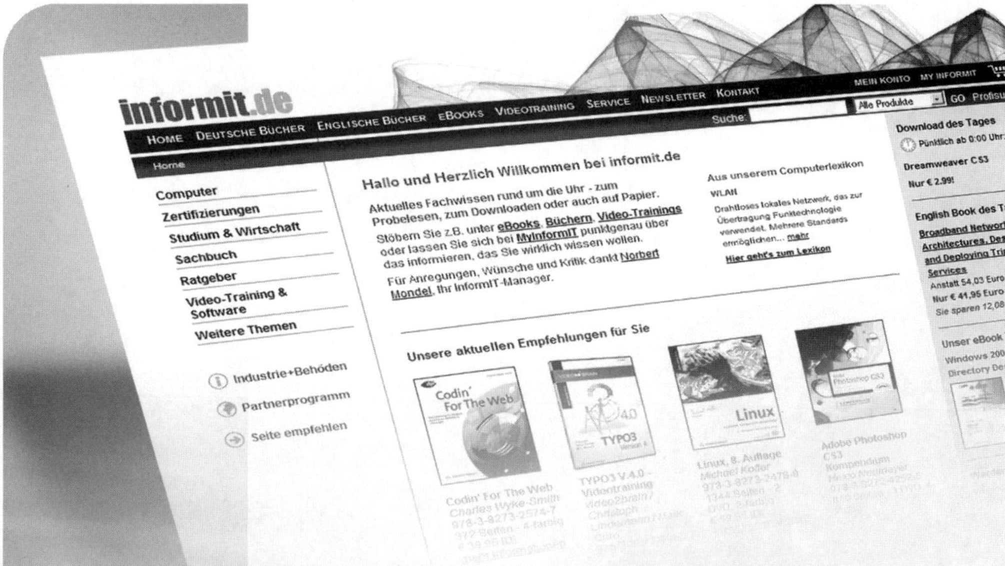
informit.de
Home Deutsche Bücher Englische Bücher eBooks Videotraining Service Newsletter Kontakt
Hallo und Herzlich Willkommen bei informit.de
Computer
Zertifizierungen
Studium & Wirtschaft
Sachbuch
Ratgeber
Video-Training & Software
Weitere Themen
Unsere aktuellen Empfehlungen für Sie